高等职业教育系列教材

机械制图与 CAD

第 2 版

主　编　王军红　战忠秋
副主编　史卫华　常淑英　王　伟
参　编　霍立军　张全红　黎江龙

机 械 工 业 出 版 社

本书将机械制图知识与计算机绘图技能有机融合，突出思想教育，注重知识积累和能力培养，有利于学生掌握技能，并形成良好的职业素养，体现“岗课赛证”融通机制，是一本校企合作开发的教材。

本书共分8章，内容包括制图的基本知识与技能、几何体三视图、组合体、轴测图、机件常用表达方法、标准件和常用件、零件图、装配图。书中采用国家现行制图标准，同时，运用二维码等先进的信息化技术，将动画、视频等多媒体内容呈现在书中。

本书可作为高等职业院校装备制造大类专业的专业基础课程的教材，也可作为1+X职业技能等级证书培训用书，还可作为企业技术人员的参考用书。

本书配有丰富的电子课件、习题、动画、微课及测验等教学资源，需要教学资源的教师可登录机械工业出版社教育服务网 www. cmpedu. com 免费注册后下载，或联系编辑索取（微信：13261377872，电话：010-88379739）。

图书在版编目（CIP）数据

机械制图与CAD/王军红，战忠秋主编. —2版. —北京：机械工业出版社，2022.8（2024.7重印）
高等职业教育系列教材
ISBN 978-7-111-70815-5

Ⅰ.①机… Ⅱ.①王… ②战… Ⅲ.①机械制图-AutoCAD软件-高等职业教育-教材 Ⅳ.①TH126

中国版本图书馆CIP数据核字（2022）第084186号

机械工业出版社（北京市百万庄大街22号 邮政编码100037）
策划编辑：曹帅鹏 责任编辑：曹帅鹏
责任校对：闫玥红 张 薇 责任印制：郜 敏
三河市宏达印刷有限公司印刷
2024年7月第2版第8次印刷
184mm×260mm · 15.25印张 · 329千字
标准书号：ISBN 978-7-111-70815-5
定价：59.00元

电话服务 网络服务
客服电话：010-88361066 机 工 官 网：www. cmpbook. com
010-88379833 机 工 官 博：weibo. com/cmp1952
010-68326294 金 书 网：www. golden-book. com
封底无防伪标均为盗版 机工教育服务网：www. cmpedu. com

Preface

前　言

为了贯彻《习近平新时代中国特色社会主义思想进课程教材指南》和《关于推动现代职业教育高质量发展的意见》的总体要求，加快推进党的二十大精神进教材、进课堂、进头脑，落实立德树人的根本任务；完善“岗课赛证”综合育人机制；深化校企合作，实现校企“双元”开发教材，我们本着“互联网+职业教育”的理念编写了本书，以适应社会对高职人才培养目标的需求。

党的二十大报告指出，必须坚持科技是第一生产力、人才是第一资源、创新是第一动力，要开辟发展新领域新赛道，不断塑造发展新动能新优势。“机械制图与CAD”是研究机械图样绘制和识读方法的一门实践性很强的技术基础课。本课程的任务是培养学生空间思维能力、识读机械图样的能力、利用计算机绘制机械图样的能力，以及培养学生良好的职业素养和爱国主义情操，为后续专业课程的学习和工作打下基础。

本书根据第1版教材的使用情况以及新形势下职业教育对人才的需求修订而成。本书特色如下。

1）思想性。本书融入了中华优秀传统文化和社会主义核心价值观，将职业精神、职业道德和职业素养教育贯穿全书。

2）先进性。本书采用现行《机械制图》与《技术制图》国家标准，由企业工程师提供先进的生产实例，体现“岗课”融通，适应企业需求。

3）实用性。本书将学习机械制图基本知识与培养识图及计算机绘图技能相结合，依据职业技能等级要求编写，体现“课证”融通。

4）立体化。本书教学资源丰富，配有电子课件、习题、动画、微课及测验等立体化教学资源。

本书可作为高等职业院校“机械制图”课程的教材，也可作为1+X“机械产品三维模型设计”和“机械工程制图”职业技能等级证书培训用书，还可作为企业技术人员的参考用书。

本书由天津电子信息职业技术学院王军红、天津职业技术师范大学战忠秋任主编，天津电子信息职业技术学院史卫华、常淑英、王伟任副主编，天津电子信息职业技术学院霍立军、中国一重集团有限公司张全红、广州中望龙腾软件股份有限公司黎江龙参编。本书在编写过程中得到天津电子信息职业技术学院刘松教授、常玉华的悉心指导，在此深表感谢！

由于编者水平有限，书中错误之处在所难免，恳请广大读者批评指正。同时欢迎读者通过邮箱1572238324@qq.com与主编交流。

编　者

目 录 Contents

第4章 轴测图 91

第5章 机件常用表达方法 105

第6章 标准件和常用件 128

第7章 零件图 152

第8章 装配图 197

附录 221

参考文献 238

绪论

机械图样是工业生产中，工程技术人员表达设计意图和交流技术思想的重要文件，更是企业生产过程中的技术依据。正确识读和规范绘制机械图样，是工程技术人员的基本技能。随着信息技术的迅速发展，现代生产中计算机绘图已基本取代手工绘图，成为工程技术人员必须掌握的专业技能。“机械制图与 CAD”课程（CAD 即 Computer Aided Design，计算机辅助设计）将传统机械制图与计算机绘图有机地结合，更好地培养和提高机械识图与计算机绘图能力。

1. 课程的性质与作用

本课程是研究机械图样绘制和识读方法的一门实践性很强的技术基础课。“图样”是根据投影原理及国家标准，准确地表达物体的形状、大小及技术要求的图形，是“工程界的语言”。识图与绘图是工程技术人员表达设计思想、进行技术交流及指导生产实践等必备的技能。

本课程的任务是培养空间思维能力、识读和绘制机械图样的能力，同时，培养良好的人文素养、职业道德和创新意识，以及精益求精的工匠精神，为后续专业课程的学习和未来的工作打下基础。

2. 课程内容及培养目标

本课程内容包含机械制图的基本知识与技能、几何体三视图、组合体、轴测图、机件常用表达方法、标准件及常用件、零件图与装配图等。通过本课程的学习，可以培养学生机械识图与计算机绘图的能力，使之具备从事产品设计和机械加工的专业技能和职业素养。

（1）能力目标

1）培养空间思维能力。

2）具备识读中等难度机械图样的能力。

3）具备绘制中等难度零件图及装配图的能力。

4）具备徒手绘图的能力。

5）具备熟练使用常用测量工具的能力。

（2）知识目标

1）熟悉机械制图国家标准与规范。

2）掌握正投影理论与三视图投影规律。

3）熟悉轴测图形成与绘制方法。

4）掌握零件常用表达方法。

5）掌握标准件与常用件的用途及制图要求。

6）掌握零件图与装配图的内容及表达方法。

（3）素质目标

1）践行社会主义核心价值观，增强国家意识和民族情感。

2）增强主人翁的责任感，提升积极主动做事的意识。

3）培养认真负责、一丝不苟的工作作风。

4）遵纪守法，养成依法依规办事的行为习惯。

5）培养独立思考、分析问题和解决问题的能力。

6）激发学生的探索精神、不畏艰难永攀高峰的大无畏精神。

7）培养团队协作精神和管理能力。

3. 课程的教学方法

本课程采用项目导向及任务驱动的教学模式，将计算机绘图与机械制图知识有机融合，以培养利用计算机绘制机械图样的能力。同时，注重培养徒手绘制草图的能力及识读中等难度机械图样的能力，主要教学方法如下。

（1）案例教学法

在案例教学法中，学生结合自身经验（直接或间接经验），通过案例分析与研究，学习知识、锻炼思维、积累经验，达到本课程的知识学习、知识运用以及能力培养的目的。学习内容贯穿于整个案例分析过程中，学生运用所学知识寻找解决问题的途径和手段，从而培养学生独立地分析问题与解决问题的能力。

（2）讲练结合法

本课程配有习题集，习题包括制图的基本理论知识、三视图作图、计算机绘图、测绘零部件及读零件图和装配图练习等。注重培养识图与制图能力，教材与习题集紧密联系，讲练结合，由浅入深，精讲精练，体现学习过程的合理性。

（3）小组讨论法

在学习过程中，建议大家重视习题演练，采取分组讨论方法，提出方案，优化解决问题的策略和方法，从中提高对制图知识的理解、对作图技能的掌握。同时，培养学生的自主学习能力和团队协作意识。

4. 工程图学的发展及应用

我国在工程图学方面有着悠久的历史。春秋时代的《周礼·考工记》中，记载制图工具“规”“矩”“绳”“墨”“悬”“水”。“规”即圆规，“矩”即直尺，“绳”和“墨”即为弹线的墨斗，“悬”和“水”是定铅垂线和水平线的工具。宋代的《营造法式》中有立体图、平面图、剖面图、详图，出现了正投影、轴测投影和透视等。新中国成立后，工程图学迅速发展，制定了一系列机械制图国家标准（代号 GB），促进了制图技术与工业生产的发展。

随着我国对外开放政策的执行，我国的机械制图标准不断向 ISO（国际标准化组织）标准靠拢，进行了多次修订。如今，ISO 标准规定，工程图基本采用两种投影方法，即第一角投影和第三角投影。中国和多数欧洲国家采用第一角投影法，而美国和加拿大采用第三角投影。

20 世纪末期，随着计算机技术的迅速发展，在工业生产中，计算机绘图因速度快、精度高、设计修改与管理图纸方便等优点，逐渐取代了传统的手工绘图。本书将以机械识图与计算机绘图能力的培养为目标，以机械制图知识为线索，学习用计算机绘制机械图样的方法、机械图样的识读方法及工程草图的绘制方法等。

常用的计算机辅助绘图软件，用于绘制工程图的有：AutoCAD、CAXA 电子图板、中望 CAD 和天正 CAD 等。通用三维软件 UG NX、Creo、SolidWorks 和 CATIA 等也可以绘制二维工程图。由于 AutoCAD 广泛应用于机械、电子、航空航天、建筑和轻纺等多个领域。本书以 AutoCAD 2016 软件为工具，讲解计算机辅助设计与绘图的方法。

本教材根据目前机械识图与计算机绘图能力的需求，结合 1+X“机械产品三维模型设计”和“机械工程制图”职业技能等级证书要求，以国家标准规定和绘图读图方法为主要线索编写，建议教学学时在 90~120 之间，下面是以编者所在学院“机械制图”课程 112 学时为例，编写的参考教学计划，学时分配如下：

序号及名称	教学内容	课时	总学时
第 1 章 制图的基本知识与技能	国家标准基本规定	4	10
	制图的基本技能		
	计算机绘图基础	6	
第 2 章 几何体三视图	投影法	4	20
	三视图		
	点、直线与平面的投影	4	
	基本体	12	
第 3 章 组合体	组合体的分析	4	10
	组合体三视图的绘制		
	组合体的尺寸标注	2	
	组合体读图	4	
第 4 章 轴测图	轴测图的基本知识	4	6
	正等轴测图		
	斜二轴测图		
	运用 AutoCAD 进行三维建模	2	
第 5 章 机件常用表达方法	视图	2	16
	剖视图	4	
	断面图	2	
	局部放大图和简化画法	2	
	剖视图的尺寸标注方法及综合实例	4	
	第三角投影	2	
第 6 章 标准件和常用件	螺纹及螺纹联接	8	18
	键、销联接	2	
	滚动轴承	4	
	齿轮	3	
	弹簧	1	
第 7 章 零件图	概述	2	18
	零件的工艺结构		
	零件表达方案的选择	4	
	零件图的尺寸标注	2	

（续）

序号及名称	教学内容	课时	总学时
第7章 零件图	零件图中的技术要求	1	18
	读零件图	1	
	零件测绘	4	
	AutoCAD 绘制零件图	4	
第8章 装配图	概述	2	14
	装配图的表达方法		
	装配图的尺寸标注及技术要求	2	
	装配图中零部件序号和明细栏		
	常见装配结构	2	
	读装配图	2	
	装配体测绘	2	
	AutoCAD 绘制装配图	4	

教学提示

通过绪论的学习，使学生了解本课程的性质和作用，学习目标、内容及方法；同时，通过对《周礼·考工记》等我国古代文化的学习，培养学生的爱国情怀，激发学生的创新意识。

绪论

第1章　制图的基本知识与技能

教学目标

1. 熟悉国家标准《技术制图》与《机械制图》中有关图纸幅面及格式、比例、字体图线和尺寸标注等方面的基本规定，培养“讲制度、守规矩”的良好行为习惯。
2. 初步掌握制图的基本方法和绘图技能，培养精益求精的工匠精神。
3. 熟悉 AutoCAD 2016 软件的基本功能，践行知行合一。
4. 培养爱国情怀，增强自信心。

工程图样是工业生产中的重要技术资料，是工程技术人员进行技术交流的工具，称为工程界的语言。工程图样遵守统一的制图标准，为了正确地绘制和识读机械图样，必须了解机械制图国家标准，掌握机械制图基本知识与计算机绘图技能。

1.1　国家标准基本规定

国家标准《技术制图》《机械制图》是工程界的重要技术标准，也是技术人员绘图和读图的依据。《技术制图》《机械制图》国家标准对工程图样进行了统一的规定。例如《GB/T 14689—2008 技术制图　图纸幅面和格式》，标准名称为“技术制图　图纸幅面和格式”，标准编号为“GB/T 14689—2008”，“GB/T”表示国家推荐标准，“14689”为标准发布的顺序号，“2008”为标准的批准年号。

1.1.1　图纸幅面及格式（GB/T 14689—2008）

绘制图样时优先采用表 1-1 中规定的五种基本幅面，其尺寸关系如图 1-1 所示。必要时采用加长幅面，加长幅面尺寸是将基本幅面短边取整数倍。

表 1-1　图纸基本幅面尺寸

幅面代号	幅面尺寸 $B\times L$	周边尺寸		
		a	c	e
A0	841×1189	25	10	20
A1	594×841			
A2	420×594			10
A3	297×420		5	
A4	210×297			

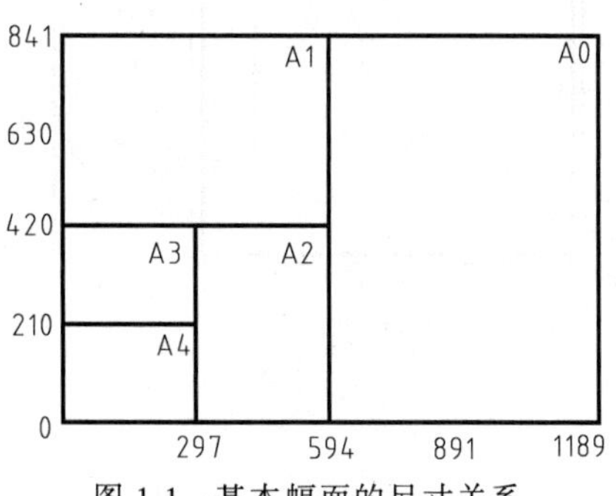

图 1-1　基本幅面的尺寸关系

图框用粗实线绘制，其格式分为留装订边（图 1-2）和不留装订边（图 1-3）两种，尺寸见表 1-1 规定。同一产品的图样只能采用一种格式。

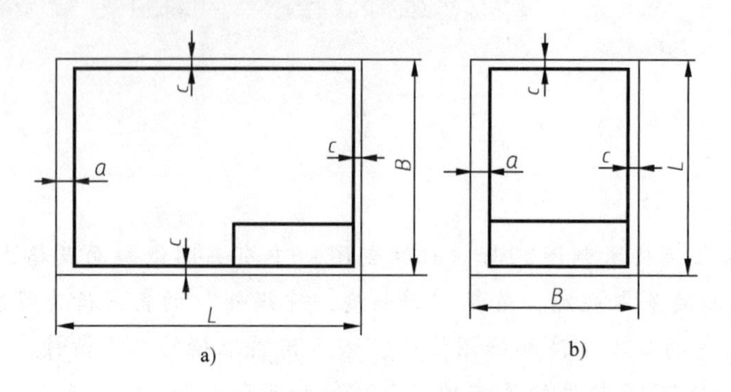

图 1-2 留装订边的图框格式

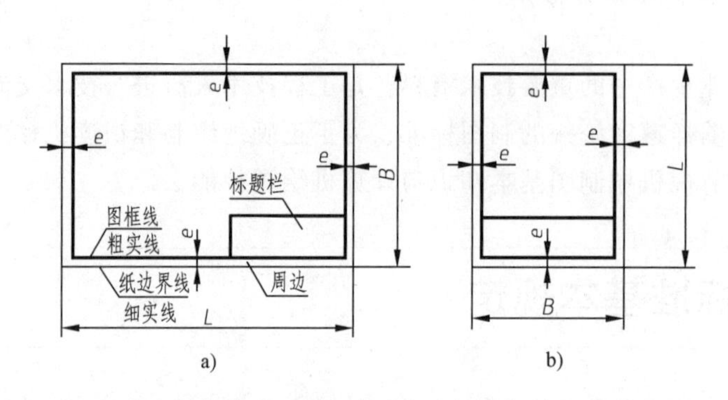

图 1-3 不留装订边的图框格式

图框右下角必须画出标题栏，标题栏中的文字方向一般为看图方向。特殊情况以对中符号处画出的方向符号为看图方向。如图 1-4a、b 所示，将 A4 图纸横放，其他基本幅面竖放后绘图时，只需将图纸逆时针旋转 90°放置，使标题栏长边置于铅垂方向。图 1-4c 为方向符号的画法。为看图方便，GB/T 10609. 1—2008 对标题栏的内容、格式及尺寸做了统一规定，如图 1-5 所示。学生练习时，为作图方便，可以采用图 1-6 所示简化标题栏的格式。

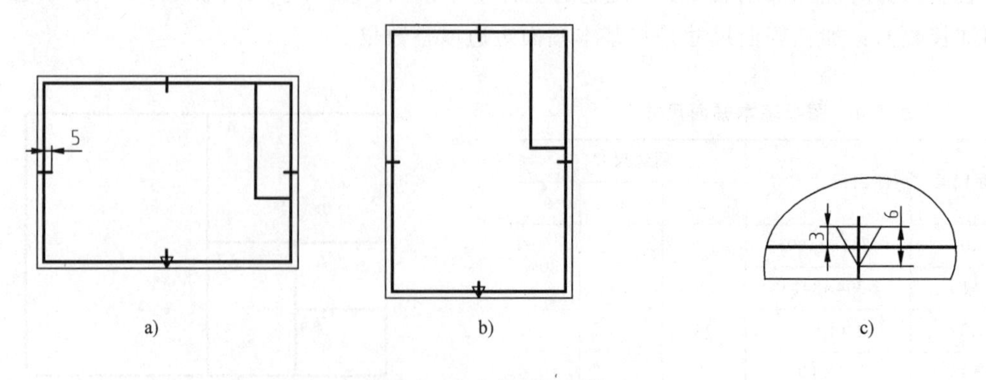

图 1-4 方向符号及画法

a）对中符号 b）方向符号 c）方向符号画法

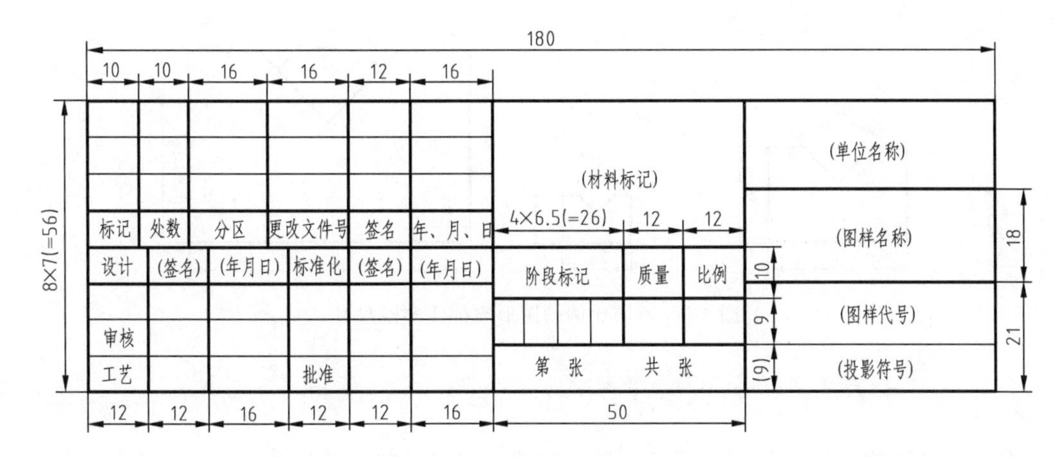

图 1-5　标题栏的格式及内容

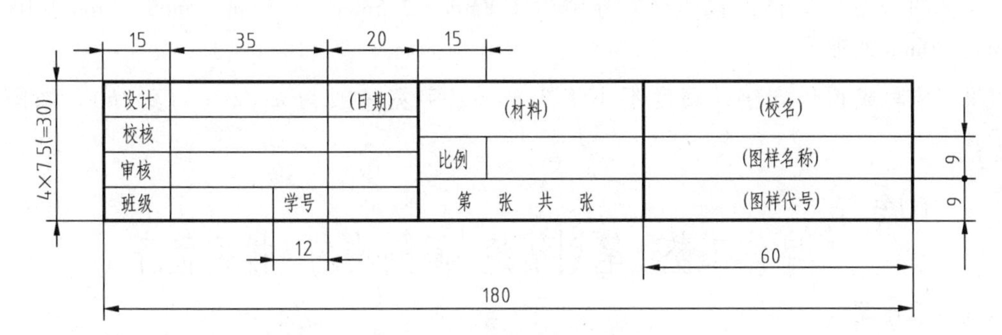

图 1-6　练习用标题栏的格式

1.1.2　比例（GB/T 14690—1993）

比例是指图样中图形与实物相应要素的线性尺寸之比。例如，当图形尺寸与实物尺寸一样大时，比例为 1∶1；图形尺寸是实物尺寸的一半时，比例为 1∶2；图形尺寸是实物尺寸的两倍时，比例为 2∶1。

绘图时选用的比例应遵守 GB/T 14690—1993，见表 1-2。当“优先选择系列”不能满足要求时，再从“允许选择系列”中选取。选用比例的原则是合理使用图纸幅面清晰表达物体的结构。为了直观地反映物体的大小，绘图时优先选用原值比例。根据机件大小和复杂程度不同，可采用放大或缩小比例绘制，比例填写在标题栏内。

注意：不论采用哪种比例，图样中标注的尺寸应为机件的实际大小，与选用的比例无关，如图 1-7 所示。

表 1-2　比例系列（摘自 GB/T 14690—1993）

种类	优先选择系列	允许选择系列
原值比例	1∶1	
放大比例	5∶1　2∶1 5×10^n∶1　2×10^n∶1　1×10^n∶1	4∶1　2.5∶1 4×10^n∶1　2.5×10^n∶1
缩小比例	1∶2　1∶5　1∶10 1∶2×10^n　1∶5×10^n　1∶1×10^n	1∶1.5　1∶2.5　1∶3　1∶4 1∶1.5×10^n　1∶2.5×10^n　1∶3×10^n　1∶4×10^n

注：n 为正整数。

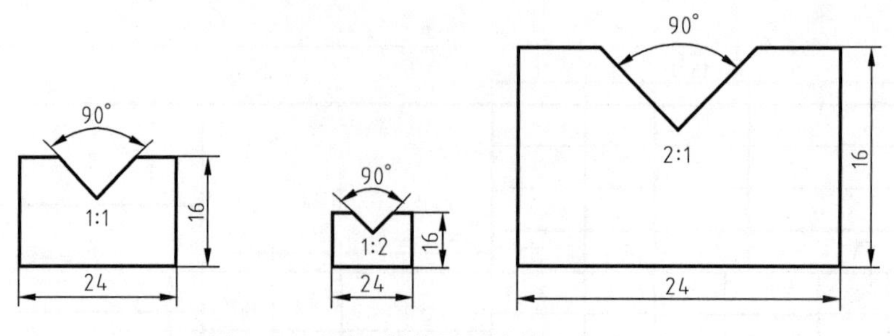

图 1-7 不同比例的图形均标注实际尺寸

1.1.3 字体（GB/T 14691—1993）

图样中书写的汉字、数字和字母，必须做到：字体工整、笔划清楚、间隔均匀、排列整齐。字体的号数即字体的高度 h，分别为 1.8mm、2.5mm、3.5mm、5mm、7mm、10mm、14mm、20mm 八种。

汉字应写成长仿宋字，高度不小于 3.5mm，字宽一般为 $h/\sqrt{2}$（约 0.7h），如图 1-8 所示。

10号字

字体工整 笔划清楚 间隔均匀 排列整齐

7号字

横平竖直 注意起落 结构均匀 填满方格

5号字

技术制图机械电子汽车航空船舶土木建筑未注铸造圆角其余技术要求两端材料

图 1-8 汉字示例

字母和数字分为 A 型和 B 型。A 型字体的笔划宽度为字高的 1/14，B 型字体的笔划宽度为字高的 1/10。数字或字母可以写成直体或斜体（常用斜体），斜体字字头向右倾斜，与水平基准线成 75°，如图 1-9 所示。

ABCDEFGHIJKLMNOPQRSTUVWXYZ

abcdefghijklmnopqrstuvwxyz

0123456789

图 1-9 A 型斜体字母和数字示例

1.1.4 图线（GB/T 4457.4—2002、GB/T 17450—1998）

机械图样中常用线型名称、画法及应用，见表 1-3。各种图线的应用举例如图 1-10 所示。国家标准规定了多种线宽，常用粗实线宽度为 0.5mm 或 0.7mm。

表 1-3　常用图线及应用

图线名称	图线型式	线宽	主要应用
粗实线		d	可见轮廓线、螺纹牙顶线、齿轮齿顶线
细实线		$d/2$	尺寸线和尺寸界线、剖面线、过渡线、指引线、基准线、重合断面的轮廓线
细点画线		$d/2$	中心线、轴线、对称线、节圆及节线
细虚线		$d/2$	不可见轮廓线
波浪线		$d/2$	断裂处的边界线、视图与剖视图的分界线
双折线		$d/2$	断裂处的边界线
细双点画线		$d/2$	极限位置的轮廓线、相邻辅助零件的轮廓线、轨迹线、中断线
粗点画线		d	限定范围表示线
粗虚线		d	允许表面处理的表示线

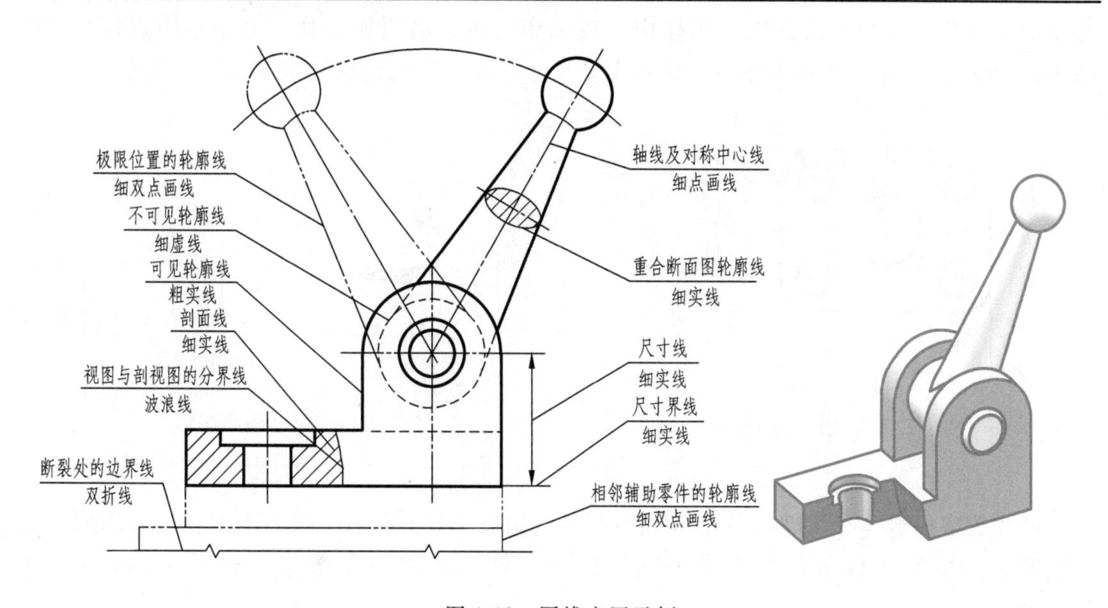

图 1-10　图线应用示例

画图时，应按照表 1-3 所示各种线型规范作图，如图 1-11 所示，并注意以下几点。

1）点画线的首末两端应为长画。

2）点画线与点画线或其他线相交时，应以长画相交。

3）虚线在粗实线的延长线上时，应留间隙。

4）虚线与虚线相交时，应是线段相交。

5）点画线较短时，用细实线代替。

1.1.5 尺寸注法（GB/T 4458.4—2003、GB/T 16675.2—2012）

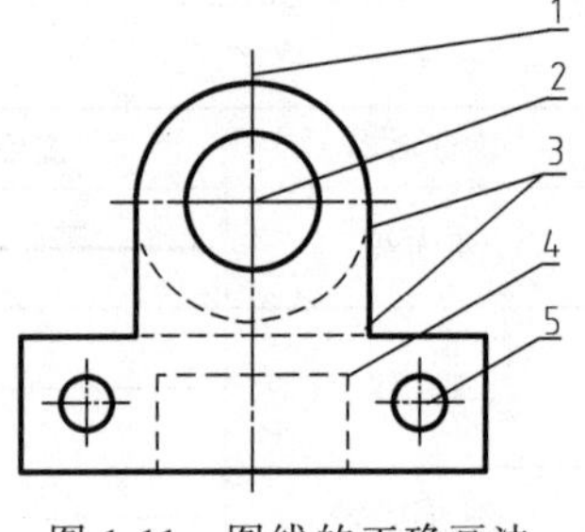

图 1-11 图线的正确画法

图样中的图形表达零件的结构，零件大小需要用标注的尺寸来确定。标注尺寸时，要遵守国家标准有关规定，做到标注尺寸正确、齐全、合理、清晰。

1. 标注尺寸的基本规则

1）图样中所注尺寸为机件的真实大小，与绘图比例和绘图的准确性无关。

2）尺寸以毫米为单位时，不必标注单位（毫米）或符号（mm），若采用其他单位，必须注明。

3）图样中所注的尺寸应为机件的完工尺寸，否则应另加说明。

4）机件的每一尺寸在图样中只标注一次，且标注在反映该结构最清晰的图形上。

2. 标注尺寸的要素

一个完整的尺寸由尺寸界线、尺寸线和尺寸数字三个要素组成，如图 1-12 所示。

尺寸界线用细实线绘制，应由图形的轮廓线、轴线或对称中心线引出，或者由它们代替。尺寸线也用细实线绘制，但不能和其他图线重合或画在其他图线的延长线上。尺寸线终端有箭头和斜线两种形式，机械图样中一般采用箭头，遇到狭小处，可用小圆点代替，如图 1-13 所示。注意，尺寸线必须单独画出，尺寸界线可以用轮廓线或其延长线代替。

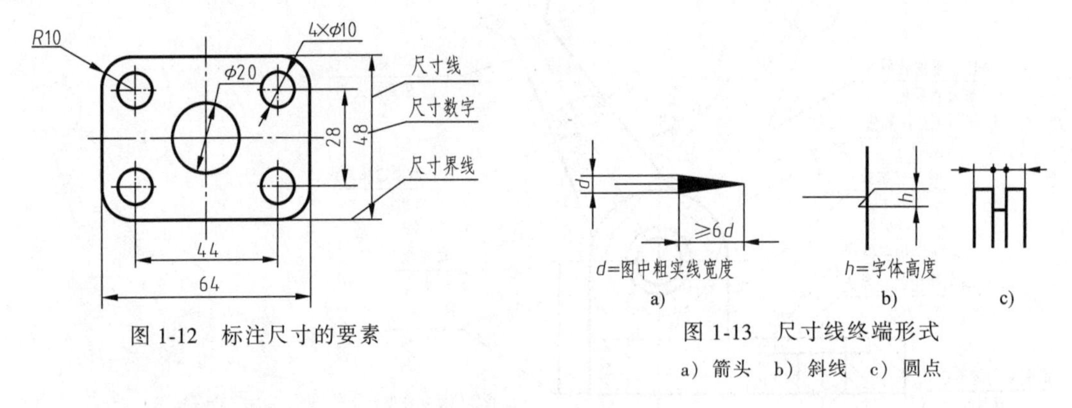

图 1-12 标注尺寸的要素

图 1-13 尺寸线终端形式

a）箭头 b）斜线 c）圆点

尺寸数字一般写在尺寸线的上方或中断处，如图 1-14a 所示。同一图中，应采用同一种标注形式。当尺寸数字与图线重合时，断开图线，保留完整数字，如图 1-14b 所示中的 $\phi 20$。

3. 尺寸标注方法

（1）线性尺寸标注

标注线性尺寸时，尺寸线应平行于所标注的线段，间距以 5～7mm 为宜，如图 1-14 所示。一般地，水平尺寸写在尺寸线上方，字头朝上；垂直尺寸写在尺寸线左侧，字头朝左。倾斜尺寸写在斜上方，字头朝斜上方，如图 1-15a 所示。图示两处 30°范围内尽量避免标注尺寸，如需标注，按照图 1-15b 所示，引出标注。

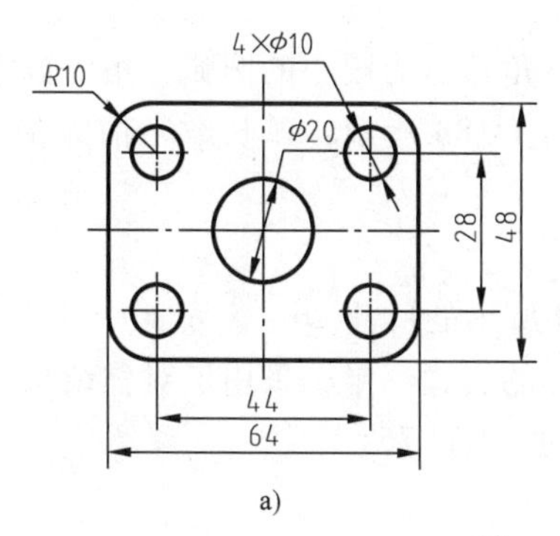

a)

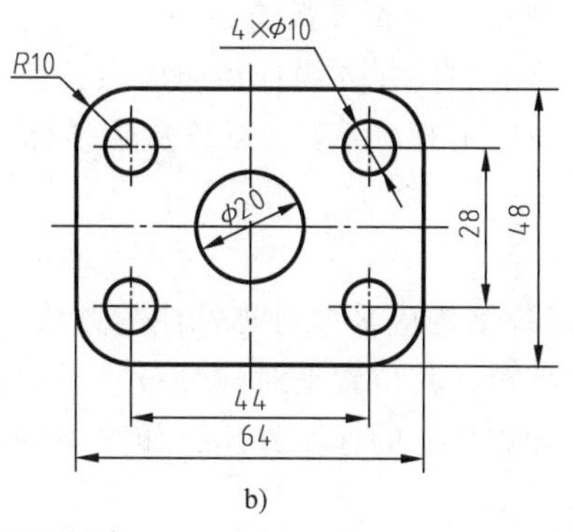

b)

图 1-14　尺寸数字的注写

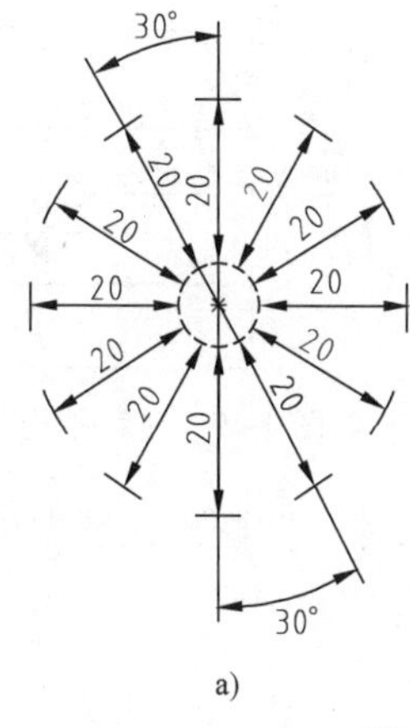

a)

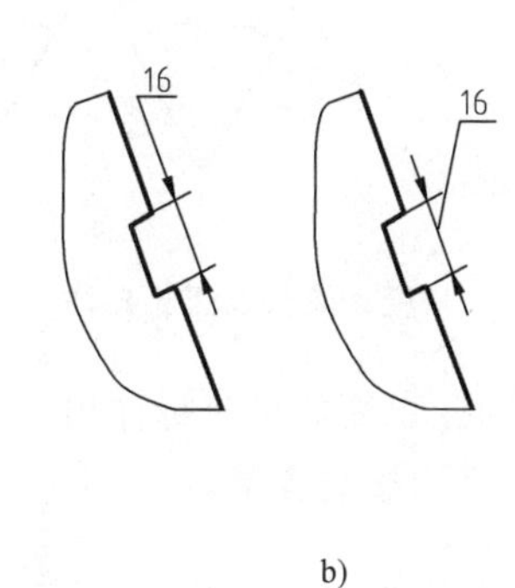

b)

图 1-15　线性尺寸注法

（2）直径和半径标注

对于整圆或大于半圆的图形，标注直径尺寸，且在尺寸数字前加注符号 ϕ；对于小于或等于半圆的图形，标注半径尺寸，且在尺寸数字前加注符号 R，尺寸线都应通过圆心，且不能与水平和垂直中心线重合；标注球面直径或半径时，在尺寸数字前加注 $S\phi$ 或 SR，如图 1-16 所示。当标注位置不够时，可以引出标注，如图 1-17 所示。

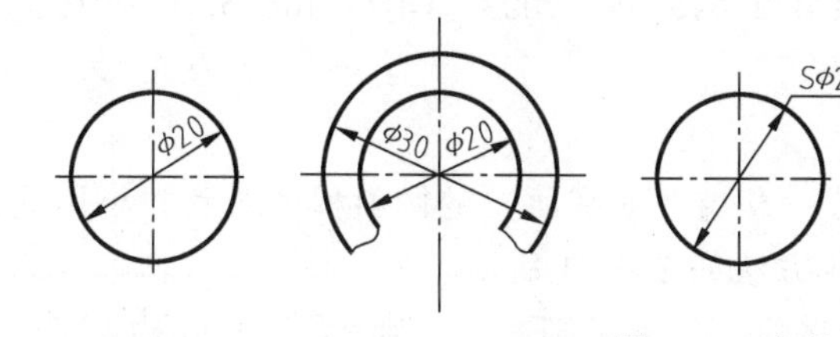

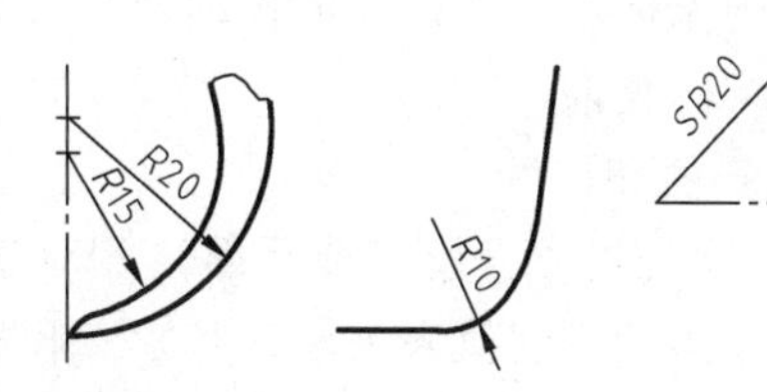

图 1-16　直径和半径注法

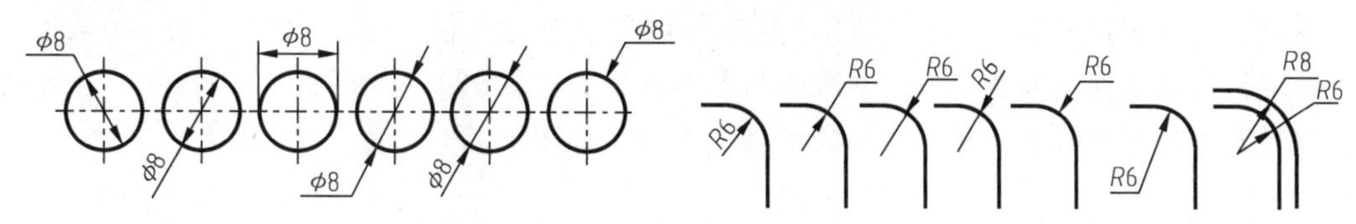

图 1-17　小尺寸直径与半径的标注方法

（3）角度、弦长及弧长标注

标注角度的尺寸界线从径向引出，尺寸线是以该角顶点为圆心的圆弧，角度数字一律水平书写，如图 1-18a 所示。弧长及弦长标注方法如图 1-18b 所示，弧长数字前方加注“⌒”符号。

注意：

1）对称结构应采取对称标注的方法，如图 1-19 所示的尺寸 26，表示 4 个 $\phi 6$ 孔的前后方向的中心距，其位置呈对称分布。图中只画了零件的右边一半，采用了对称结构的简化画法，此时对称尺寸的标注方法，如图 1-19 所示的尺寸 54 和 76。

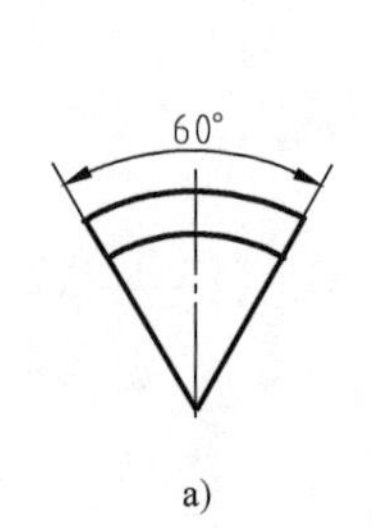

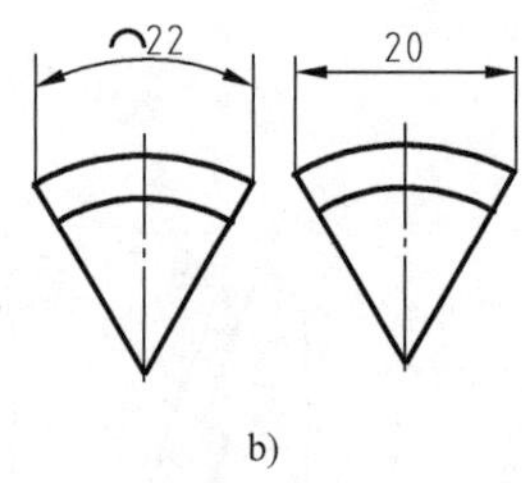

图 1-18 角度、弦长及弧长标注

图 1-19 对称结构及其简化画法标注

2）相同结构的孔、槽等可只标注出一个结构的尺寸，并注出此要素的数量，如图 1-20 所示。其中，EQS 是均布的含义。

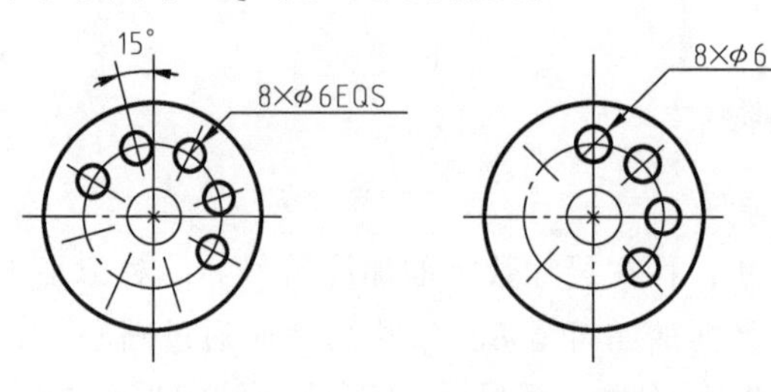

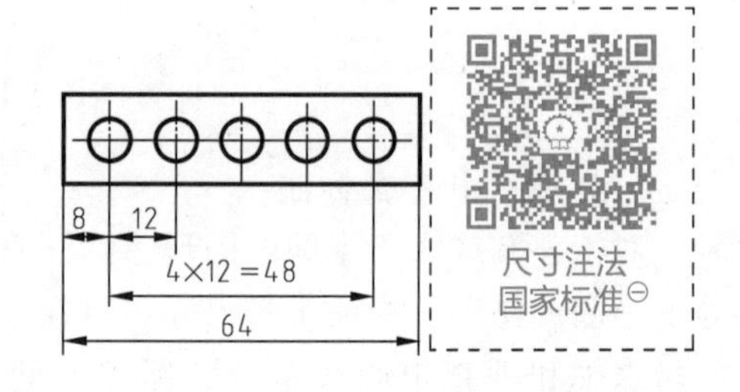

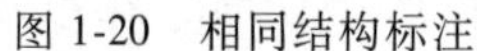

图 1-20 相同结构标注

关于国家标准尺寸标注的详细规则，见 GB/T 4458.4—2003、GB/T 16675.2—2012，可以扫描二维码查询。

（4）斜度和锥度

1）斜度是指一直线（或平面）相对于另一直线（或平面）的倾斜程度，其大小用这两条直线的夹角的正切值来表示，其含义和标注方法如图 1-21 所示。

2）锥度是指圆锥的底圆直径与椎体高度之比，如果是圆锥台，则为上、下两底圆直径差与锥台高度之比，其含义和标注方法如图 1-22 所示。

注意：标注斜度和锥度时，其符号方向与斜度和锥度方向一致；而且，斜度符号绘制在基准线上方，基准线与基准面平行，如图 1-21b 所示；锥度符号配置在基准线上，基准线与圆锥轴线平行，如图 1-22b 所示。

⊖ 此标准来自于标准库网站 www.bzko.com。

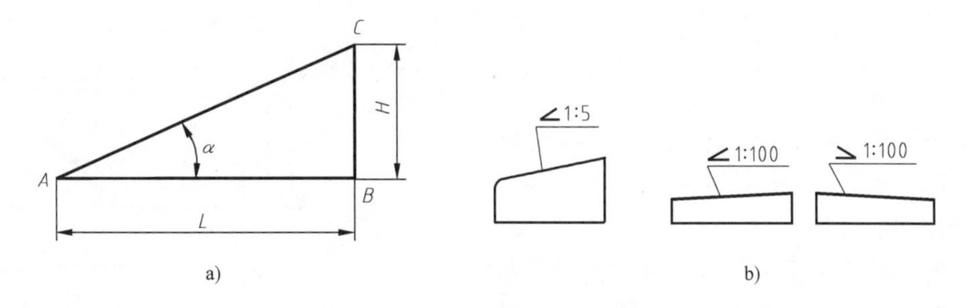

a)　　　b)

图 1-21　斜度及其标注方法

a）斜度 = $\tan\alpha = H/L$（α 为倾斜角度）　b）斜度标注方法

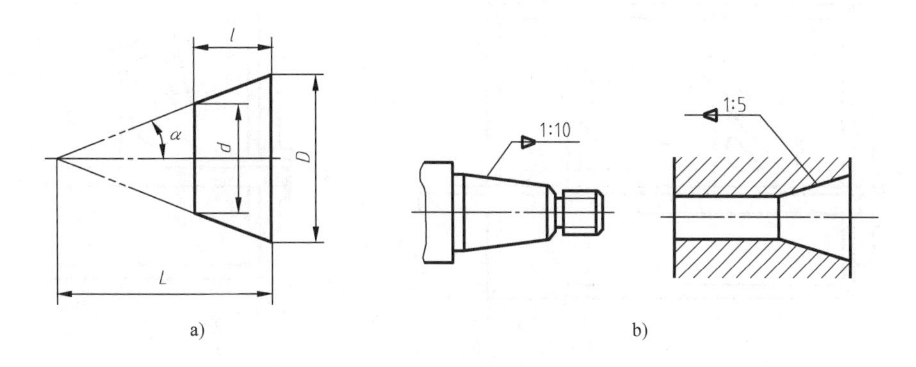

a)　　　b)

图 1-22　锥度及其标注方法

a）锥度 = $2\tan\alpha = D/L = (D-d)/l$（$\alpha$ 为圆锥半角）　b）锥度标注方法

1.2 制图的基本技能

工程图样的绘制方法有三种：仪器绘图、徒手绘图和计算机绘图。每种方法的特点和应用场合不同。仪器绘图是利用绘图工具和仪器等绘制图样的传统方法，用于早期的产品图样绘制。徒手绘图是目测物体大小、徒手绘制零件草图的方法，是设计、仿造及维修时经常采用的一种绘图方法。计算机绘图是利用计算机完成图形的绘制、存储及输出的方法，随着信息技术的发展，计算机绘图在不断发展，并逐渐取代手工绘图，其易于实现高质量绘图、便于保存和修改，因此被广泛应用。

1.2.1 仪器绘图

1. 绘图工具的使用

常用的绘图工具有图板、丁字尺、三角板、圆规、分规和铅笔等。正确使用绘图工具可以提高绘图质量和作图速度。

（1）图板和丁字尺

图板选择平坦光洁的一面为正面，长边应水平放置，左侧边为导边。丁字尺尺头紧靠图板左侧导边，上下移动自左向右画水平线，如图 1-23 所示。

（2）三角板

三角板与丁字尺配合，绘制 30°、45°、60°、75 °线及垂直线等，如图 1-24 所示。

（3）圆规、分规

圆规用来画圆和圆弧，画图时，使钢针和铅芯均垂直纸面，且钢针稍长。画大圆时，可以使用加长杆，如图 1-25 所示。分规主要用于等分线段及量取尺寸，如图 1-26 所示。

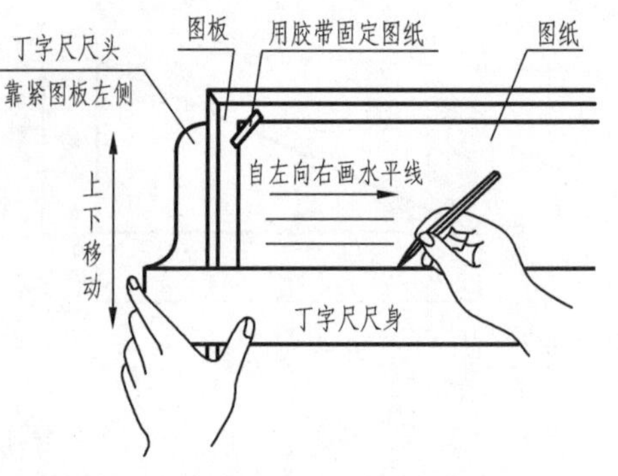

图 1-23 图板和丁字尺的使用

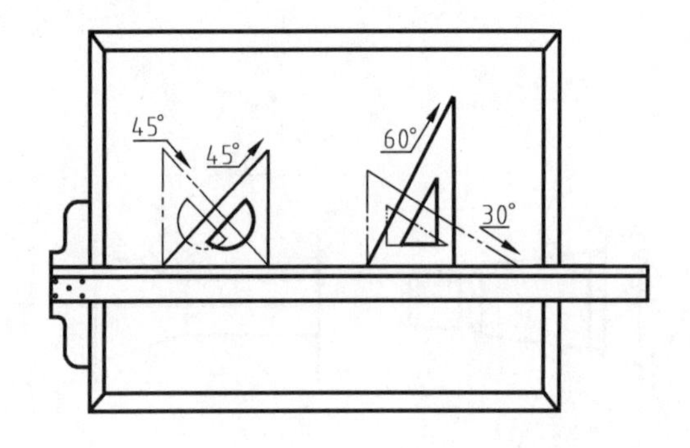

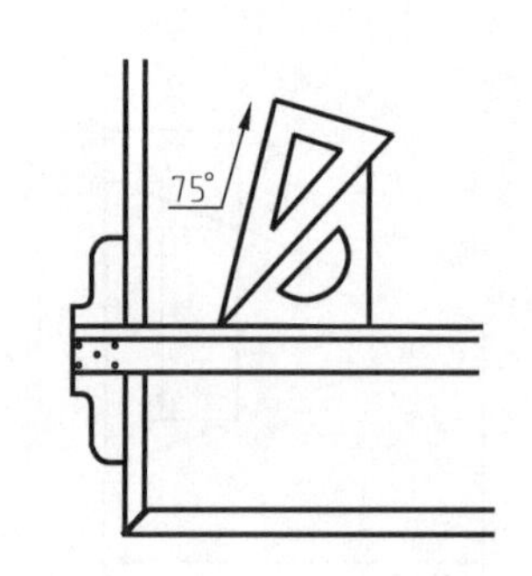

图 1-24 三角板绘制角度线

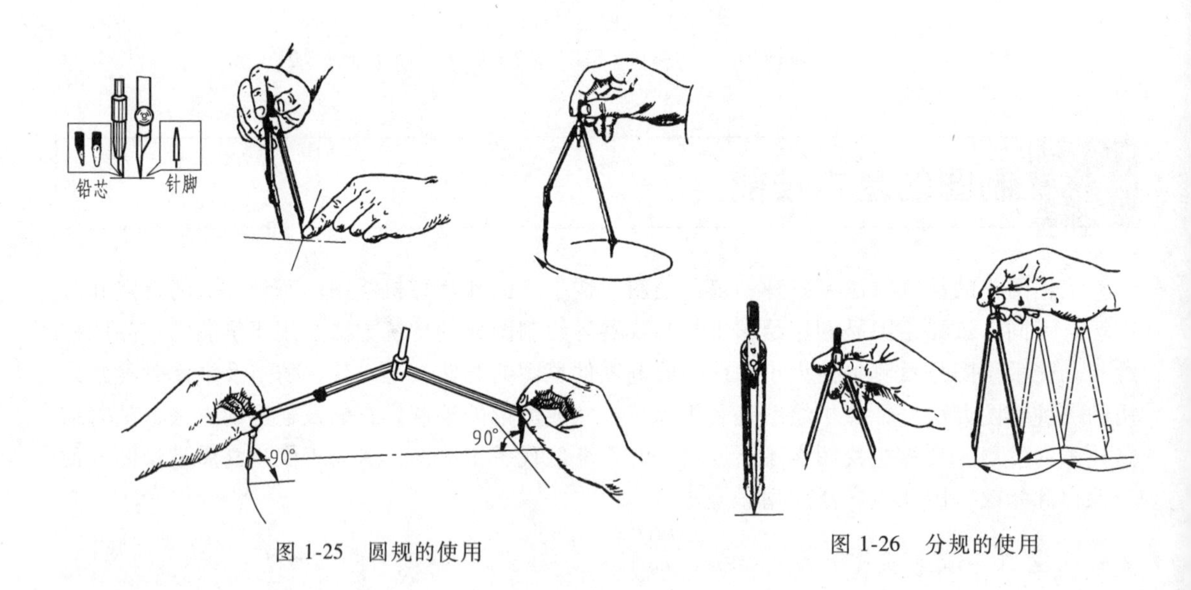

图 1-25 圆规的使用

图 1-26 分规的使用

（4）铅笔

常用的绘图铅笔有 H、HB 和 B 等几种，H 铅芯较硬，一般用于画底稿；HB 铅芯一般用于画细线和写字；B 铅芯较软，常用于画粗实线，而且削成扁状。

2. 仪器绘图的步骤

1）准备工作。分析图形、确定比例、选择图幅、固定图纸。

2）画底稿。先布图，画出中心线和基准线；再用细实线画底稿。

3）检查并加深。加深时，先圆弧后直线，先水平后垂斜，先上后下。

4）标注尺寸并填写标题栏。

仪器绘图逐渐减少，将被计算机绘图代替。

1.2.2　徒手绘图

徒手绘图是指不使用绘图仪器，通过目测零件大小，仅用铅笔徒手绘制图样的方法，这样绘制的图样即草图。徒手绘图是机械工程师必备的技能，通过观察机件结构形状并目测其大小，利用铅笔和坐标纸绘制出图样。草图的绘制方法如下。

1. 直线

沿着坐标纸的方格线，自左向右画水平线，自上而下画铅垂线，45°线沿对角线画。

2. 圆

画小圆时，应先画中心线，再在中心线上截取四个半径，画圆即可。画大圆时，除中心线外，再画两条45°线，多截取四个点，如图 1-27 所示。

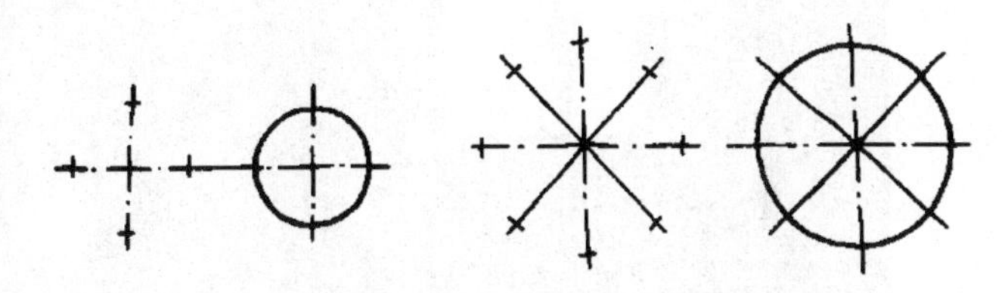

图 1-27　圆的徒手画法

徒手绘图在测绘时经常用到，后续第 7 章零件测绘中将详细讲解。

1.2.3　计算机绘图

计算机辅助设计已广泛用于机械、建筑及航空等领域。计算机绘图具有快速、准确、规范、易于保存和修改等特点。AutoCAD 是目前应用最广泛的计算机绘图软件，本教材通过分析讲解典型零件的计算机绘图方法，使学生快速掌握利用 AutoCAD 绘制机械图样的基本方法。

计算机绘图的基本步骤：启动 AutoCAD 软件→绘制或调取标准图框→在图框范围内绘制图形，下面讲述计算机绘图的基本方法。

1.3　计算机绘图基础

1.3.1　AutoCAD 2016 基本介绍

AutoCAD（Autodesk Computer Aided Design）是 Autodesk（欧特克）公司首次于 1982 年开发的计算机辅助设计软件，具有良好的用户界面，通过交互菜单或命令行方式便可以进行各种操作。AutoCAD 可用于绘制二维图形和设计基本三维实体，非计算机专业人员也能很快地掌握，学习者能在不断实践的过程中更好地掌握各种应用技巧，从而提高工作效率。AutoCAD 现已经成为国际上广为流行的绘图工具，主要用于装备制造、土木建筑、装饰装潢、工业、工程、电子和服装加工等多个领域。

1. AutoCAD 2016 的启动

AutoCAD 2016 常用的启动方式有三种：

方法 1：双击桌面上的 AutoCAD 2016 快捷图标。

方法 2：选择“开始”→“程序”→“Autodesk”→“AutoCAD 2016”。

方法 3：双击任意一个已经存在的 AutoCAD 图形文件（扩展名为 dwg 的文件）。

AutoCAD 2016 启动画面如图 1-28 所示，单击“开始绘制”区域即可进入绘图界面，如图 1-29 所示。

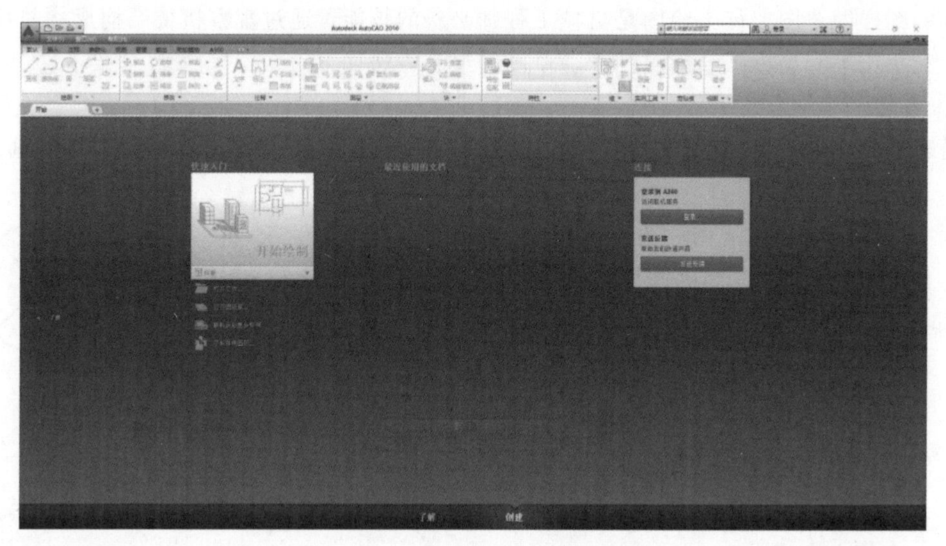

图 1-28　AutoCAD 2016 启动画面

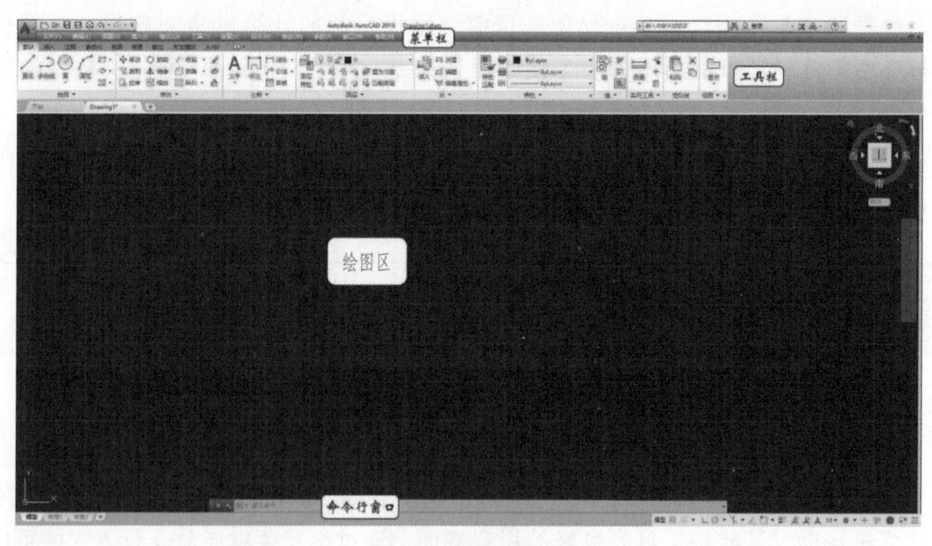

图 1-29　绘图界面

2. AutoCAD 2016 的退出

AutoCAD 2016 常用的退出方式有三种：

方法 1：在命令行输入 QUIT 或 EXIT，按<Enter>键。

方法 2：在菜单栏单击“文件”→“退出”。

方法 3：单击标题栏右上方的“关闭”按钮☒。

3. AutoCAD 2016 绘图界面的组成

AutoCAD 2016 界面主要由菜单栏、工具栏、绘图区、命令行窗口等组成，如图 1-29 所示。

为便于图形输出，需将绘图区变为白色。操作流程如图 1-30 所示。

注意：

由于系统默认显示栅格，所以白色绘图区布满了 10×10 的方格，用于辅助画图。在图 1-30 的最后一步可以通过单击“栅格”显示开关，关闭栅格显示，使绘图区如同白纸一样。

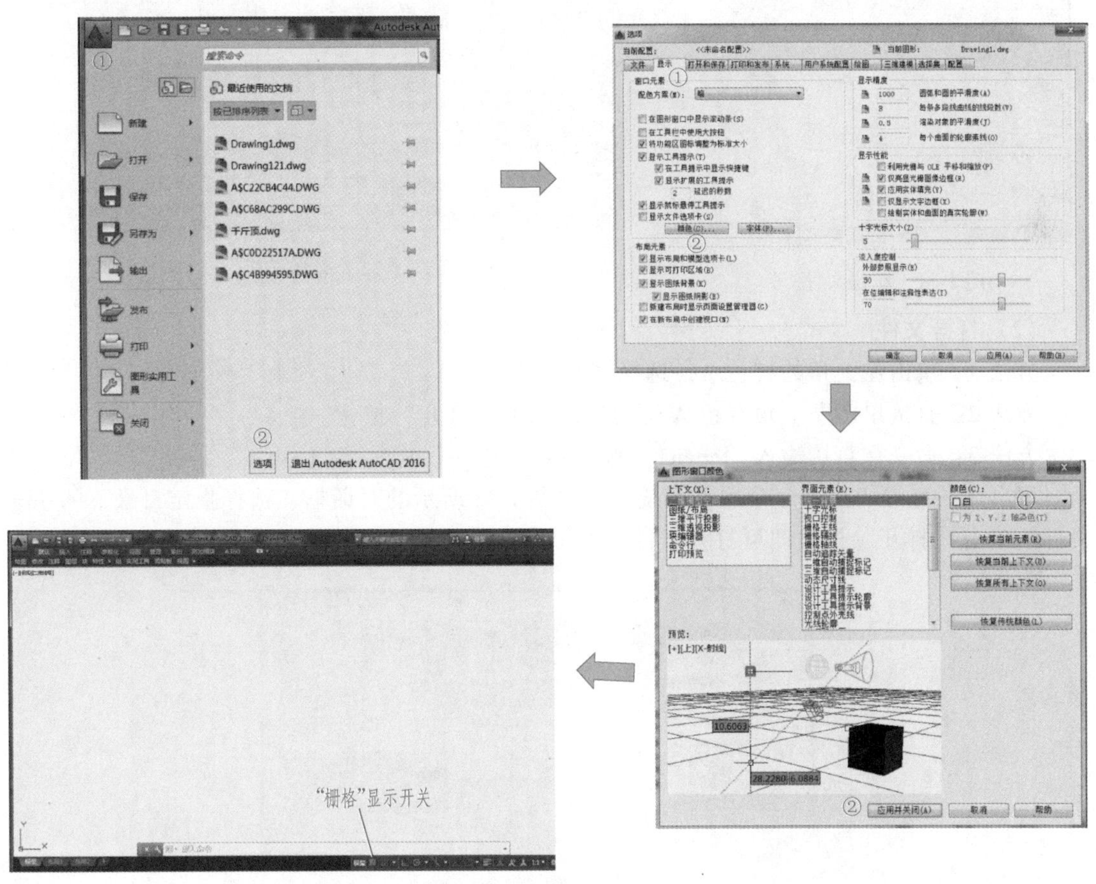

图 1-30　绘图区颜色调整

1.3.2　AutoCAD 2016 基本操作

1. 文件管理

AutoCAD 2016 对文件的管理包括新建文件、打开文件、保存文件和关闭文件等基本操作。

(1) 新建文件

方法 1：在 AutoCAD 环境下，单击左上角的红色 A，选择“新建”选项，如图 1-31 所示。

方法 2：直接单击左上角红色 A 旁边的第一个“新建”按钮，如图 1-31 箭头所示。

方法 3：命令行直接输入“new”，按<Enter>键。

用上述三种方式执行命令后，系统会弹出图 1-32 所示的“选择样板”对话框，系统默认选择 acadiso. dwt 样板，单击“打开”按钮即可启动一个新文件。

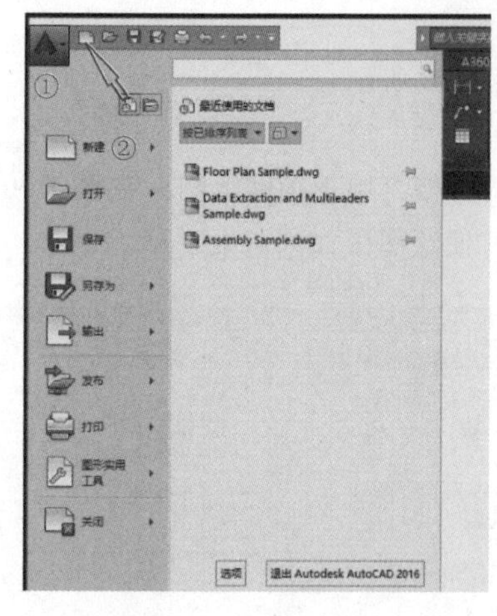

图 1-31 新建文件

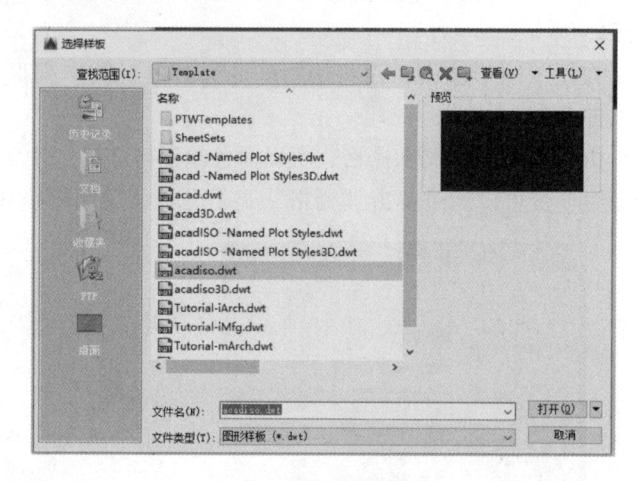

图 1-32 选择样板

（2）打开文件

方法 1：单击左上角的红色 A，选择“打开”选项。

方法 2：直接单击左上角红色 A 旁边的第二个“打开”按钮。

方法 3：命令行直接输入“open”，按<Enter>键。

用上述三种方式执行命令后，系统会弹出图 1-33 所示的对话框，选择指定目录下的 dwg 文件，单击“打开”按钮即可打开文件。

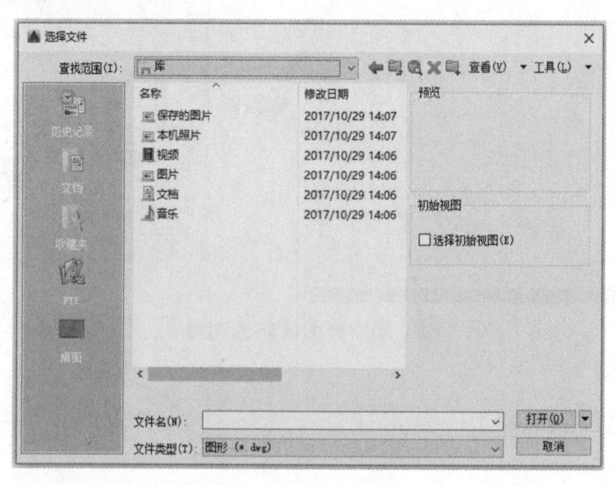

图 1-33 选择文件

（3）保存文件

方法 1：单击左上角的红色 A，选择“保存”选项，指定保存位置并给出文件名，如图 1-34 所示。

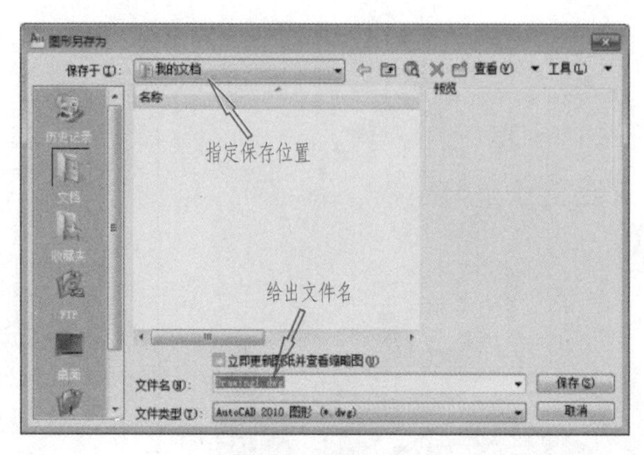

图 1-34　保存文件

方法 2：直接单击左上角红色 A 旁边的第三个“保存”按钮。

方法 3：命令行直接输入“save”，按<Enter>键，同样会弹出图 1-34 所示界面，进行存储操作。

（4）关闭文件

方法 1：顺序单击左上角的红色 A，选择“关闭”选项。

方法 2：单击如图 1-35 所示的绘图区右上方的“×”（箭头所指地方）。

方法 3：命令行直接输入“close”，按<Enter>键。

执行完上述命令后，若当前图形文件还没有保存，则系统会出现提示，询问是否保存，用户可以根据需要予以选择。

图 1-35　关闭文件

2. 绘图实例

“天津之眼”是一座跨河建设、桥轮合一的摩天轮，如图 1-36a 所示。

【实例 1】 用 AutoCAD 中圆和直线命令，采用绝对坐标和极坐标方法，在 A4 图纸中缩小比例绘制摩天轮简图，如图 1-36b 所示。

已知矩形图框左下角坐标为（0，0），右上角坐标为（210，297）；圆心坐标为（105，160），圆直径为 110；过圆心的竖线长度为 40；两条斜线的长度分别为 60；三条线的夹角为 120°。

作图步骤：

1）首先绘制一个 A4 图幅的矩形框（尺寸 210×297）。

➢ 单击上方工具栏的矩形命令按钮，启动矩形命令，准备绘制 A4 图幅边框。

a)

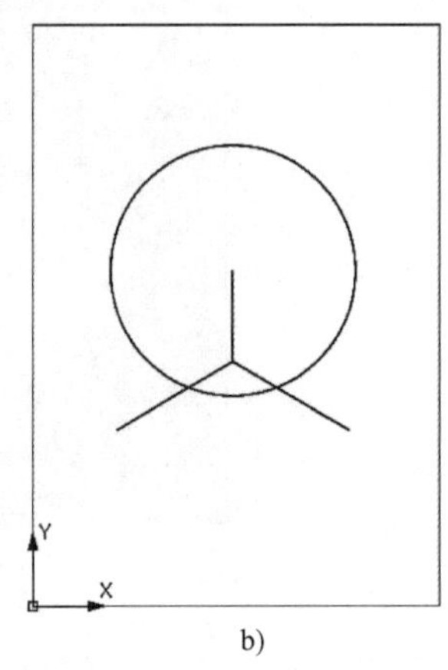

b)

图 1-36 “天津之眼”摩天轮

a)“天津之眼”摩天轮图片 b）摩天轮简图

➢ 键盘输入：0，0 按<Enter>键或空格键 //输入矩形左下角的坐标点。

➢ 键盘输入：210，297 按<Enter>键或空格键 //输入矩形右上角的坐标点，完成矩形绘制。

2）全屏显示图形。

➢ 键盘输入：Z 按<Enter>键 //启动图形缩放命令。

➢ 键盘输入：A 按<Enter>键 //全屏显示所画的矩形。按住鼠标中键（滚轮）移动鼠标可以将图形移动到合适的位置（或直接按两次鼠标中键，可实现全屏显示）；滚动鼠标滚轮可实现图形的放大和缩小。

3）绘制圆。

➢ 单击上方工具栏的圆命令按钮，启动绘制圆的命令。

➢ 键盘输入：105，160 按<Enter>键 //输入圆心坐标。

➢ 键盘输入：55 按<Enter>键 //输入圆的半径。

4）绘制三条直线。

① 先绘制通过圆心的竖线。

➢ 单击上方工具栏的直线命令按钮，启动直线命令。

➢ 键盘输入：105，160 //输入直线起点坐标。

➢ 键盘输入：0，-40 按<Enter>键 //用绝对坐标方法绘制通过圆心的竖线。

② 再绘制左边的斜线。

➢ 启动直线命令（刚画完直线后再按<Enter>键即可重新启动直线命令）。

➢ 键盘输入：105，120 //输入直线起点坐标。

➢ 键盘输入：60<210 按<Enter>键 //用极坐标方法完成左边斜线的绘制。

③ 最后绘制右边的斜线。

➢ 启动直线命令。

➢ 键盘输入：105，120 //输入直线起点坐标。

➢ 键盘输入：60<330 按<Enter>键　　//用极坐标方法完成右边斜线的绘制。

完成摩天轮的绘制。

 AutoCAD 知识点小结

（1）数值输入方式

在绘制矩形、圆、直线等形状时，往往涉及坐标点的输入。在 AutoCAD 系统中需要用户输入点的坐标时，有以下几种输入方式。

1）点的输入。

① 绝对坐标。点的绝对坐标是指该点绝对于坐标原点的值。例如，实例 1 在绘制矩形框时输入左下角坐标点：0,0；右上角坐标点：210,297。绘制圆时输入圆心坐标点：105,160。

② 相对坐标。点的相对坐标是指输入的点相对于前一点的坐标增量。为了区分绝对坐标，相对坐标在数值的前面加一个@ 符号。

③ 极坐标。极坐标是从前一点出发，指定一个距离和角度。AutoCAD 中极坐标的格式为“距离<角度”。

2）角度的输入。

前面极坐标提到了角度，在 AutoCAD 中角度是以度为单位，角度是极轴与水平向右方向形成的夹角，水平向右为 0°。

3）距离和数值的输入。

当系统需要输入一个距离或数值时，如长度、宽度、半径等，可以直接输入一个数值。

4）输入实例。

绘制如图 1-37 所示的简单图形，起点坐标为“100,80”。

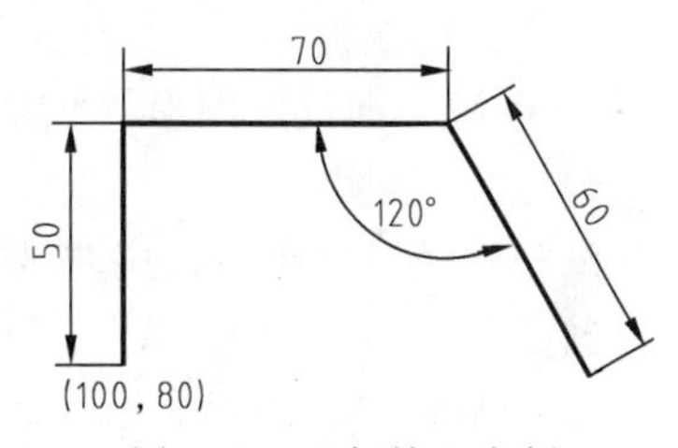

图 1-37　坐标输入实例

① 先确定一个 A4 纸大小的图形界限。

➢ 键盘输入：limits　　// 利用图形界限命令确定图形区域。

➢ 键盘输入：0,0　　// 给出图纸的左下角坐标点。

➢ 键盘输入：297,210　　// 给出图纸的右上角坐标点。

➢ 键盘输入：Z　　// 用 zoom 命令进行缩放。

➢ 键盘输入：A　　// 用 all 参数将 A4 图纸范围全屏显示。

② 画三条线。

➢ 单击界面左上方的“直线”按钮，启动直线命令。

➢ 键盘输入：100,80　　// 给出直线段起点坐标（绝对坐标）。

➢ 键盘输入：0,50　　// 绘制 50 竖线。当启动动态输入时，系统自动启用相对坐标输入方式，在命令提示区会看到输入的数值前自动加上了@ 符号，如图 1-38 所示。

➢ 键盘输入：70,0　　// 绘制 70 横线，用的相对坐标输入方式，省去了输“@”符号。

➢ 键盘输入：60<300　　// 绘制 60 斜线（用极坐标）。

➢ 按<Enter>键　　// 结束直线命令。

图 1-38 相对坐标输入实例

注意：

1）绘图时，若有前一点，后点自动按相对坐标输入。

2）必须在英文状态下输入数字及标点符号。

（2）AutoCAD 设置图形界限的方法

在绘图之前，用户先要根据零件的真实大小来确定所用图纸的大小。图形界限即设定了一个绘图区域，相当于图纸的大小。

当设置了图形界限以后，就不要在界限之外绘制图形了，区域外的图形部分在以后的执行出图或其他命令时不会被执行。

1）命令的执行。

在命令行输入“limits”，按<Enter>键，命令行会提示如下：“指定左下角点或［开(ON)/关(OFF)］<0.0000,0.0000>:”，此时用户输入图形界限左下角的坐标，如果直接按<Enter>键，则系统默认左下角坐标为“0，0”。

命令行继续提示：“指定右上角点 <420.0000,297.0000>:”，用户可输入“297，210”，按<Enter>键，即设定图形界限是 A4 图纸的大小。

2）操作说明。

设置好图形界限后，用户要执行一下图形缩放命令，使屏幕显示区域为设定的图形界限。例如输入“Z”→“A”，即可很快地显示图形界限的区域。

（3）AutoCAD 图形显示控制的常用方法

为方便图形绘制，AutoCAD 提供了控制图形显示的命令，用户可以通过使用这些命令改变图形在屏幕上的显示方式和大小，以便观察。但无论以什么样的方式显示，均不会改变图形的实际尺寸。

1）缩放图形。

① 最简单的方式是直接用鼠标滚轮进行缩放，往上转动滚轮放大图形，往下转动滚轮缩小图形。

② 在命令行直接输入“Z”（Z 是 zoom 的缩写），按<Enter>键，启动缩放命令。如图 1-39 所示。

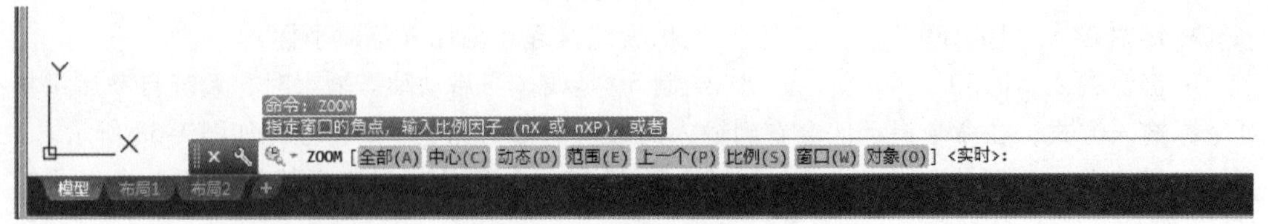

图 1-39 图形显示命令

表 1-4 中列出了缩放命令的部分功能。其中，带 * 为常用指令。

表 1-4 缩放命令功能表

名称	命令项	功　能
* 全部	Z→A	按原图大小显示全部图形
* 窗口	Z→W	用窗口选择方式缩放选中的图形
* 动态	Z→D	用动态框方式选择需缩放的图形
* 实时	Z→实时	用鼠标实时放大或缩小图形
* 上一个	Z→P	恢复上一个屏幕显示
比例	Z→S	按比例缩放全部图形
中心	Z→C	以确定的中心点为中心缩放全部图形
放大	Z→2X	全部图形放大一倍
缩小	Z→0.5	全部图形缩小一半
范围	Z→E	根据当前图形,尽可能显示全部
对象	Z→O	显示选中的对象

2）平移图形。

直接按住鼠标滚轮，屏幕上的十字光标变成手的形状时，即可上下左右移动屏幕上的图形，便于观察。

【实例 2】 根据表 1-1、图 1-2 和图 1-6 绘制 A4 图纸带标题栏的标准竖放图框，如图 1-40 所示。

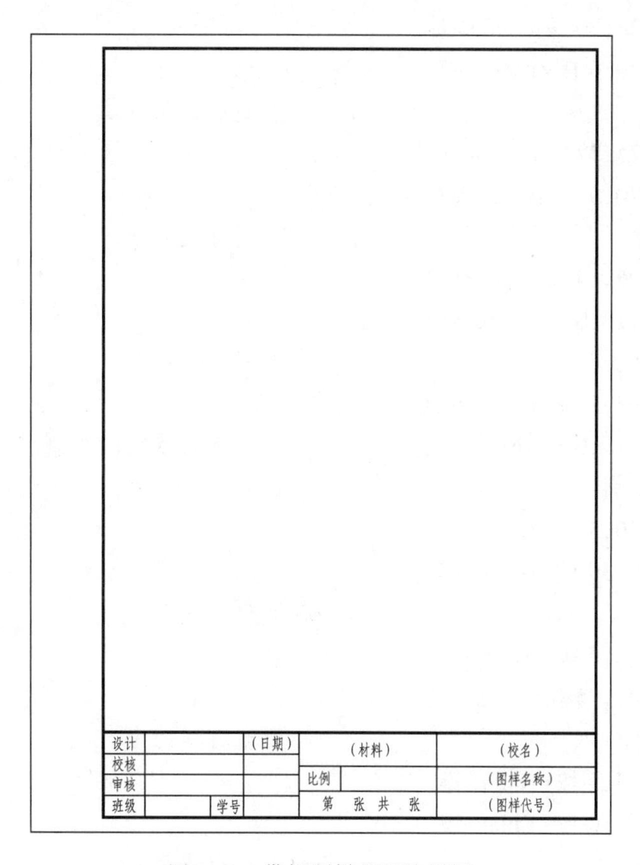

图 1-40 带标题栏的竖放图框

作图步骤：

1）启动 AutoCAD 软件。

2）绘制外图框和内图框。

➢ 从功能区选项板单击“矩形”命令按钮。

➢ 键盘输入：0,0 按<Enter>键 //输入矩形左下角的坐标点。

➢ 键盘输入：210,297 按<Enter>键 //输入矩形右上角的坐标点，完成外图框绘制。

➢ 用图形缩放命令将图形放大到合适的尺寸。

➢ 重复矩形命令绘制内图框。

➢ 键盘输入：25,5 按<Enter>键 //输入矩形左下角的坐标点。

➢ 键盘输入：180,287 按<Enter>键 //输入矩形右上角的坐标点（相对于前一点的坐标），完成内图框绘制。

3）根据图 1-6 所示尺寸，利用直线命令绘制标题栏。

➢ 从功能区选项板单击“直线”命令按钮。

➢ 键盘输入：25,35 按<Enter>键 //输入直线起点坐标点。

➢ 键盘输入：180,0 按<Enter>键 //完成标题栏外框的绘制。

➢ 键盘输入：25,12.5 按<Enter>键

➢ 键盘输入：70,0 按<Enter>键

➢ 按<Enter>键 //重复直线命令。

➢ 键盘输入：25,20 按<Enter>键

➢ 键盘输入：70,0 按<Enter>键

➢ 按<Enter>键 //重复直线命令。

➢ 键盘输入：25,27.5 按<Enter>键

➢ 键盘输入：70,0 按<Enter>键

➢ 按<Enter>键 //重复直线命令。

➢ 键盘输入：95,14 按<Enter>键

➢ 键盘输入：110,0 按<Enter>键

➢ 按<Enter>键 //重复直线命令。

➢ 键盘输入：95,23 按<Enter>键

➢ 键盘输入：110,0 按<Enter>键 //完成所有横线的绘制。

➢ 按<Enter>键 //重复直线命令。

➢ 键盘输入：40,5 按<Enter>键

➢ 键盘输入：0,30 按<Enter>键

➢ 按<Enter>键 //重复直线命令。

➢ 键盘输入：63,5 按<Enter>键

➢ 键盘输入：0,7.5 按<Enter>键

➢ 按<Enter>键 //重复直线命令。

➢ 键盘输入：75,5 按<Enter>键

➢ 键盘输入：0,30 按<Enter>键

➢ 按<Enter>键 //重复直线命令。

➢ 键盘输入：95,5 按<Enter>键
➢ 键盘输入：0,30 按<Enter>键
➢ 按<Enter>键　　　　　　　　　　　　//重复直线命令。
➢ 键盘输入：110,14 按<Enter>键
➢ 键盘输入：0,9 按<Enter>键
➢ 按<Enter>键　　　　　　　　　　　　//重复直线命令。
➢ 键盘输入：145,5 按<Enter>键
➢ 键盘输入：0,30 按<Enter>键　　　　　//完成所有竖线的绘制。

4）在标题栏中写入汉字。

➢ 以“(图样名称)”为例，讲解写汉字的步骤。

➢ 从功能区选项板单击“文字”按钮，并选择“多行文字”，如图 1-41 所示箭头所指位置。

➢ 用鼠标在“（图样名称)”的位置进行框选后弹出“文字编辑器”对话框，如图 1-42 所示。

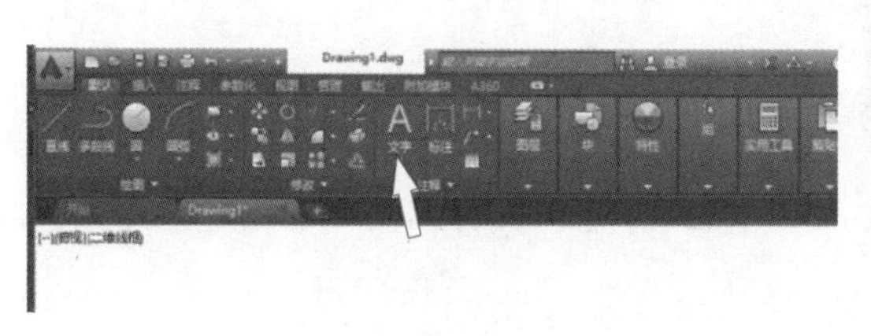

图 1-41　输入文字位置

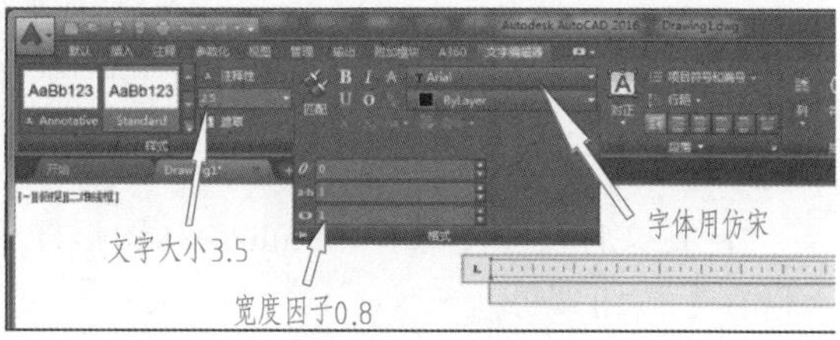

文字大小3.5
宽度因子0.8
字体用仿宋

图 1-42　字体设置

➢ 按照图 1-42 所示更改三个选项后，输入“(图样名称)”，单击“关闭文字编辑器”按钮，退出文字输入状态。

5）利用“移动”命令，将输入的文字调整到方格的中央位置。

➢ 从功能区选项板单击“移动”命令按钮，如图 1-43 箭头所指位置。

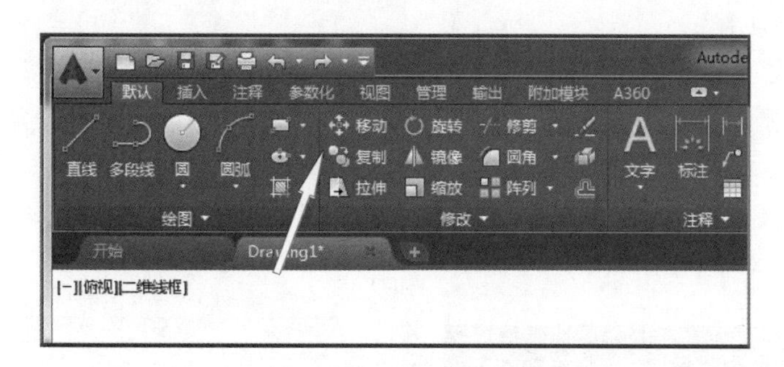

图 1-43　“移动”命令位置

➢ 用鼠标左键点选刚才输入的文字并按<Enter>键。

➢ 用鼠标左键在文字上任意选择一点为移动的基点。

➢ 移动鼠标时文字将跟随鼠标移动，在合适的位置单击左键确认。

➢ 按照此方法将所有的文字填入到合适的格子中，结果如图 1-40 所示。

6）存为图形样板格式的 A4 图框。

➢ 单击界面左上角红色 A 图标。

➢ 选择“另存为”选项，打开相应对话框，如图 1-44 所示。

图 1-44 “图形另存为”对话框

➢ 在文件类型中选择“AutoCAD 图形样板 dwt”格式，输入文件名为“A4 图框”，单击“保存”按钮即可。

 AutoCAD 知识点小结

(1) 文字注释

机械制图中除了包含必要的图形、尺寸等基本信息之外，还需要加上必要的注释，最常见的如技术要求、标题栏和明细栏等。AutoCAD 为用户提供了“多行文字”与“单行文字”两种文字注释方法。“单行文字”主要用于简短的文字注释，而“多行文字”主要用于内容复杂且较长的文字注释。

(2) 文字样式

1) 文字样式概念：在写文字之前，应首先设置合适的文字样式，包含字体、字号、高度和方向等。

2) 先选择工具栏“注释”按钮，再单击“文字”右侧斜向下的箭头，如图 1-45 所示。弹出“文字样式”对话框，如图 1-46 所示。

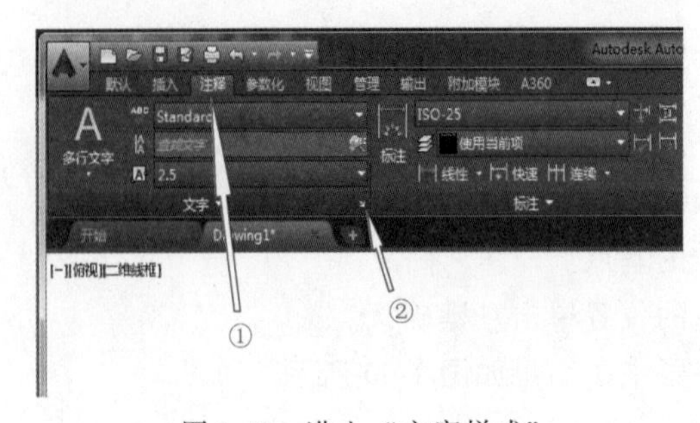

图 1-45 进入“文字样式”

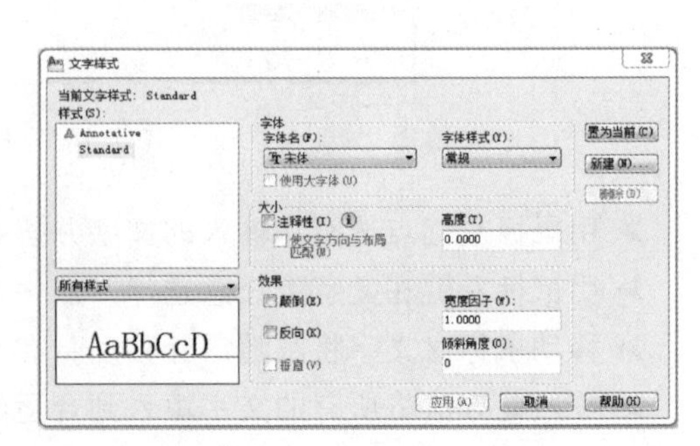

图 1-46 “文字样式”对话框

在“文字样式”对话框中，用户可以方便地管理文字样式，例如新建、删除文字样式，也可以调整文字样式的特性，如设置文字样式的字体、高度等。

➢“置为当前”按钮：将在“样式”列表区中选择的文字样式设置为当前文字样式。

➢“新建”按钮：创建新的文字样式。

➢“删除”按钮：删除在“样式”列表区选择的文字样式，但不能删除当前文字样式，以及已经用于图形中的文字样式。

➢“应用”按钮：在修改了文字样式的某些设置及参数后，该按钮变为有效。单击该按钮，可使设置生效，并将所选文字样式设置为当前文字样式。

➢“字体”选项区中的下拉列表：通过该选项可以选择文字样式的字体类型。若“使用大字体”复选框被选中，此时只能选择扩展名为“shx”的字体文件。如果取消选中“使用大字体”复选框，则可以选择宋体、仿宋体等各种汉字字体。

➢“大小”选项区“高度”文本框：设置文字样式的高度，其默认值为0。

➢“大小”选项区“注释性”复选框：选中该复选框，表示使用此文字样式创建的文字支持使用注释比例。

➢“效果”选项区：可设置文字效果为“颠倒”、“反向”、“垂直”。“宽度因子”文本框用于设置文字的宽度，“倾斜角度”文本框用于设置文字的倾斜角度。

(3) 多行文字

单击工具栏“注释”按钮后，即可在最左侧看到“多行文字”图标。执行命令后，状态栏及命令窗口提示如下内容：

命令：_mtext

当前文字样式： "Standard"　文字高度：2.5　注释性：否

指定第一角点：　　　//指定文字区域的第一点。

指定对角点或[高度(H)/对正(J)/行距(L)/旋转(R)/样式(S)/宽度(W)/栏(C)]：//指定文字区域的第二点。

打开“文字编辑器”工具栏，进入写文字状态，如图1-47所示。

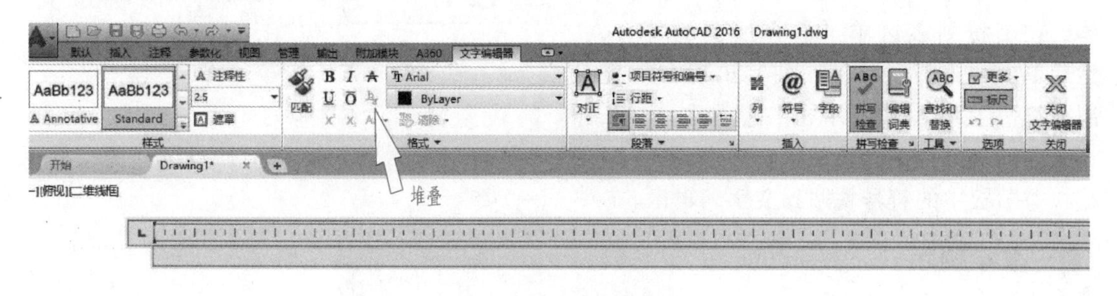

图1-47　文字编辑器

注意：

使用“文字编辑器”工具栏设置文字格式时，可以输入多种规格文字。对于多行文本而言，其各部分文字可以采用不同的字体、高度和颜色等。如果希望调整部分已输入文字的特性，应首先通过拖动方法选中部分文字，然后利用“文字编辑器”工具栏进行设置。设置种类如下：

① 输入分数或公差：单击图 1-47 箭头所指按钮，可以将所选文字创建为堆叠文字。创建堆叠文字时，应首先输入分别作为分子（或上偏差）和分母（或下偏差）的文字，其间使用“/”、“#”或“^”分隔，然后选择这一部分文字，单击堆叠按钮即可。具体形式见表 1-5。

表 1-5 分数与公差的输入

输入形式	1/10	1#10	+0.01^-0.01
堆叠结果	$\frac{1}{10}$	1⁄10	$^{+0.01}_{-0.01}$

② 设置段落缩进和段落宽度：利用文字编辑区上方的标尺，可调整段落文字的首行缩进、段落缩进和段落宽度。

③ 使用制表位对齐：默认情况下，文字编辑区上方的标尺中已设置了一组标准的制表位，即每按一下<Tab>键，光标自动移动一定的间距，从而对齐数据。

（4）单行文字

“单行文字”的使用更加简单，“单行文字”主要用来创建简短的文字项目，例如，标题栏中的信息等。用“单行文字”命令输入文本时，每行文字都是一个独立的对象，而使用多行文字时，多行文字注释作为一个整体“块”出现。

（5）输入特殊符号

输入多行文字时，对于一般的符号，可直接单击“文字编辑器”工具栏中的“符号”按钮就可以输入。如果其中没有自己所需要的符号，可从弹出的列表中选择最下面的“其他”，打开“字符映射表”对话框。如图 1-48 所示。

图 1-48 “字符映射表”对话框

在“字体”下拉列表中选择合适的字体，在字符列表区单击选择所要的符号，然后单击“选择”按钮，使其出现在“复制字符”文本框中，单击“复制”按钮，将选中的符号复制到剪贴板，然后关闭“字符映射表”对话框。按<Ctrl+V>组合键，将保存在剪贴板中的符号粘贴到文字编辑区。

教学提示

本章重点学习国家标准《技术制图》与《机械制图》中有关图纸幅面及格式、比例、字体图线和尺寸标注等方面的基本规定，初步学会徒手绘图的基本方法；初识 AutoCAD 软件的基础知识，使学生能够按照制图标准、利用绘图仪器和计算机绘制基本图形并合理标注尺寸。

教学中，通过学习机械制图国家标准，使学生养成按制度办事的行为习惯，同时，培养精益求精的工匠精神；通过学习 AutoCAD 2016 软件的绘图方法，使学生认识科技发展的意义，增强学生学习的主动性；通过摩天轮简图绘制实例，使学生增强自信心和爱国情怀，从而激发学生的学习兴趣。

第2章 几何体三视图

教学目标

1. 掌握正投影法的基本原理和投影特性，熟悉三视图投影规律，培养空间想象能力。
2. 掌握点、直线、平面和基本体的投影特性。
3. 熟悉截交线和相贯线的画法，培养学生攻坚克难的精神。
4. 掌握 AutoCAD 绘制三视图的基本方法，增强创新意识。

2.1 投影法

灯光从上方照射物体，桌面上会形成物体的影子，称为投影。如图 2-1 中的四边形 *abcd* 即为光源 *S* 照射四边形 *ABCD* 在桌面上所形成的投影。这种投射线通过物体向预定平面投射得到图形的方法叫投影法，投影法的三要素：投射线、物体及投影面。

2.1.1 投影法分类

投影法分为中心投影法和平行投影法。

1. 中心投影法

投射线交于一点的投影法称为中心投影法，如图 2-1 所示。中心投影法特性：投影一般为大于物体的类似形，不反映物体的实际大小，但立体感强，常用于绘制透视图。

2. 平行投影法

将光源 *S* 移至无穷远处，投射线可以看成平行的，这种投影法称为平行投影法。平行投影法按投射线与投影面的位置不同可分为斜投影（图 2-2）和正投影（图 2-3）两种。斜投影用于绘制斜二轴测投影图。正投影用于绘制三视图，其特点是度量性好，立体感差；正等轴测图用于绘制辅助图样，直观表达零件结构，如第 1 章中图 1-10 所示。

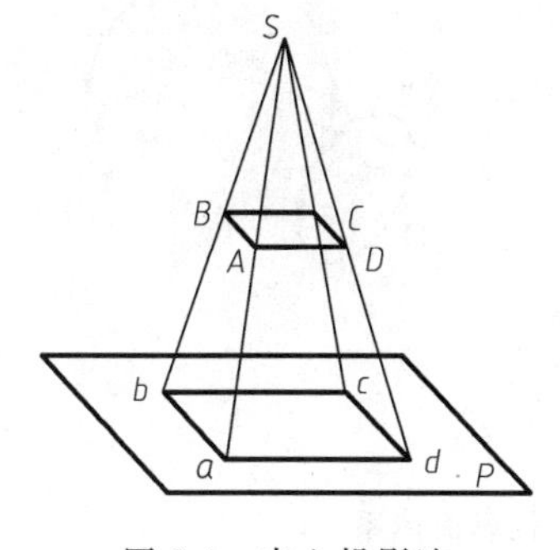

图 2-1 中心投影法

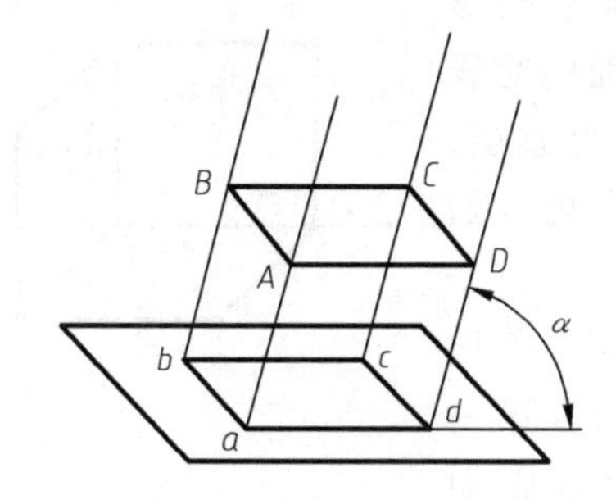

图 2-2 斜投影法

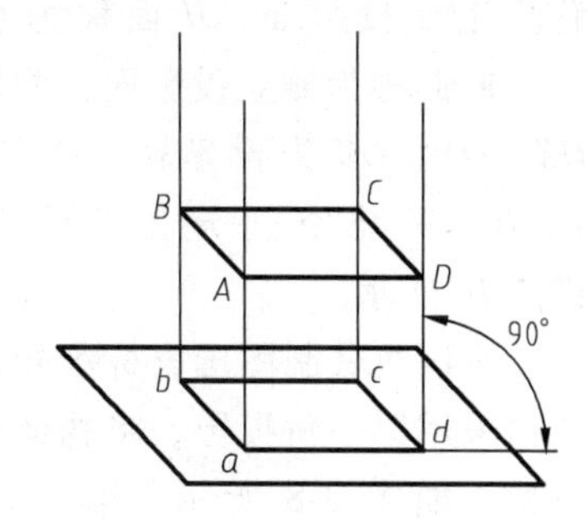

图 2-3 正投影法

2.1.2 正投影基本性质

1. 真实性

当平面（或线段）与投影面平行时，其投影反映实形（或实长），称为真实性，如图 2-4 所示。

2. 积聚性

当平面（或线段）与投影面垂直时，其投影积聚为线（或点），称为积聚性，如图 2-5 所示。

3. 类似性

当平面（或线段）与投影面倾斜时，其投影变小（或变短），称为类似性，如图 2-6 所示。

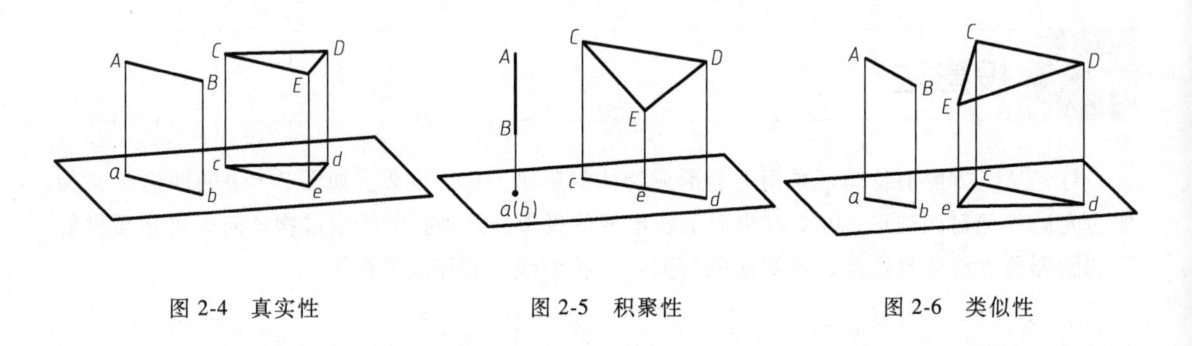

图 2-4 真实性　　图 2-5 积聚性　　图 2-6 类似性

2.2 三视图

2.2.1 三视图的形成

1. 三投影面体系

为了用投影图确定空间物体的形状，可以将物体放在三个互相垂直的投影面组成的三投影面体系中，如图 2-7a 所示，其中 *V* 面称为正立投影面，*H* 面称为水平投影面，*W* 面称为侧立投影面，两面的交线 *OX*、*OY*、*OZ* 为投影轴，*O* 点为原点，*V*、*H*、*W* 将空间分为 8 个分角，如图 2-7b 所示。

我国机械制图国家标准规定，工程图样采用第一角投影，将物体放在第一分角，如图 2-8 所示。第三角投影如图 2-9 所示，后续章节讲述。

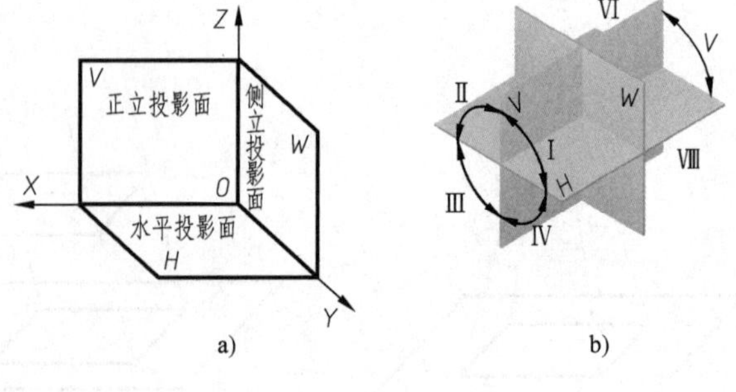

图 2-7 投影面体系

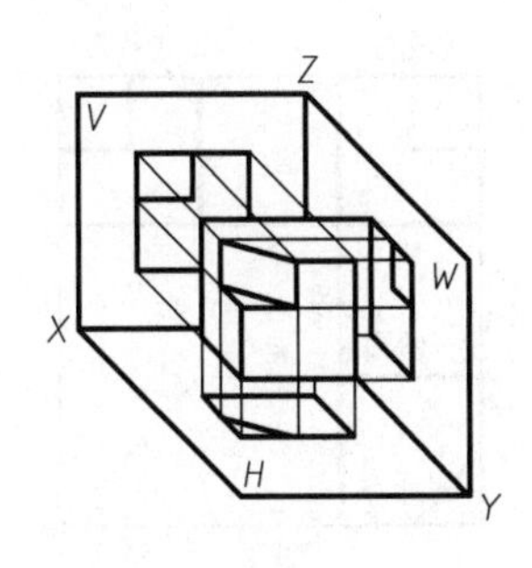

图 2-8 第一角投影

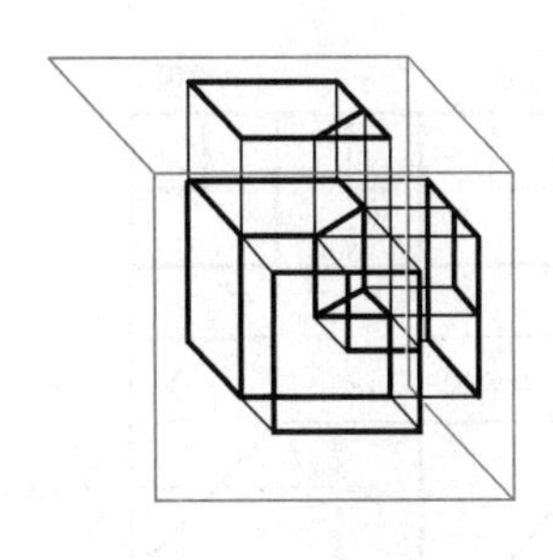

图 2-9 第三角投影

2. 三视图的形成

将物体放在三投影面体系中，按正投影法向各投影面投射，得到物体的正面投影（主视图）、水平投影（俯视图）和侧面投影（左视图），即物体的三视图。

为了把互相垂直的三个投影图画在一张图纸上，必须展开投影面。展开方法（这里以图 2-10a 为例）：*V* 面不动，*H* 面绕 *X* 轴向下旋转 90°；*W* 面绕 *Z* 轴向后旋转 90°，使三个投影面处于同一个平面内，如图 2-10b、c 所示。实际画图时，不必画出投影面的范围，画成图 2-10d 所示的图形。

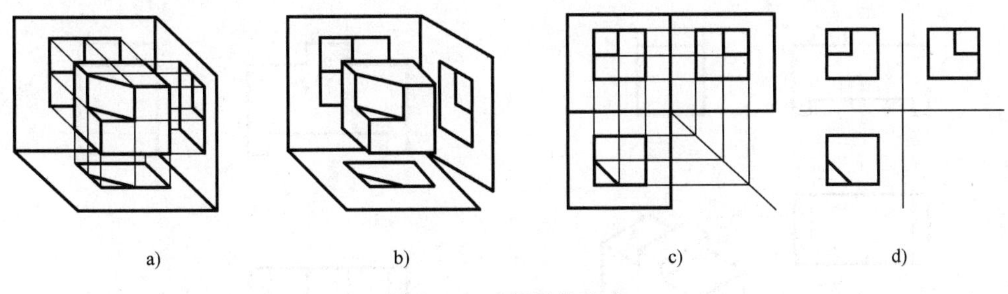

图 2-10 三视图的形成

2.2.2 三视图之间的关系

1. 投影关系

根据图 2-10a 可知，主视图是从前向后观察到的物体的形状，反映物体的长和高；俯视图是从上到下观察到的物体的形状，反映物体的长和宽；左视图是从左向右观察到的物体的形状，反映物体的宽和高。

物体的三视图投影对应关系：主俯视图长对正；主左视图高平齐；俯左视图宽相等，如图 2-11 所示。

2. 方位关系

根据图 2-10b、c 可知，俯视图在主视图的下方，左视图在主视图的右方。主视图反映物体的上、下、左、右关系；俯视图反映物体的前、后、左、右关系；左视图反映物体的上、下、前、后关系，如图 2-12 所示。

注意：在俯视图和左视图中，离主视图越远表示越靠前，离主视图越近表示越靠后。

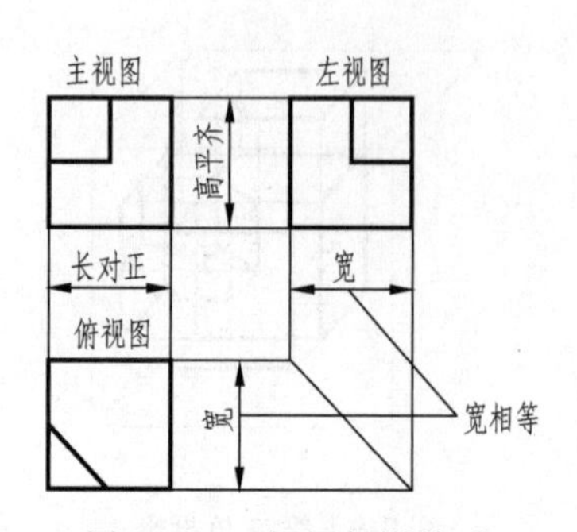

图 2-11 三视图投影关系

图 2-12 三视图方位关系

3. 三视图的识读与绘制

识读和绘制三视图时，除了遵循各视图的投影关系及方位关系之外，还要注意：

1）读图和画图要将三个视图结合起来。

2）沿视图的看图方向投影，可见轮廓线用粗实线绘制，不可见轮廓线用虚线绘制。

【实例 1】 如图 2-13a 所示，根据立体图补画三视图中所缺线段。

观察立体图，主视图不少图线；主俯视图长对正，从上往下看，俯视图应补画两根实线（凸台左右侧面的水平投影）；主左视图高平齐，从左往右看，左视图应画一根虚线（槽上表面的侧面投影），补画结果如图 2-13b 所示。

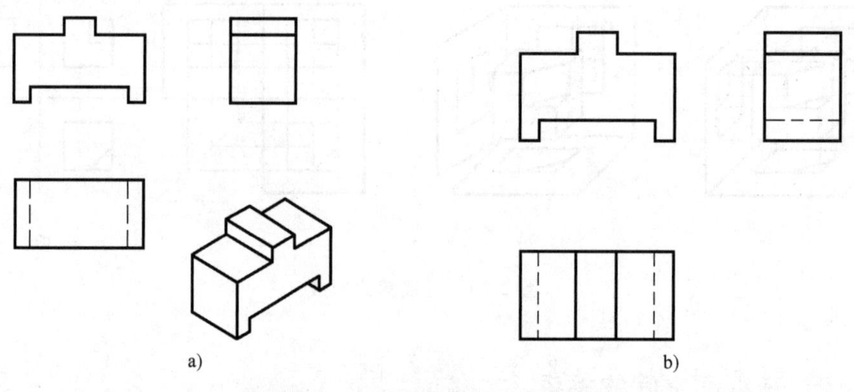

图 2-13 三视图画图与读图示例

2.3 点、直线与平面的投影

点、直线与平面是组成几何体的基本几何元素。掌握点、线、面的投影规律，能够为正确表达几何体奠定必要的基础。

2.3.1 点的投影

1. 点的三面投影

如图 2-14a 所示，在三投影面体系中有一点 A，过点 A 分别向三个投影面作垂线，得垂足 a、a'、a''，即得点 A 在三个投影面的投影。按图 2-14b 展开，得点 A 的三个投影图，如

图 2-14c 所示。图中 a_X、a_Y、a_Z 分别为点的投影连线与投影轴 OX、OY、OZ 的交点。

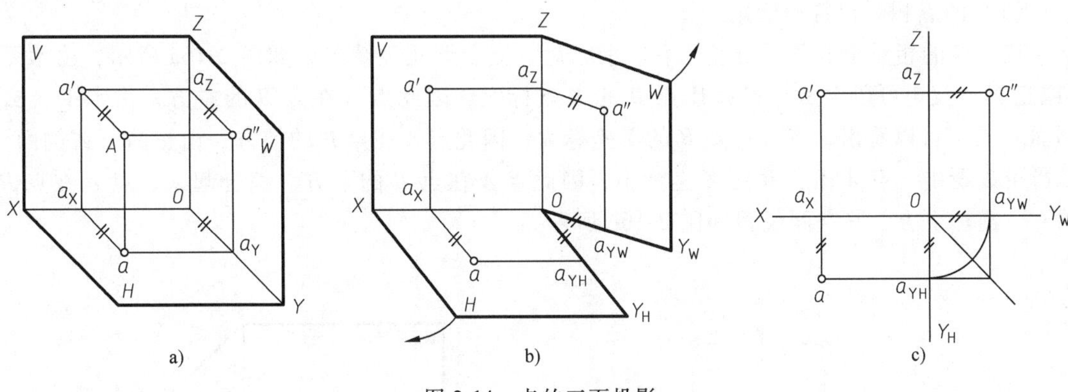

图 2-14 点的三面投影

2. 点的投影规律

根据图 2-14 中点 A 三面投影的形成，可得出点的三面投影规律：

点的正面投影和水平投影的连线垂直于 OX 轴（$aa' \perp OX$）。

点的正面投影和侧面投影的连线垂直于 OZ 轴（$a'a'' \perp OZ$）。

点的水平投影到 OX 轴距离等于点的侧面投影到 OZ 轴的距离（$aa_{YH} \perp OY_H$，$a''a_{YW} \perp OY_W$，即 $aa_X = a''a_Z$）。

此外，从图 2-14a 可以看出点的投影到投影轴的距离，分别等于空间点到相应投影面的距离，也等于空间点的某一坐标值。即：

$a'a_Z = aa_Y = Aa'' = Oa_X$

$aa_X = a''a_Z = Aa' = Oa_Y$

$a'a_X = a''a_Y = Aa = Oa_Z$

【实例 2】 已知点 A（15，8，12），试作其三面投影。

作图步骤：

1）求水平投影 a。先沿 X 轴量取 $Oa_X = 15$，过 a_X 点作 OY_H 的平行线；再沿 Y_H 轴量取 $Oa_Y = 8$，过 a_Y 点作 OX 轴的平行线，交于点 a，即为点 A 的水平投影，如图 2-15a 所示。

2）求正面投影 a'。沿 Z 轴量取 $Oa_Z = 12$，过 a_Z 点作 ox 轴的平行线，与 aa_X 的延长线交于 a'，即为点 A 的正面投影，如图 2-15b 所示。

3）根据三视图的投影特性，作 a''，如图 2-15c 所示。

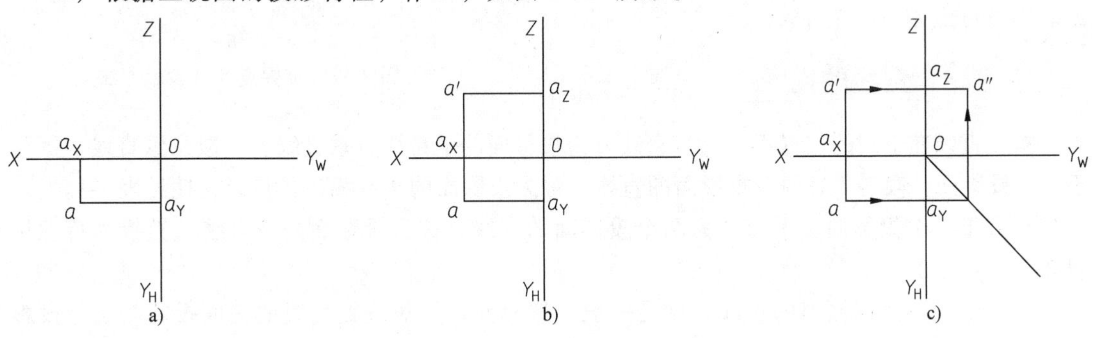

图 2-15 点的投影作图步骤

3. 点的相对位置

（1）两点相对位置的确定

点与点的相对位置关系有左、右、前、后、上、下几种情况。如图 2-16a 所示，由水平（或正面）投影可以看出，点 A 比点 B 的 X 坐标大，因此点 A 在点 B 的左方；由水平（或侧面）投影可以看出，点 A 比点 B 的 Y 坐标大，因此点 A 在点 B 的前方；由正面（或侧面）投影可以看出，点 A 比点 B 的 Z 坐标小，因此点 A 在点 B 的下方。综合起来，点 A 在点 B 的左、前、下方，其空间位置如图 2-16b 所示。

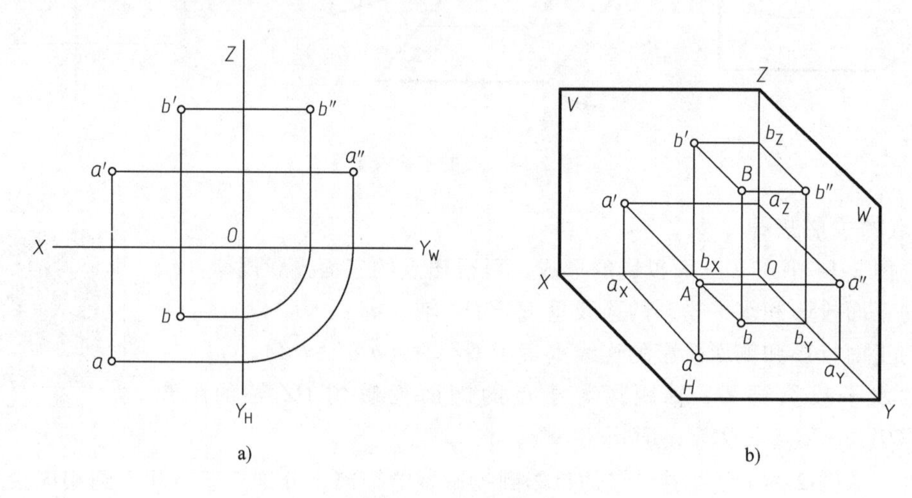

图 2-16　点的相对位置

（2）重影点及其可见性判定

当空间两点的两个坐标相等，即两点处在某一投影面的同一条垂直线上时，它们在该投影面上的投影重合为一点，简称重影点。如果沿着其投影方向观察这两个点，即一点为可见，另一点为不可见。

可见性的判定，可以根据两点的不重影的坐标大小来判定。坐标值大的可见，坐标值小的不可见。如图 2-17 中 $Z_b>Z_c$，则点 B 可见，点 C 不可见。不可见点用（　）表示。

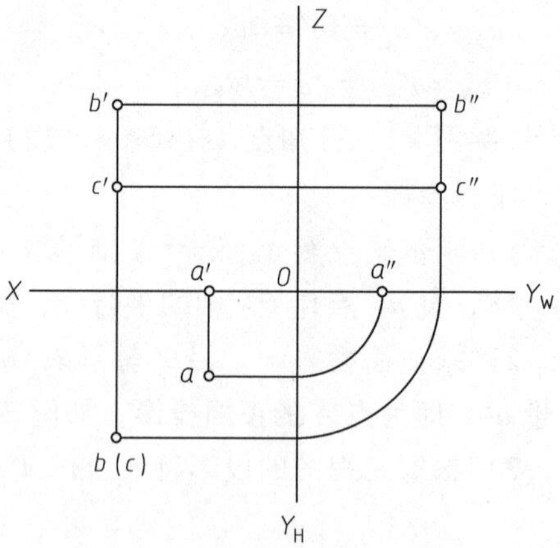

图 2-17　重影点及其表示方法

2.3.2　直线的投影

按照直线在空间的位置不同，将直线分为投影面的平行线、垂直线和一般位置直线。平行于一个投影面，倾斜于另两个投影面的直线，称为投影面的平行线，其投影特性见表 2-1。

垂直于一个投影面，平行于另两个投影面的直线，称为投影面的垂直线，其投影特性见表 2-2。

与三个投影面都倾斜的直线，称为一般位置直线。一般位置直线的三面投影与三个投影面均倾斜。

表 2-1　投影面的平行线的投影特性

名称	位置特点	立体图	投影图	投影特性
水平线	$AB/\!/H$ $AB\angle V$ 和 W	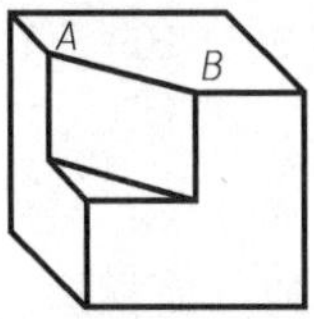	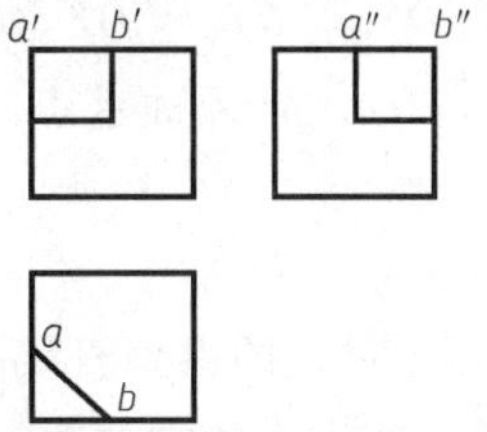	(1) $ab=AB$ (2) $a'b'/\!/OX$, $a''b''/\!/OY_W$ (3) ab 与 OX、OY_H 轴倾斜
正平线	$AB/\!/V$ $AB\angle H$ 和 W	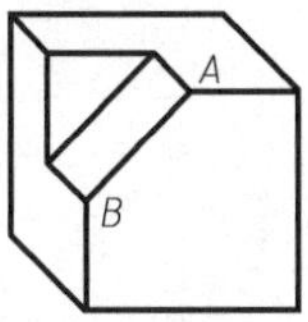	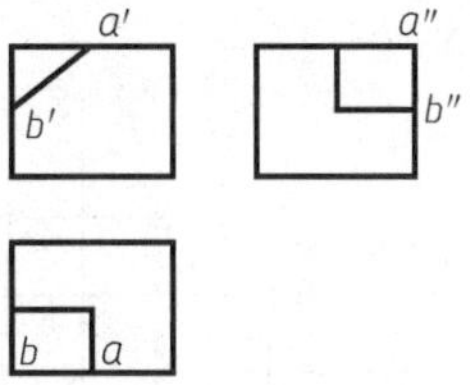	(1) $a'b'=AB$ (2) $ab/\!/OX$, $a''b''/\!/OZ$ (3) $a'b'$ 与 OX、OZ 轴倾斜
侧平线	$AB/\!/W$ $AB\angle H$ 和 V	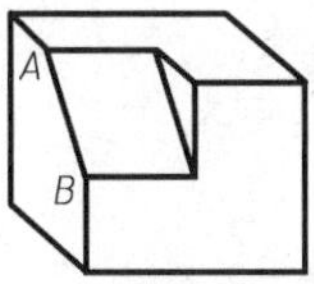	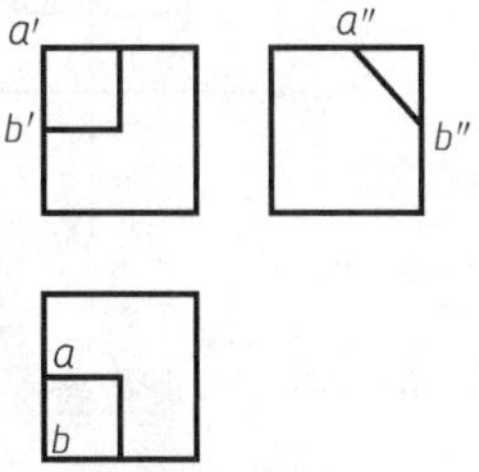	(1) $a''b''=AB$ (2) $ab/\!/OY_H$, $a'b'/\!/OZ$ (3) $a''b''$ 与 OY_W、OZ 轴倾斜

表 2-2　投影面的垂直线的投影特性

名称	位置特点	立体图	投影图	投影特性
铅垂线	$AB\perp H$ $AB/\!/V$ 和 W	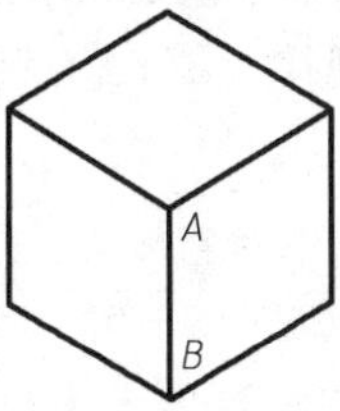	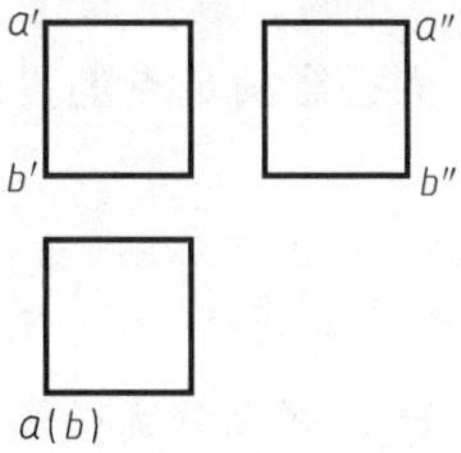	(1) a、b 积聚为一点 (2) $a'b'\perp OX$, $a''b''\perp OY_W$ (3) $a'b'=a''b''=AB$
正垂线	$AC\perp V$ $AC/\!/H$ 和 W	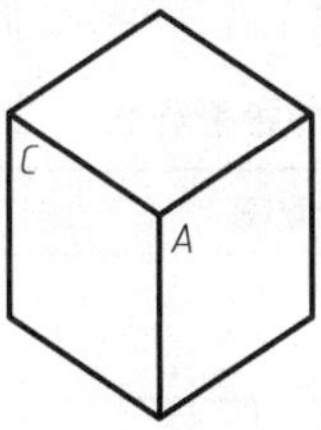	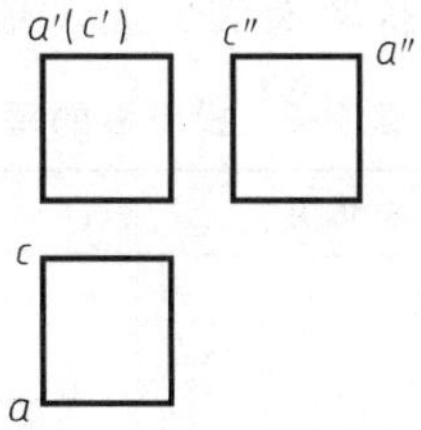	(1) a'、c'积聚为一点 (2) $ac\perp OX$, $a''c''\perp OZ$ (3) $ac=a''c''=AC$
侧垂线	$AD\perp W$ $AD/\!/H$ 和 V	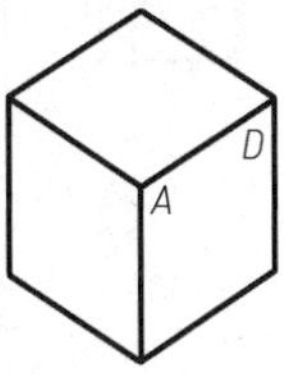	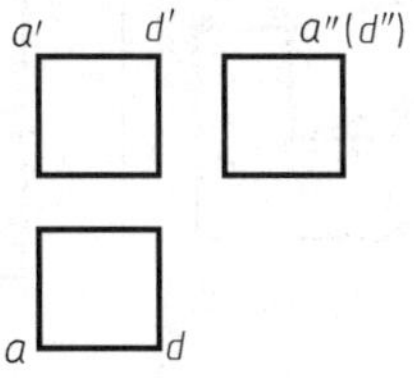	(1) a''、d''积聚为一点 (2) $ad\perp OY_H$, $a'd'\perp OZ$ (3) $ad=a'd'=AD$

【实例 3】 求作直线 AB 的三面投影，A（25，20，10），B（10，10，20）。

作图步骤：

1）先画出坐标系的 OX、OY_H、OY_W、OZ 轴及 45°角度线。

2）XOY_H 面求点 a（25，20），XOZ 面求点 a'（25，10），Y_WOZ 面求点 a''（20，10），细实线连接投影线 aa'、$a'a''$。

3）同理求出 bb'、$b'b''$。

4）粗实线连接 $a'b'$、ab、$a''b''$，即得到直线 AB 的三面投影。如图 2-18 所示。

注意：也可以利用 45°线，作出点的两面投影后，根据投影规律，求作第三面投影。

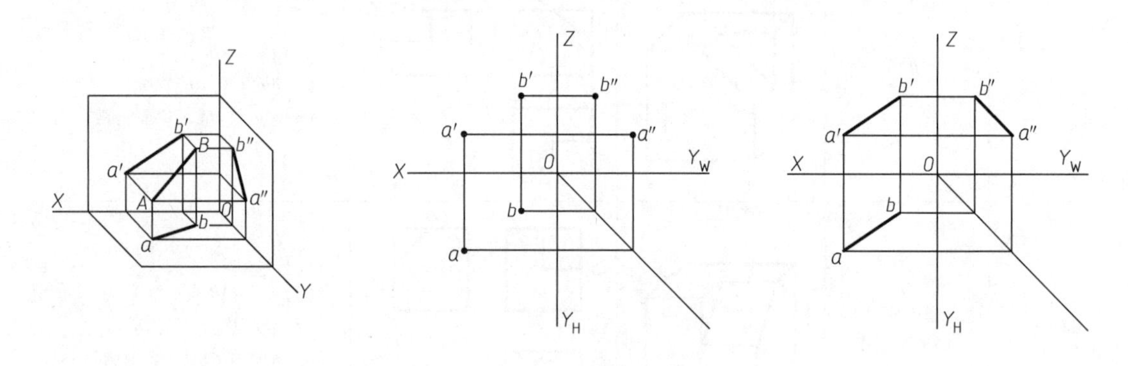

图 2-18 一般位置直线的三面投影

投影知识点

空间直线用大写字母 AB 表示时，其正面投影、水平投影和侧面投影分别用 $a'b'$、ab 和 $a''b''$表示，且 A 点和 B 点的三面投影满足点的投影规律（$a'a \perp OX$，$a'a'' \perp OZ$，a 到 OX 轴的距离等于 a''到 OZ 轴的距离）。

2.3.3 平面的投影

按照平面在空间的位置不同，平面分为投影面的垂直面、平行面和一般位置平面。垂直于一个投影面，倾斜于另两个投影面的平面，称为投影面的垂直面，其投影特性见表 2-3。

表 2-3 投影面的垂直面的投影特性

名称	位置特点	立体图	投影图	投影特性
铅垂面	$ABCD \perp H$ $ABCD \angle V$ 和 W			(1) H 面投影积聚为一条斜线 (2) V 面和 W 面投影为类似形

（续）

名称	位置特点	立体图	投影图	投影特性
正垂面	ABCD⊥V ABCD∠H 和 W	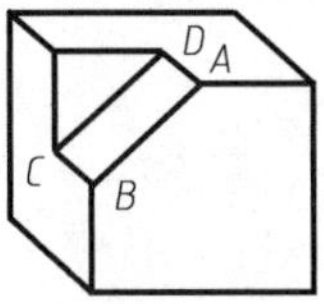	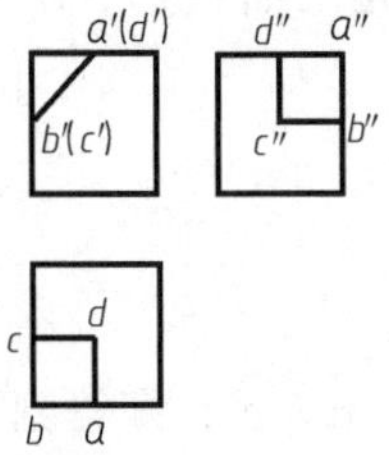	(1)V 面投影积聚为一条斜线 (2)H 面和 W 面投影为类似形
侧垂面	ABCD⊥W ABCD∠H 和 V	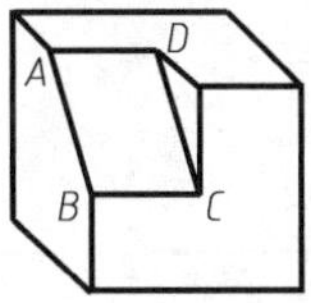	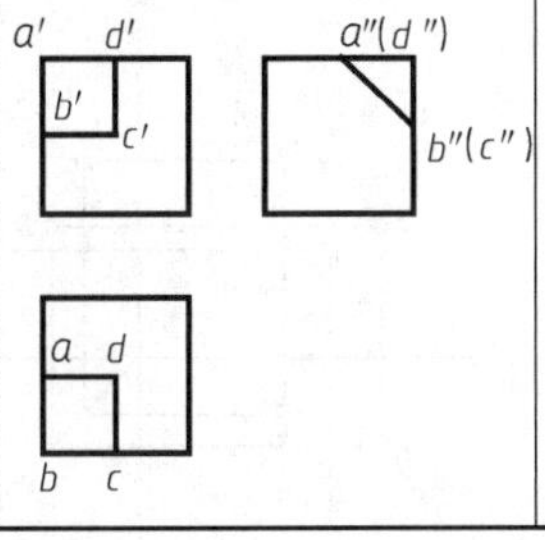	(1)W 面投影积聚为一条斜线 (2)H 面和 V 面投影为类似形

平行于一个投影面，垂直于另两个投影面的平面，称为投影面的平行面，其投影特性见表 2-4。

表 2-4 投影面的平行面的投影特性

名称	位置特点	立体图	投影图	投影特性
水平面	ABCD//H ABCD⊥V 和 W	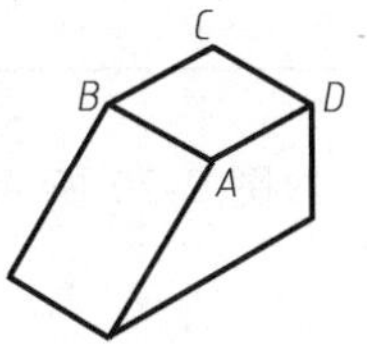	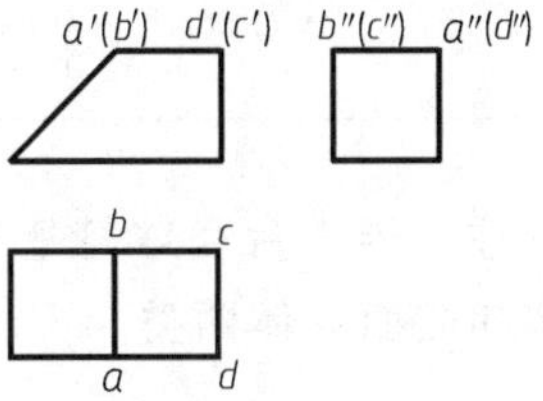	(1)H 面投影反映实形 (2)V 面投影和 W 面投影积聚为直线，分别平行于 OX、OY_W 轴
正平面	ABCD//V ABCD⊥H 和 W	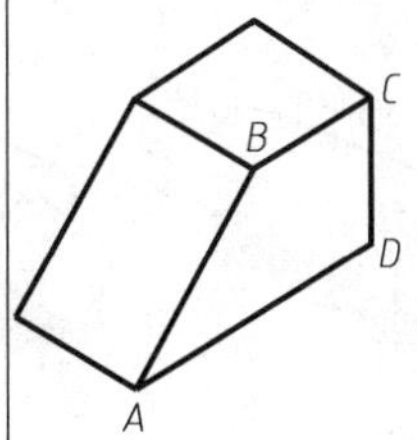	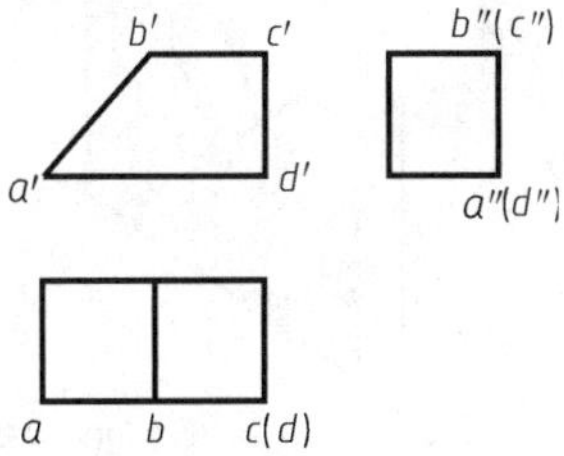	(1)V 面投影反映实形 (2)H 面投影和 W 面投影积聚为直线，分别平行于 OX、OZ 轴
侧平面	ABCD//W ABCD⊥H 和 V	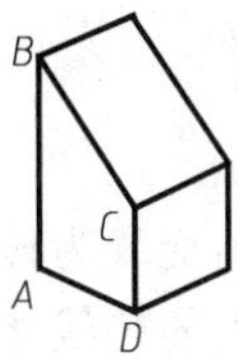	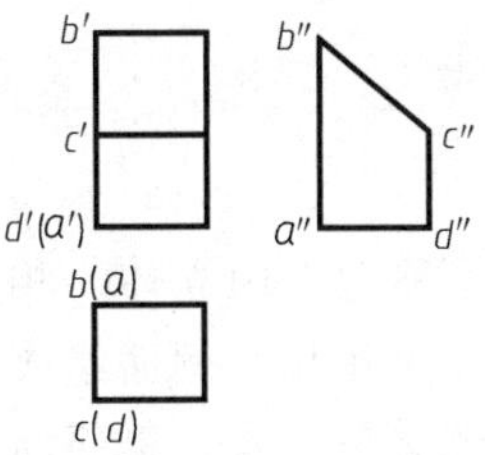	(1)W 面投影反映实形 (2)H 面投影和 V 面投影积聚为直线，分别平行于 OZ、OY_H 轴

与三个投影面都倾斜的平面，称为一般位置平面。一般位置平面的三面投影与三个投影轴均倾斜，且均成类似形，如图 2-19 所示。

【实例 4】 求作平面 ABC 的三面投影，A（25，25，15），B（30，10，18），C（20，7，30）。

作图步骤：

1）前三步同实例 3。

2）求出 c、c'和 c''。

3）粗实线连接 $a'b'c'$、abc、$a''b''c''$，即得到平面 ABC 的三面投影，如图 2-19 所示。

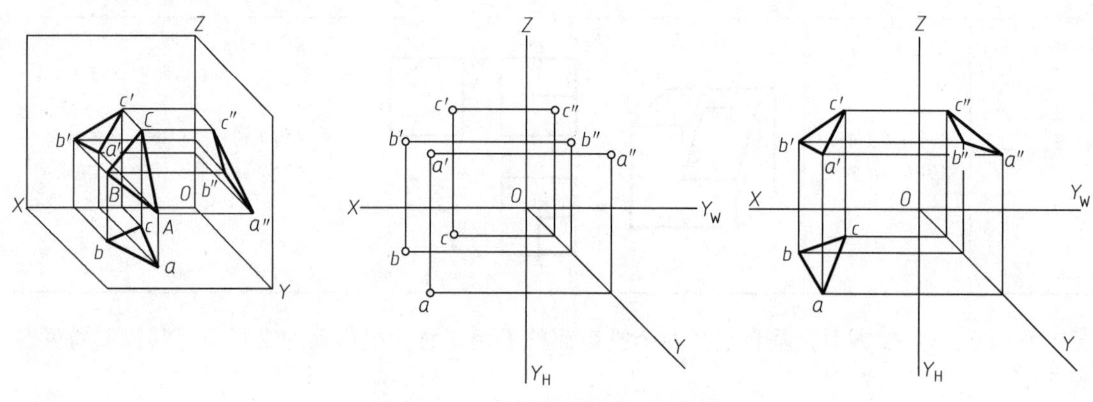

图 2-19　一般位置平面的三面投影

2.4 基本体

组成零件的几何体有柱、锥、台和球等基本体，如图 2-20 所示。基本体按立体表面几何形状不同分为平面立体和曲面立体两类。

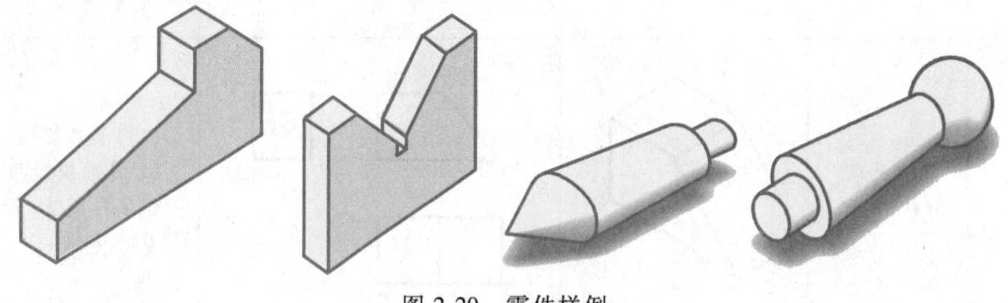

图 2-20　零件样例

2.4.1 平面立体

1. 平面立体的画法

表面全部为平面的立体称为平面立体，相邻平面的交线为棱线。平面立体主要分为棱柱和棱锥两类。棱柱由上下底面和几个侧面组成，侧面上的棱线相互平行；棱锥由下底面和几个侧面组成，侧面上的棱线交于一点。求平面体的投影实质上就是求组成立体的各表面及棱线的投影。

【实例 5】　画出图 2-21 所示正六棱柱的三视图。

（1）投影分析

六棱柱的上下底面为水平面，水平投影反映实形；前后面为正平面，正面投影重合且为矩形实形；其余四个侧面是铅垂面，水平投影积聚为线，侧面投影是矩形。作图时，由于水平投影是特征形，故先从水平投影作起，三个视图结合起来作图。

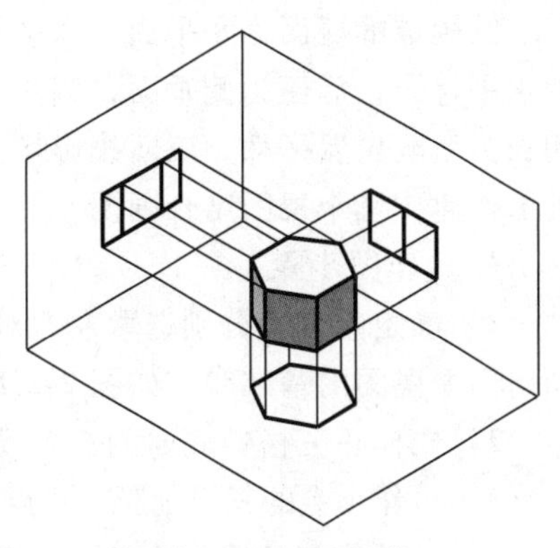

图 2-21　正六棱柱

（2）作图步骤

1）确定基准。分别选取左右对称面、前后对称面及底面为 *X*、*Y*、*Z* 方向的尺寸基准，画出三个视图的基准线，如图 2-22a 所示。

2）先作出反映六棱柱形状特征的俯视图——正六边形，如图 2-22b 所示。

3）按正六棱柱高度，作出上下底面的 *V* 面投影和 *W* 面投影，如图 2-22c 所示。

4）按长对正、宽相等，作出六条棱线的 *V* 面投影和 *W* 面投影，如图 2-22d 所示。

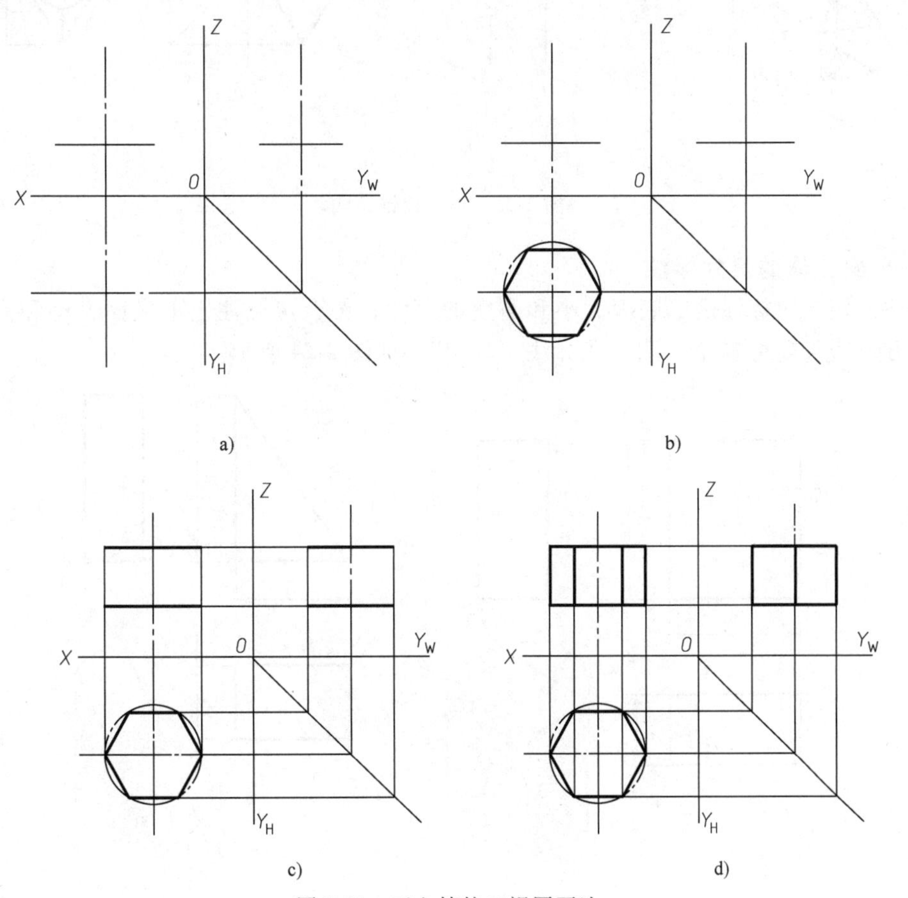

图 2-22　正六棱柱三视图画法

【实例 6】　画出图 2-23a 所示三棱锥的三视图。

（1）投影分析

三棱锥的底面为水平面，水平投影反映实形，为等边三角形，正面投影和侧面投影积聚为水平直线；后面为侧垂面，侧面投影积聚为直线，水平投影和正面投影为类似形；左右两侧面为一般位置平面，三面投影均为类似形。作图时，由于水平投影是特征形，故先从水平投影作起，三个视图结合画图。

（2）作图步骤

1）确定基准。分别选取左右对称面、底面的后边及底面为 X、Y、Z 方向的尺寸基准，画出三个视图的基准线，如图 2-23b 所示。

2）先作正三棱锥底面的三个投影，如图 2-23c 所示。

3）再作顶点的三面投影，顶点在水平面上的投影为等边三角形的中心，如图 2-23d 所示。

4）最后作三条棱线的各面投影，如图 2-23d 所示。

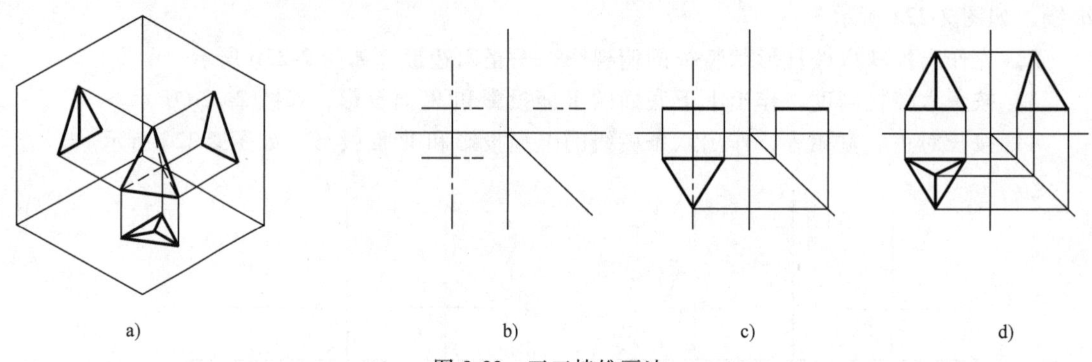

图 2-23　正三棱锥画法

2. 平面立体的尺寸标注

棱柱、棱锥应标注确定底面大小和高度的尺寸；棱台应标注上下底面大小和高度的尺寸；正方形边长前可加注“□”或标注“B×B”，如图 2-24 所示。

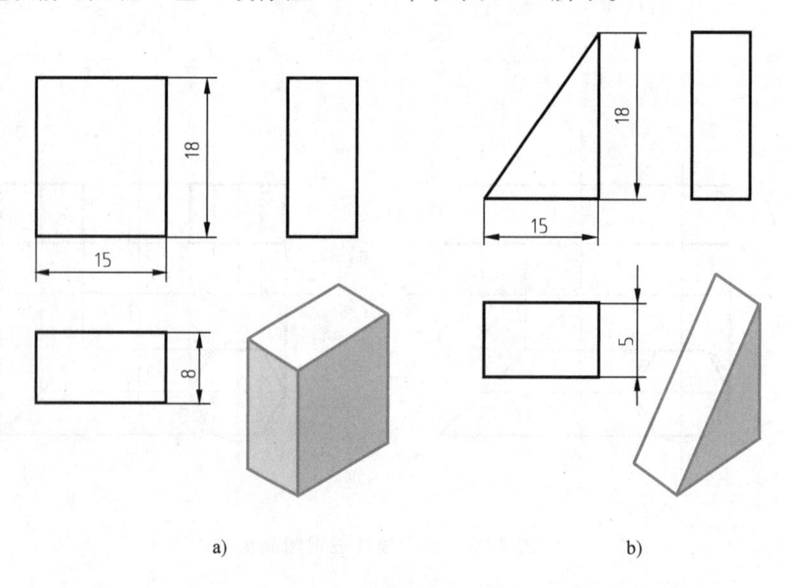

图 2-24　平面立体的尺寸标注

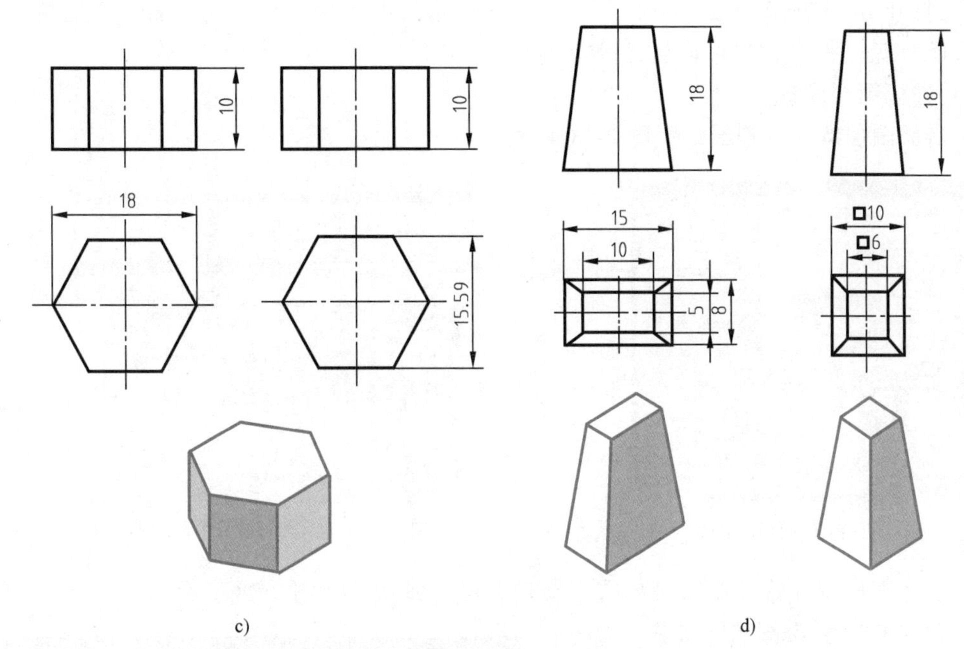

c) d)

图 2-24 平面立体的尺寸标注（续）

【实例 7】 用 AutoCAD 绘制图 2-25 所示图形。

绘制六棱柱的主俯视图，涉及图层、尺寸标注、线型选择、多边形等相关知识。在 AutoCAD 中，如果要在屏幕上显示出不同的线宽，就要打开“线宽”按钮，如图 2-26 所示。第一步单击界面右下角的“自定义”按钮，弹出列表；第二步从列表中将“线宽”选项选中；第三步就可以在下面的选项条中看到“线宽”按钮。

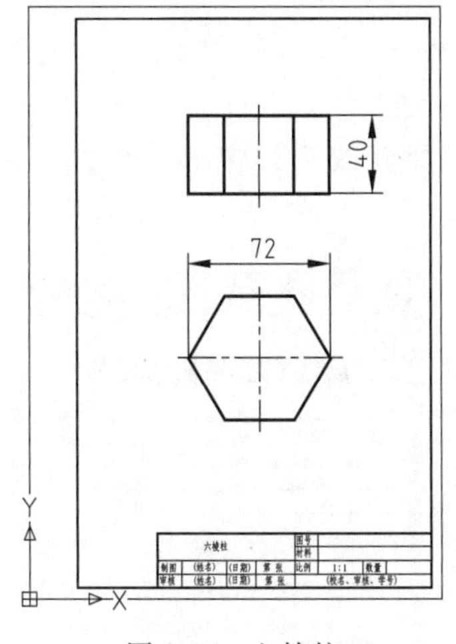

图 2-25 六棱柱

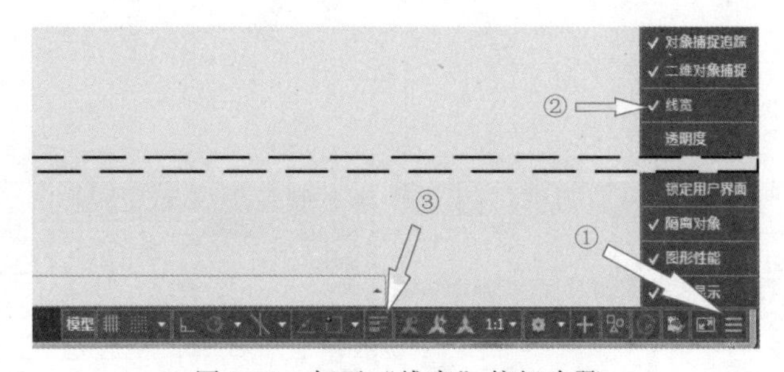

图 2-26 打开“线宽”按钮步骤

作图步骤：

1）启动 AutoCAD，选择打开命令，文件类型选择 dwt 格式，从名称栏中选择第 1 章存入的 A4 图框样本文件，如图 2-27 所示。

2）打开 A4 图框文件后，再将其另存为 dwg 格式的图形文件，文件名为六棱柱，保存位置选择 D 盘（保存位置可以自己确定）。

3）进行图层设置。

➢ 启动图层特性管理器，如图 2-28 所示。

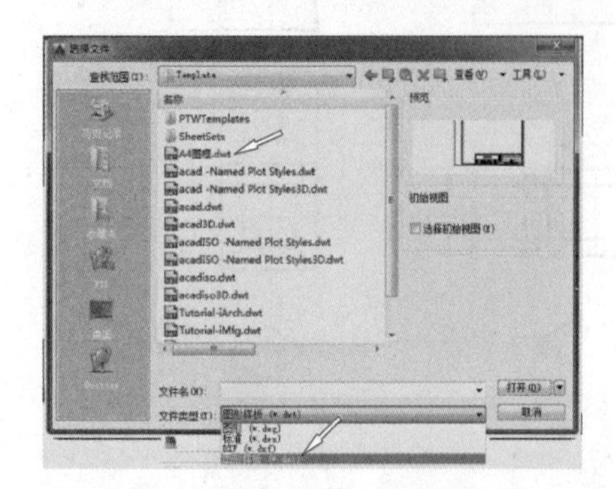

图 2-27 打开图框样本文件

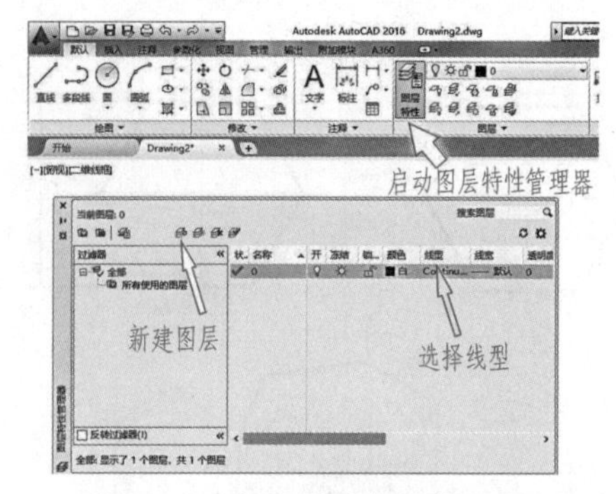

图 2-28 启动图层特性管理器

➢ 在“图层特性管理器”中单击“新建图层”按钮，如图 2-28 所示。

➢ 建立绘图所需图层。如图 2-29 所示，建立了中心线层（点画线）、轮廓线层（粗实线）、尺寸线层三个图层，再加上系统默认的一个 0 层（细实线），共四个图层。

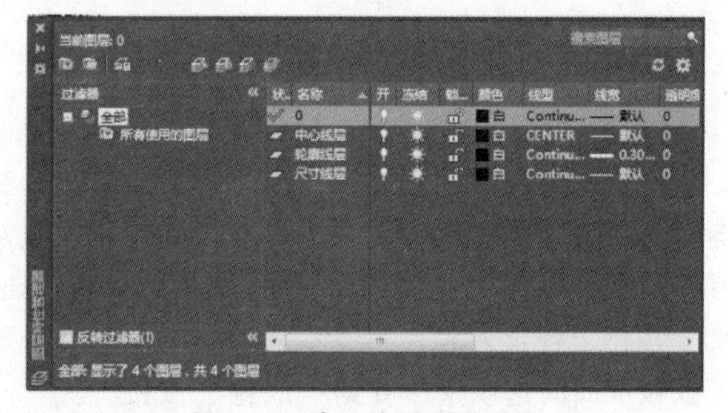

图 2-29 建立绘图所需图层

➢ 更改“中心线层”的线型。单击“中心线层”对应的默认线型 Continuous，弹出“选择线型”对话框，如图 2-30 所示。单击“加载”按钮，弹出“加载或重载线型”对话框，在可用线型区域中选择中心线“CENTER”，单击“确定”按钮，如图 2-31 所示。

➢ 更改“轮廓线层”实线宽度。单击“轮廓线层”对应的默认线宽，弹出“线宽”对话框，选择 0.30mm，单击“确定”按钮，如图 2-32 所示。

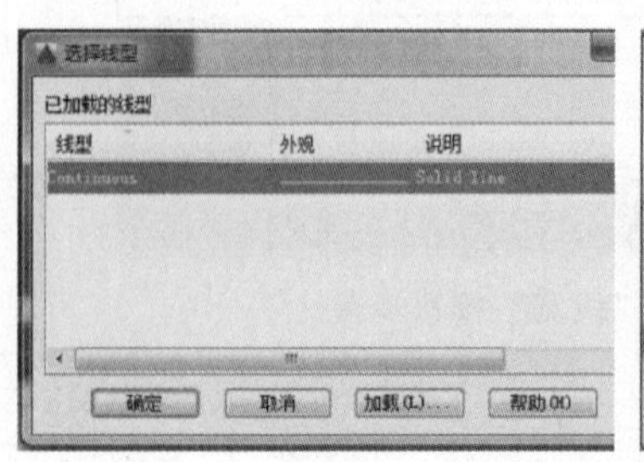

图 2-30 “选择线型”对话框

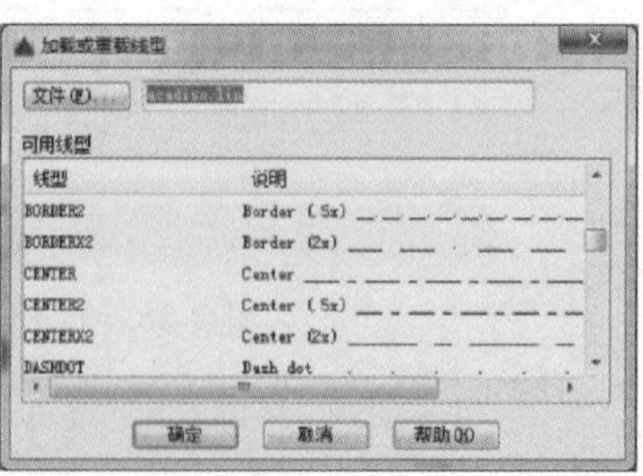

图 2-31 “加载或重载线型”对话框

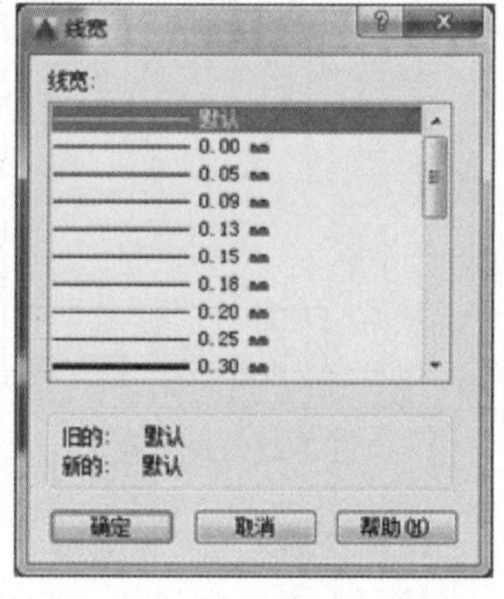

图 2-32 “线宽”对话框

➢ 图层设置完成。

4）先画中心线（基准线）。首先将“中心线层”设置为当前层，按照图 2-33 所示步骤进行。先选择图层右侧小三角，在弹出的列表中选择“中心线层”。

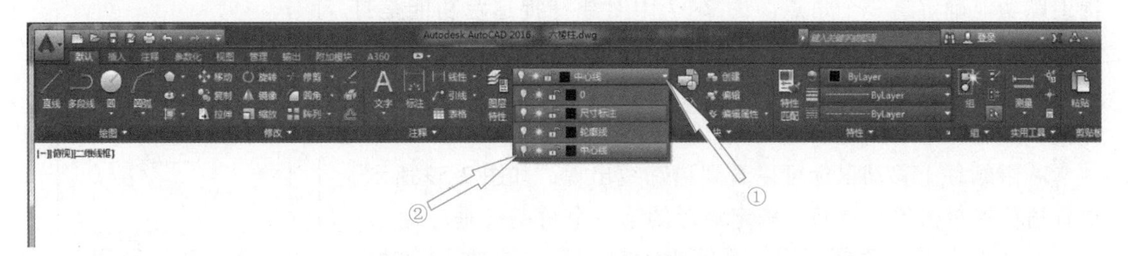

图 2-33　将“中心线层”设置为当前层

➢ 在绘图区绘制一条水平线（位置靠下，在此处将绘制俯视图）和一条垂直线，如图 2-34 所示。

5）在俯视图位置绘制正六边形（切换到轮廓线图层）。

➢ 按照图 2-35 所示步骤，先单击矩形图标边上的小三角，打开下拉列表，选择多边形图标，即可打开绘制多边形的命令。

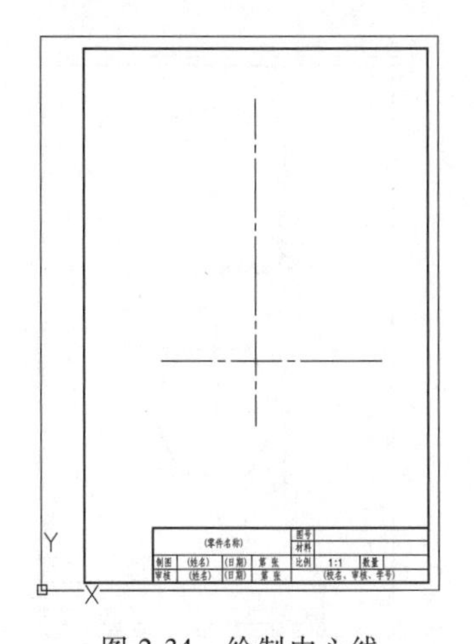

图 2-34　绘制中心线

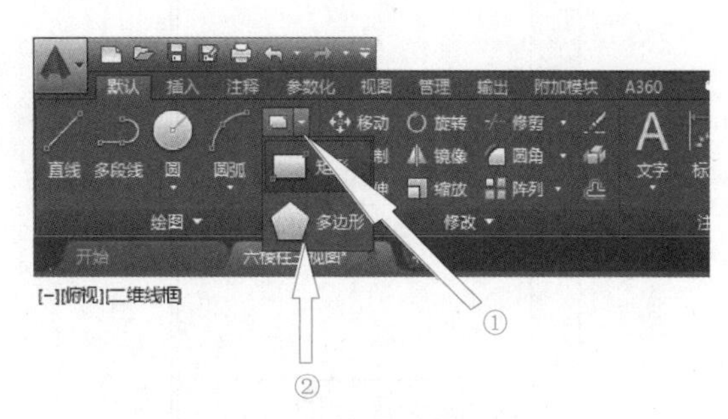

图 2-35　启动多边形命令步骤

➢ 系统提示：polygon 输入侧面数 <4>：//系统默认是四边形，这里输入 6，按<Enter>键。

➢ 系统提示：指定正多边形的中心点或［边（E）］：//如果想指定多边形的一条边，则输入 e，按<Enter>键。系统默认指定多边形的中心点坐标，这里直接按<Enter>键，利用捕捉功能捕捉两条中心线的交点来完成。移动鼠标到交点附近时，在交点处显示×标记，并有交点的符号提示，单击鼠标左键确定。

➢ 系统提示：输入选项［内接于圆（I）/外切于圆（C）］<I>：　//从图 2-25 六边形尺寸标注的 72 可以看出应该是内接于圆，系统默认就是内接于圆<I>，直接按<Enter>键确认。

➢ 系统提示：指定圆的半径：　//输入 36，按<Enter>键。

➢ 得到如图 2-36 所示图形。

6）在主视图位置绘制矩形。

➢ 启动矩形命令，系统提示：指定第一个角点或［倒角(C)/标高(E)/圆角(F)/厚度(T)/宽度(W)］：　//利用对象捕捉追踪功能确定第一个角点。图 2-37 中对象捕捉追踪功能是打开状态，通过鼠标单击可以进行切换。

➢ 移动鼠标到如图 2-38 所示的端点处，出现端点标记的小方框，并有汉字端点提示。

➢ 继续往上移动鼠标可以看到追踪线出现，如图 2-39 所示，在合适位置单击鼠标左键，确定矩形的第一个角点（垂足）。

➢ 往右上方移动鼠标后，系统提示输入第二个角点，输入“72，40”，按<Enter>键，完成矩形的绘制，如图 2-40 所示。

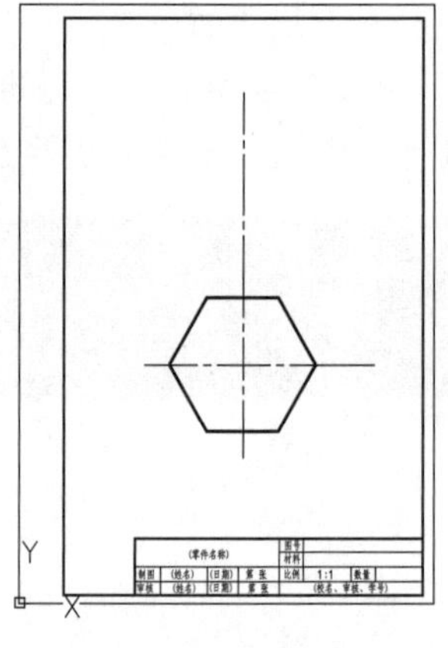

图 2-36　绘制正六边形

图 2-37　捕捉追踪功能打开状态

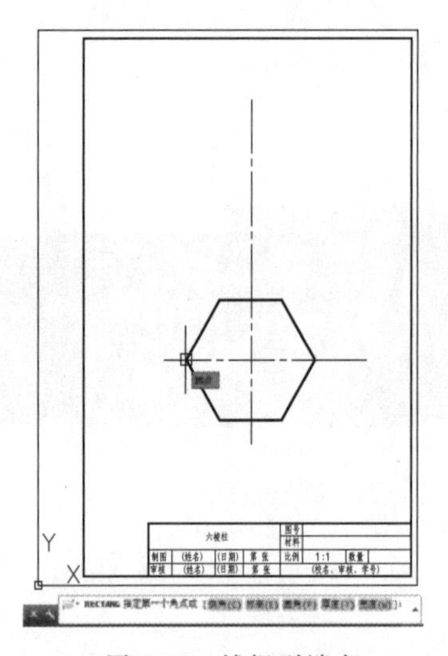

图 2-38　捕捉到端点

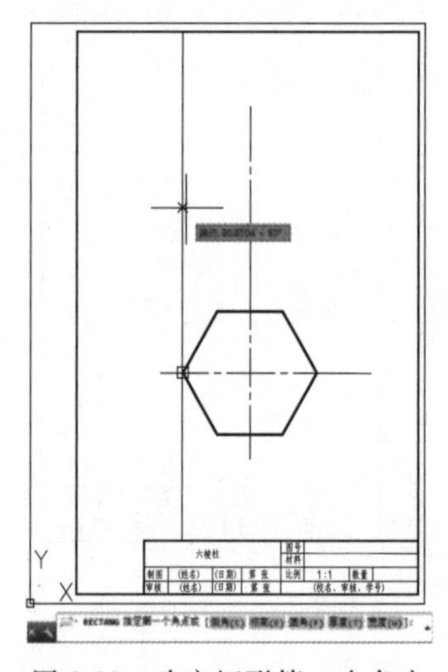

图 2-39　确定矩形第一个角点

7）利用直线命令绘制主视图中的两条棱线，并用剪切命令修剪整齐。

➢ 按照图 2-41 所示，直线起点为六边形左上角点，往上移动鼠标至矩形上面，捕捉垂足点，单击鼠标左键，确定直线终点。

➢ 启动修剪命令，如图 2-42 所示。

➢ 系统提示：TRIM 选择对象或 <全部选择>：　//选择矩形为修剪边，按<Enter>键。

➢ 系统继续提示：选择要修剪的对象，或按住<Shift>键选择要延伸的对象，或［栏选(F)/窗交(C)/投影(P)/边(E)/删除(R)/放弃(U)］：　//此时按照图 2-43 所示箭头所指位置选择多余的线段，完成后的图形如图 2-44 所示。

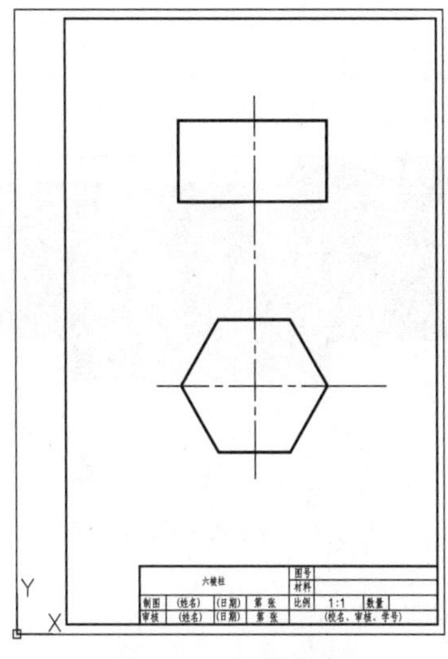

图 2-40　矩形绘制

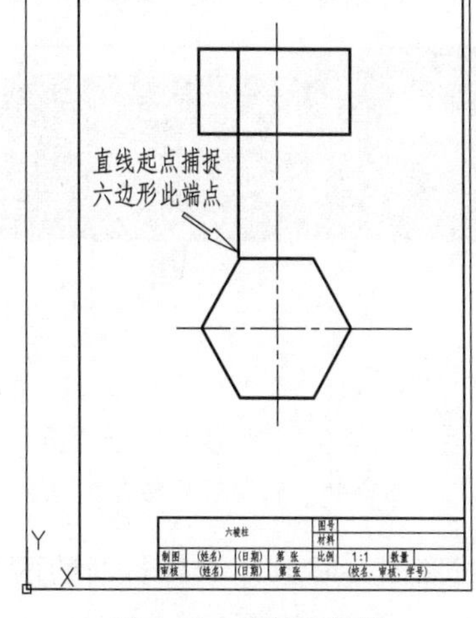

图 2-41　绘制主视图

8）用镜像命令完成主视图右侧棱边的绘制。

➢ 启动镜像命令，如图 2-42 所示。

➢ 系统提示：命令：_ mirror 选择对象：　//选择图 2-44 所示刚完成的竖线，并按<Enter>键结束选择对象。

➢ 系统继续提示：指定镜像线的第一点：　//选择垂直中心线的上端点。

➢ 系统继续提示：指定镜像线的第二点：　//选择垂直中心线的下端点。

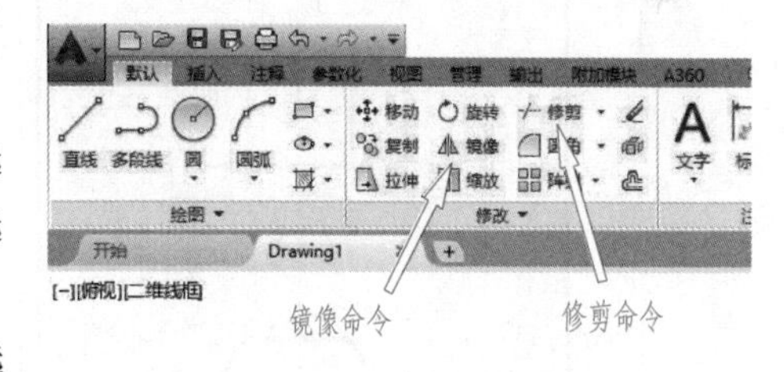

图 2-42　修剪命令和镜像命令

➢ 系统继续提示：要删除源对象吗？［是（Y）/否(N)］<否>：　//应该保留源对象，直接按<Enter>键即可，完成图形，如图 2-45 所示。

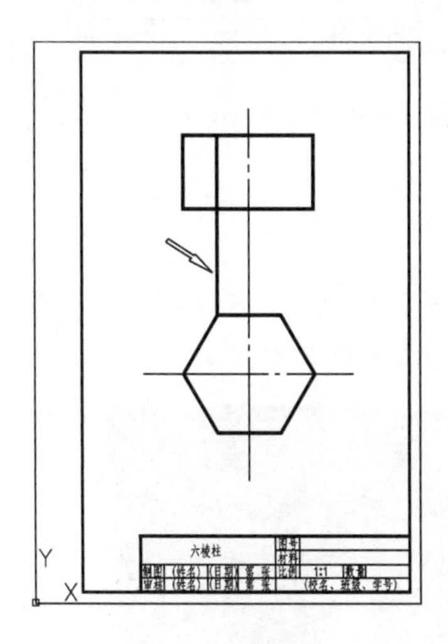

图 2-43　修剪前

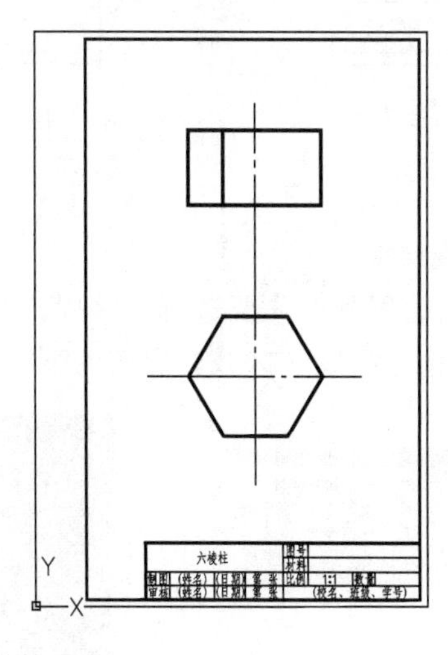

图 2-44　修剪后

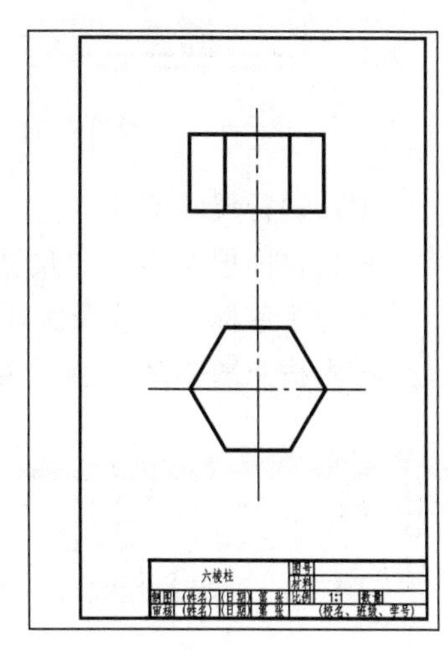

图 2-45　镜像后结果

9）利用打断命令将中心线规范化。

➢ 启动打断命令，如图 2-46 和图 2-47 所示。

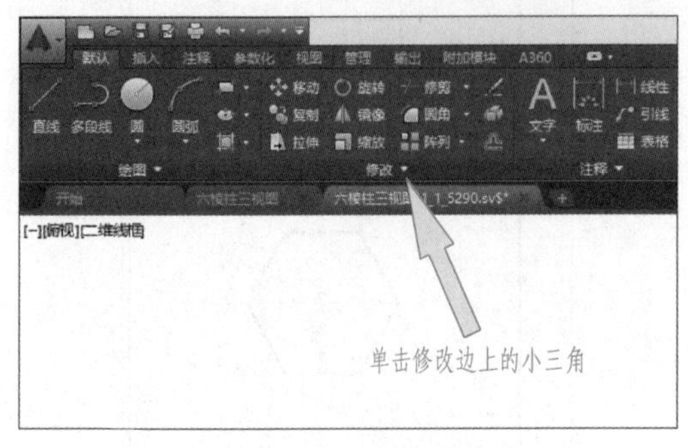

图 2-46　启动打断命令 1

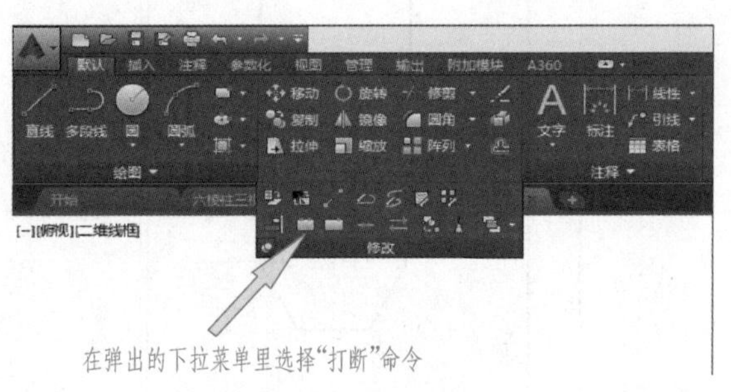

图 2-47　启动打断命令 2

➢ 按照图 2-48 所示选择打断的两个点，结果如图 2-49 所示。

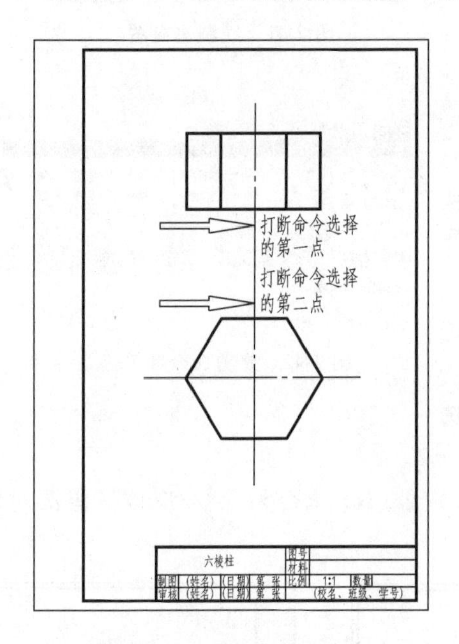

图 2-48　选择打断的两个点

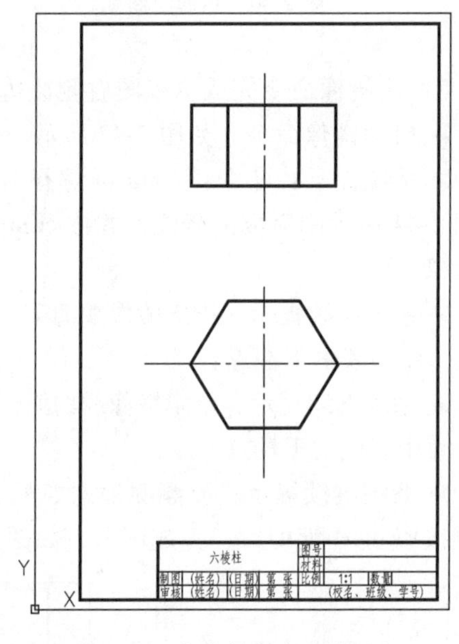

图 2-49　完成打断命令的图

10）进行尺寸标注。

➢ 先将图层切换到“尺寸线层”。

➢ 为了使标注格式及大小适合图形，先要进行文字样式和标注格式样式的修改。

➢ 先按照图 2-50 所示，单击“注释”区域。启动的下拉菜单如图 2-51 所示。

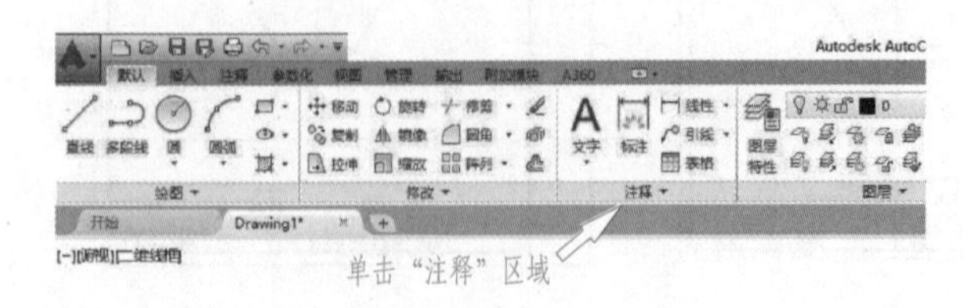

图 2-50　单击注释区域

图 2-51　打开的下拉菜单

➢ 单击图 2-51 所示下拉菜单的第一项后，选择最下方的“管理文字样式”，即打开了“文字样式”对话框，在此对话框中进行相应的修改。

➢“文字样式”对话框在第 1 章已经介绍过，在这里按照图 2-52 所示，新建一个“样式1”的标准进行标注。字体选择“华文仿宋”；“宽度因子”值定为 0.8，“倾斜角度”值定为 5，设置完后单击“应用”按钮。

➢ 单击图 2-51 所示下拉菜单的第二项后，选择最下方的“管理标注样式…”，即打开了“标注样式管理器”对话框，如图 2-53 所示。

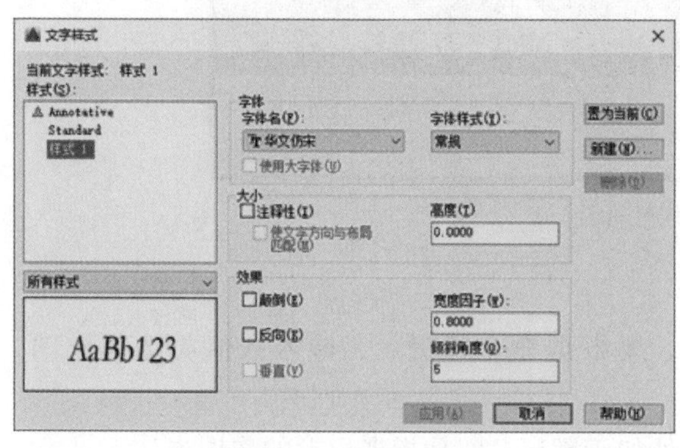

图 2-52　修改文字样式

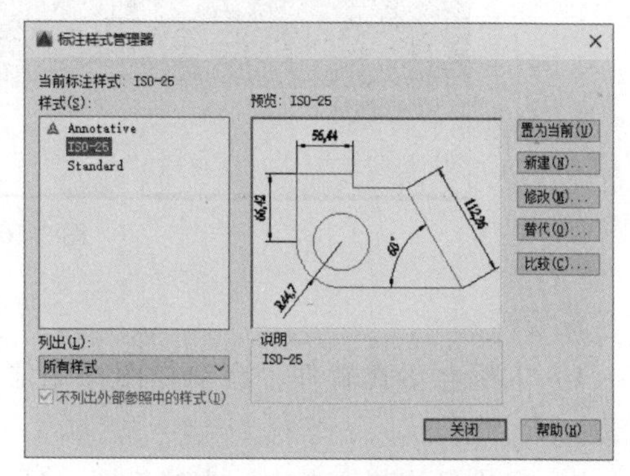

图 2-53　管理标注样式

➢ 单击“修改”按钮后弹出图 2-54 所示对话框，在“线”选项卡中，可以修改尺寸线的颜色、线型、基线间距等内容。将“超出尺寸线”值定为 2，“起点偏移量”值定为 0。单击上方的“符号和箭头”选项卡进入下一项的设置。

➢ 在“符号和箭头”选项卡中，可以对箭头的形式和大小等内容进行修改。将“箭头大小”值定为 2.5。单击上方的“文字”选项卡进入下一项的设置。

➢ 在“文字”选项卡中，可以选择文字的样式，修改文字的大小、颜色等内容。按照图 2-55 所示将“文字样式”选择为“样式 1”，“文字高度”值定为 3.5；“从尺寸线偏移”值定为 1。

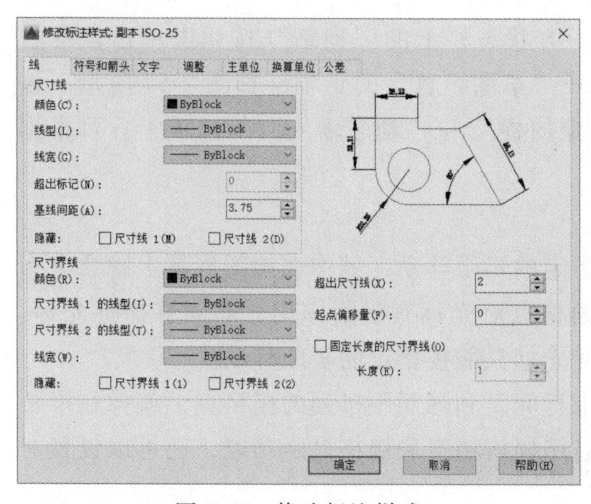

图 2-54　修改标注样式

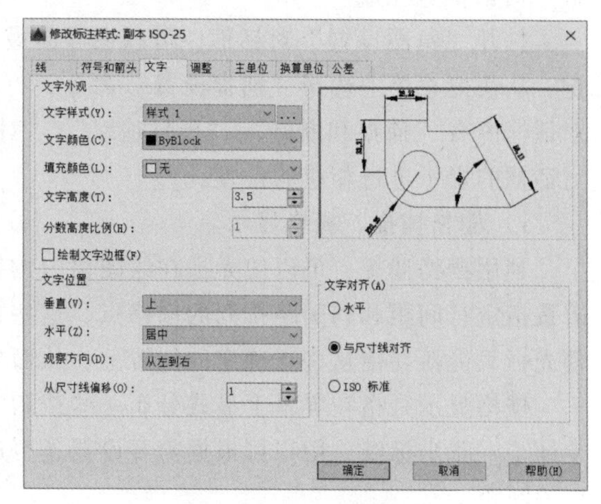

图 2-55　文字样式区域

➢ 后面还可以对主单位、公差等内容进行调整，这里先不做调整，单击“确定”按钮返回“标注样式管理器”对话框，单击“关闭”按钮退出，至此标注前的准备工作完成。

➢ 如图 2-56 所示，启动线性标注命令，分别选择六边形左侧端点和右侧端点后鼠标上移到合适位置，单击左键确定，即可标出 72 的尺寸，同理，选择主视图右上方和右下方端点后，鼠标右移到合适位置，单击左键确定。图样绘制全部完成，在标题栏内填入相关信息即可。

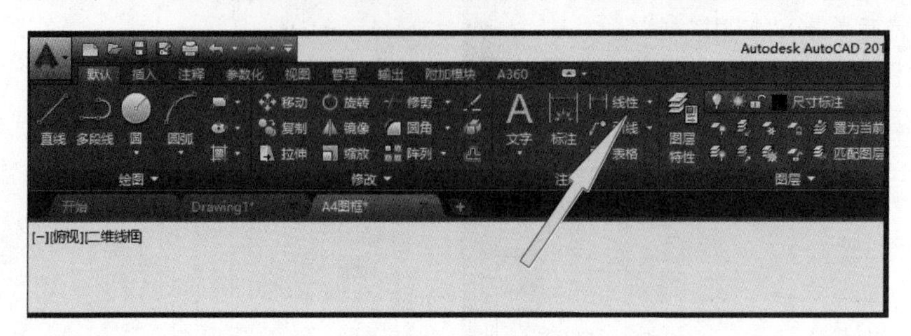

图 2-56　线性标注

注意：

1）人机会话式软件，启动作图命令之后，要根据命令行提示，输入数值与选择作图元素。

2）多边形绘制命令中，内接于圆（I）和外切于圆（C）是指多边形的作图方法。

3）图层切换时，选好图层作图。

4）修剪命令中，注意选择要素顺序。

5）打断命令中，选择第一点，既是选择打断对象，也是打断的第一点，然后选择第二点，两点之间部分删除。

AutoCAD 知识点小结

（1）AutoCAD 绘图的辅助工具

为了方便绘图，AutoCAD 提供了多种绘图辅助工具，辅助工具的设置一般通过“草图设置”对话框来完成。

打开“草图设置”对话框，可以在界面最下方状态栏上的“栅格”按钮上单击鼠标右键，从快捷菜单中选择“捕捉设置”命令，打开“草图设置”对话框，如图 2-57 所示。该对话框内有“捕捉和栅格”、“极轴追踪”、“对象捕捉”和“动态输入”等选项卡。可根据对话框的提示进行相应的设置。

1）栅格捕捉、栅格显示。

利用栅格捕捉，可以使光标在绘图窗口按指定的步距移动，就像在绘图屏幕上隐含分布着按指定行间距和列间距排列的栅格点，这些栅格点对光标有吸附作用，即能够捕捉光标，使光标只能落在由这些点确定的位置上，从而使光标只能按指定的步距移动。

栅格显示是指在屏幕上显式分布一些按指定行间距和列间距排列的栅格点，就像在屏幕上铺了一张坐标纸，用户可根据需要设置是否启用栅格捕捉和栅格显示功能，还可以设置对应的间距。

“草图设置”对话框中的“捕捉和栅格”选项卡用于栅格捕捉、栅格显示方面的设置。

2）极轴追踪。

极轴追踪是指按事先给定的角度增量来追踪特征点。极轴追踪功能可在系统要求指定一个点时，按预先设置的角度增量显示一条无限延伸的辅助线（虚线），用户可沿辅助线追踪得到鼠标指针点。

单击图 2-57 上面的“极轴追踪”选项卡，即可得到图 2-58 所示的界面。

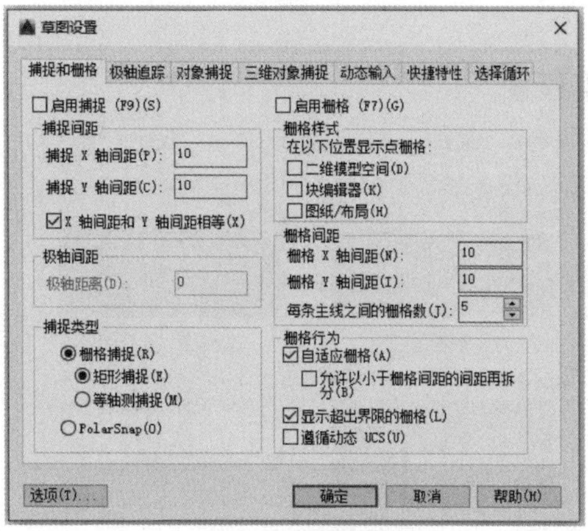

图 2-57　草图设置

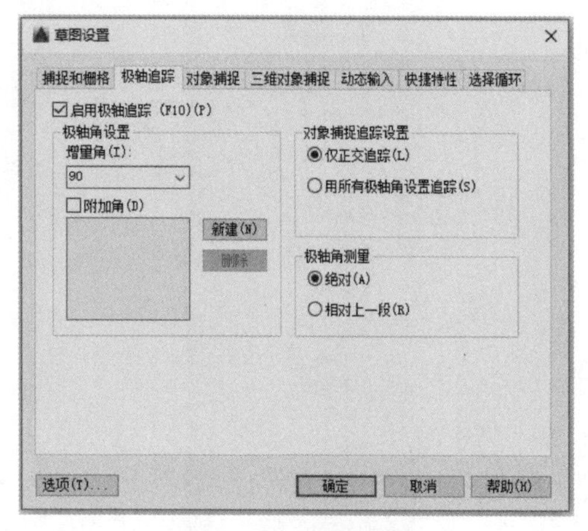

图 2-58　极轴追踪

界面中常用选项说明：

① 增量角。用于选择系统预设的角度，如果下拉列表中的角度不满足要求时，用户可以输入新角度。系统默认的是 90°，即每到 90°时会显示极轴的虚线延长线。

② 对象捕捉追踪设置。使用“对象捕捉追踪”须同时打开“对象捕捉”和“极轴”模式。它是指系统自动捕捉到图形中一个特征点后，再以这个点为基点沿预设的增量角追踪另一个点，并在追踪方向上显示一条辅助线，用户可借助该辅助线来快速准确定位点。

系统默认是“仅正交追踪”，即只显示正交方向的捕捉追踪路径，非正交的极轴追踪要选择下面的“用所有极轴角设置追踪”选项。

3）对象捕捉。

利用对象捕捉功能，在绘图过程中可以快速、准确地确定一些特殊点，如圆心、端点、中点、切点、交点等。

设置对象捕捉的方式有多种。

① 在图 2-57 中，单击上面的“对象捕捉”选项卡，即可切换到“对象捕捉”页面，选中的复选框就是一直生效的捕捉方式，如图 2-59 所示。

② 用快捷键的方式：在 AutoCAD 界面上按<Shift>键+鼠标右键，即可打开“对象捕捉”快捷菜单，如图 2-60 所示。通过“对象捕捉”快捷菜单，可快速启动相应的选项。

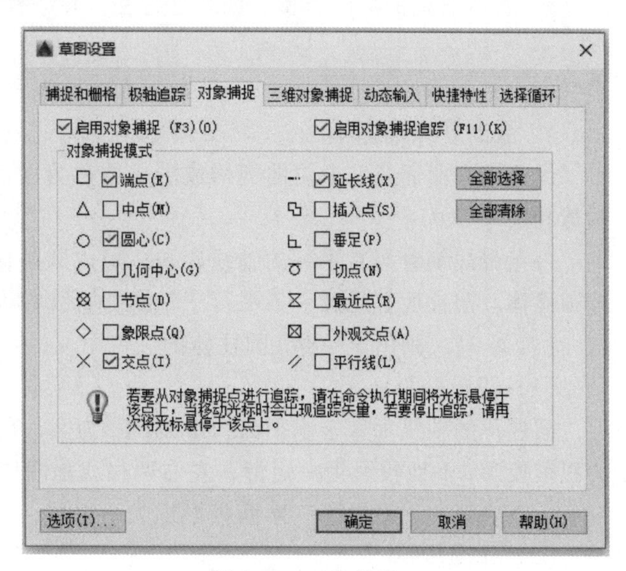

图 2-59　对象捕捉

4）动态输入。

动态输入可以在绘图时直接动态地输入绘制对象的各种参数，使绘图直观简洁。

在图 2-57 中，单击上面的“动态输入”选项卡，即可打开“动态输入”界面，在其中可以进行相关的设置，如图 2-61 所示。

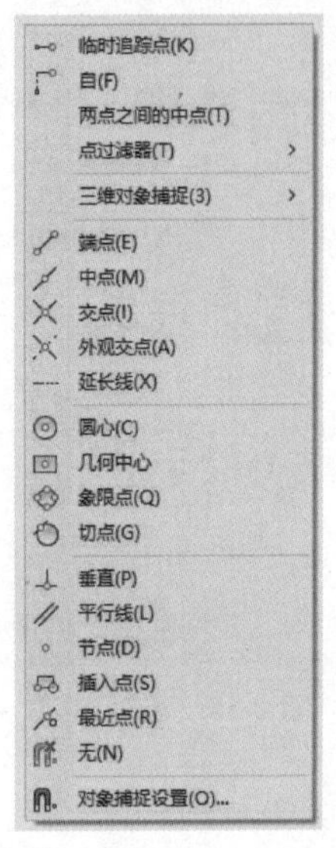

图 2-60 “对象捕捉”快捷菜单

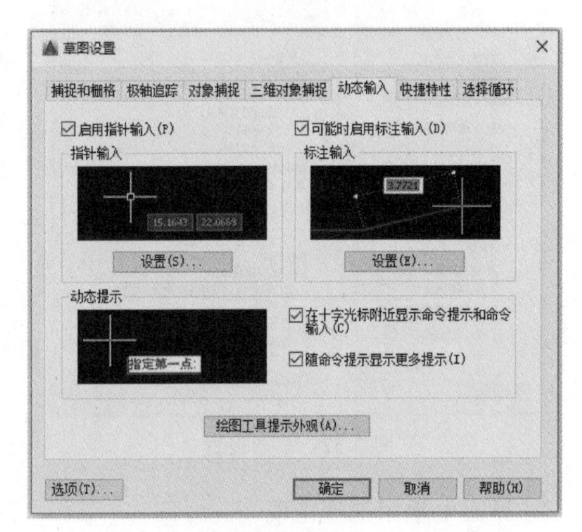

图 2-61 动态输入

正确应用 AutoCAD 辅助绘图功能，不但可提高图形绘制和编辑的速度，而且还可提高绘图的精确度。

（2）尺寸标注步骤和方法

1）切换到尺寸标注图层。

2）创建并选择合适的标注样式。

3）选择合适的标注类型，如线性标注、对齐标注、角度标注、直径标注等。

2.4.2 曲面立体

1. 曲面立体的画法

由平面和曲面或完全由曲面构成的立体称为曲面立体，常见的曲面立体有圆柱、圆锥、圆球和圆环等。

一条母线绕着与它平行的轴线旋转，形成圆柱面。由圆柱面和上下底面围成的几何体，即圆柱体。圆柱面上任意一条平行于轴线的直线称为素线，如图 2-62 所示。

【实例 8】 画出 $\phi30\times40$ 圆柱体的三视图。

（1）投影分析

圆柱体的轴线垂直于水平面，*H* 面投影为圆，反映了上、下底面的实形，同时是圆柱面的积聚投影；*V* 面投影为一矩形，左右两根线是圆柱最左、最右素线的投影，上、下两根线是上、下底面的积聚投影；*W* 面投影也为一矩形，两根竖线表示最前、最后素线的投影。

（2）作图步骤

先画基准线，再画投影有积聚性的俯视图的圆，最后根据高度画出另外两个视图，如

图 2-63 所示。

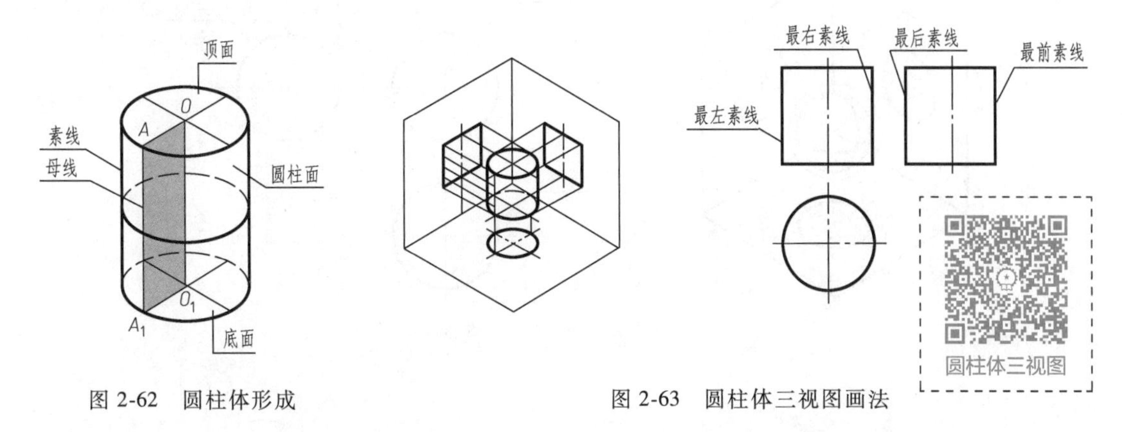

图 2-62 圆柱体形成　　图 2-63 圆柱体三视图画法

一条母线绕着与它相交的轴线旋转，形成圆锥面。由圆锥面和底面围成的几何体，即圆锥体。圆锥面上通过锥顶到底面的任意一条直线称为素线，如图 2-64 所示。

【实例 9】 画出 $\phi30\times40$ 圆锥体的三视图。

（1）投影分析

圆锥体的轴线垂直于水平面，*H* 面投影为圆，反映了底面的实形，同时是圆锥面在俯视图上的投影范围；*V* 面投影为三角形，由最左、最右素线的 *V* 面投影及底面的积聚投影形成；*W* 面投影也为三角形，由最前、最后素线的 *W* 面投影及底面的积聚投影形成。

（2）作图步骤

先画基准线及俯视图的圆，根据圆锥的高度，画出主、左视图，如图 2-65 所示。

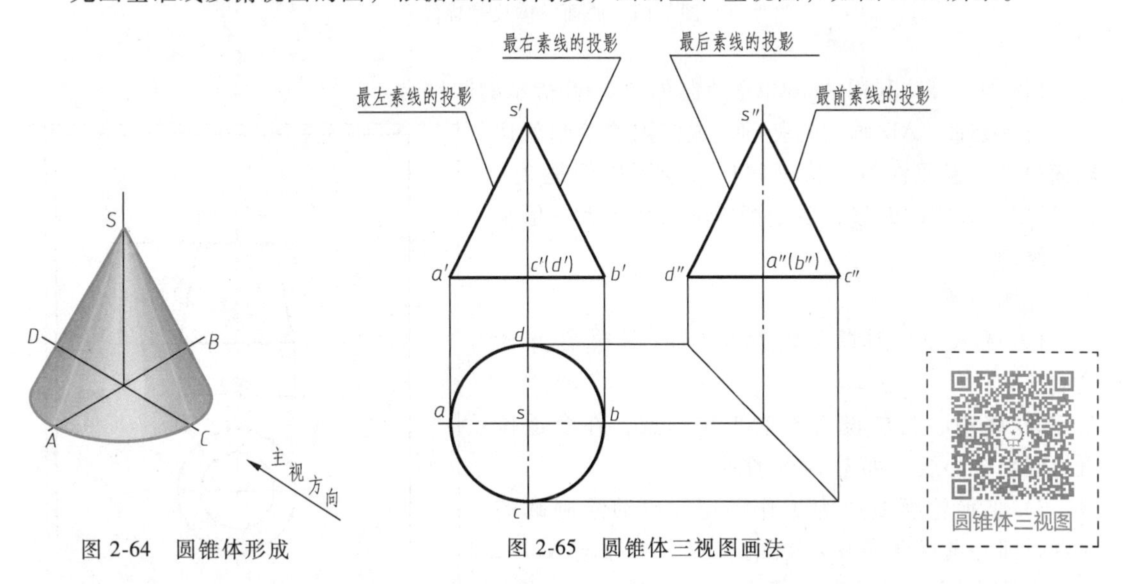

图 2-64 圆锥体形成　　图 2-65 圆锥体三视图画法

圆球可以看作由一个圆绕其直径旋转而成。圆球的三个视图均为等直径的圆，主、俯、左视图的圆分别是球体前后、上下、左右分界圆在相应投影面的投影，如图 2-66 所示。

2. 曲面立体的尺寸标注

圆柱、圆锥一般标注底圆直径和高度的尺寸；圆台应标注上、下底圆的直径和高度的尺寸；圆球尺寸在直径前加注 $S\phi$；圆环标注母线圆直径和回转圆直径的尺寸，如图 2-67 所示。

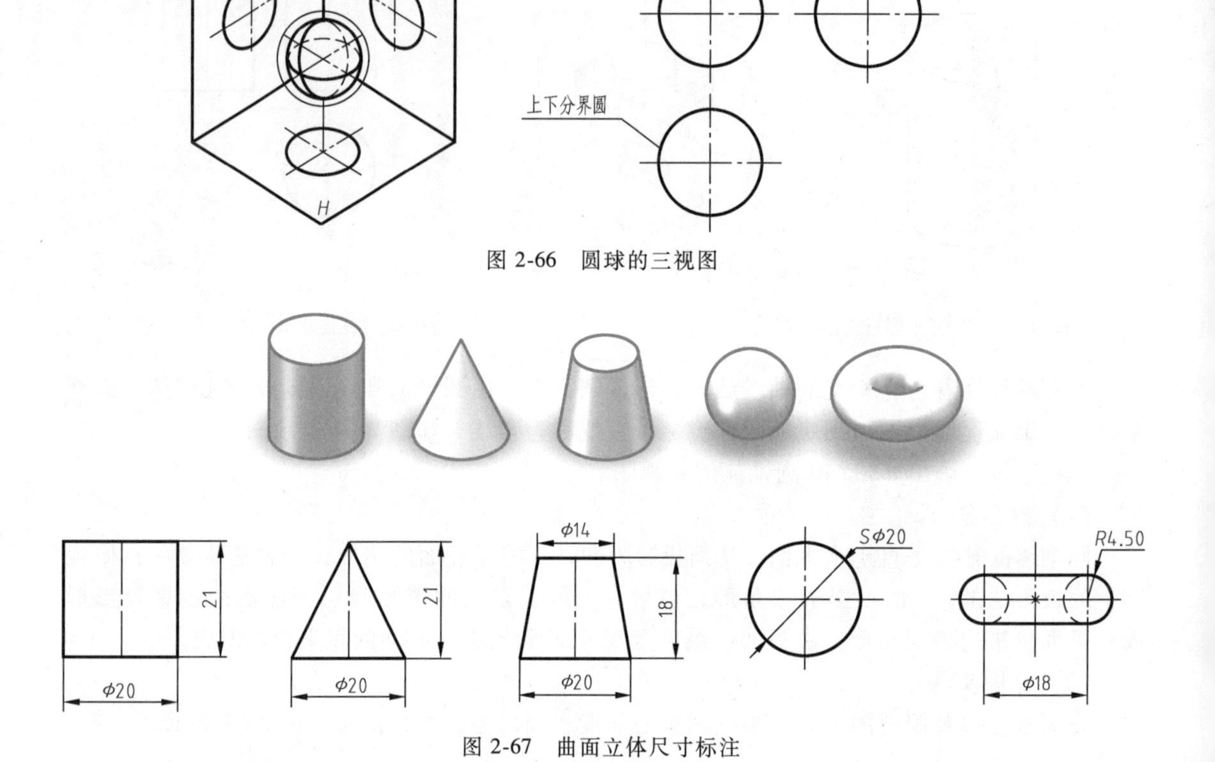

图 2-66　圆球的三视图

图 2-67　曲面立体尺寸标注

【实例 10】　利用 AutoCAD 绘制如图 2-68 所示的圆锥台。

有了前面 CAD 画图的基础，这张图的绘制就比较简单了。但要注意，从标题栏看绘图比例是 2∶1，所以在画图的时候，要把图中的尺寸放大一倍来进行绘制。

作图步骤：

1）调入 A4 图框，建立相应的图层后开始绘制。

2）将中心线层设为当前工作图层，在合适位置绘制出中心线，如图 2-69 所示。

3）切换轮廓线层为工作图层，启动绘制圆的命令，圆心选择两条中心线的交点，半径输入 15，绘制出俯视图中的外圆。同理绘制半径为 10 的内圆。完成后如图 2-70 所示。

4）利用直线命令在主视图的合适位置绘制一条水平线，作为主视图圆锥台的下边，如图 2-71 所示。

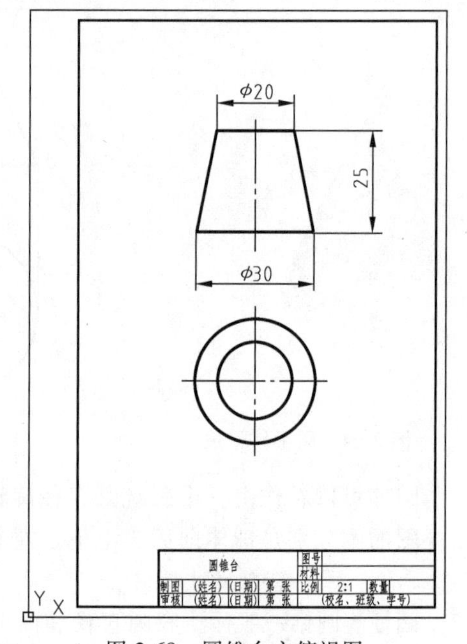

图 2-68　圆锥台主俯视图

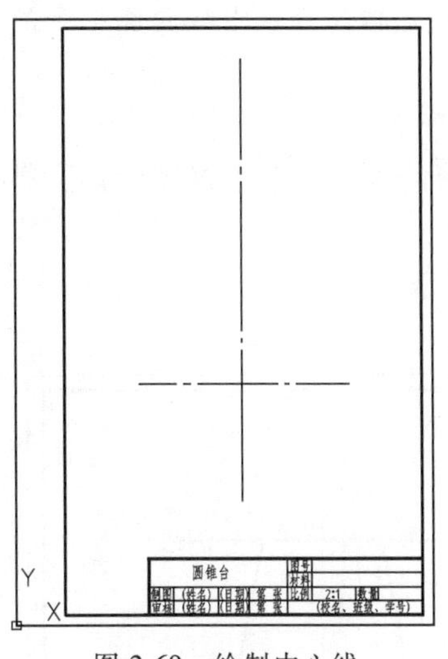

图 2-69 绘制中心线

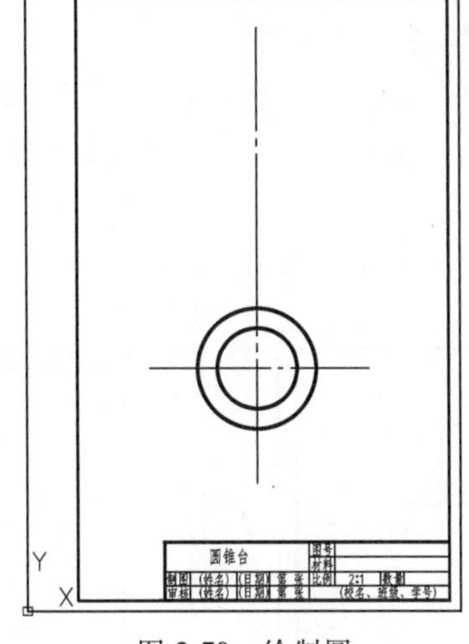

图 2-70 绘制圆

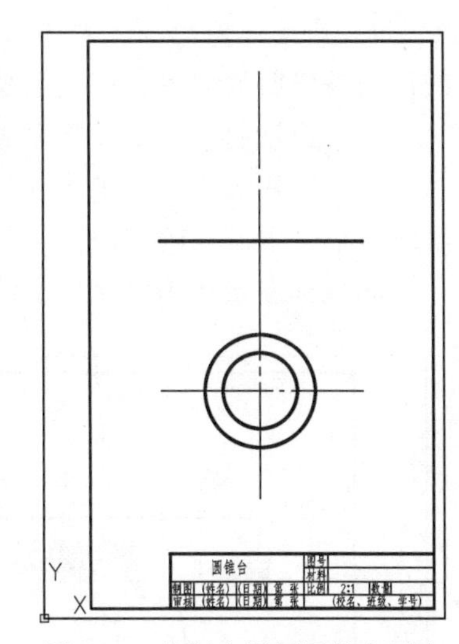

图 2-71 绘制主视图圆锥台下边

5）利用“偏移”命令绘制主视图的另一条水平线。单击图 2-72 所示的图标，启动“偏移”命令。

6）根据命令行的提示，先输入偏移的距离 50，按<Enter>键；接着根据提示选择要偏移的对象，选择水平线后，往上移动鼠标，按左键确定，按<Enter>键结束命令。如图 2-73 所示。

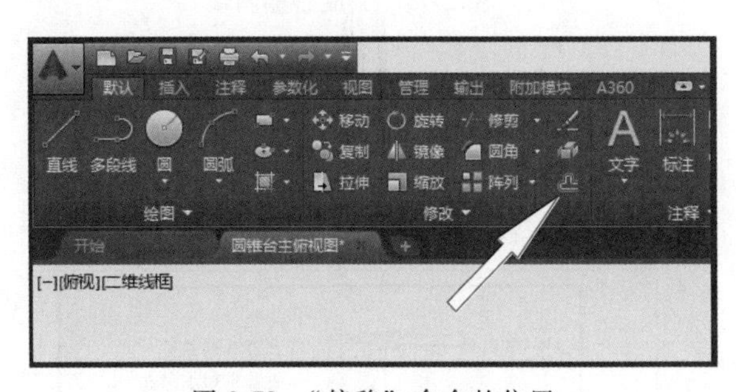

图 2-72 “偏移”命令的位置

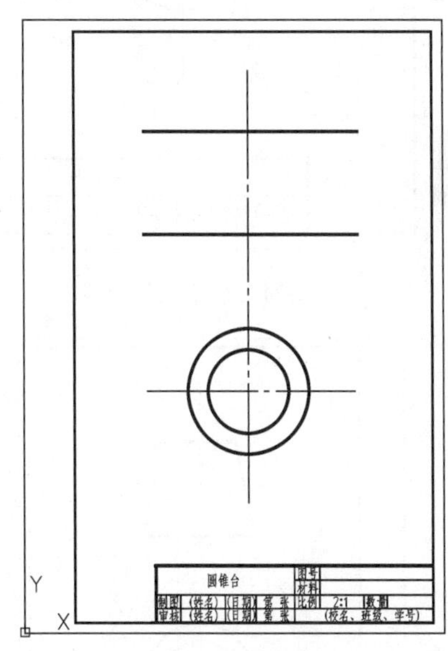

图 2-73 偏移结果

7）绘制主视图左侧斜线。启动直线命令，提示确定起点坐标时将鼠标移动到俯视图外圆与水平中心线的交点处，出现交点×符号后往上移动鼠标，出现捕捉追踪线，在主视图下横线位置单击左键确定，这样就确定了起点坐标。用同样方法确定斜线终点坐标在上横线的位置。结果如图 2-74 所示。

8）利用镜像命令或直线命令完成另一侧斜线的绘制，结果如图 2-75 所示。

9）启动修剪命令，先选择两条斜线为修剪边，按<Enter>键后再选择水平线两侧多余的线段为被修剪的对象，完成主视图整体轮廓。

10）启动打断命令，将垂直中心线中间部分剪去，如图 2-76 所示。

11）利用夹点编辑的方法将中心线适当缩短，以符合制图的规范。以主视图为例，讲解缩短垂直中心线的方法。

➢ 鼠标左键单击垂直中心线后出现夹点标记，如图 2-77 所示。

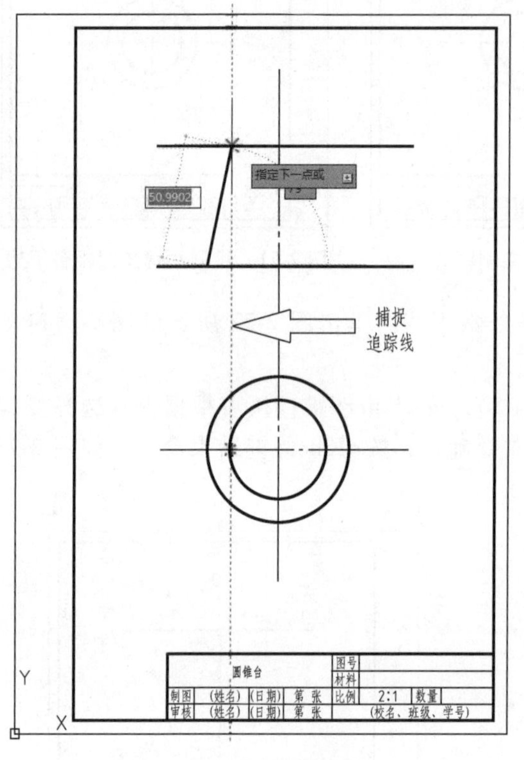

图 2-74　绘制左侧斜线

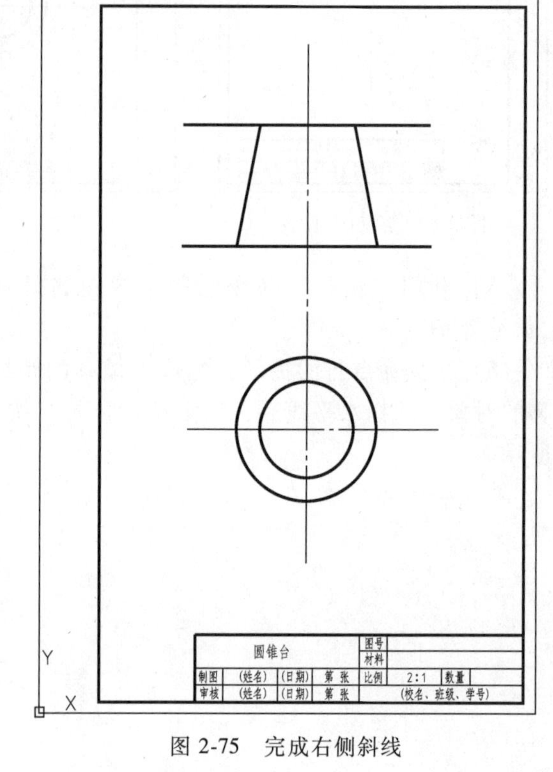

图 2-75　完成右侧斜线

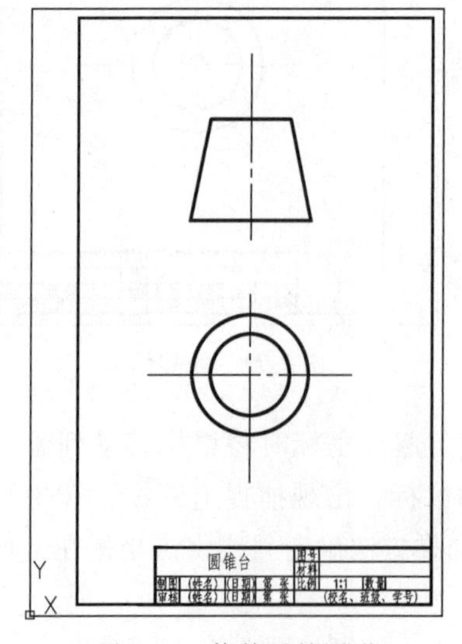

图 2-76　修剪后的图形

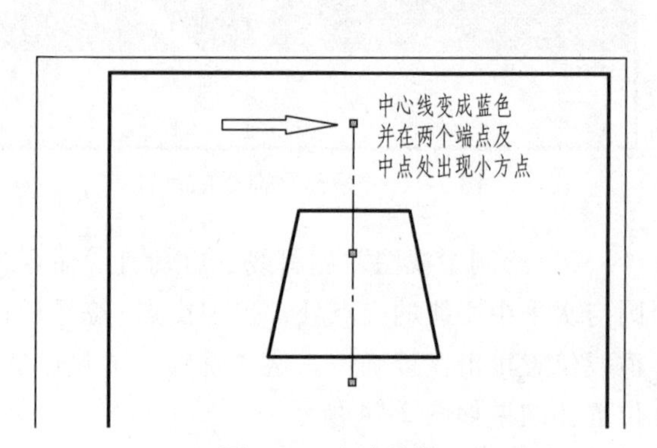

图 2-77　夹点编辑

➢ 鼠标左键选中图 2-77 箭头所指的夹点，往下移动鼠标，即可将中心线缩短，到合适位置再单击鼠标左键即可。用同样方法，将所有中心线规范化。

12）尺寸标注。先按照前面所讲的方法，做好标注前的准备工作。

➢ 在“文字样式”中，新建一个“样式 1”，将“宽度因子”值定为 0.8；“倾斜角度”值定为 5，单击“应用”按钮。

➢ 在“标注样式管理器”中，修改“ISO-25”样式。

➢ 在“线”选项卡中，将“超出尺寸线”值定为 2；将“起点偏移量”值定为 1。

➢ 在“符号和箭头”选项中，将“箭头大小”值定为 6。

➢ 在“文字”选项中，将“文字样式”选择为“样式 1”；“文字高度”值定为 8；在“文字对齐”下面选择“ISO 标准”，这个标准可以在标注圆的直径或半径时，数值始终处于水平状态。

➢ 在“主单位”选项中，将“比例因子”值改为 0.5，这样就保证了在标注尺寸时，所标注的数值是实际值的 1/2，达到了图纸上 2∶1 的要求。至此准备工作完成，下面进行尺寸标注。

➢ 在进行标注前，先切换图层到“尺寸标注层”。

➢ 用线性标注命令完成 ϕ20、ϕ30 和高 25 的标注。ϕ20 和 ϕ30 在标注时没有 ϕ 符号，可以按如图 2-78 所示方法启动文字编辑器中的“符号”命令，再按照图 2-79 所示即可添加直径符号。

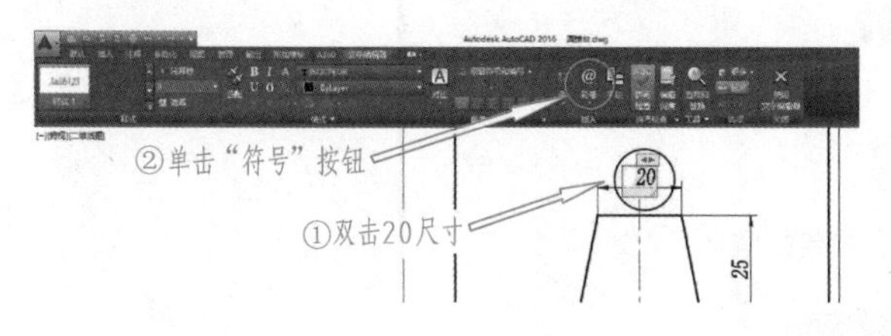

图 2-78　添加直径符号 1

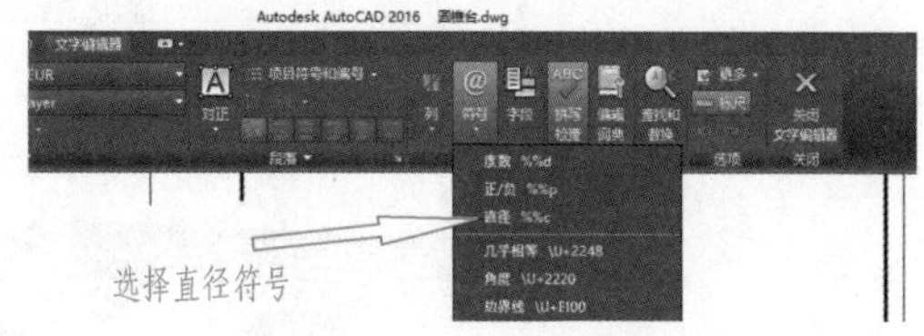

图 2-79　添加直径符号 2

 AutoCAD 知识点小结

AutoCAD 绘图环境设置。

按照图 2-80 所示打开“选项”对话框。

1）“显示”选项卡。“显示”选项卡主要用于设置窗口元素、显示精度、布局元素、显示性能、十字光标大小和淡入度控制等参数，如图 2-81 所示。

单击“颜色”按钮，打开“图形窗口颜色”对话框，可以在此设置窗口的背景颜色，如图 2-82 所示。

2）“绘图”选项卡。单击图 2-81 上面的“绘图”选项卡，打开如图 2-83 所示界面。可以进行自动捕捉、自动追踪、对象捕捉、靶框颜色和大小等参数的设置。

3）“选择集”选项卡。单击图 2-83 上面的“选择集”选项卡，打开如图 2-84 所示界面。用于设置选择集模式、拾取框大小及夹点尺寸等参数。这些操作在夹点选择对象时才能显示设置效果。

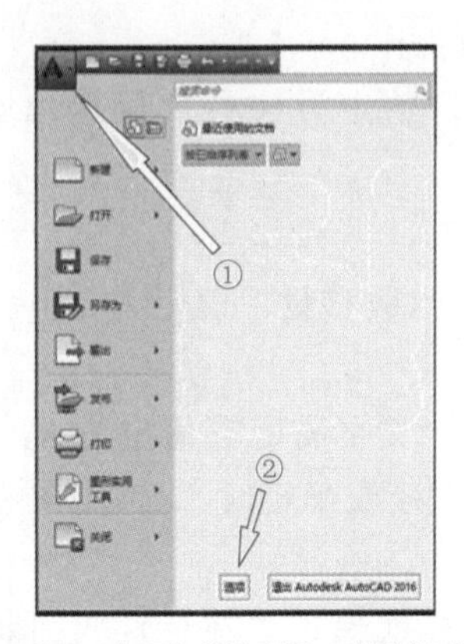

图 2-80　打开“选项”对话框步骤

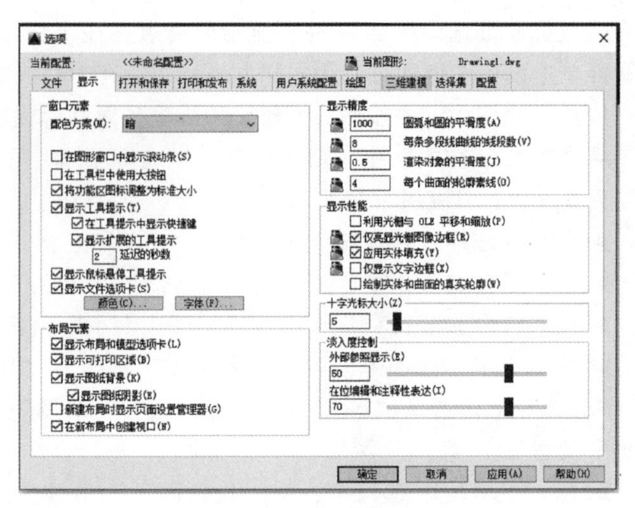

图 2-81　“显示”选项卡

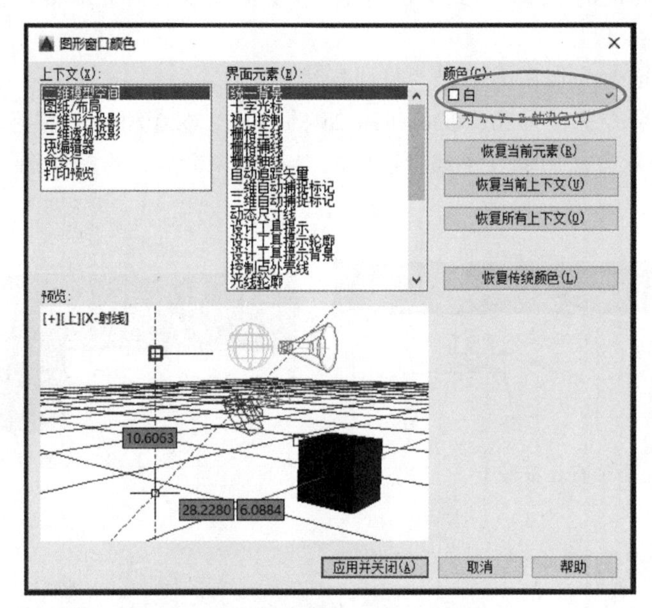

图 2-82　“图形窗口颜色”对话框

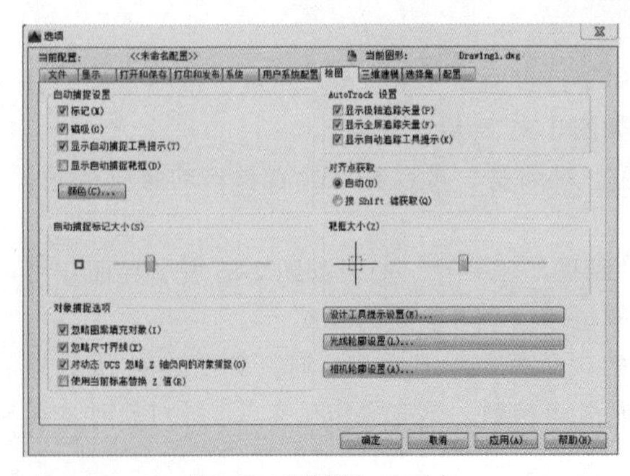

图 2-83　“绘图”选项卡

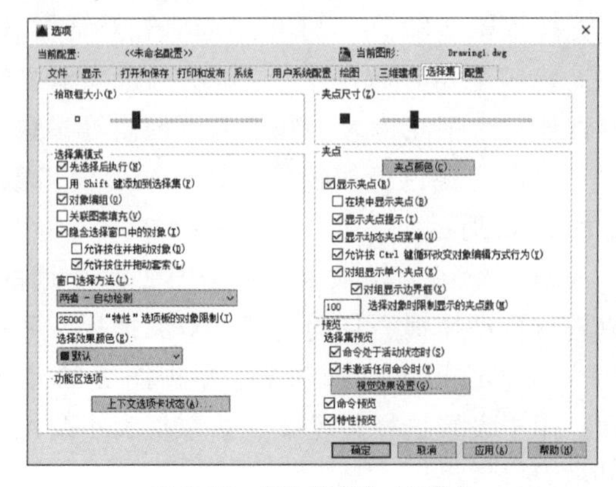

图 2-84　“选择集”选项卡

2.4.3　立体表面的交线

1. 平面与平面立体相交

机械零件一般是经过截切的基本体，如图 2-85 所示。截切基本体的平面称为截平面，截平面与立体表面相交，形成的交线称为截交线。截平面与平面立体相交，截交线为封闭的多边形。

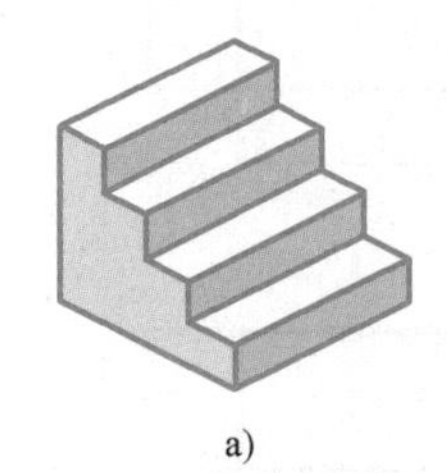
a)

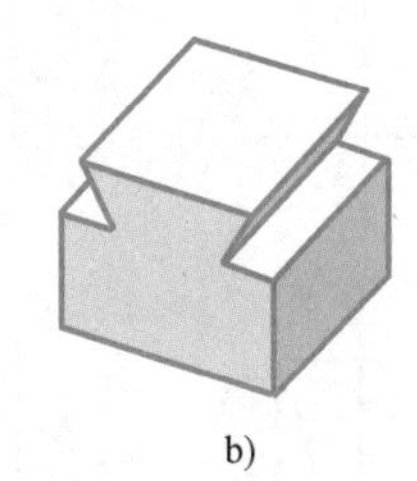
b)

c)

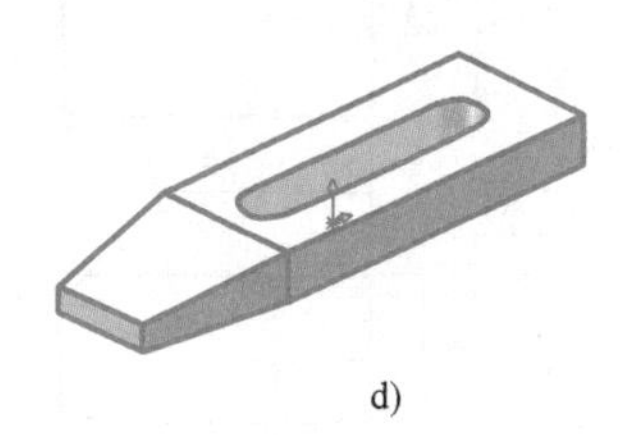
d)

图 2-85　常用平面立体形成的机械零件
a）阶梯形垫铁　b）燕尾形滑块　c）V 形块　d）压板

截交线为截平面与立体表面的共有线，如图 2-86 所示，五棱柱斜切（图 2-86a），切平面与五条棱线交于五个点，形成五边形 $ABCDE$，为封闭的曲线，五个点也是五棱柱体表面的点。

求截交线的方法：求截平面与立体表面的交线，或者求截平面与立体上被截各棱的交点，并依次连接各点。

【实例 11】 补画如图 2-86a 所示正垂面 P 截切五棱柱的三视图。

（1）投影分析

如图 2-86a 所示，P 平面与五条棱线都相交，截交线为五边形，求出截平面与五条棱线的交点的各面投影并连接各点，即求出截切体的投影。

（2）作图步骤

1）先根据已知主俯视图投影，绘制五棱柱左视图，如图 2-86b 所示。

2）按三等关系求 A、B、C、D、E 的第三面投影，如图 2-86c 所示。

3）顺次连接各点的 W 投影，删除切掉部分的棱线并完成作图，如图 2-86d 所示。

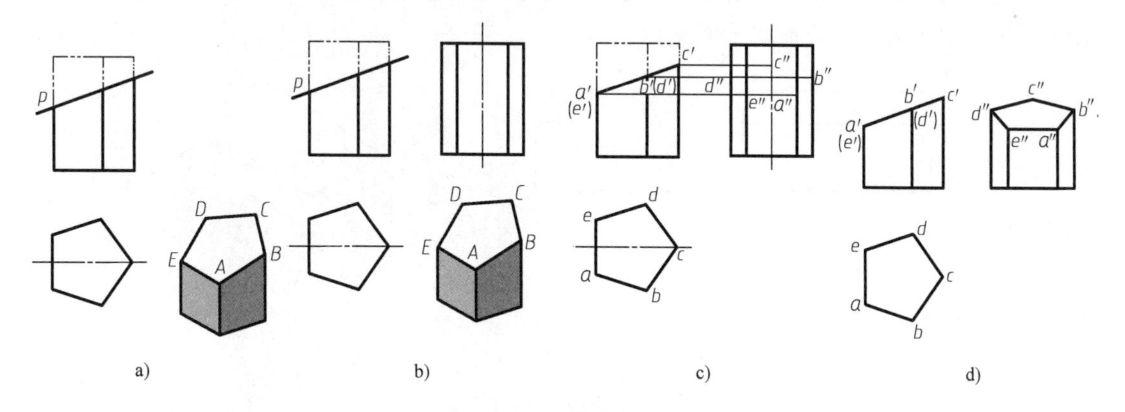

图 2-86　五棱柱斜切

平面立体截切的尺寸注法：标注总体尺寸及切平面的大小及位置尺寸，如图 2-87 所示。

注意：尺寸尽量标注在特征视图上，对称结构尺寸以对称面为基准对称标注。

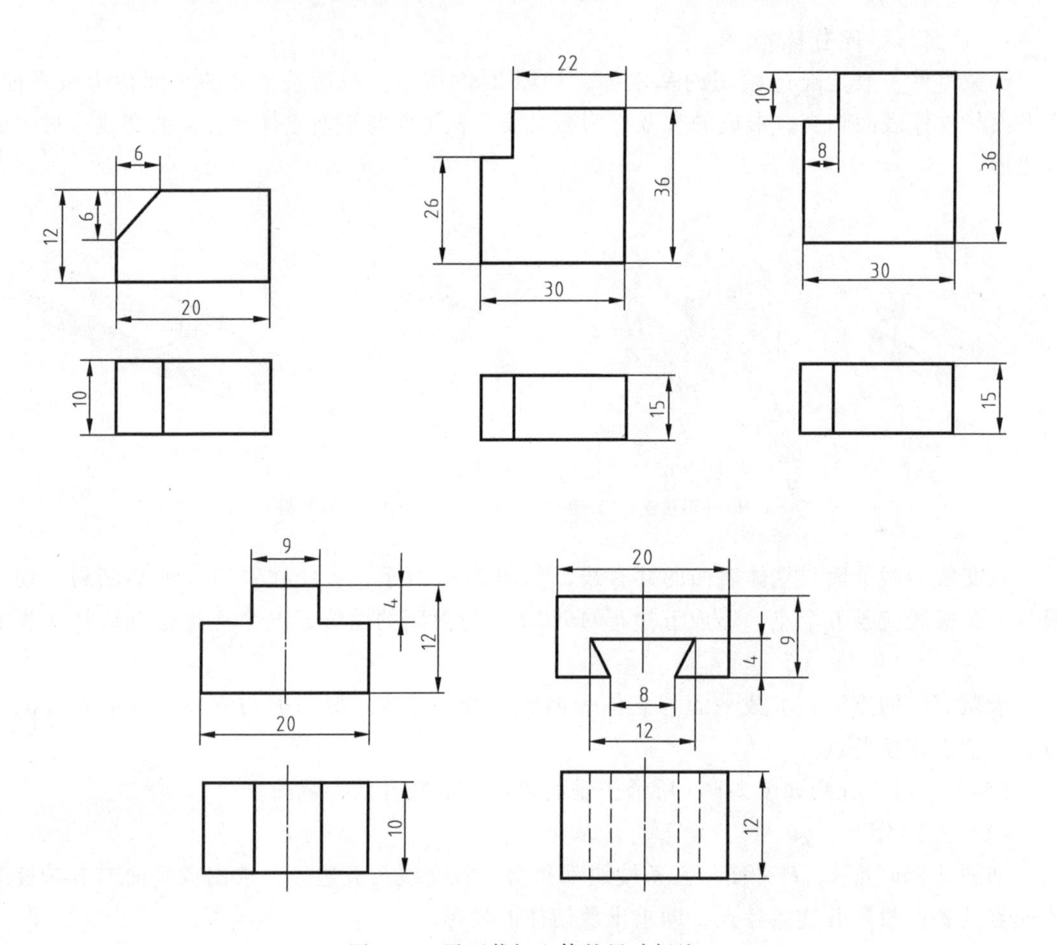

图 2-87 平面截切立体的尺寸标注

【实例 12】 补画图 2-88a 所示物体的俯视图，并标注尺寸。

(1) 投影分析

左视图为特征视图，反映物体的形状，与主视图结合想象物体的空间形状：长方体前后对称截切，切平面为相交的水平面和侧垂面。

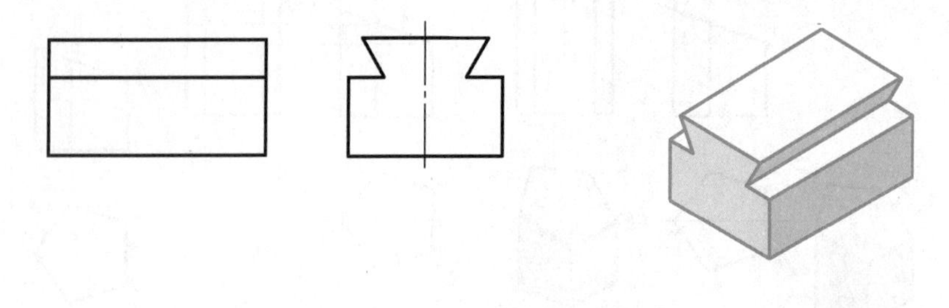

a) b)

图 2-88 补画俯视图并标注尺寸

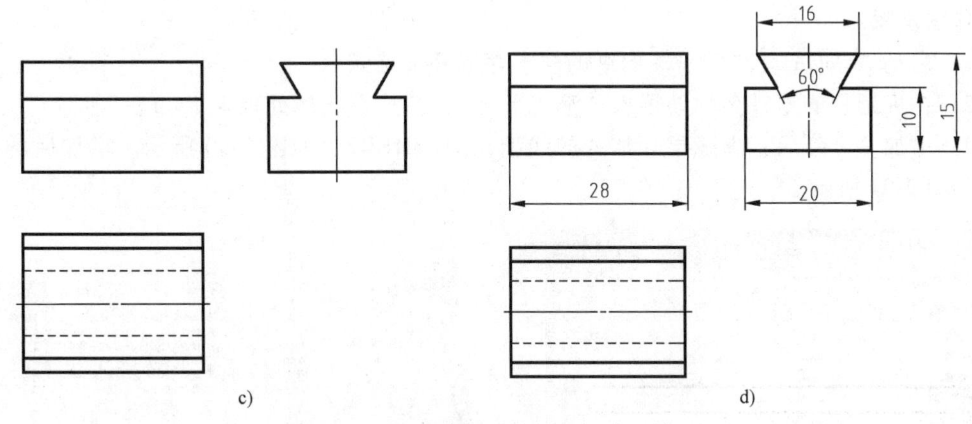

图 2-88 补画俯视图并标注尺寸（续）

（2）作图步骤

1）先根据主左视图想象物体的空间形状，如图 2-88b 所示。

2）按长对正、宽相等，先求长方体及上表面的水平投影，图 2-88c 所示实线投影，再按照宽相等补全燕尾形定位块的两切平面交线的水平投影，完成作图。

3）标注总体尺寸 28×20×15；标注燕尾形定位块上面宽度 16、两斜面夹角 60°、高度 5（这里以底面为基准标注未切高度 10，选择底面为设计基准，方便加工时测量），如图 2-88d 所示。

【实例 13】 利用 AutoCAD 绘制图 2-89 燕尾形定位块的三视图。

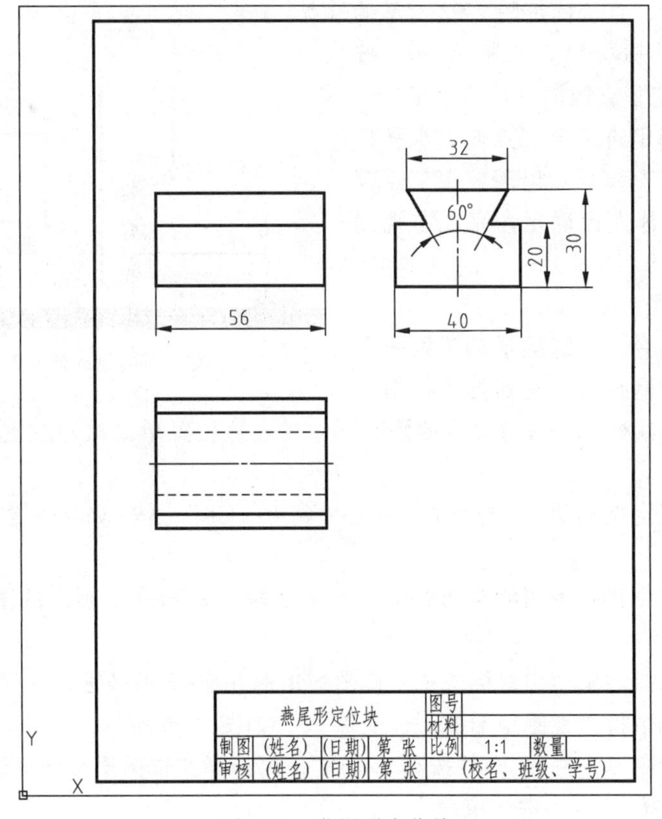

图 2-89 燕尾形定位块

作图步骤：

1）启动 AutoCAD，导入 A4 图纸的样本存成 dwg 格式。

2）在标题栏的零件名称处填入“燕尾形定位块”，在比例处填入 1∶1。

3）增加一个新层：虚线层。加入的线型是 DASHED2，如图 2-90 所示。增加后的图层结果如图 2-91 所示。

图 2-90　加入的虚线名称

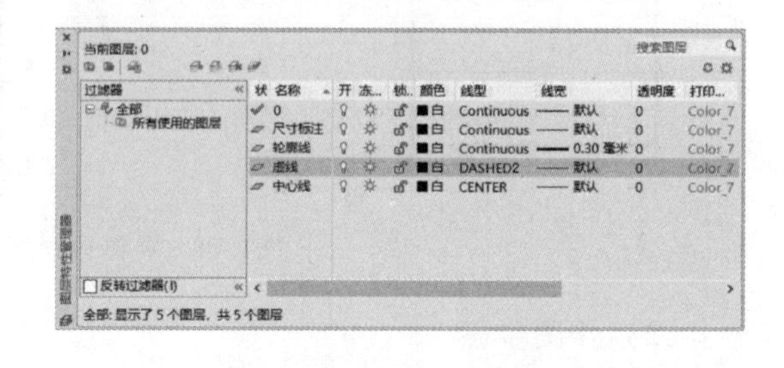

图 2-91　加入虚线后的图层状态

4）绘制主视图。

➢ 切换到轮廓线层，在图纸左上方绘制 56×30 的矩形。

➢ 绘制主视图中距离底边 20 的直线。

➢ 启动直线命令，当系统提示指定第一个点时，先输入 from，按<Enter>键，此时系统提示确定基点坐标，直接捕捉图 2-92 所示的端点。

➢ 往上方移动鼠标后直接输入 20，按<Enter>键，即确定了直线第一点的坐标。

➢ 系统提示指定直线第二点时，水平移动鼠标到矩形右侧直线处，出现捕捉交点符号“×”时单击鼠标左键确定，完成主视图的绘制。

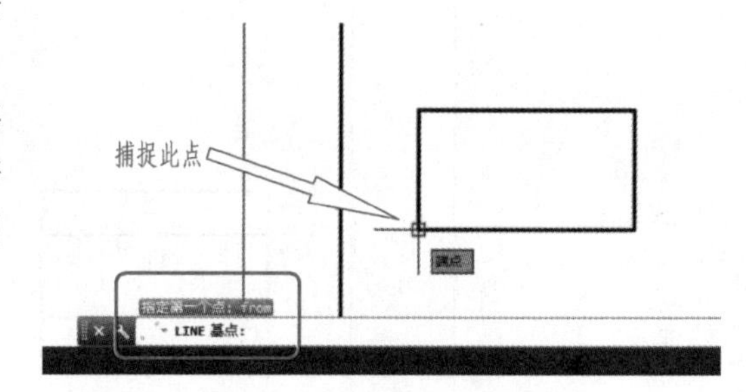

图 2-92　from 捕捉图形位置

5）绘制左视图。

➢ 启动矩形命令，系统提示指定第一个角点时，利用捕捉追踪功能先捕捉主视图右下角点后水平移动鼠标，在有追踪线的情况下，在合适位置单击鼠标左键确定第一个角点，如图 2-93 所示。

➢ 系统提示指定矩形另一角点时，输入“@ 40，30”，按<Enter>键，完成矩形绘制，如图 2-94 所示。

➢ 利用分解命令将左视图的矩形分解为 4 根线段（矩形命令画出的图形是一个整体），如图 2-95 所示。

➢ 系统提示选择对象，用鼠标选中左视图的矩形并按<Enter>键，即完成分解。

➢ 利用偏移命令将左视图矩形的下边上移 20，如图 2-96 所示。

➢ 启动偏移命令后，输入 20 并按<Enter>键，再选择左视图矩形的下边，往上移动鼠标在任意位置确定，按<Enter>键结束命令。

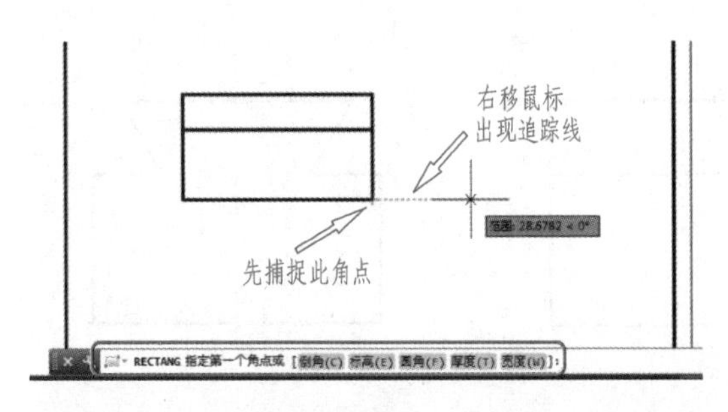

图 2-93　确定左视图矩形第一个角点

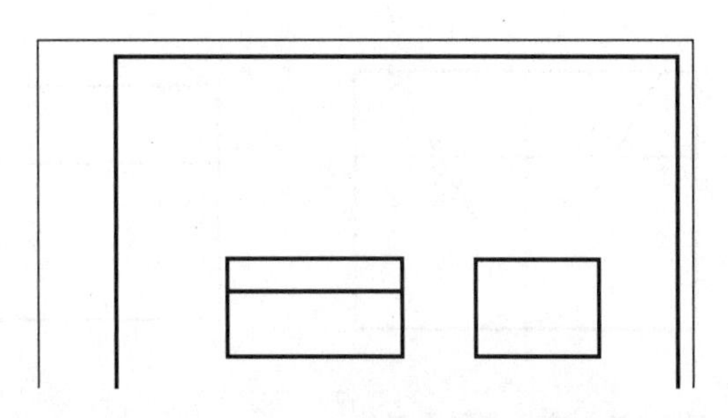

图 2-94　左视图矩形

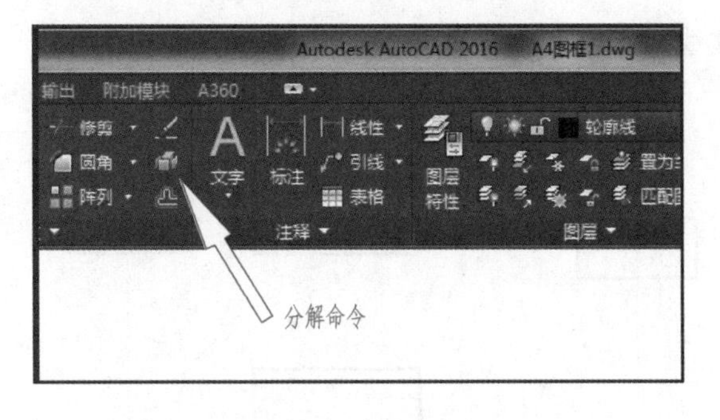

图 2-95　分解命令

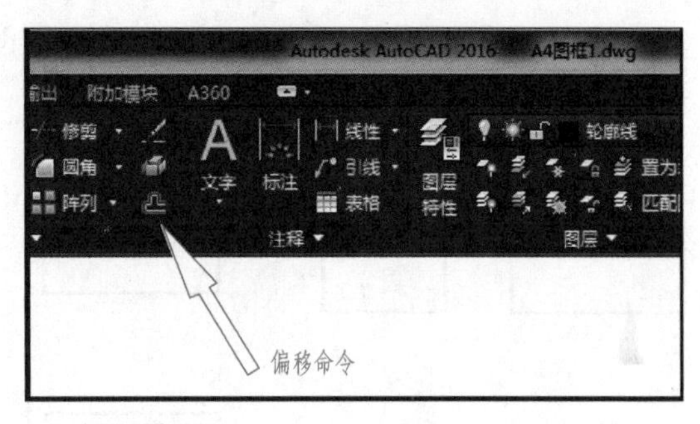

图 2-96　偏移命令

➢ 绘制燕尾左侧斜线。先切换到中心线层，启动直线命令绘制中心线，中心线的下方画长些，为后面做投影做准备，如图 2-97 所示。

➢ 切换到轮廓线层，启动直线命令，输入 from 后捕捉如图 2-98 所示的位置，向左平移鼠标输入 16，按<Enter>键，即确定了直线第一点位置。继续输入“@ 20<-60”，用极坐标方式画出斜线，按<Enter>键完成，如图 2-99 所示。

➢ 利用镜像命令镜像出右侧的斜线，如图 2-100 所示。

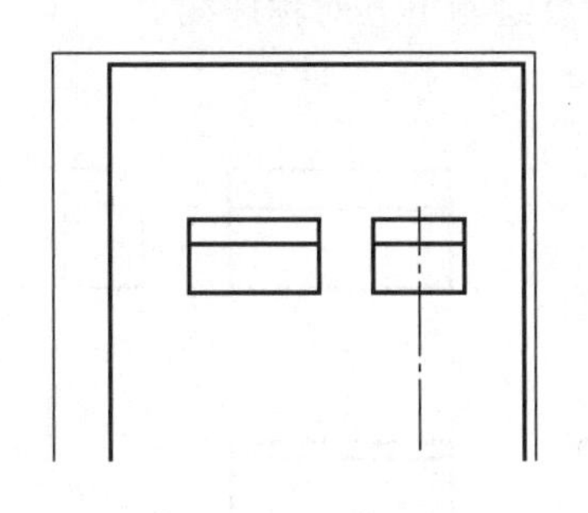

图 2-97　绘制中心线

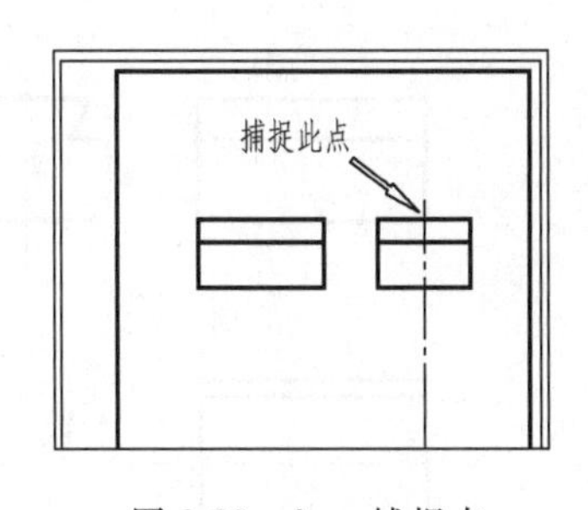

图 2-98　from 捕捉点

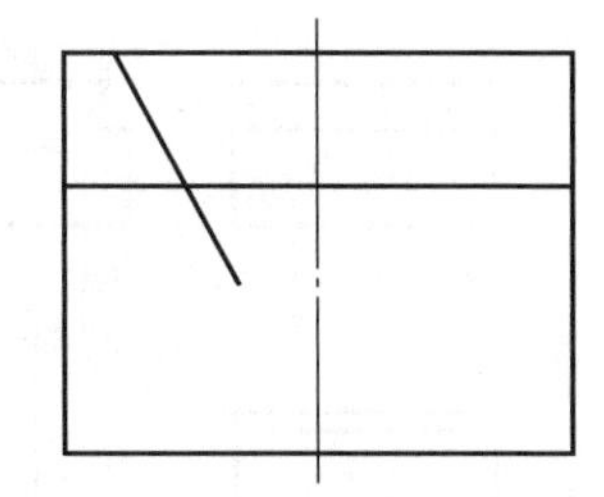

图 2-99　燕尾左斜线绘制

➢ 利用修剪命令将多余线段修剪掉，如图 2-101 所示。

6）绘制俯视图。

➢ 启动矩形命令，利用捕捉追踪方式在主视图正下方的适当位置绘制 56×40 的矩形，如图 2-102 所示。

➢ 切换到中心线层，绘制水平中心线并与左视图的垂直中心线相交。

➢ 切换到轮廓线层，将此矩形分解成四根直线，用偏移命令将俯视图上边的横线往下偏移 4，最下方的横线往上偏移 4，得到的图形如图 2-103 所示。

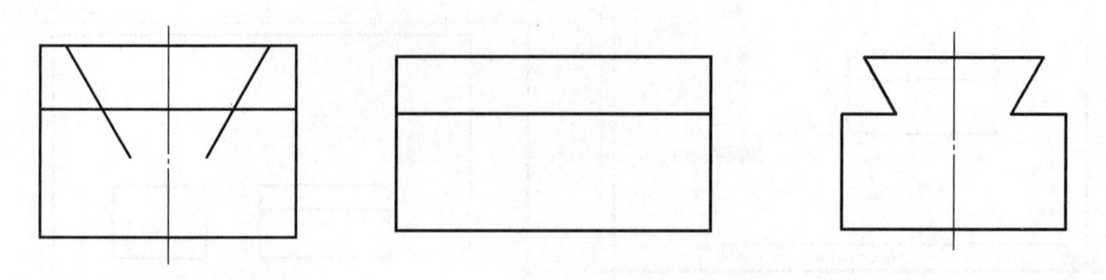

图 2-100　镜像燕尾右斜线

图 2-101　完成后的整体视图

➢ 用投影方法绘制两条虚线。先切换到虚线层，启动直线命令经过中心线交点绘制 45°斜线，如图 2-104 所示。

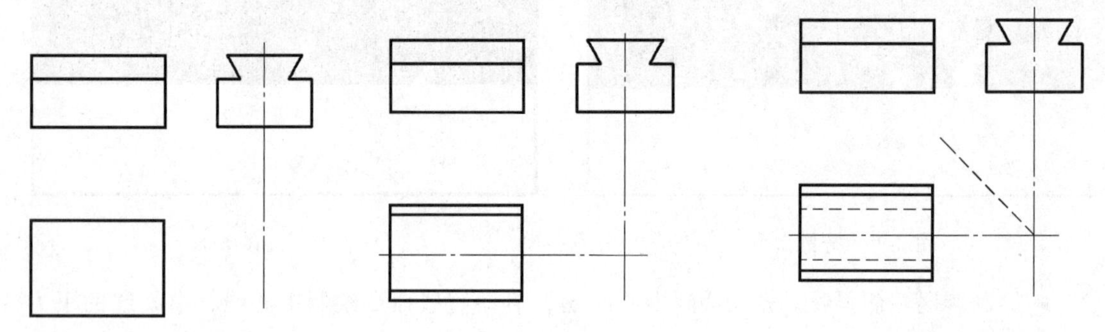

图 2-102　绘制俯视图矩形　　图 2-103　用偏移命令绘制两条横线　　图 2-104　绘制 45°斜线

➢ 用直线命令经过左视图左侧燕尾的下角点绘制垂直线并与 45°斜线相交，如图 2-105 所示。

➢ 用直线命令绘制经过交点的水平线，如图 2-106 所示。

➢ 按图 2-107 所示，将多余线删除或修剪掉，并用镜像命令绘制下方对称虚线。

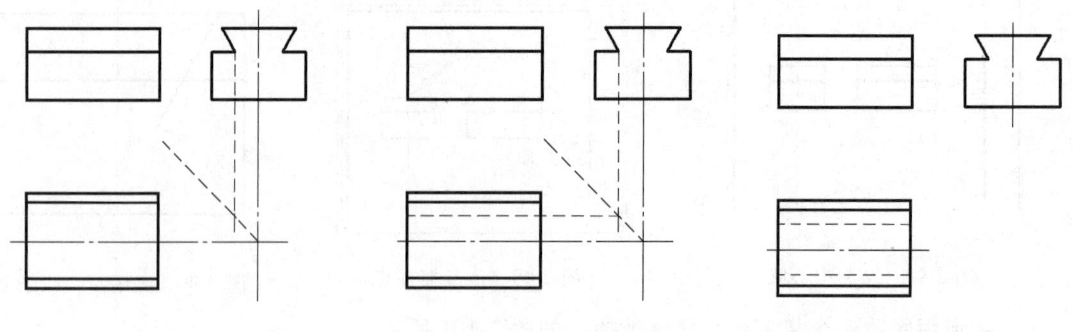

图 2-105　绘制垂直投影线　　图 2-106　绘制水平虚线　　图 2-107　完成水平虚线

7）尺寸标注。

➢ 修改文字样式的相关内容。新建一个“样式 1”，“宽度因子”值定为 0.8，“倾斜角度”值定为 5，如图 2-108 所示。

➢ 打开“标注样式管理器”对话框，单击“新建”按钮弹出“创建新标注样式”对话框，直接单击“继续”按钮，即用默认的名称建立了一个新的“副本 ISO-25”的标注样式，

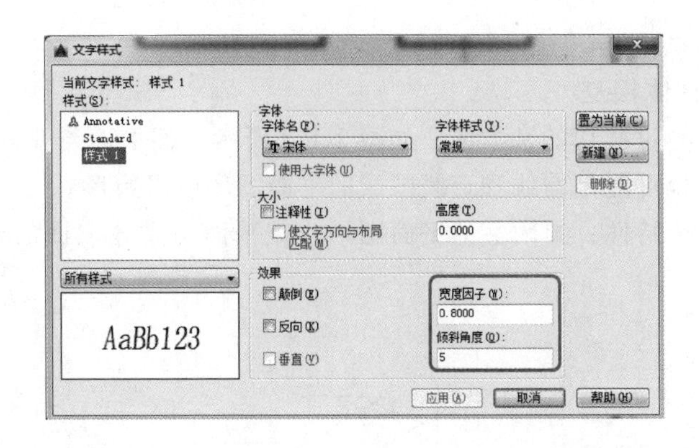

图 2-108 文字样式修改

如图 2-109 和图 2-110 所示。

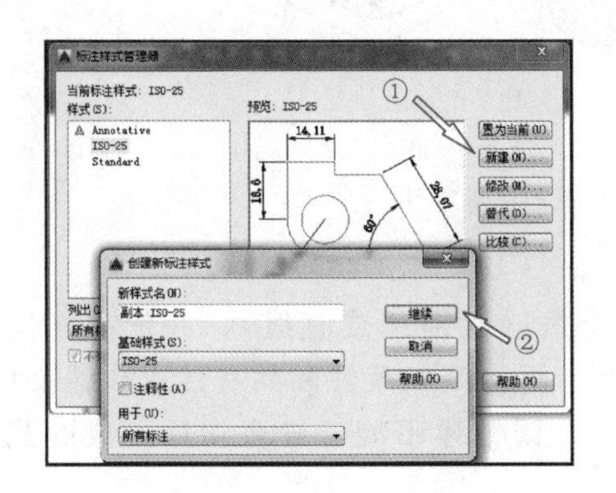

图 2-109 新建标注样式 1

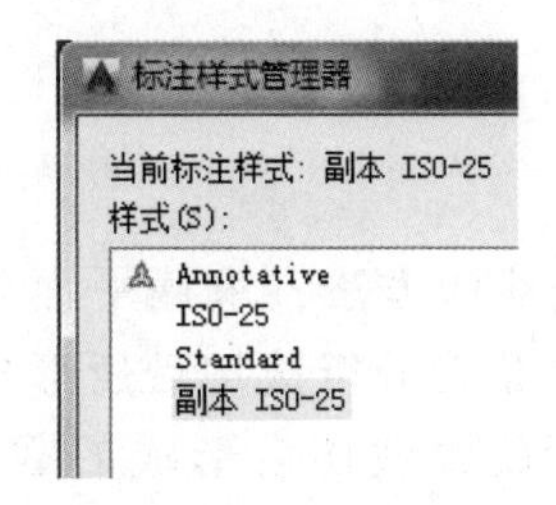

图 2-110 新建标注样式 2

➢ 选中“副本 ISO-25”，单击“修改”按钮修改以下内容：在“线”选项卡中，将“超出尺寸线”值定为 4；将“起点偏移量”值定为 1。在“符号和箭头”选项卡中，将“箭头大小”值定为 6。在“文字”选项卡中，将“文字样式”选择为“样式 1”；“文字高度”值定为 8，“从尺寸线偏移”值定为 2。

➢ 切换到“尺寸标注层”，用线性标注命令标注 60°以外的所有尺寸。

➢ 启动角度标注命令，如图 2-111 所示。

➢ 选择图 2-112 所示的两条边，将尺寸放到合适位置。

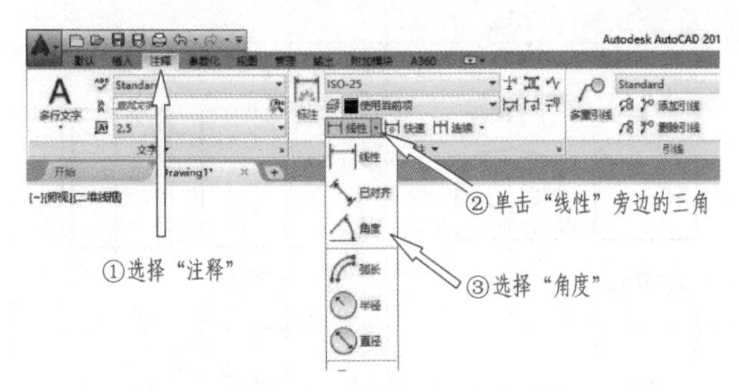

图 2-111 启动角度标注命令步骤

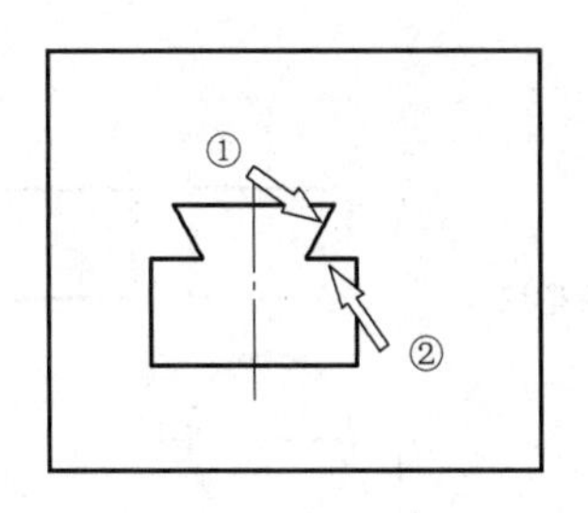

图 2-112 标注角度时选中的边

➢ 最后完成图样的绘制。

2. 平面与曲面立体相交

机械零件一般是经过截切的基本体，如图 2-113 所示。截平面与曲面立体相交，截交线为封闭的平面曲线，也可能是曲线和直线围成的平面图形或多边形。

截交线仍具有两个特性：封闭性的平面图形；截平面与立体表面的共有线。如图 2-113 所示。

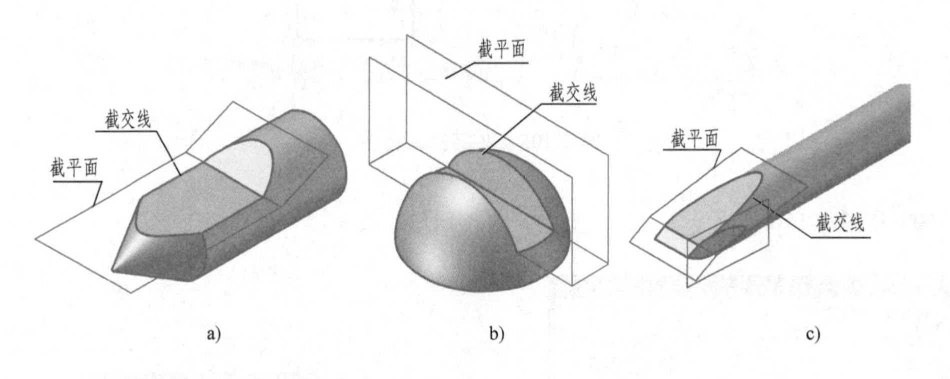

图 2-113 常用曲面立体构成的机械零件

a）车床顶尖 b）螺钉头部 c）錾子头部

求截交线的方法：求截平面与立体表面的交线（含曲线或直线），并依次连接各段。其方法是先分析截切后所形成截断面的形状，再按照积聚性和共有性求作截交线。圆柱体不同位置截切后形成的截断面，见表 2-5。圆锥体不同位置截切后形成的截断面，见表 2-6。

表 2-5 平面与圆柱体相交

截平面位置	垂直于圆柱轴线	倾斜于圆柱轴线	平行于圆柱轴线
截交线形状	圆	椭圆	矩形
立体图			
投影图			

表 2-6 平面与圆锥体相交

截平面位置	垂直于轴线	通过锥顶	倾斜于轴线（截平面与轴线夹角 θ>母线与轴线夹角 α 时）	平行于一条素线（$\theta=\alpha$）	平行于轴线或 $\theta<\alpha$
截交线形状	圆	三角形	椭圆	抛物线	双曲线一支
立体图					
投影图					

【实例 14】 已知圆柱被正垂面截切的主、俯视图，求作左视图，如图 2-114 所示。

（1）投影分析

空间截交线为椭圆，其水平投影积聚为圆，侧面投影仍为椭圆，是类似形，但不反映实形。

（2）作图步骤

1）先画出圆柱体的左视图。

2）求特殊点，根据圆柱的积聚性投影 1、2、3、4 和 V 面投影 1′、2′、3′、4′，求出四个特殊位置点的侧面投影，如图 2-114a 所示。

3）求一般点，在Ⅱ、Ⅲ点之间作一水平辅助圆（面），与截平面交于Ⅵ、Ⅶ两点，求

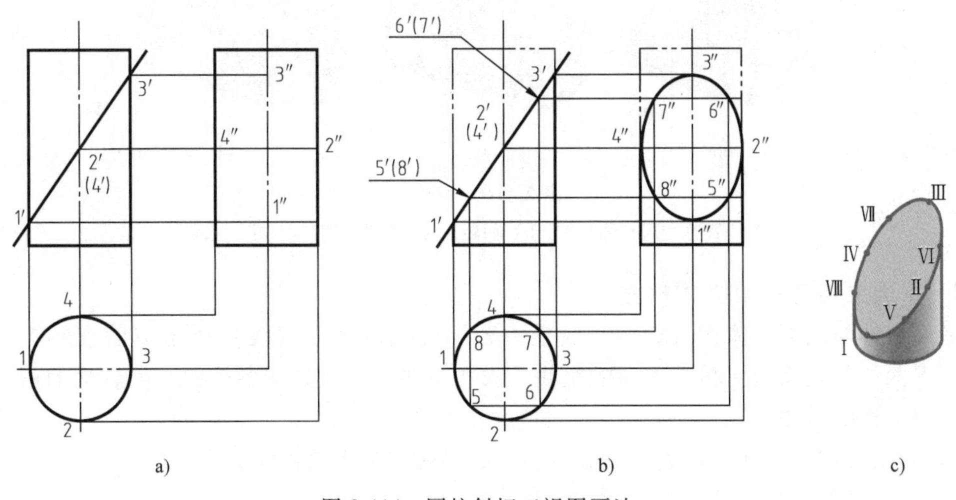

图 2-114 圆柱斜切三视图画法

出 6″、7″，同理在Ⅰ、Ⅱ之间作水平辅助圆（面），与截平面交于Ⅴ、Ⅷ两点，求出 5″、8″；

4）光滑顺序连接各点，去掉切除的部分，得到左视图投影，如图 2-114b 所示。

注意：一般位置点为辅助圆、截平面与圆柱体表面的共有点，即三面共点。

曲面立体截切的尺寸标注：标注总体尺寸及切平面位置尺寸。尺寸尽量标注在特征视图上，方便测量，如图 2-115a 所示。注意截交线不允许标注尺寸，如图 2-115b 所示为错误标注。

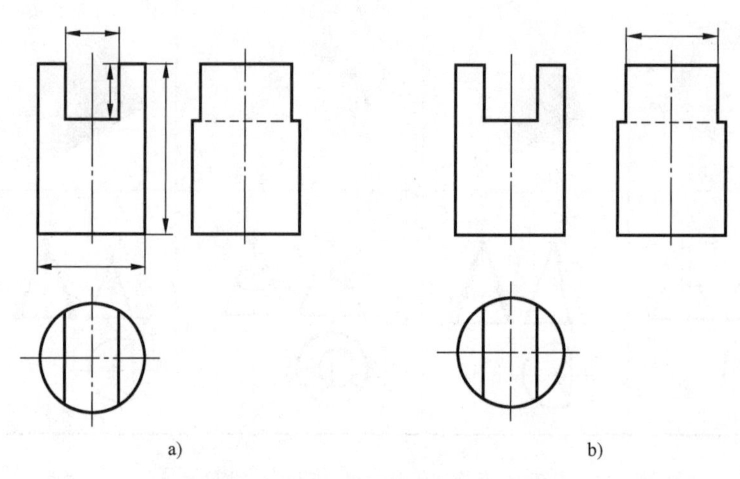

图 2-115 曲面立体截切的尺寸标注

a）正确 b）错误

2.4.4 相贯体

两立体相交，其表面的交线称为相贯线，构成的立体称为相贯体，如图 2-116 所示。相贯线的性质：封闭的空间折线（通常由直线和曲线组成）或空间曲线；两立体表面的共有线。

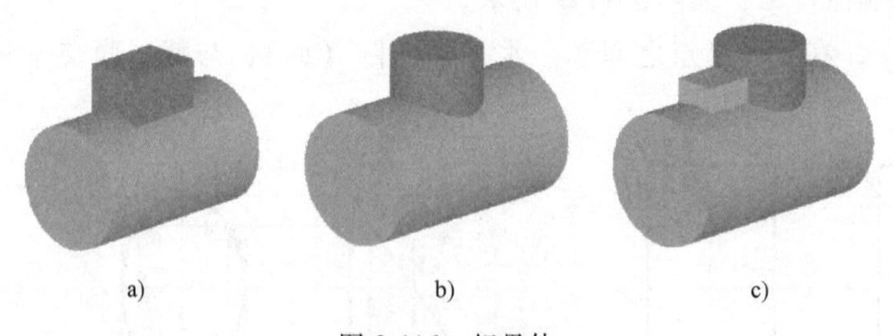

图 2-116 相贯体

a）平面体与回转体相贯 b）回转体与回转体相贯 c）多体相贯

1. 平面立体与曲面立体相贯

平面立体与曲面立体相贯，相贯线是由若干段曲线（或直线）所组成的空间折线，每一段是平面体的棱面与回转体表面的交线。求相贯线的实质是求各棱面与回转面的截交线。

求相贯线的步骤：

1）分析各棱面与回转体表面的相对位置，从而确定截交线的形状。

2）求出各棱面与回转体表面的截交线。

3）连接各段交线，并判断可见性。

【实例 15】 补全如图 2-117 所示主视图。

（1）投影分析

由立体图可以看出，相贯线为由棱柱的四个侧面与圆柱相交形成的四条交线组成的空间折线。

（2）作图步骤

四棱柱前后面为正平面的矩形，主视图反映实形，根据长对正、高平齐画出主视图。

注意：可见相贯线画粗实线，不可见相贯线画细虚线；相贯体为一个整体，其重叠部分不画线。

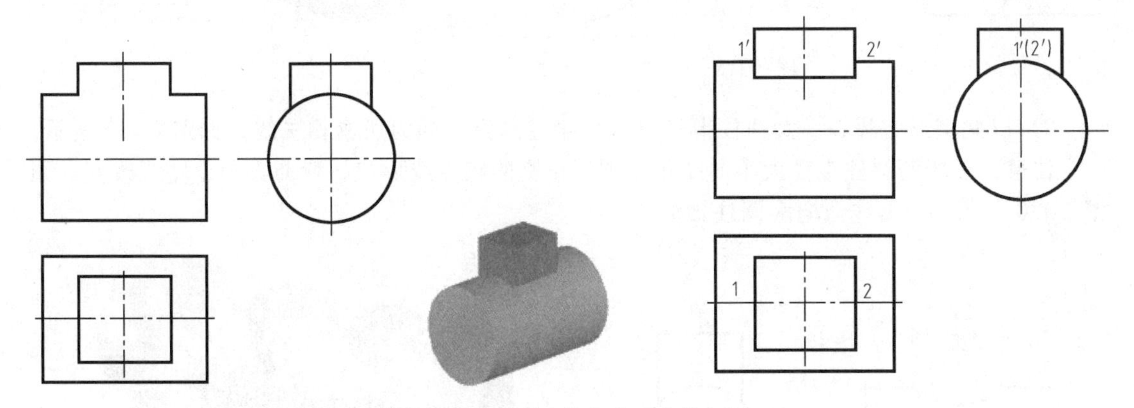

图 2-117　平面立体与曲面立体相贯

2. 两曲面立体相贯

两曲面立体相贯形成的相贯线一般为光滑封闭的空间曲线，特殊情况是平面曲线（椭圆、圆）或直线。求相贯线的实质是求两曲面立体表面共有点的集合。

作图方法：利用积聚性投影直接取特殊位置点；作辅助平面求一般位置点；顺次连接各点。

【实例 16】 圆柱与圆柱相贯，求相贯线，如图 2-118 所示。

（1）投影分析

由立体图看出，相贯线为空间曲线，由于圆柱具有积聚性，所以，相贯线的 V 面投影积聚在轴线垂直的圆柱的 H 面投影上，W 面投影积聚在轴线水平的圆柱的 W 面投影上，只需要求出相贯线的正面投影即可。

（2）作图步骤

方法 1：表面取点法，相贯线前后对称，V 面投影只画前一半。

1）求特殊点。利用长对正、高平齐，确定最左点Ⅰ、最右点Ⅱ、最前点Ⅲ的三面投影。

2）求一般点。在相贯线的Ⅰ、Ⅱ与Ⅲ点之间，作一辅助水平面，与相贯线交于Ⅴ、Ⅵ、Ⅶ、Ⅷ四个点，根据俯、左视图分别求出四个点的正面投影。

3）顺次光滑连接 1′、5′、3′、6′、2′，即得到相贯线的正面投影，如图 2-118 所示。

方法 2：简化画法，用圆弧代替相贯线。

1）以相贯线上的一个特殊点（最高点或最左点）为圆心，大圆柱半径 $D/2$ 为半径作弧，与小圆柱轴线交于一点。

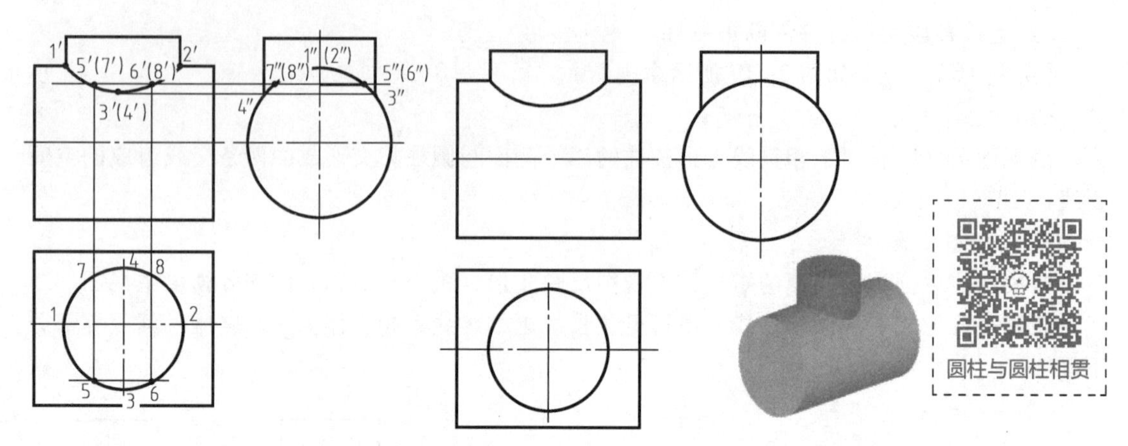

图 2-118 圆柱与圆柱相贯

2）以此交点为圆心，大圆柱半径 $D/2$ 为半径画弧，即为所求相贯线，如图 2-119 所示。

注意：随着两圆柱直径大小的变化，圆柱正交的相贯线形状、弯曲方向也随之改变，如图 2-120 所示，相贯线凸向大圆柱轴线。

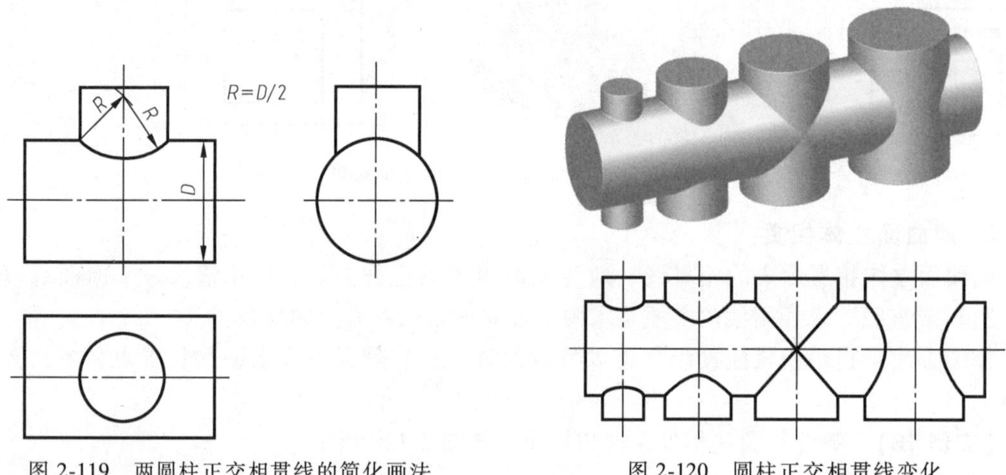

图 2-119 两圆柱正交相贯线的简化画法

图 2-120 圆柱正交相贯线变化

两立体相贯除了体与体相贯，还有体与孔相贯、孔与孔相贯。如图 2-121 所示为圆柱体与孔、孔与孔相贯的画法。

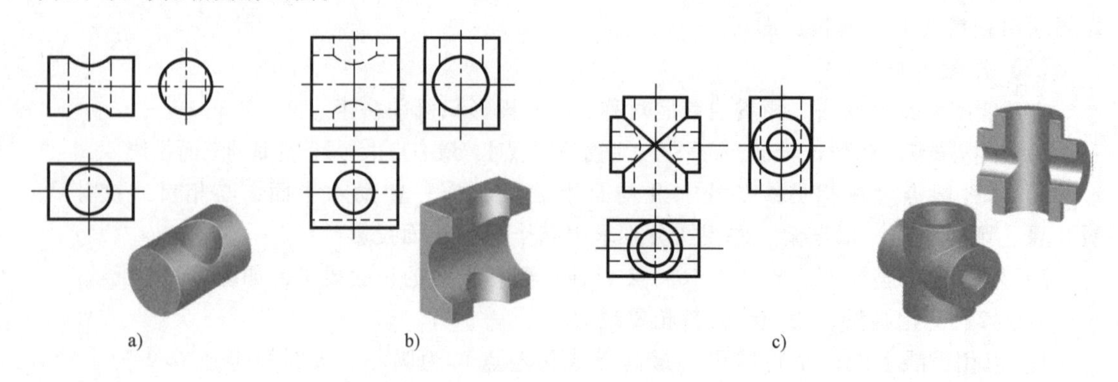

图 2-121 两圆柱相贯的不同形式

3. 相贯体的尺寸标注

相贯体是两个基本体所构成的简单组合体。标注尺寸时，应标注出反映每个基本体大小的定形尺寸和反映基本体之间相对位置的定位尺寸。

如图 2-122a 所示，由于两圆柱正交，相对位置明确，所以只标注两个相贯圆柱的定形尺寸，即底圆直径和高。如图 2-122b 所示两圆柱相交，需增加前后方向的定位尺寸 18。如图 2-122c 所示两圆柱相交，需增加左右方向的定位尺寸 16。

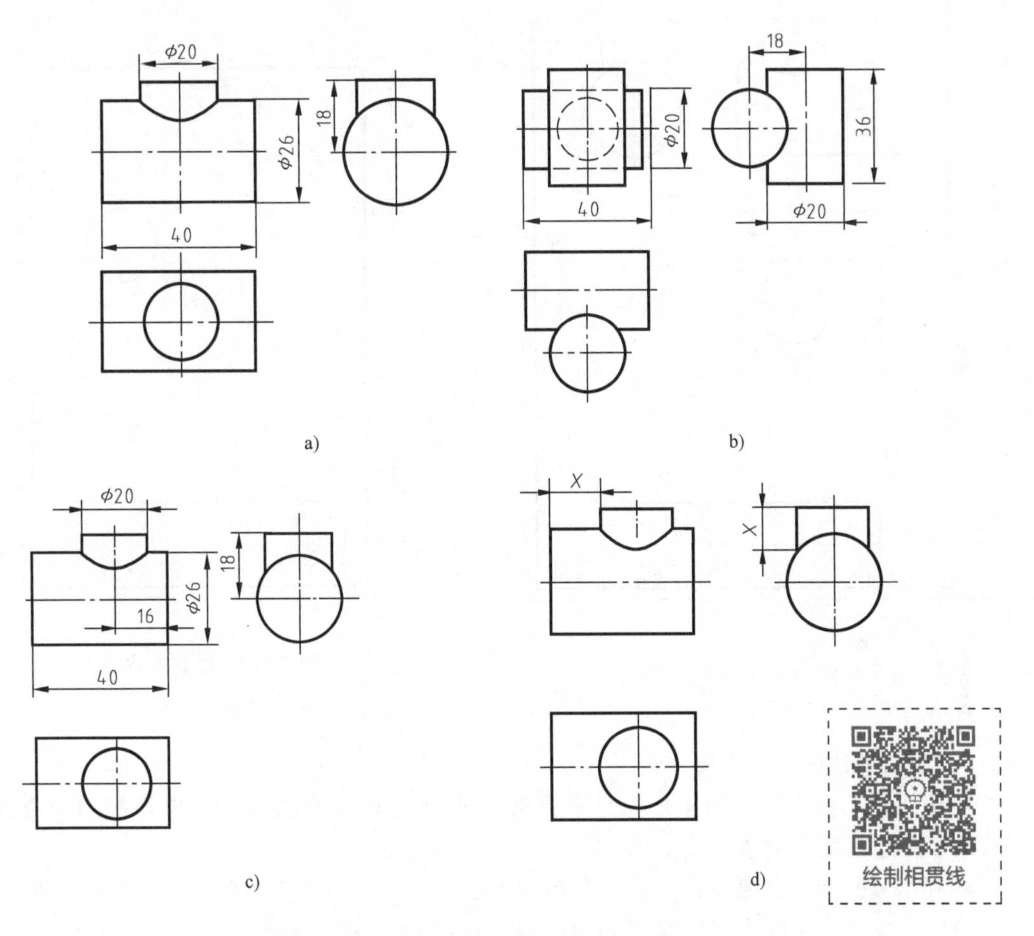

图 2-122　圆柱相贯的尺寸注法

注意：相贯线不标尺寸，如图 2-122d 所示标注是错误的。

【实例 17】 利用 AutoCAD 绘制如图 2-123 所示圆柱相贯体三视图。

（1）作图分析

先绘制 ϕ40 圆柱体的三视图，再绘制 ϕ28 圆柱体的三视图，然后绘制相贯线，最后进行尺寸标注。

（2）作图步骤

1）启动 AutoCAD，导入 A4 图纸的样本，并存成 dwg 格式。

2）在标题栏的零件名称处填入“相贯体三视图”，在比例处填入 1∶1。

3）绘制左视图。

➤ 切换到中心线层，在图纸右上方用直线命令绘制左视图圆的中心线。

➤ 切换到轮廓线层，用圆命令绘制 ϕ40 圆，如图 2-124 所示。

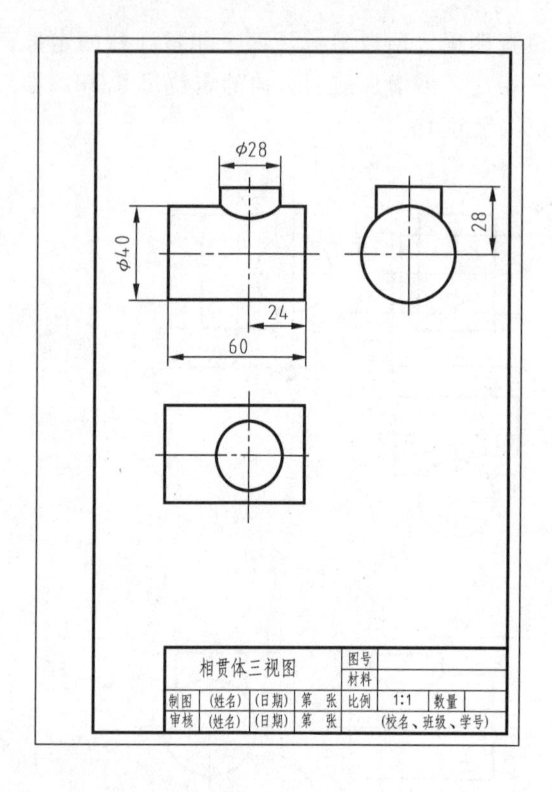

图 2-123 圆柱相贯体三视图

图 2-124 绘制左视图

4）绘制主视图及俯视图

➤ 切换到轮廓线层，用矩形命令在圆的左侧绘制 60×40 的矩形。再切换到中心线层，用直线命令绘制矩形的水平中心线。

➤ 利用复制命令复制出俯视图。复制的方法是：单击如图 2-125 所示的复制按钮，系统提示选择对象时，选择主视图矩形和中心线，按<Enter>键，完成对象选择。系统提示选择基点时，捕捉矩形左下角点后垂直向下移动鼠标，在合适位置单击左键确定，再按<Enter>键结束复制命令，如图 2-126 所示。

➤ 通过以上步骤完成了三视图的布局，如图 2-127 所示。

5）在俯视图上绘制 ϕ28 圆的中心线，并将此线延长过主视图（根据前面讲过的 AutoCAD 相关知识来完成）。

6）在俯视图上完成 ϕ28 圆的绘制，如图 2-128 所示。

7）完成左视图上部 ϕ28 圆的绘制。

➤ 用偏移命令将左视图的垂直中心线左右偏移距离各为 14；将水平中心线往上偏移 28，如图 2-129 所示。

➤ 选中偏移的这三条线后，将其切换到轮廓线层，如图 2-130 所示。

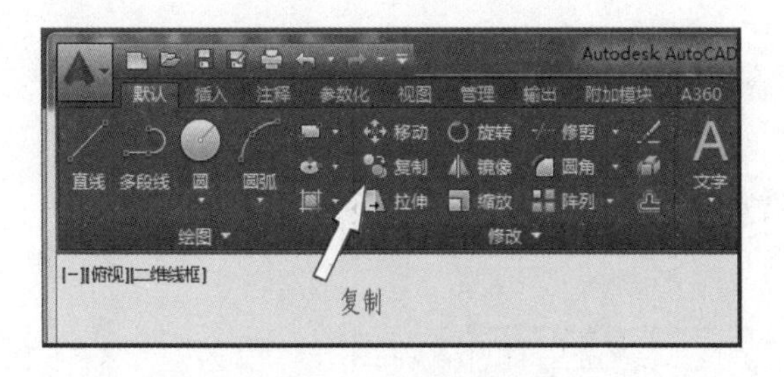

图 2-125 启动复制命令

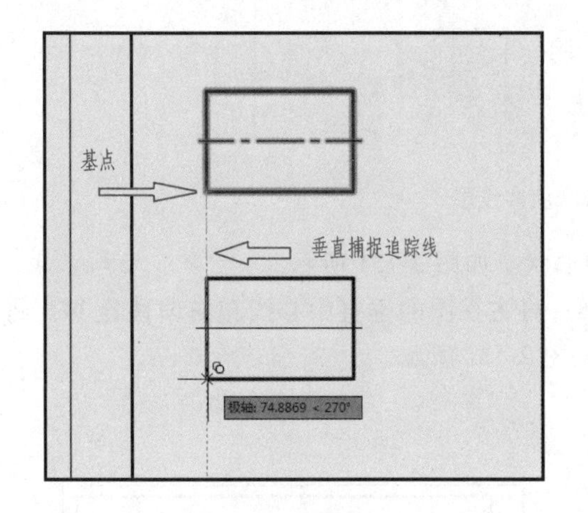

图 2-126 复制过程

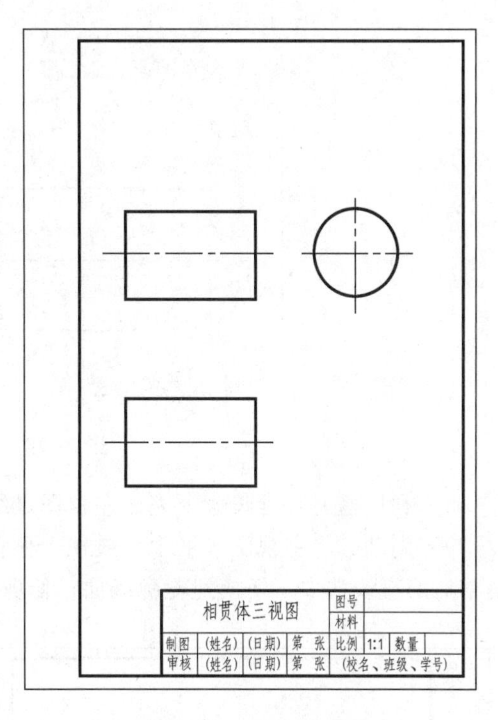

图 2-127 三视图的布局

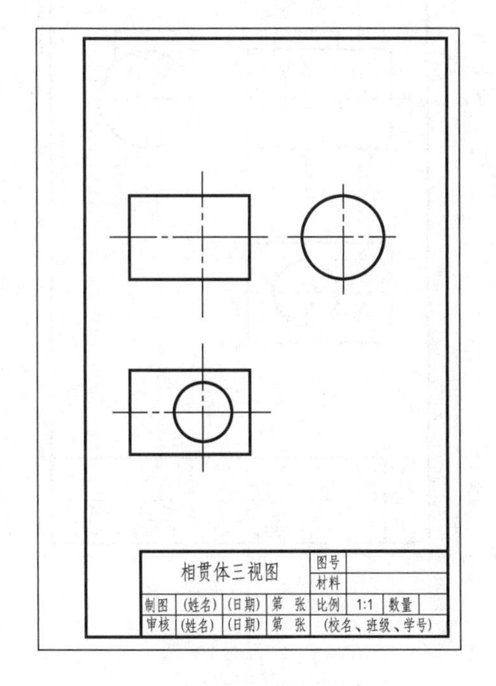

图 2-128 绘制俯视图的圆

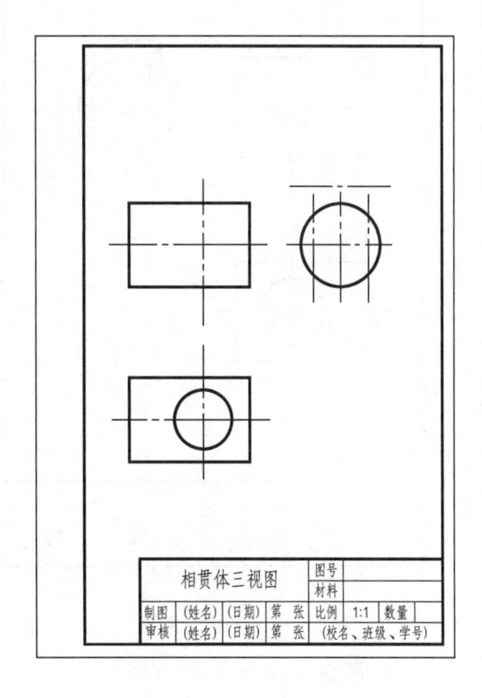

图 2-129 偏移中心线

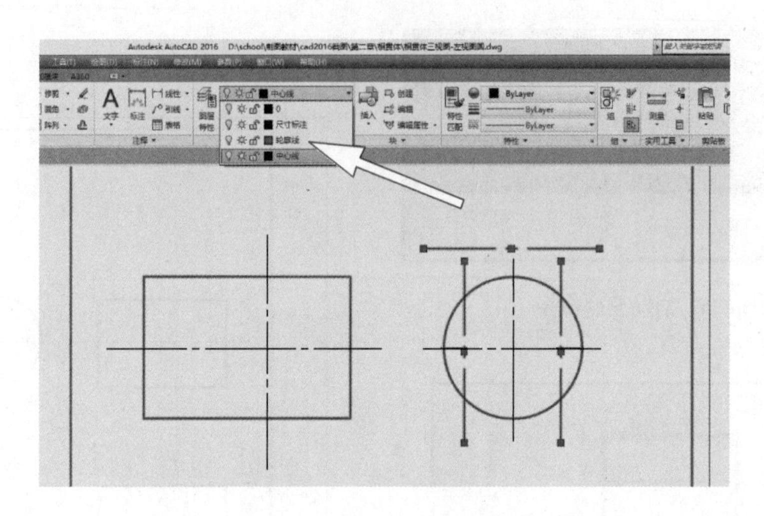

图 2-130　切换到轮廓线层

8）利用修剪和延长命令完成左视图最终的形状。如图 2-131 所示。

9）同理，将主视图水平中心线往上偏移 28；将主视图的垂直中心线左右偏移各 14。将偏移后的直线选中，切换到轮廓线层，修剪后如图 2-132 所示。

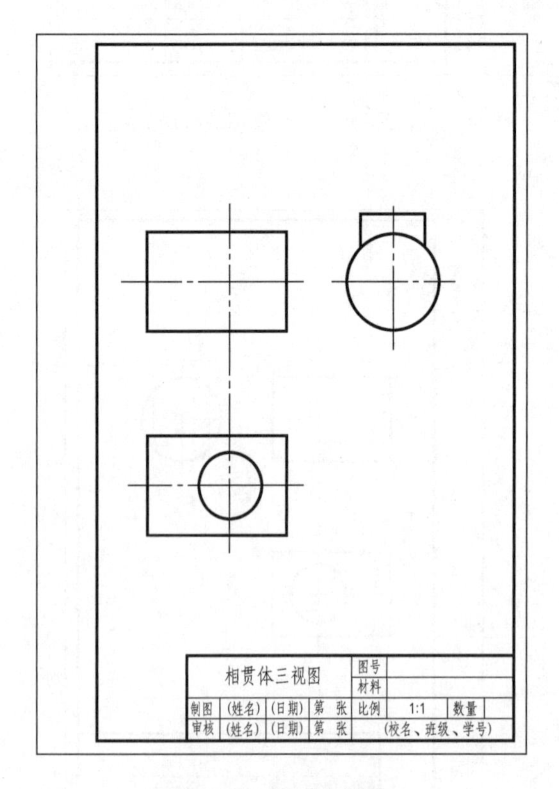

图 2-131　完成左视图

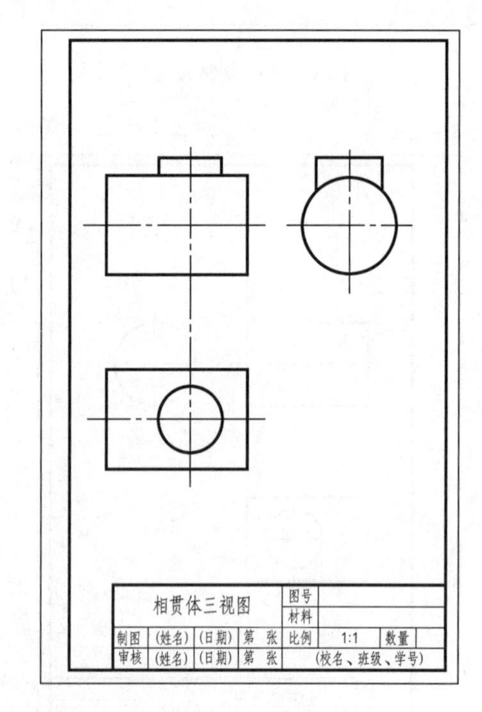

图 2-132　修剪后的图

10）主视图中相贯线的绘制。

➢ 相贯线可以用简化画法，在主视图中，以两圆柱表面特殊位置素线的交点为起点和端点，以大圆半径 20 为半径作弧，且圆弧凸向大圆轴线，如图 2-133 所示。

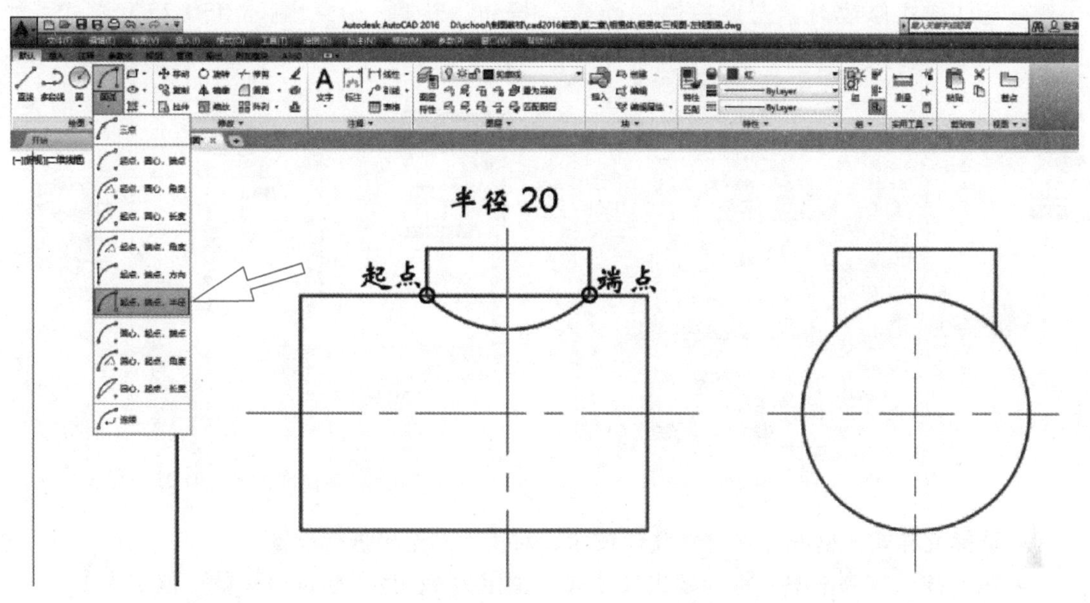

图 2-133　作相贯线

➢ 修剪、删除或夹点编辑多余的线条后得到三视图，如图 2-134 所示。

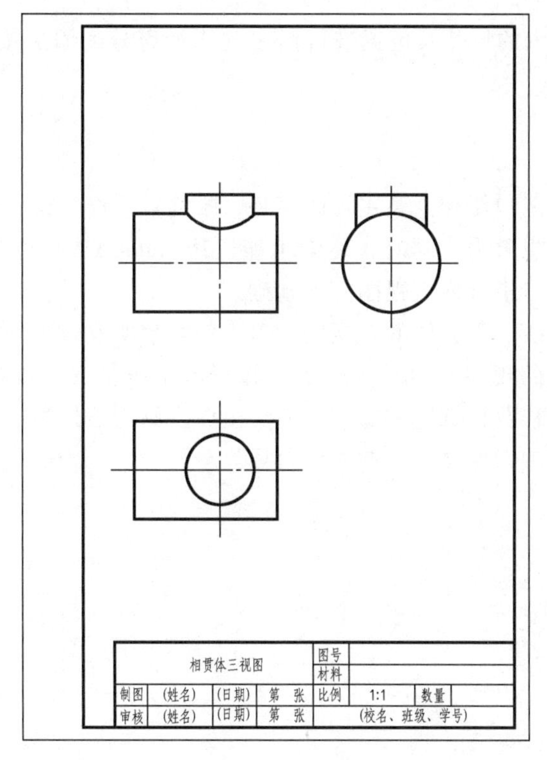

图 2-134　修剪后的图

11）进行尺寸标注。

➢ 文字样式修改如图 2-135 所示。

➢ 标注样式修改时，先点右侧“新建”按钮，新建一个“副本 ISO-25”样式，如图 2-136 所示。

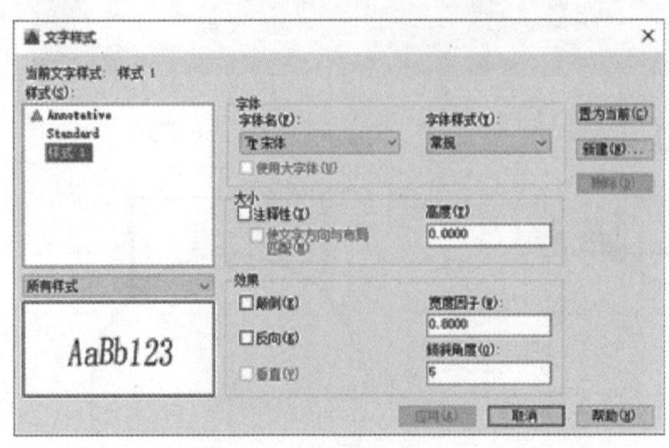
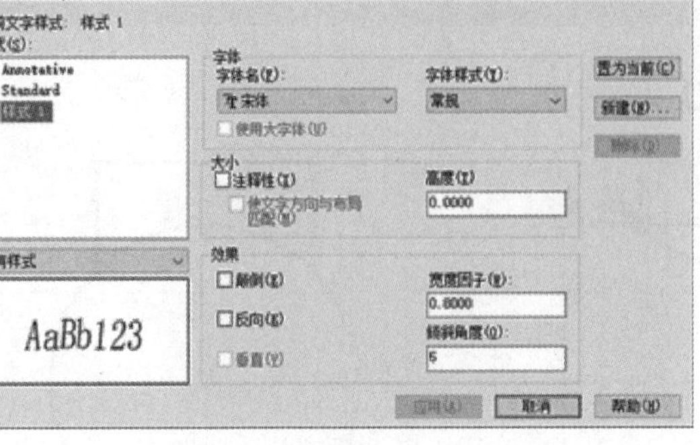

图 2-135 文字样式修改

图 2-136 新建“副本 ISO-25”样式

➢ 选择此样式，单击右侧“修改”按钮，对里面的选项进行设置。

➢ 在“线”选项卡中：将“超出尺寸线”值定为 4；将“起点偏移量”值定为 1。

➢ 在“符号和箭头”选项卡中：将“箭头大小”值定为 6。

➢ 在“文字”选项卡中：将“文字样式”选择为“样式 1”；“文字高度”值定为 8，“从尺寸线偏移”值定为 2。

➢ 按照图 2-123 所示的尺寸及位置进行标注（直径符号的添加按照实例 10 中圆锥台的操作完成）。

教学提示

本章重点学习三视图投影理论及三视图画法；掌握点、线、面、体和截交线及相贯线的画法，培养学生的空间想象力；同时，使学生能运用 AutoCAD 软件绘制基本体三视图、截交线及相贯线等，为学习组合体三视图打下基础。

教学中，通过点、线、面、体的三视图学习，使学生明确事物是普遍联系的，而且，事物的发展遵循循序渐进的规律；同时，理解“知识源于积累，成功源于坚持”的道理；通过利用计算机绘制六棱柱及相贯线的实例，使学生体会到先进科学技术的优势，从而增强锐意进取、不断创新的精神，树立远大的人生目标。

第3章 组合体

教学目标

1. 掌握组合体的组合形式及表面连接关系。

2. 运用组合体分析方法，读懂并能绘制中等难度的组合体三视图。

3. 熟练掌握运用 AutoCAD 软件绘制组合体三视图的方法。

4. 通过本章学习，使学生理解“事物的发展遵循循序渐进的规律”，学习和工作中，要注重积累，知识源于积累，成功源于坚持。

任何复杂的机器零件，都是由一些基本体组合而成的。这种由基本体组合而成的物体称为组合体。从几何学观点看，一切机械零件都可抽象成组合体，因此，绘制和识读组合体视图是学习机械制图的基础。本章介绍组合体的画图、读图及尺寸标注方法。

3.1 组合体的分析

3.1.1 组合体的组合形式

组合体的组合形式可分为叠加、挖切和综合三类。如图 3-1 所示，图 3-1a 所示物体是叠加式组合体，图 3-1b 所示物体是挖切式组合体，图 3-1c 所示物体是综合式组合体。任何复杂形状的零件都可以看作是由基本几何体按以上三种方式组合而成的形体。

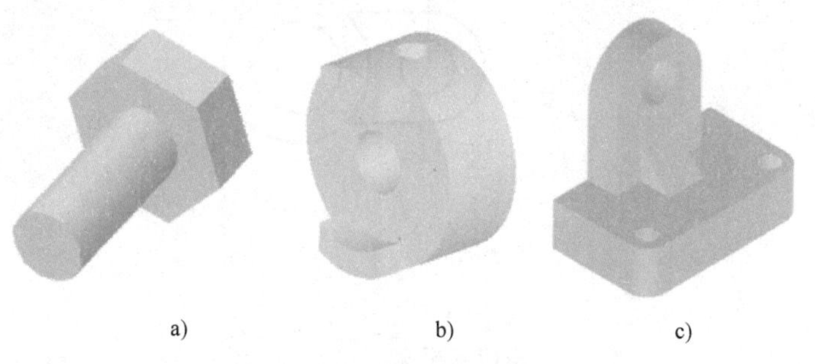

a) b) c)

图 3-1 组合体的组合形式

a）叠加式 b）挖切式 c）综合式

3.1.2 组合体表面的连接关系

组合体的基本形体中，相邻表面连接关系分为以下几种。

（1）平齐与不平齐

图 3-2a 所示形体的上、下两部分的宽度相等，主视图方向平齐，上下两部分连接处不画线；图 3-2b 所示物体的上、下两部分的宽度不相等，主视图方向不平齐，上下两部分连接处画线。

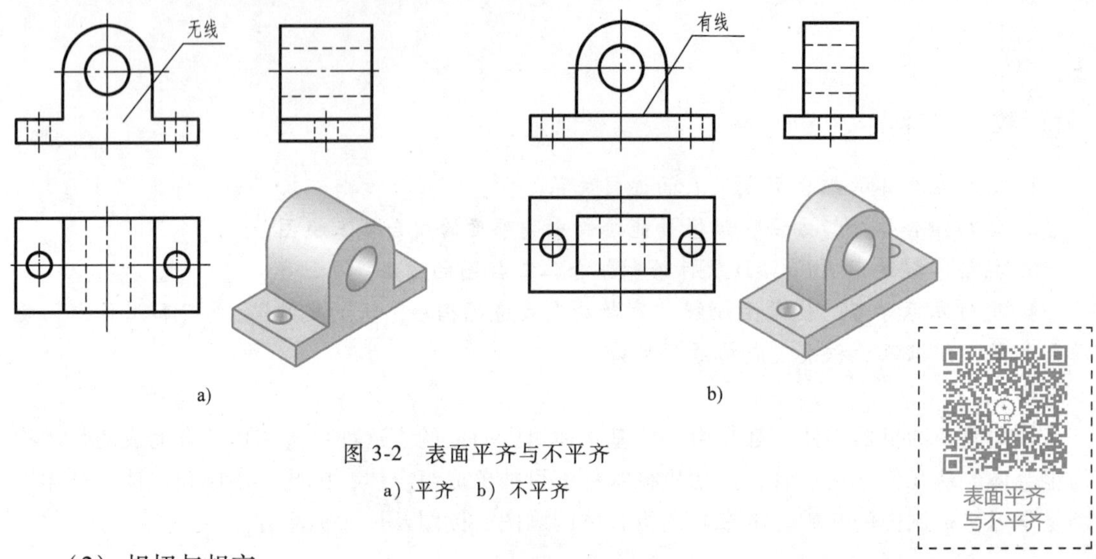

图 3-2　表面平齐与不平齐

a）平齐　b）不平齐

（2）相切与相交

如图 3-3a 所示，当两形体（平面与曲面或曲面与曲面）表面光滑连接，即相切时，相切处为光滑过渡，不存在轮廓线，故在投影图上不画线；如图 3-3b 所示，当两形体表面相交时，相交处有轮廓线，故在投影图上应画出交线。

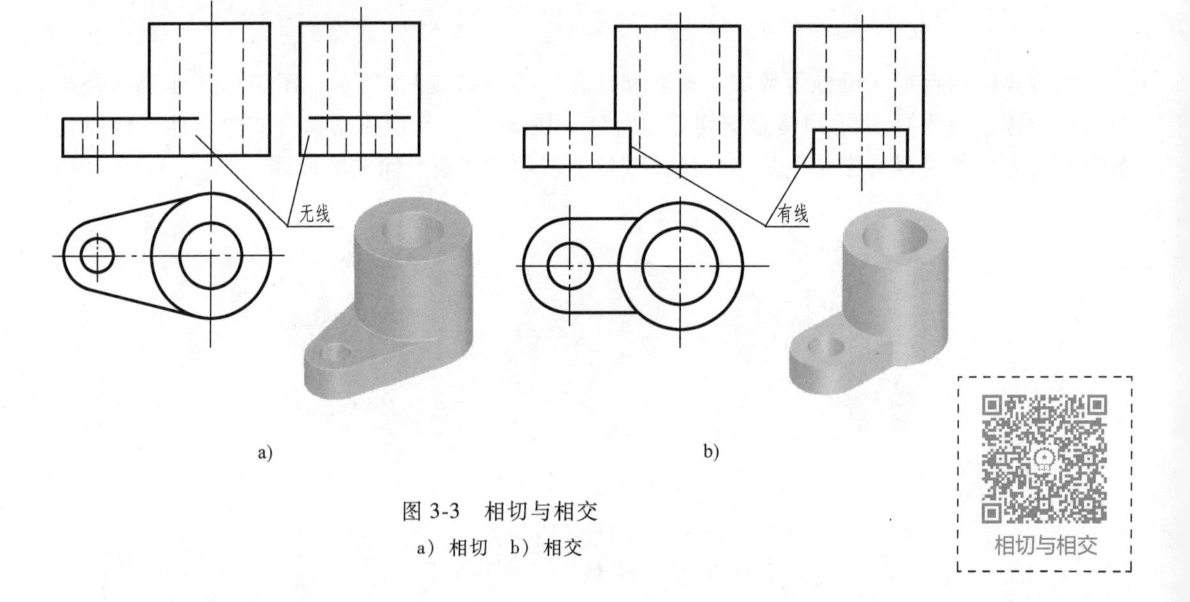

图 3-3　相切与相交

a）相切　b）相交

3.1.3　组合体的分析方法

1. 形体分析法

假想把组合体分解为多个基本形体，并确定各形体间的组合形式及相邻表面间连接关系的一种分析方法。

对于组合体，先观察分析它的形状和结构特点，了解组成它的基本体，再分析它们之间的组合形式及连接关系，然后选择视图表达方案，并作出三视图。如图 3-4 所示轴承座，由凸台Ⅰ、水平圆筒Ⅱ、支撑板Ⅲ、肋板Ⅳ和底板Ⅴ五部分组成。它们的组合形式及相邻表面之间的连接关系为：支撑板和肋板叠加在底板上。支撑板的左右两侧与水平圆筒的外表面相切，肋板两侧面与水平圆筒的外表面相交，凸台与水平圆筒相贯。

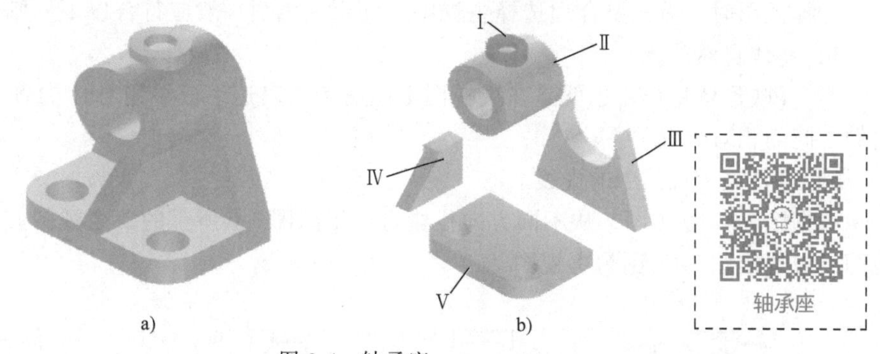

图 3-4 轴承座

a）立体 b）形体分析

2. 线面分析法

当物体不能被简单地分为几个基本形体时，可采用线面分析法作图。

图 3-5a 中，已知主、左视图，想象出物体的形状，补画出俯视图。主、左视图之间通过“高平齐”的投影关系联系起来。主视图上的斜线，与左视图上方的梯形相对应，应为一个正垂面。左视图上左右两条斜线，只能与主视图的五边形相对应，应为两个侧垂面。根据投影面垂直面的投影特性，在俯视图上要画出相应图形的类似形。

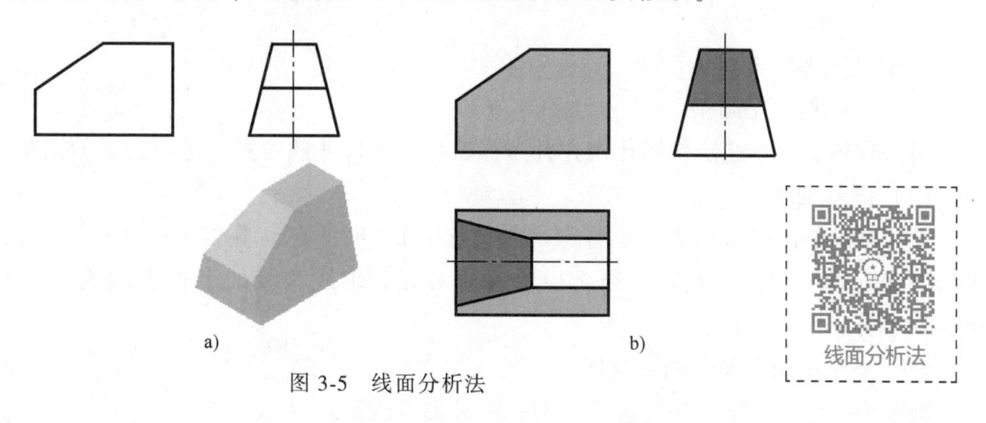

图 3-5 线面分析法

运用“事物是普遍联系的”观点分析组合体三视图，轻松攻克难点，准确识读图样，培养空间思维能力。

3.2 组合体三视图的绘制

由于组合体的构成方式不同，组合体三视图的绘制方法有形体分析法和线面分析法两

种。本节讲述不同结构组合体的三视图画法。

3.2.1 形体分析法

对于叠加式组合体，采用形体分析法，即将组合体拆分成若干单个形体，逐个绘制三视图，最后按照表面连接关系和相对位置关系，整理修改图线并加深，得到组合体三视图。

1. 视图选择

选择视图时，首先要合理选择主视图。确定主视图一般应符合以下原则：

1）物体自然放置；

2）反映形体特征，也就是在主视图上能清楚地表达组成该组合体的各基本体的形状及它们之间的相对位置关系；

3）尽量减少视图中的虚线。

根据图 3-4a 立体图，从不同方向投影可以得到图 3-6 所示的四个视图。综合比较这四个视图，应选取图 3-6b 图为主视图。

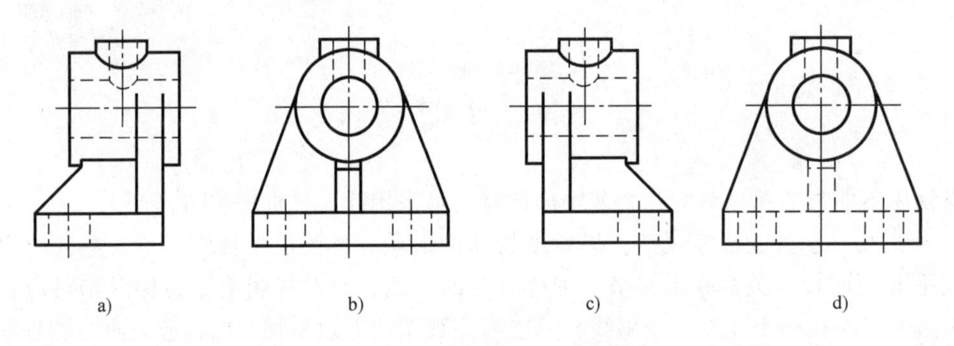

图 3-6 主视图的选择

2. 作图步骤

（1）选比例、定图幅

根据物体的大小选定作图比例，并考虑留出标注尺寸的位置，选用合适的图幅。

（2）画基准线

设计基准是画图时标注尺寸的起点，一般与加工时的定位基准或测量基准重合，每个视图需要确定两个方向的基准。通常以对称中心线、轴线和大的平面及端面作为基准，如图 3-7a 所示。

（3）逐个画出各形体的三视图

画各个形体的顺序：先轮廓后细节；先外形后内部。

注意：三个视图结合起来作图，先从各组成部分的特征视图入手作图，再按投影规律画出其他两个视图。

1）画圆筒及凸台的三视图，先画主视图，后画俯视与左视图，如图 3-7b 所示。

2）画底板的三视图，先画俯视图，后画主视与左视图，如图 3-7c 所示。

3）画支撑板的三视图，先画主视图，后画俯视与左视图，如图 3-7d 所示。

4）画肋板的三视图，先画左视图，再画主视与俯视图，如图 3-7e 所示。

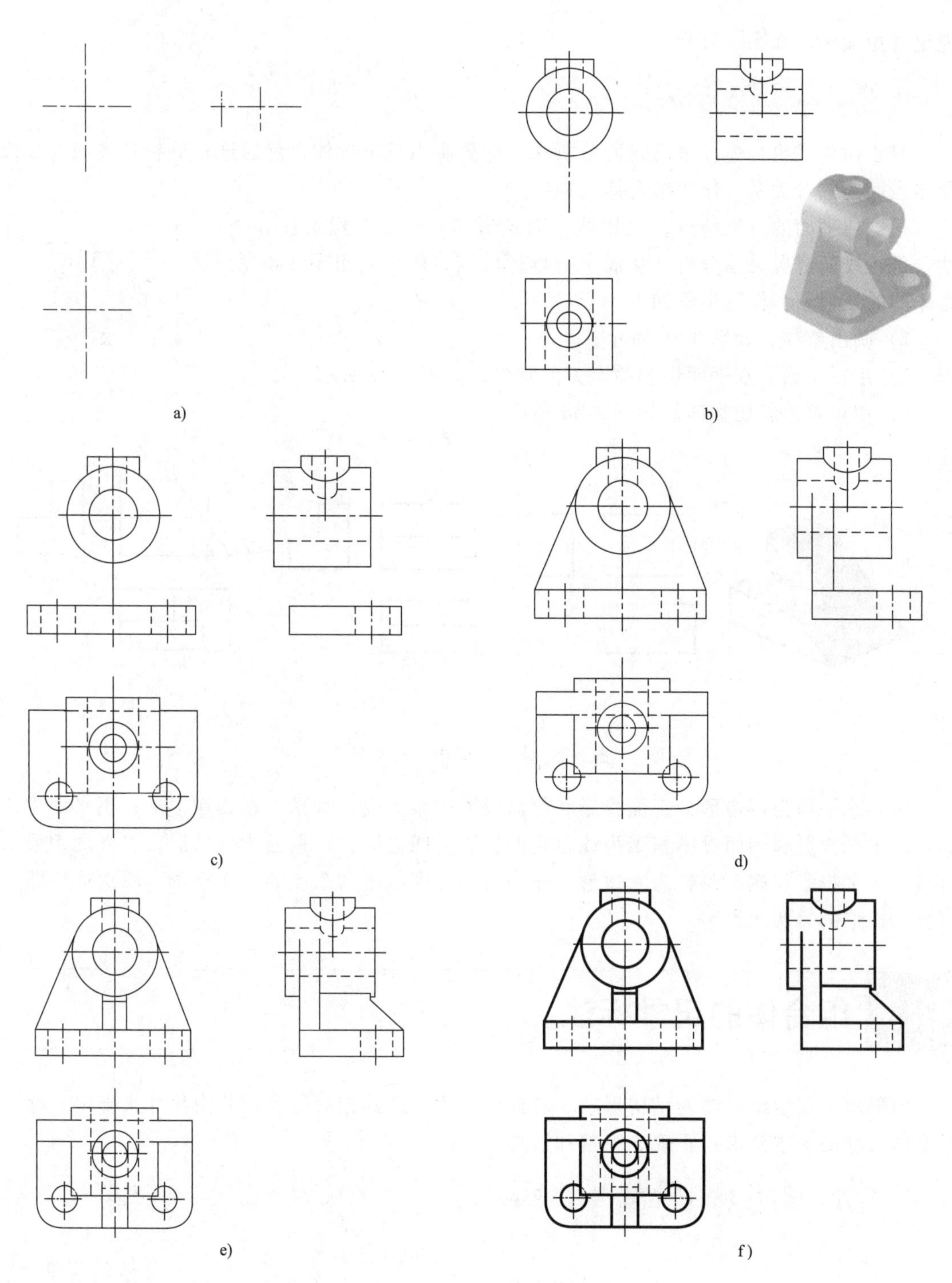

图 3-7 轴承座的画法

a）画轴承的基准线 b）画圆筒及凸台的三视图 c）画底板的三视图 d）画支撑板的三视图

e）画肋板的三视图 f）检查并加深

（4）检查、加深

逐个画出各部分的底稿后，要按照各形体的相对位置及表面连接关系检查图纸，然后按规定线型描深，如图 3-7f 所示。

3.2.2 线面分析法

对于切割式组合体，采用线面分析法，即先画出整个形体，然后通过分析切平面与棱线和体表面的位置关系，作出组合体三视图。

根据切平面的位置特点，利用线、面投影的真实性、积聚性和类似性，进行线面对应关系分析，从而求得物体的三视图。画出图 3-8a 所示立体图的三视图，作图步骤如下：

1）画出整体，如图 3-8b 所示；

2）用正平面、水平面切去前上方的缺口，如图 3-8c 所示；

3）用正垂面斜切物体，如图 3-8d 所示。

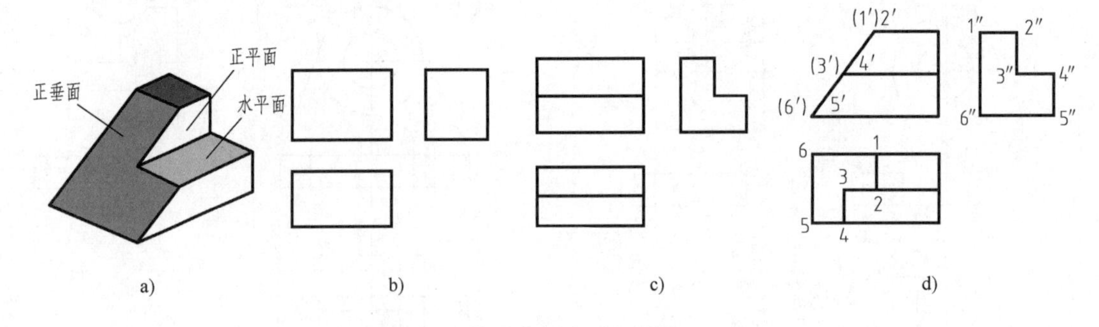

图 3-8 线面分析法画三视图

图中水平面为四边形，正面投影和侧面投影积聚为线，水平投影为四边形；正平面为四边形，水平投影和侧面投影积聚为线，正面投影为四边形；正垂面为六边形，主视图积聚为直线，水平投影和侧面投影为六边形。作图时，分别做出六个点的三面投影，顺次连接即可得到六边形的另两面投影。

3.3 组合体的尺寸标注

图形用来表示组合体的结构形状，各形体的大小及其相对位置需要由尺寸来确定。标注组合体尺寸的基本要求：正确、完整和清晰。

3.3.1 组合体的尺寸基准和种类

1. 尺寸基准

标注尺寸的起点称为设计基准。组合体有长、宽、高三个方向的尺寸，每个方向至少应有一个尺寸基准，如图 3-9 所示。组合体的尺寸标注中，常选取对称面、底面、端面、轴线或圆的中心线等几何元素作为尺寸基准。在选择基准时，每个方向除一个主要基准外，根据情况还可以有几个辅助基准，将会在后续章节讲述。

2. 尺寸种类

组合体的尺寸一般包含各组成部分的定形尺寸和定位尺寸；组合体的总体尺寸有长、宽和高。

1）定形尺寸。确定各基本体大小的尺寸。图 3-10 所示主视图中的 $R12$、$\phi 12$、58、10，俯视图中的 4×ϕ6 、$R6$、24 等。

2）定位尺寸。确定各基本体之间相对位置的尺寸。图 3-10 所示主视图中的 25 和俯视图中的 40 和 12。

3）总体尺寸。确定组合体外形总长、总宽、总高的尺寸。图 3-10 所示主视图中的 58 为总长，25 为高（总高为 37），俯视图中的 24 为总宽。

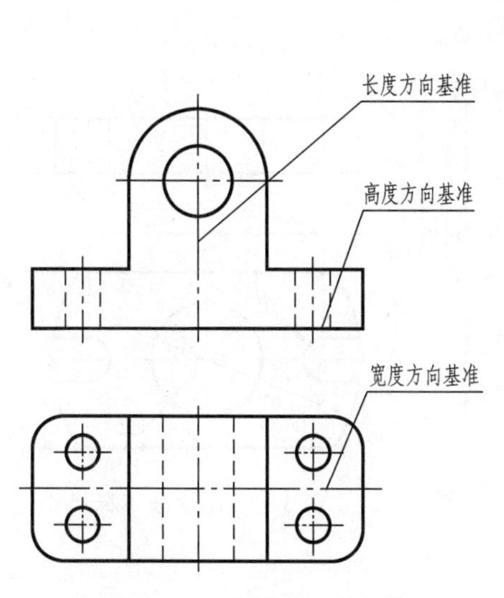

图 3-9 组合体的尺寸基准

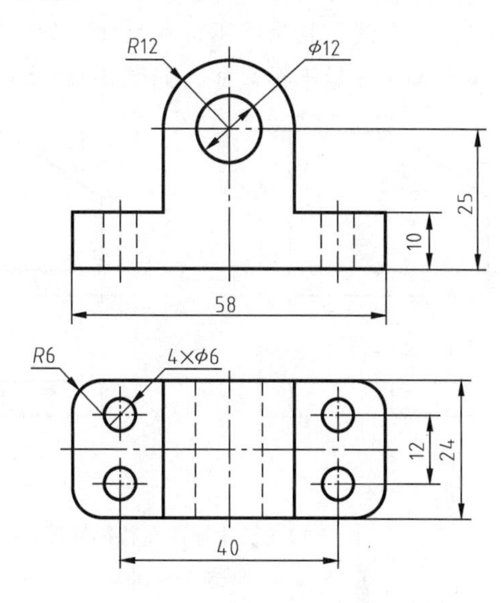

图 3-10 组合体的尺寸种类

注意：

1）当某组成部分的定形尺寸与总体尺寸相同时，只标注一次，如尺寸 58。

2）标注总体尺寸时，若组合体的一端为回转体，则以回转体的中心为标注尺寸的界限，而不标总体尺寸。如图 3-10 主视图中的 25，总高为 25 与 12 的和。常见此类标注如图 3-11 所示。

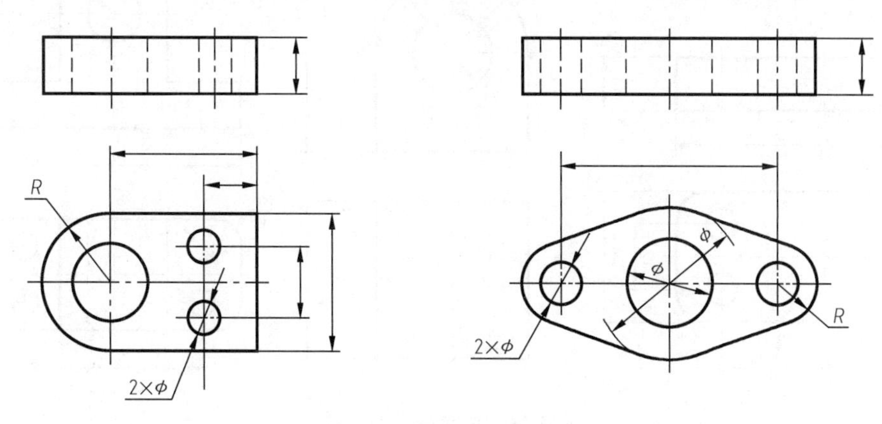

图 3-11 圆弧面不标尺寸

3.3.2 组合体尺寸标注方法

前面，我们学习了国家标准标注尺寸的基本规则、基本体的尺寸标注方法、截交线及相贯线的尺寸标注方法，本节组合体尺寸标注涵盖了前面内容，这里将组合体尺寸标注原则归纳如下。

1. 尺寸标注原则

组合体尺寸标注要清晰、准确、勿多勿少，还需注意以下原则：

1）尺寸标注在特征视图上，如图3-12所示。

2）关联尺寸集中标注，如图3-13所示两槽的定形尺寸与定位尺寸。

3）截交线、相贯线不标注尺寸，如图3-13所示。

4）虚线尽量不标尺寸，如图3-13所示的孔直径 ϕ。

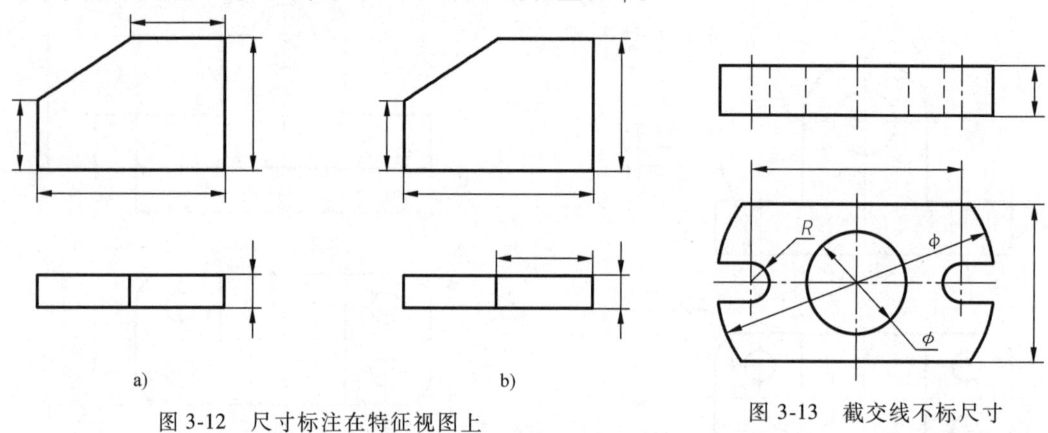

图3-12 尺寸标注在特征视图上

a）正确 b）错误

图3-13 截交线不标尺寸

2. 尺寸标注的步骤

以图3-10所示支座的尺寸标注为例，讲解尺寸标注步骤，如图3-14所示。

1）用形体分析法分析物体由两部分组成：底板和拱形体。底板如图3-14a所示，拱形体如图3-14b所示。

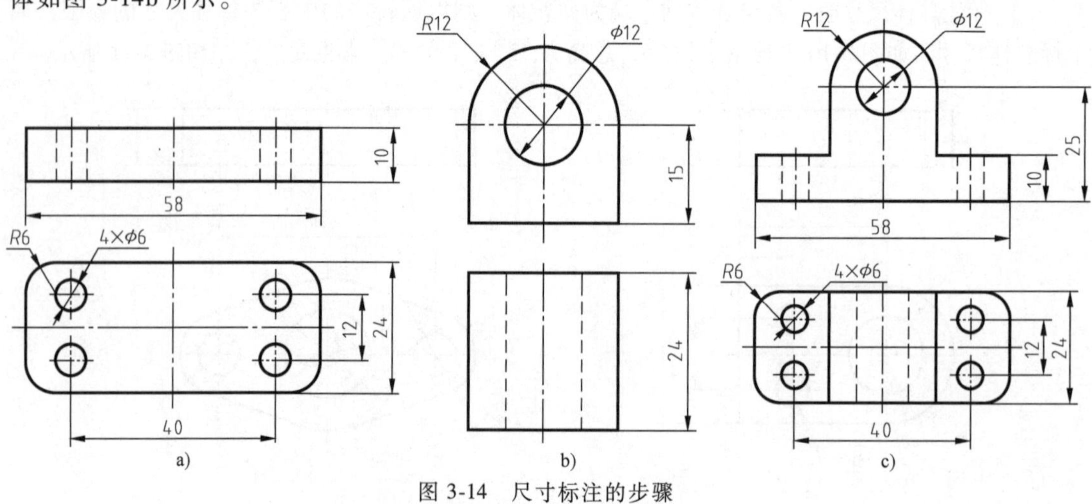

图3-14 尺寸标注的步骤

a）底板尺寸 b）拱形体尺寸 c）组合体尺寸

2）确定尺寸基准，如图 3-9 所示。

3）分别标注各形体的定形尺寸和定位尺寸，如图 3-14a、b 所示。

4）标注总体尺寸，如图 3-14c 所示。

3.4 组合体读图

绘图是运用正投影法把空间物体表示在平面图形上。读图是运用正投影知识看懂三视图，想象出空间物体的过程，是绘图的逆过程。

3.4.1 读图的基本要领

1. 几个视图联系起来读图

当一个视图或两个视图分别相同时，其表达的形体可能不同，如图 3-15 所示，因此，必须几个视图联系起来读图。

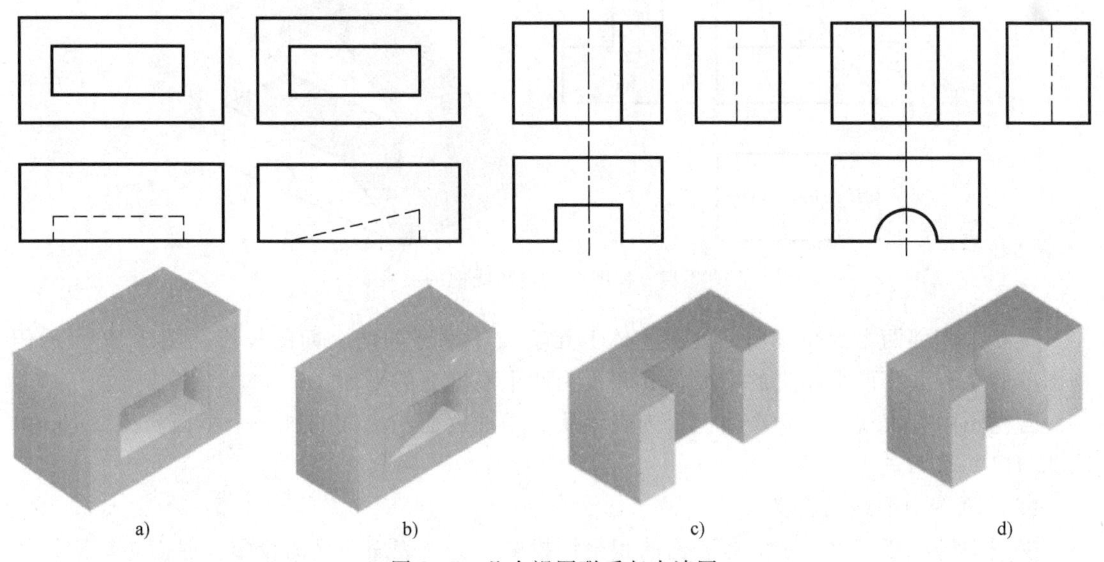

a) b) c) d)

图 3-15 几个视图联系起来读图

2. 抓住特征视图读图

（1）形状特征视图

如图 3-15 所示，俯视图最能明显反映物体的形状，是形状特征视图。读图时，从形状特征视图入手，对照其他视图，分析想象物体的空间形状。

（2）位置特征视图

在图 3-16a 和 b 中，主视图与俯视图均不能确定线框Ⅱ和线框Ⅲ哪个是凸台哪个是孔。在图 3-16a 中，左视图直观地反映线框Ⅱ是圆形凸台，线框Ⅲ是方孔；图 3-15b 与之相反，可见左视图是位置特征视图。

3. 读懂视图中图线和线框的含义

（1）视图中线框的含义

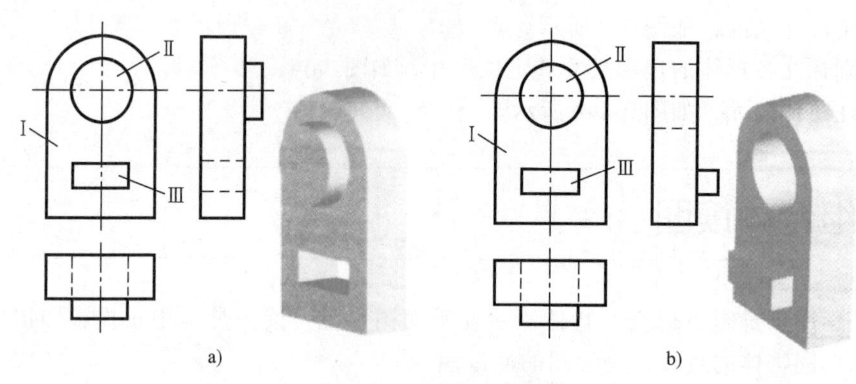

图 3-16　位置特征视图

视图中的每个线框表示物体上一个表面的投影。如图 3-17 所示，俯视图中的三个线框Ⅰ、Ⅱ、Ⅲ分别表示正垂面、右上后水平面及右下前水平面的投影；左视图中的六边形为正垂面的投影。

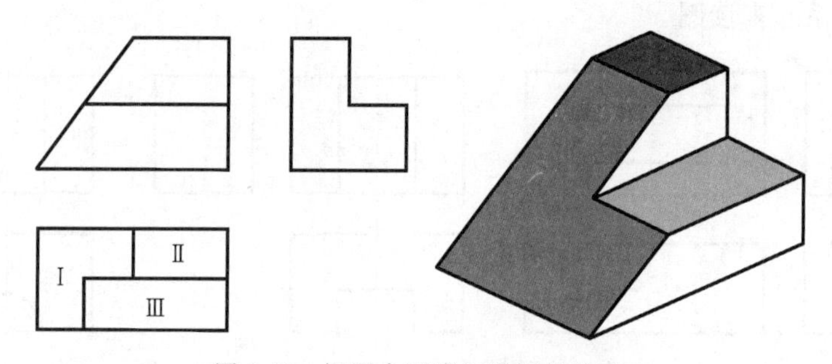

图 3-17　视图中图线和线框的关系

视图中相邻两个封闭线框，表示物体上相交或不平齐的两个面的投影。图 3-17 所示俯视图中的Ⅰ和Ⅱ为两个相交的平面，Ⅱ和Ⅲ为两个不平齐的平面。

若视图中有大线框包含小线框，则表示从大线框表面凸出或凹进一个小面。图 3-16a 中的Ⅱ凸出、Ⅲ凹进。

（2）视图中图线的含义

视图中的图线可以表示立体表面的积聚性投影，立体表面交线的投影，曲面轮廓素线的投影等。图 3-17 所示主视图中，斜线为立体表面的积聚性投影；俯视图中Ⅰ和Ⅱ之间的直线表示立体表面交线的投影。

3.4.2　读图方法与步骤

1. 形体分析法

形体分析法是读图的主要方法。从体出发，通过读懂视图中线框之间的对应关系，想象单个基本体的形状，再根据各形体间的相对位置关系与表面连接关系，想象出整个物体的形状。叠加式组合体多用形体分析法读图。具体读图步骤如下：

1）分线框、对投影；

2）识形体、对位置；

3）综合起来想整体。

如图 3-18 所示，物体由上下两部分组成，主视图上面是拱形立板的特征视图，对照俯、左视图可知，立板是前后对称，中间凹下结构；下面底座是长方体，挖去通槽，主视图为特征视图，对照其他视图想象出底座的形状。

再分析两部分之间的相对位置、组合形式和表面连接关系，综合想象出组合体的整体形状。

图 3-18　形体分析法读图

2. 线面分析法

线面分析法是读图的辅助方法。从体上的面入手分析，视图中的一个线框看作物体上一个面（平面或曲面）的投影，它在其他视图上对应的投影可以积聚成直线或者成类似形，分析各面的性质、形状和相对位置，以想象出物体的整体形状。挖切式组合体多用线面分析法。具体读图步骤如下：

1）形体分析；

2）线面分析；

3）综合起来想整体。

如图 3-19a 所示，三个视图基本轮廓都为矩形，其切割前的整体为四棱柱。主视图为一个八边形的线框，对应俯视图前后两个八边形，左视图为前后对称的两直线，由此分析出，前后两个侧垂面斜切物体；主视图中间上面从前往后，由一个水平面和两个侧平面切了一个通槽，由主俯视图看出，水平面为四边形；主左视图看出侧平面为梯形。综合想象物体的形状，如图 3-19b 所示。

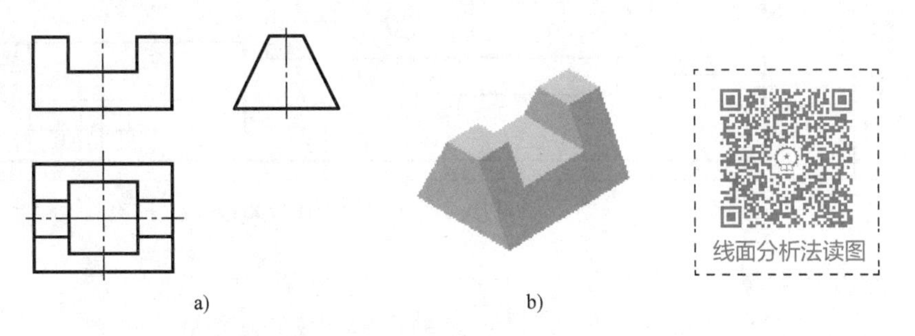

图 3-19　线面分析法读图

【实例 1】　根据图 3-20a 所示的主、俯两视图，补画左视图。

分析：叠加式组合体，采用形体分析法，画出各个组成部分的左视图，再检查加深，即得到组合体的左视图。主视图包含1′、2′、3′三个线框形，分别对应俯视图1、2、3三个线框形，形体Ⅰ为底板、形体Ⅱ为立板、形体Ⅲ为拱形板，左视图如图3-20d所示。

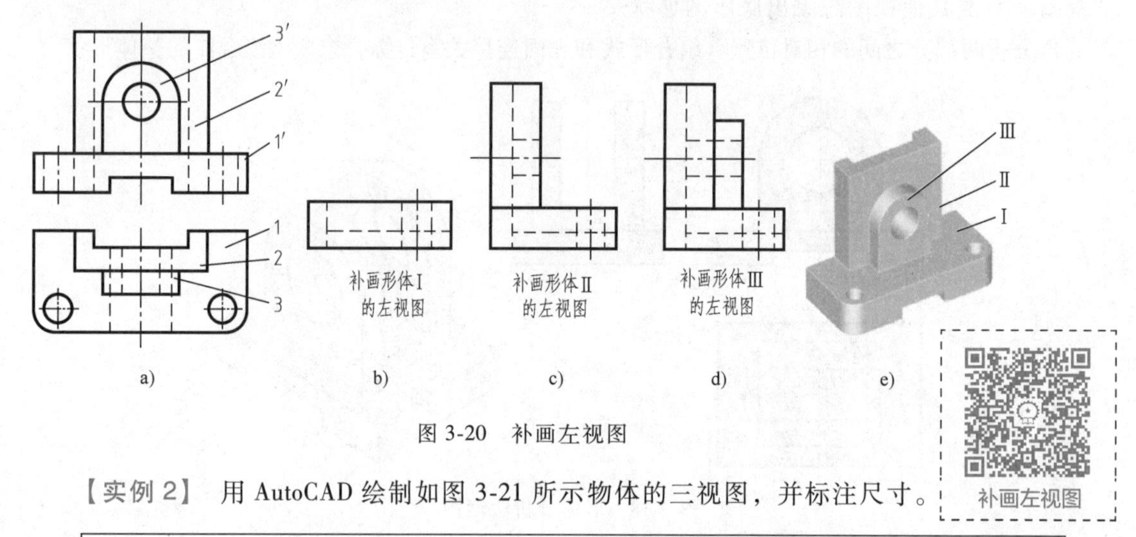

图3-20　补画左视图

【实例2】　用AutoCAD绘制如图3-21所示物体的三视图，并标注尺寸。

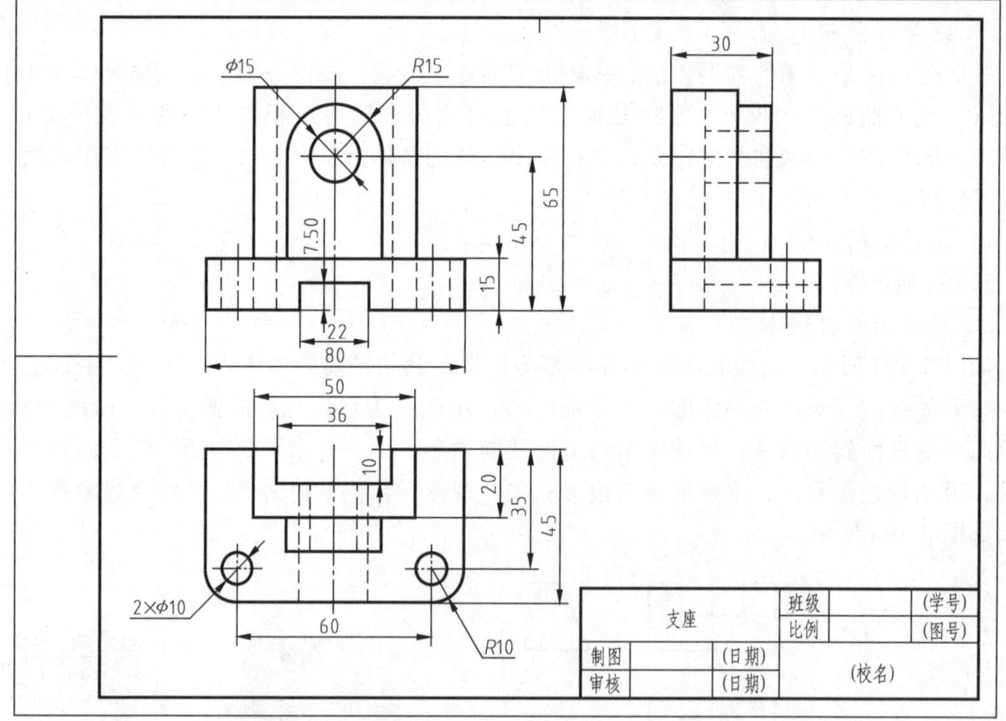

图3-21　支座三视图

作图步骤：

1）启动AutoCAD，导入A4图纸的样本存成dwg格式。

2）使用图层设置命令，设置四个绘图用到的图层：尺寸标注、轮廓线、虚线和中心线。如图3-22所示。

3）绘制主视图。

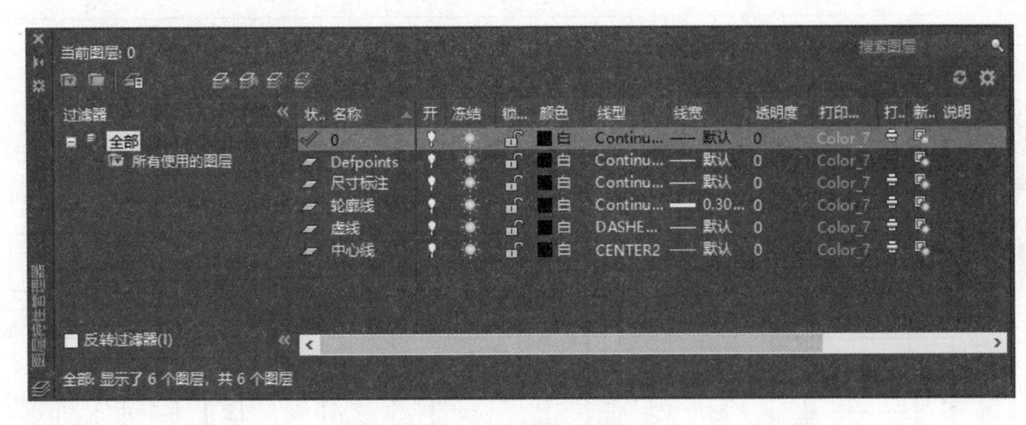

图 3-22 设置四个图层

➢ 切换到轮廓线层，用直线命令在图纸左上方绘制 80×15 的底座部分。

➢ 切换到中心线层，绘制主视图中心线。

➢ 切换到轮廓线层，用直线命令在底座上方绘制 50×50 的矩形。

➢ 用直线命令在底座下部绘制深 7.5，宽 22 的三条线，并用修剪命令去掉多余的下横线，步骤如图 3-23 所示。

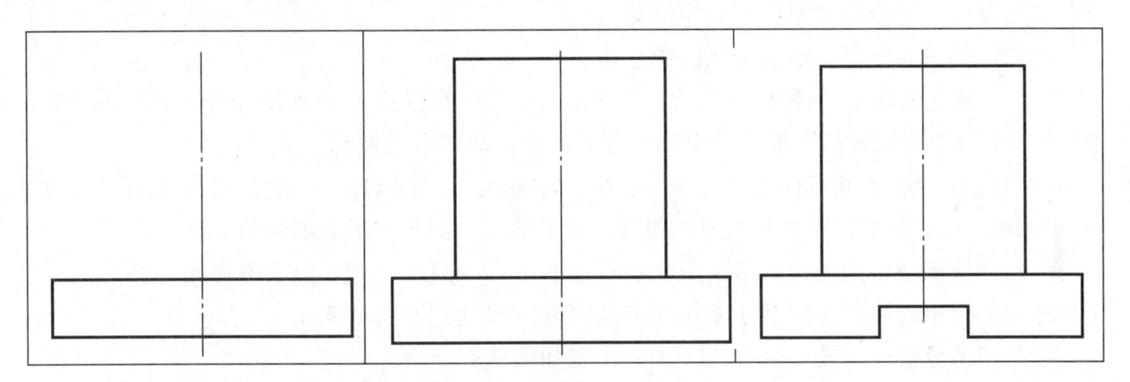

图 3-23 绘制主视图步骤 1

➢ 用多段线命令在底座上部绘制高 30、宽 30、上面是半圆弧的图形。

➢ 启动多段线命令，提示输入起点时，输入 from 定位基点后横向移动鼠标，输入 15 即定位了起点位置，垂直向上移动鼠标后输入 30，确定了左侧竖线。

➢ 因为后面要继续画半径为 15 的半圆，所以输入 A，按<Enter>键，切换到圆弧模式，向右移动鼠标后出现了圆弧，输入 30 完成圆弧的绘制。

➢ 输入 L，按<Enter>键，切换回直线模式，往下移动鼠标后，输入 30，按<Enter>键完成所需形状。

➢ 打开捕捉圆心方式，用圆命令绘制主视图中 ϕ15 的圆。

➢ 切换到中心线层，用直线命令完成水平中心线绘制。如果看上去是直线，而不是点画线，是因为线型比例的关系，可将默认的线型比例 1 改为 0.5。步骤如图 3-24 所示。

4）绘制俯视图。

➢ 切换到轮廓线层，根据主俯视图长对正的投影特性，利用捕捉追踪功能，用直线命

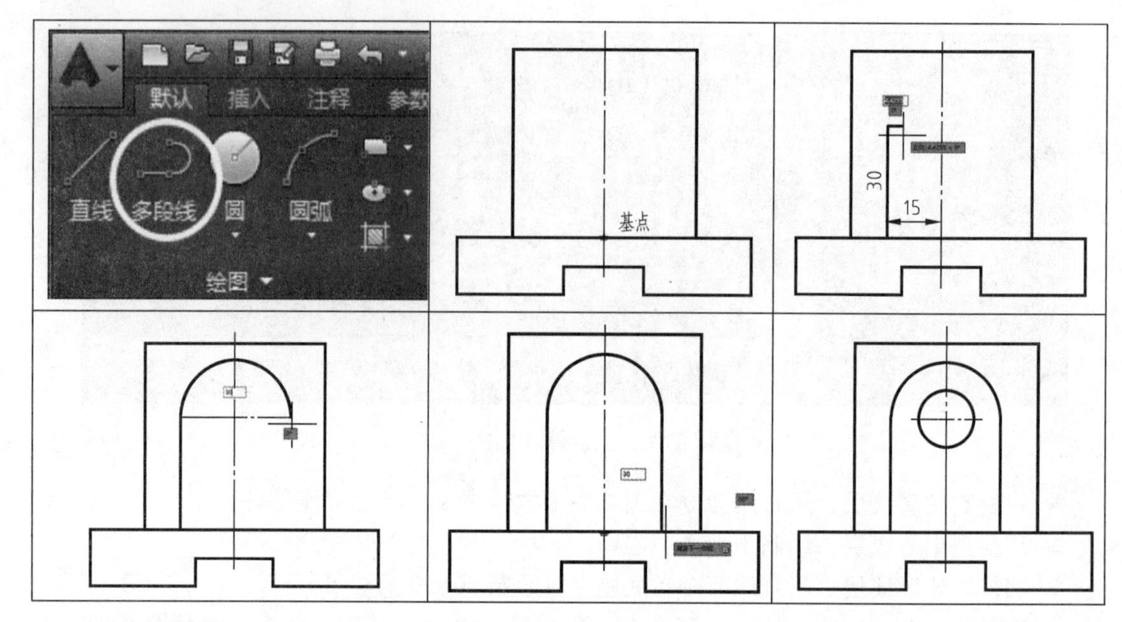

图 3-24 绘制主视图步骤 2

令在主视图正下方绘制 80×45 的底座部分。

➢ 切换到中心线层，绘制俯视图中心线。

➢ 切换到轮廓线层，利用直线命令（from 定基点的方式）分别绘制 36×10、50×20、30×10 三个方框所围成的图形，并用修剪命令剪掉上面多余的横线。

➢ 用圆角命令绘制 $R10$ 圆角。启动命令后输入 R，按<Enter>键，输入半径 10，按<Enter>键，选取圆角相邻的两条边，即完成此处圆角，同理完成右侧圆角。

➢ 启用捕捉圆心功能，利用圆命令绘制左下方 $\phi10$ 的圆（圆心为 $R10$ 圆角的圆心）。

➢ 切换到中心线层，绘制 $\phi10$ 圆中心线（将线型比例改为 0.3）。

➢ 利用镜像命令完成右侧的 $\phi10$ 圆，步骤如图 3-25 所示。

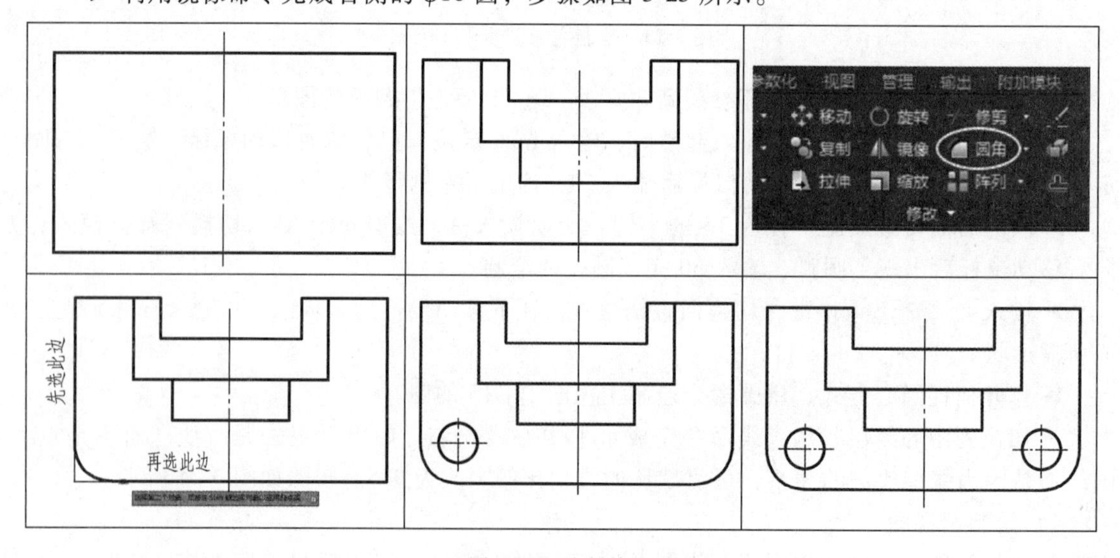

图 3-25 绘制俯视图

5）绘制左视图。

➢ 切换到轮廓线层，根据主左视图高平齐、俯左视图宽相等的投影特性，利用捕捉追踪功能，用直线命令在主视图右方绘制 45×15 的底座、20×50 及 10×45 部分的结构，步骤如图 3-26 所示。

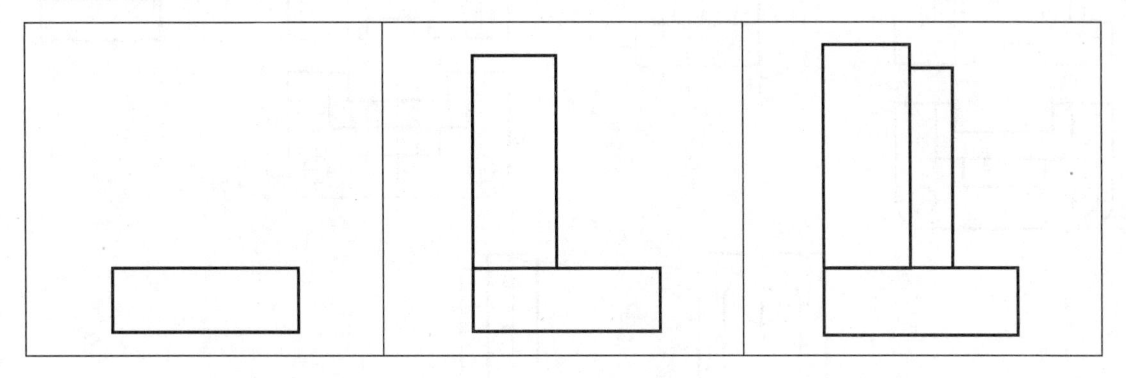

图 3-26 绘制左视图

6）根据三视图投影关系完成三个视图中的中心线。

➢ 切换到中心线层，利用捕捉追踪功能（保证投影关系准确），绘制主视图底座 ϕ10 圆的中心线（将线型比例改为 0.5）。同理完成左视图的两处中心线。

7）根据三视图投影关系，画出三个视图中的虚线。

➢ 切换到虚线层，根据主俯视图长对正，利用捕捉追踪功能，绘制主视图中 36 宽度缺口的两条虚线和底座上 ϕ10 圆的四条虚线，如图 3-27a 所示。

➢ 根据主俯视图长对正，绘制俯视图中 ϕ15 圆的两条虚线和底座 22 宽度缺口的两条虚线，如图 3-27b 所示。

➢ 左视图中，根据主左视图高平齐、俯左视图宽相等，先用捕捉追踪功能完成 ϕ15 圆和底座 22 宽度下方缺口的虚线的绘制，然后用直线命令（from 基点方式）完成其余虚线的绘制，如图 3-27c 所示。

8）尺寸标注。

打开标注样式管理器，修改 ISO-25 样式。

➢ 在“线”选项中，将“超出尺寸线”的值改为 3。

➢ 在“符号和箭头”选项中，将“箭头大小”值改为 5。

➢ 在“文字”选项中，将“文字高度”值改为 5，将“从尺寸线偏移”值改为 1.5。

➢ 在“主单位”选项中，将“小数分隔符”改为“句点”。

➢ 按照图样要求标注所有尺寸，完成组合体三视图绘制，如图 3-28 所示。

教学提示

本章重点学习组合体三视图的识读方法，进一步培养空间想象力；同时，使学生能运用 AutoCAD 软件绘制组合体三视图、正确标注尺寸，为后续章节学习打下基础。

教学中，通过组合体三视图识读方法的学习，使学生明确“事物是普遍联系的”；通过组合体尺寸标注原则的学习，使学生认识到“事物的发展遵循循序渐进的规律”，学习和工作中，要不断积累经验、持之以恒，才能获得最后的成功。

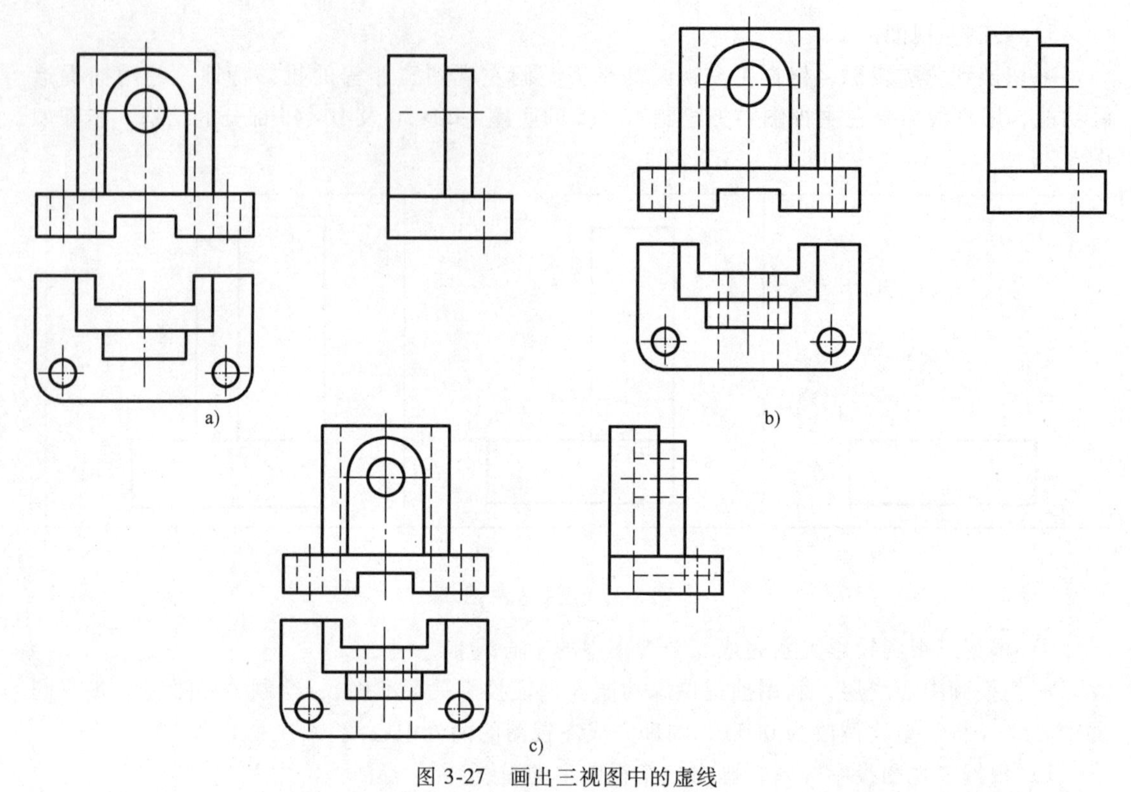

图 3-27　画出三视图中的虚线

a）补画主视图的虚线　b）补画俯视图的虚线　c）补画左视图的虚线

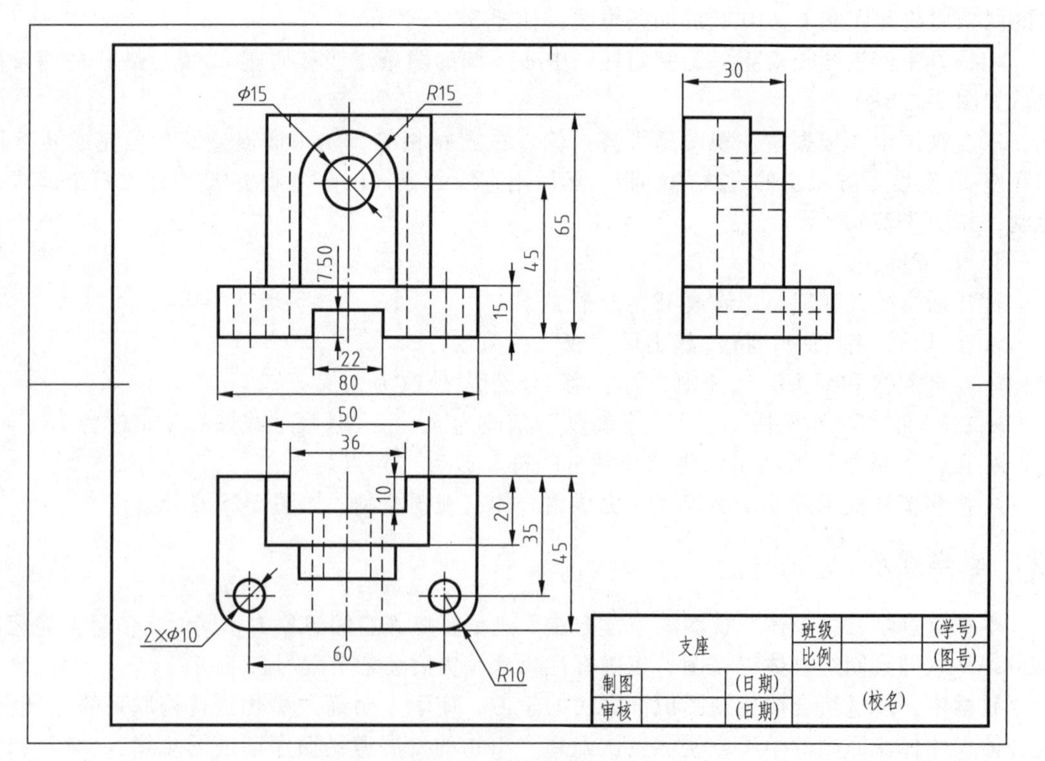

图 3-28　支座三视图

第 4 章 轴测图

教学目标

1. 了解轴测图的基本知识和投影方法。
2. 学会合理选用正等轴测图和斜二轴测图表达物体形状的方法。
3. 掌握运用 AutoCAD 软件进行三维建模的方法，提高学生对绘图软件的兴趣。
4. 培养空间思维能力和精益求精的工匠精神。

4.1 轴测图的基本知识

轴测图是单面投影图，同时反映物体的长、宽、高三个方向的形状，立体感强。但是，由于轴测图的度量性差，作图复杂，在设计和生产中常用作辅助图样，如图 4-1 所示。本章介绍轴测图的概念、特性及常用正等轴测图和斜二轴测图的画法。

1. 轴测图的形成

将物体连同其参考直角坐标系，沿不平行于任一坐标平面的方向，用平行投影法将其投射在单一投影面上所得的图形，称为轴测图，如图 4-2 所示。

在轴测投影中，投影面 P 称为轴测投影面，当投射方向垂直于投影面时，所得投影称为正轴测图，如图 4-2 所示；当投射方向倾斜于投影面时，所得投影称为斜轴测图。

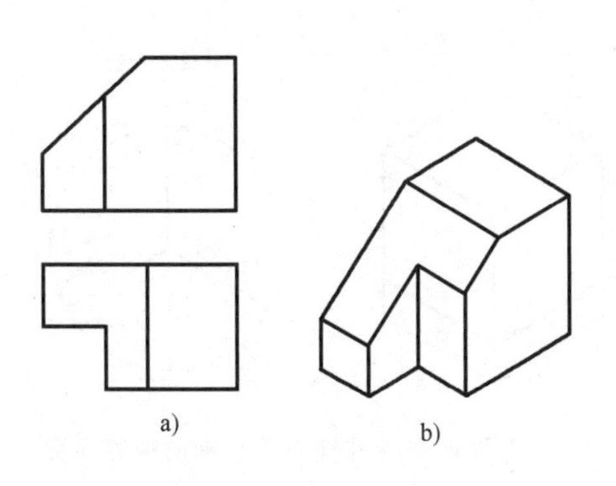

图 4-1　视图与轴测图

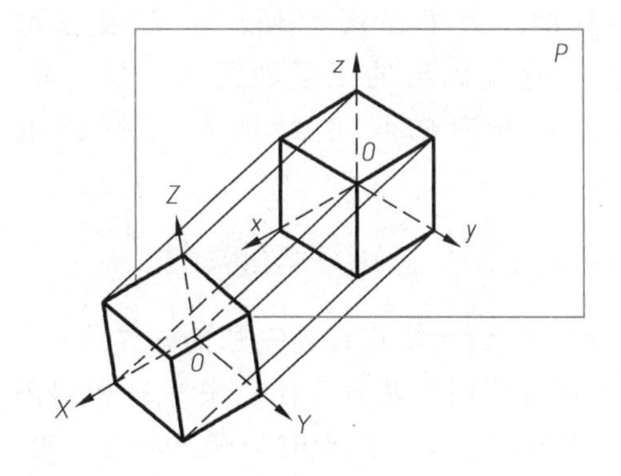

图 4-2　轴测投影的形成

2. 轴间角和轴向伸缩系数

空间直角坐标轴在轴测投影面上的投影，称为轴测轴。轴测轴之间的夹角称为轴间角，如图 4-2 所示，投影面 P 中的 $\angle XOY$、$\angle XOZ$、$\angle YOZ$ 为轴测轴 OX、OY、OZ 的轴间角。随着空间坐标轴、投射方向与轴测投影面的相对位置不同，轴间角的大小也不同。

轴测轴上的单位长度与相应投影轴上单位长度的比值，称为轴向伸缩系数。不同的轴测图，其轴向伸缩系数不同。

3. 轴测图的投影特性

轴测图按照投射线是否垂直投影面分为两大类：正轴测图和斜轴测图。根据轴向伸缩系数的不同轴测投影图又可分为：等轴测图、二轴测图和三轴测图。常用轴测图有正等轴测图和斜二轴测图两种。正等轴测图中，用 p、q、r 分别表示 X、Y、Z 轴的等轴向伸缩系数。斜二轴测图中，用 p_1、q_1、r_1 分别表示 X、Y、Z 轴的轴向伸缩系数。

由于轴测图采用平行投影法得到，因此它具有如下投影特性：物体中平行于坐标轴的棱线，轴测投影平行于相应的轴测轴；物体中相互平行的棱线，轴测投影也相互平行。

4.2 正等轴测图

4.2.1 正等轴测投影法

1. 基本概念

正等轴测图采用正投影法，将物体及其直角坐标系一起投射到轴测投影面（该轴测投影面与反映物体长、宽、高的空间直角坐标轴 X、Y、Z 的夹角都相等）上，得到的投影称为正等轴测图，如图 4-2 所示。

2. 轴间角

正等轴测图中轴测轴 OZ 为垂直方向，轴间角 $\angle XOY=\angle XOZ=\angle YOZ=120°$，如图 4-3 所示。

3. 轴向伸缩系数

正等轴测图中，由于坐标轴与轴测投影面倾角相等，所以轴向伸缩系数相等，即 $p=q=r=0.82$。为了作图方便，一般近似取 1∶1。这样画出的正等轴测图，长、宽、高三个方向的尺寸都是真实投影的 1.22 倍。

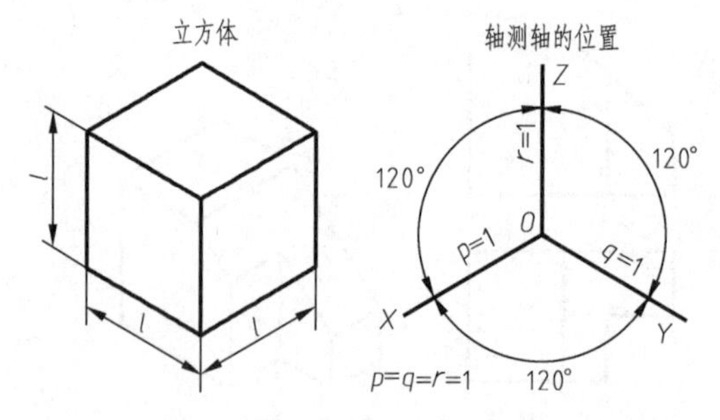

图 4-3 正等轴测图的轴间角和轴向伸缩系数

4.2.2 正等轴测图画法

1. 平面立体正等轴测图的画法

画轴测图有两种方法：坐标法和切割法。坐标法，即按照点的坐标，求点、线、面及体的方法。画法如下：

（1）建立坐标系

根据物体的结构特点选定坐标原点，并在三视图中标出坐标轴，如图 4-4a 所示。

（2）画轴测轴

画出轴测轴 OX、OY、OZ，轴间角均为 120°，如图 4-4b 所示。

（3）画轴测图

从视图中沿轴向量取尺寸，求出各点并连接以得到物体的正等轴测图，如图 4-4d 所示。

【实例 1】　画出正六棱柱的正等轴测图。

作图步骤：

1）以正六棱柱顶面中心为坐标原点，建立直角坐标系，如图 4-4a 所示。

2）画轴测坐标系 $OXYZ$，如图 4-4b 所示。

3）画轴测图中顶面正六边形，在 X 轴上取 OⅠ $=O1$，OⅣ $=O4$；在 Y 轴上取 $OA=Oa$，$OB=Ob$；过 A 点作 OX 轴的平行线并截取 AⅡ $=a2$，AⅢ $=a3$，求得Ⅱ、Ⅲ两点，同理求得Ⅴ、Ⅵ两点，依次连接正六边形的六个顶点，如图 4-4c 所示。

4）过Ⅲ、Ⅳ、Ⅴ、Ⅵ点作正六棱柱的棱线，平行于 OZ 轴，高度从主视图中量取，连接底面可见轮廓的轮廓线，擦去多余图线并加深，完成六棱柱正等轴测图，如图 4-4d 所示。

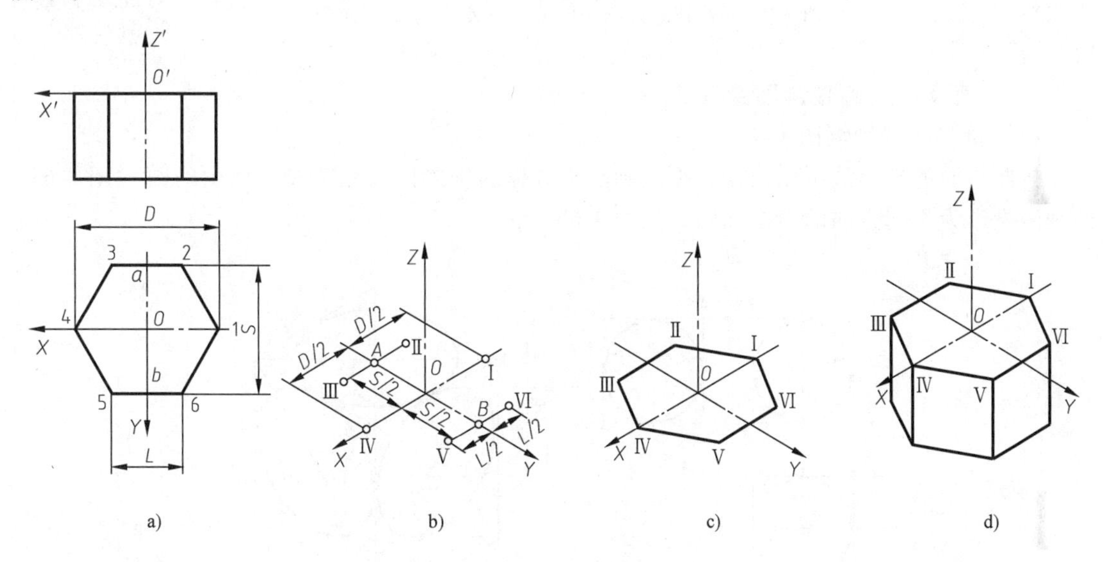

图 4-4　正六棱柱正等轴测图作法

正六棱柱正等轴测图

注意：

1）画轴测图一定要沿 X、Y、Z 坐标轴方向量取尺寸，不能沿斜向量取，斜线只能连接两个端点求得。

2）物体上平行于某一坐标轴的直线，它的轴测投影也平行该轴。

3）物体中相互平行的直线，轴测投影也相互平行。

大多数平面立体可以看成是由四棱柱切割而成，因此，先画出长方体的正等轴测图，然后进行轴测切割，从而完成物体正等轴测图的画法，称为切割法。

【实例 2】　根据图 4-5a 所示物体的主、俯视图画出其正等轴测图。

作图步骤：

1）在视图中建立坐标系，如图 4-5a 所示。

2）画出轴测轴，如图 4-5b 所示。

3）画出四棱柱的正等轴测图，如图 4-5c 所示。

4）沿着 X、Z 轴方向，按主视图尺寸量取尺寸并进行切割，做出前面的轴测投影，再按照俯视图的宽度沿 Y 轴正向投影并进行切割，得到轴测图如图 4-5d 所示。

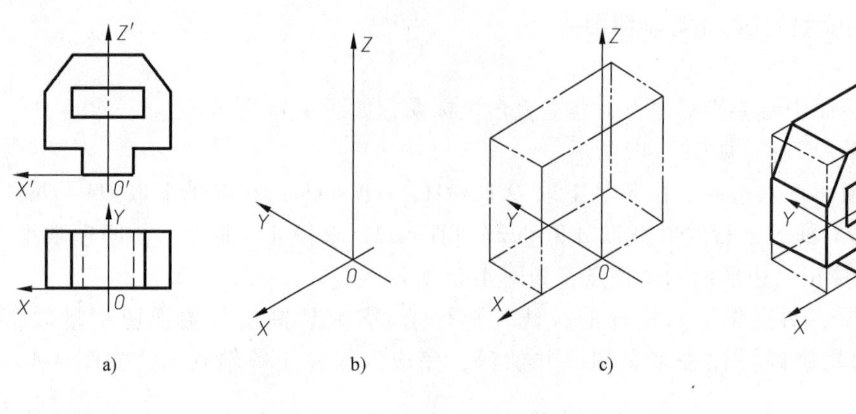

图 4-5 切割体正等轴测图的绘制方法

切割体正
等轴测图

2. 曲面立体正等轴测图的画法

（1）圆的正等轴测图画法

按照前面的坐标法可以根据三视图画出正方体的轴测图，三个投影面中的圆（图 4-6a）的轴测投影为不同方向的三个椭圆，如图 4-6b 所示。

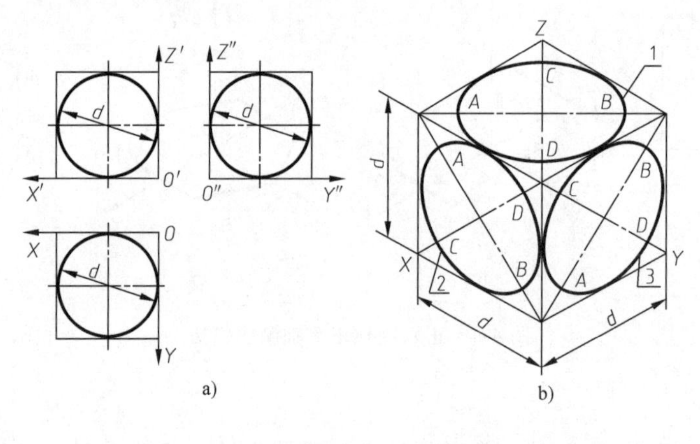

图 4-6 正方体与圆的轴测图画法

下面以直径为 d 的水平圆（图 4-7a）为例，说明椭圆的菱形画法。

1）建立坐标系 XOY，画轴测轴 OX 与 OY，在两轴上分别取 $OA=OB=OE=OF=d/2$，如图 4-7b 所示。

2）过 A、B 各作 Y 轴的平行线，过 E、F 各作 X 轴的平行线，得到菱形的四个交点 1、3、C 和 D，如图 4-7c 所示。

3）连接 $1E$ 和 $3F$，分别与 CD 交于 2、4 两点，如图 4-7d 所示。

4）分别以 1、3 为圆心，以 $1E$ 为半径画大圆弧 $\widehat{EB}$ 和 $\widehat{AF}$，再分别以 2、4 为圆心，以 $2E$ 为半径画小圆弧 $\widehat{AE}$ 和 $\widehat{BF}$，四段圆弧光滑组成近似椭圆，如图 4-7e 所示。

注意：

1）平行于坐标面的圆的轴测投影为椭圆，其长轴垂直于相应的投影轴，短轴平行于相

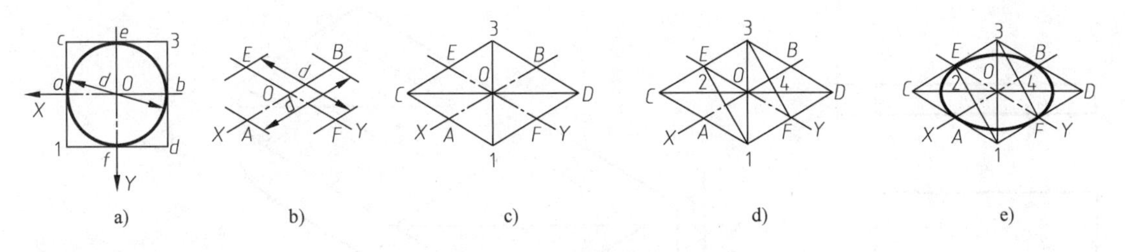

图 4-7　水平圆的正等轴测投影画法

应的投影轴。

如：水平椭圆 1（XOY 面内）长轴垂直于 Z 轴；侧面椭圆 2（YOZ 面内）长轴垂直于 X 轴；正面椭圆 3（XOZ 面内）长轴垂直于 Y 轴。

2）画圆的正等轴测图时，先确定圆所平行的坐标面，在此面内作菱形，确定长短轴的位置，找到四个圆心，做四段圆弧，从而求得轴测投影椭圆。

3）轴测投影椭圆的画法，应用于圆柱体、圆角等轴测图的画法。

（2）圆柱体的正等轴测图的画法

【实例 3】　画出图 4-8a 所示圆柱体的正等轴测图。

作图步骤：

1）画出上底面的外接菱形，如图 4-8b 所示。

2）用菱形法画出圆柱顶面的正等轴测图，如图 4-8c 所示。

3）沿 Z 轴向下平移椭圆，作两椭圆的公切线，擦去多余线条并描深，如图 4-8d 所示。

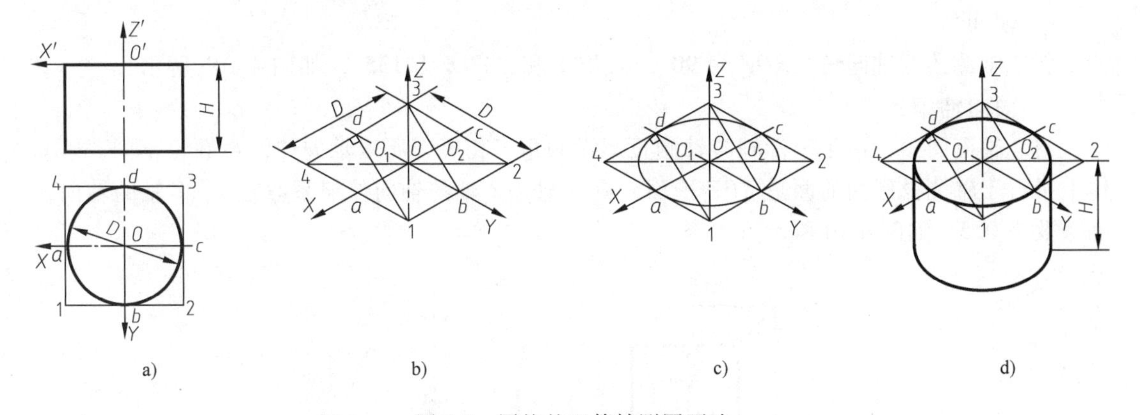

图 4-8　圆柱的正等轴测图画法

（3）圆角的正等轴测图的画法

【实例 4】　画出图 4-9a 所示底板的正等轴测图。

作图步骤：

1）在视图上确定切点 a、b、c、d 及半径 R，如图 4-9a 所示。

2）先按照实例 3 菱形法，画出上面长方形的正等轴测图圆弧 AB 和 CD。

3）将圆心、切点沿 Z 轴下移高度 h，分别以 R_1、R_2 为半径在底面作平行圆弧，擦去多余图线，即得到图 4-9b。

回转体的圆或圆弧的正等轴测图，可按上述方法进行绘制。

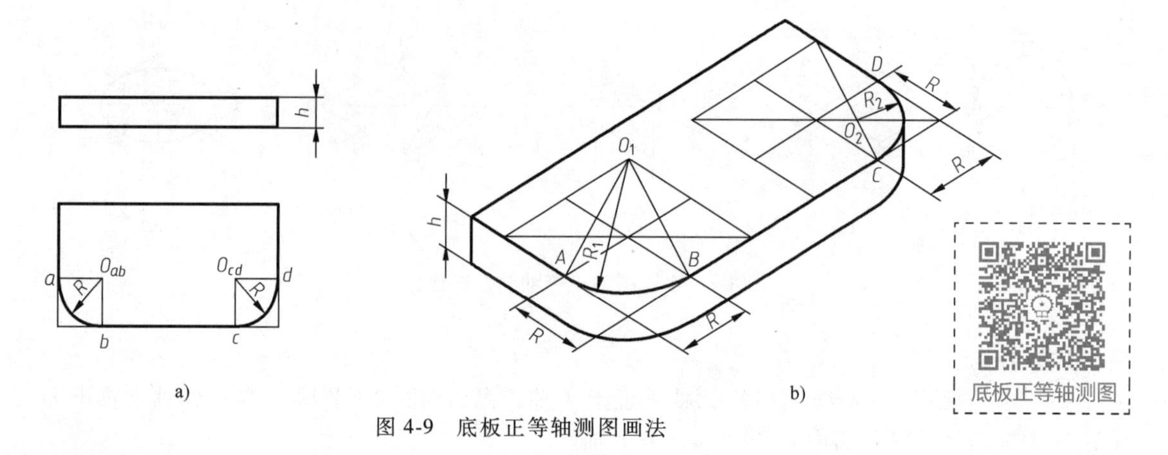

图 4-9　底板正等轴测图画法

4.3　斜二轴测图

4.3.1　斜二轴测投影法

1. 基本概念

斜二轴测图采用斜投影法，当物体上的两个坐标轴 *OX*、*OZ* 与轴测投影面平行，而投射方向与轴测投影面倾斜时，所得的轴测图称为斜二轴测图，如图 4-10a 所示。

2. 轴间角

斜二轴测图的轴间角∠*XOZ* 为 90°，∠*XOY* 和∠*YOZ* 为 135°，如图 4-10b 所示。

3. 轴向伸缩系数

斜二轴测图中，由于坐标轴与轴测投影面倾角不相等，所以轴向伸缩系数也不同。若立体上平行于轴测投影面的面是 *XOZ* 平面，则 *X* 轴、*Z* 轴的轴向伸缩系数是 1；*Y* 轴的轴向伸缩系数为 0.5，如图 4-10 所示。

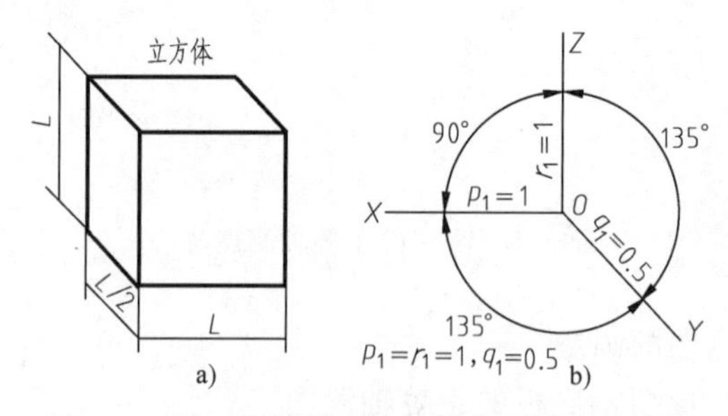

图 4-10　斜二轴测图的轴间角和轴向伸缩系数

4.3.2　斜二轴测图画法

绘制图 4-11a 所示物体的斜二轴测图，作图步骤如下。

1）设定坐标系，如图 4-11a 所示。

2）画轴测轴，轴间角∠*XOZ*=90°、∠*XOY*=135°、∠*YOZ*=135°。

3）按主视图在 XOZ 面绘制前面形状。

4）将此形状沿 Y 轴向后平移宽度的一半，并画出轮廓线，如图 4-11b 所示。

5）擦去被遮挡的轮廓线并描深，如图 4-11c 所示。

注意：当物体上有平行于某一坐标面的圆或圆弧时，选用斜二轴测图较为方便。

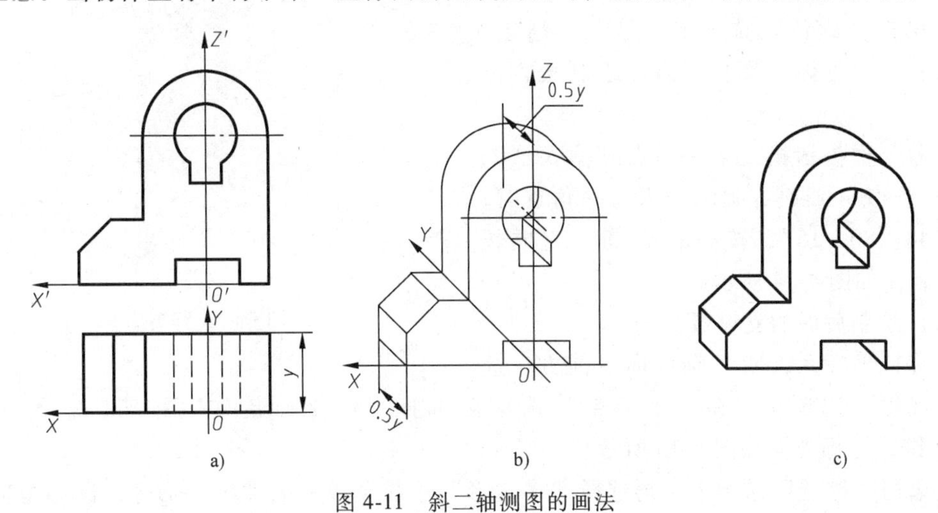

图 4-11　斜二轴测图的画法

4.4 运用 AutoCAD 进行三维建模

4.4.1　三维实体绘制简介

由于二维视图表达不直观，所以人们希望建立三维模型。AutoCAD 提供了三维绘图功能。启动 AutoCAD 后需要先切换到三维绘制状态，单击界面右下角的齿轮图标，从默认的“草图与注释”空间切换到“三维基础”模块，在此绘图环境下，就可以完成简单的三维立体图的绘制，如图 4-12 所示。

图 4-12　AutoCAD 三维绘图界面

4.4.2　三维实体绘制与编辑

这里以图 4-13 所示的轴承座为例，讲解三维实体造型的基本方法。

（1）底座长方体的绘制

➢ 先切换坐标系，单击“可视化”选项卡，在最左侧的“视图”选项区选择“东南等轴测”，如图 4-14 所示。

➢ 单击“默认”选项卡，单击“创建”选项区的“长方体”图标，启动绘制长方体命令。

➢ 命令栏提示指定第一角点时输入“0，0，0”，按<Enter>键，提示输入另一角点时，输入“48，80，15”，按<Enter>键，完成长方体绘制，如图 4-14 所示。

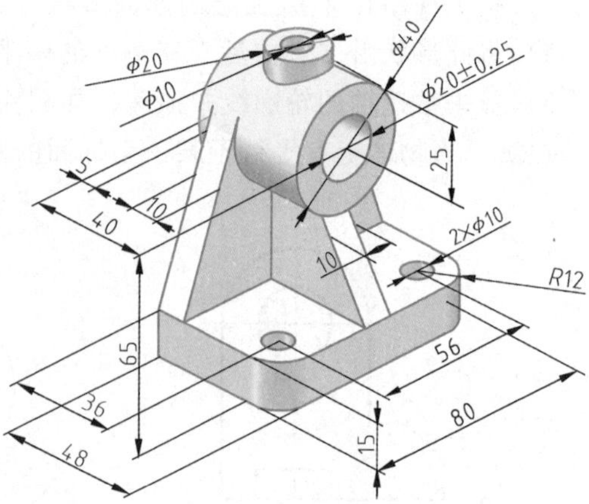

图 4-13 轴承座

（2）绘制后面的支撑板

➢ 旋转坐标系，使 Z 轴朝向右前方。选择“可视化”选项卡，在“坐标系”选项区选择“绕 Y 轴旋转”按钮，输入 90，按<Enter>键，坐标方向如图 4-15 所示。

➢ 选择“默认”选项卡，再选择“多边形”下拉菜单中的“圆”命令，圆心坐标输入“-65，40”，按<Enter>键，半径输入 20，按<Enter>键，完成圆的绘制。

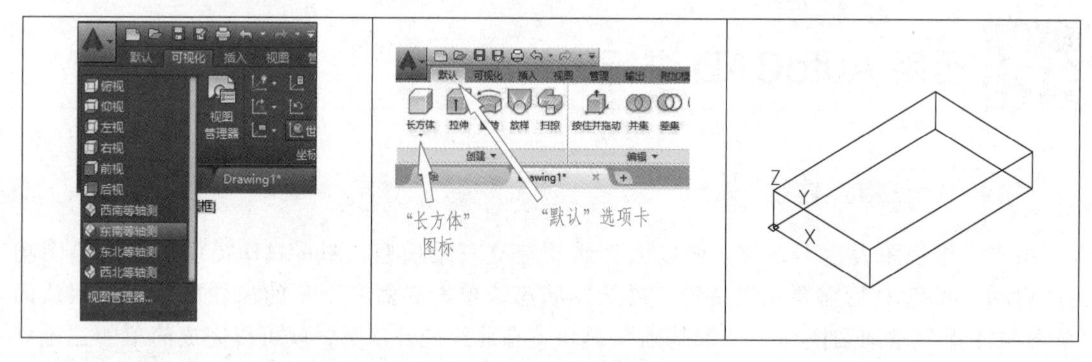

图 4-14 三维实体绘制步骤 1

➢ 用直线命令绘制两条斜边，对象捕捉中要打开“端点”和“切点”。

➢ 选择“修改”工具栏中的“修剪”命令，将圆的上部剪掉，用直线连接两条斜线下端点，使背板形成封闭区域。

➢ 选择“修改”工具栏中的“合并”命令，选择圆弧和三条直线后，按<Enter>键，使它们成为整体（如不经过这步，后面拉伸出来的是曲面而不是实体）。

➢ 选择“拉伸”命令，选择上一步的图形，输入拉伸厚度 10 后，按<Enter>键，完成支撑板的绘制。整个步骤如图 4-15 所示。

（3）绘制上方圆筒

➢ 在坐标系不变的情况下，用圆命令绘制两个圆，圆心均为“-65，40，-5”。半径值分别为 20 和 10。用拉伸命令拉伸长度值为 40，完成后如图 4-16 所示。

➢ 输入 hide 或 hi，按<Enter>键，启用消隐视图后可以发现圆柱中心并不是孔而是实体。启用“编辑”工具栏中的“差集”命令，将中间的小圆剪掉。启动命令后先选择 $\phi40$

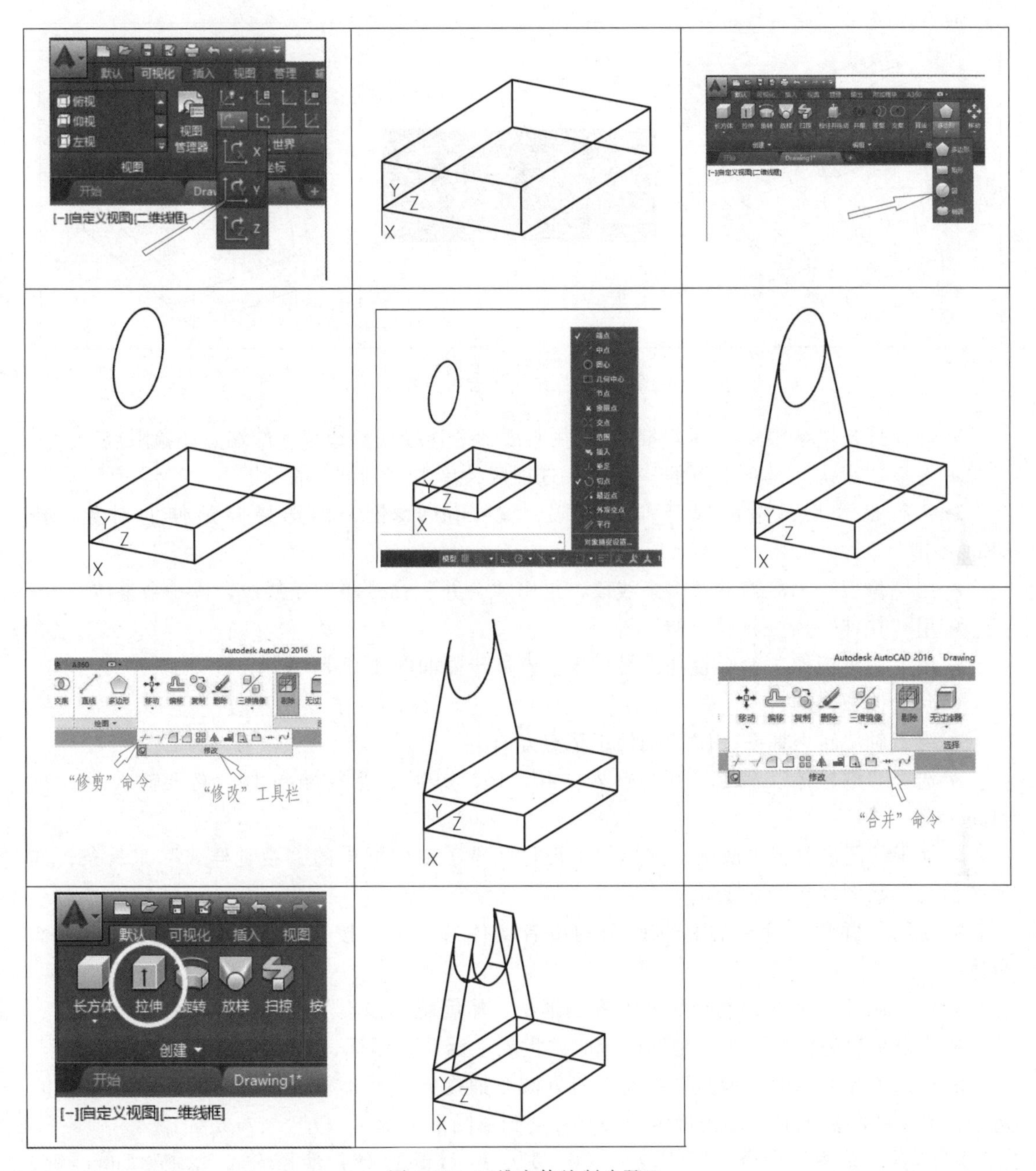

图 4-15　三维实体绘制步骤 2

的大圆，按<Enter>键，再选择 ϕ20 的小圆，按<Enter>键，重新输入 hide 或 hi，用消隐方式就可以看到中间的孔了，步骤如图 4-16 所示。

（4）绘制前面的肋板

➢ 绕 *X* 轴旋转坐标系，使 *XY* 面处于肋板大面的方向。

➢ 启动直线命令，第一点输入“-15，48，-40”，按<Enter>键；第二点输入“@0，-38，0”，按<Enter>键；第三点输入“@-35，0，0”，按<Enter>键；第四点输入“@0，40，0”，按<Enter>键，再按<Enter>键结束命令。

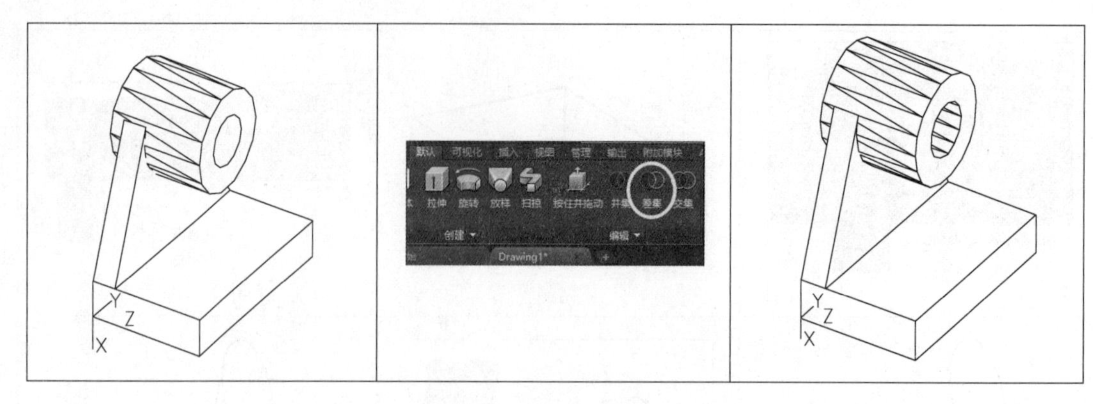

图 4-16 三维实体绘制步骤 3

➢ 捕捉打开“象限点”和“端点”，用直线命令连接底座线段一端端点和象限点。

➢ 选择“默认”选项卡下的“修改”选项区，单击“延伸”命令。

➢ 执行命令后，先选择延伸的界限，按<Enter>键，再选择要延伸的对象，按<Enter>键。

➢ 用“修剪”命令修剪掉多余线段，再用“合并”命令将四条线段合成一个整体。

➢ 用“拉伸”命令将其拉伸。

➢ 用“三维镜像”命令镜像出另一半。整体步骤如图 4-17 所示。

（5）绘制顶部圆台

➢ 绕 *Y* 轴旋转坐标系，使 *Z* 轴处于垂直方向。

➢ 选择“圆柱体”命令，圆心输入“40，15，-90”，半径输入 10，高度输入 10，按<Enter>键。

➢ 为了使图形看得更清晰，选择“可视化”选项卡区域中的“视觉样式”工具条，选择“概念”后图像更新显示。

➢ 使用“并集”命令，将前面画的所有实体选中后，按<Enter>键，使其成为一个整体。

➢ 用“圆柱”命令绘制顶端 ϕ10 孔的形状，然后用“差集”命令将其减去，形成孔。

➢ 恢复世界坐标系。单击坐标区域的“世界坐标系”图标，坐标恢复 *Z* 轴向上。

➢ 单击坐标区域的“原点”图标，打开圆心捕捉方式后，移动鼠标指针到顶部 ϕ20 的边上，出现圆心标记时，单击确定。坐标移动到了图形上部。

➢ 启动“圆柱”命令，圆心输入“0，0”，按<Enter>键，半径输入 5，按<Enter>键，高度输入-22，按<Enter>键，出现一个顶部与 ϕ20 处于同一平面，底部处于圆孔中的圆柱。

➢ 此时启动“差集”命令，先选择外部大实体，按<Enter>键，再选择刚完成的小圆柱，按<Enter>键，顶部 ϕ10 孔出现。整个步骤如图 4-18 所示。

（6）底座圆角及两个 ϕ10 孔绘制

➢ 先倒圆角。单击“编辑”展开菜单中的“圆角边”命令，输入 R，按<Enter>键，半径输入 12，按<Enter>键，选择需要变为圆角的两条直角边，按<Enter>键两次即完成圆角形状。

➢ 移动坐标系原点位置到底座小圆孔的中心（利用圆心捕捉方式），启动“圆柱”命令，圆心选择底座圆角的圆心，半径输入 5，按<Enter>键，鼠标指针处于 *XY* 平面下方时，

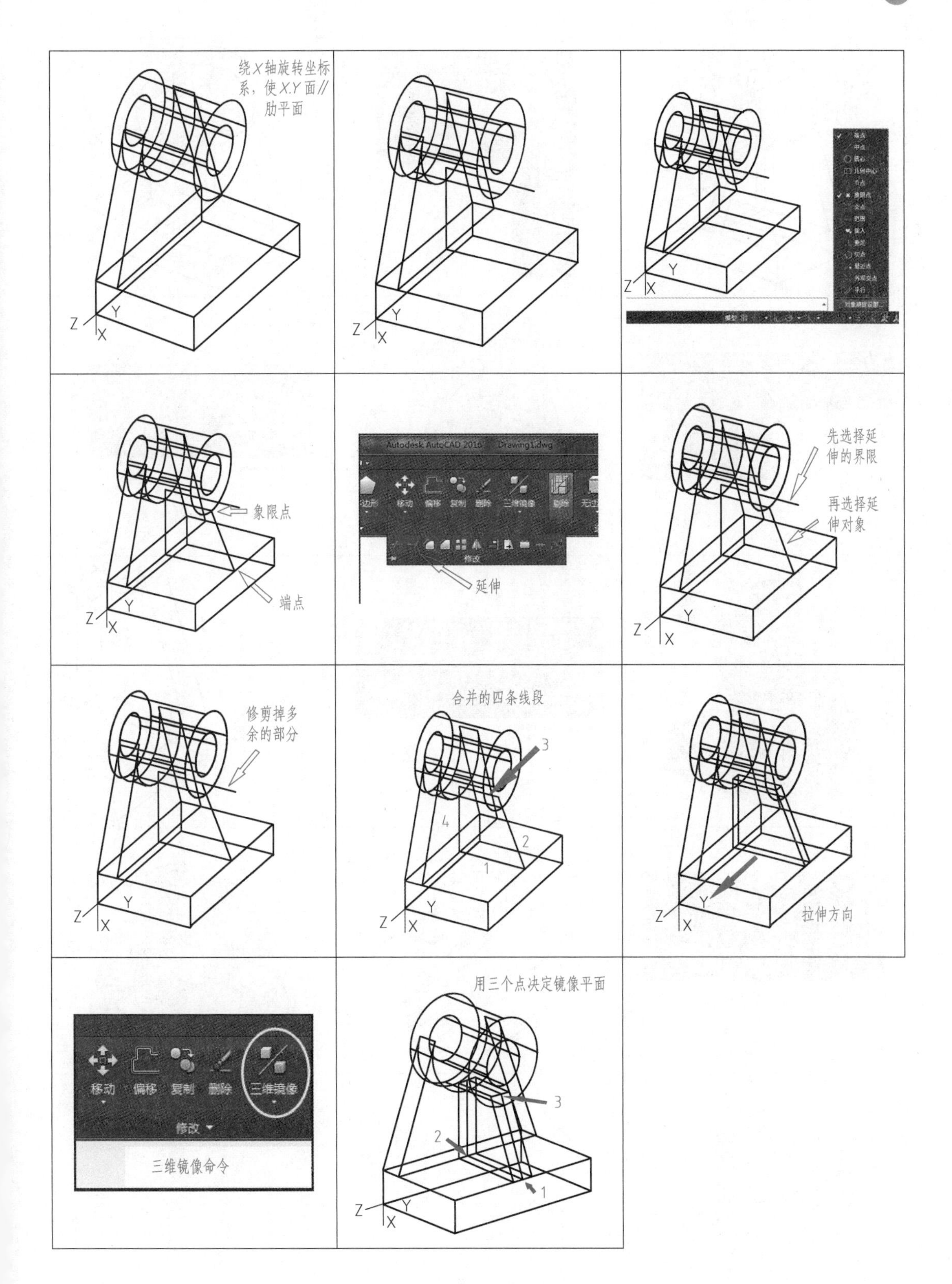

图 4-17　三维实体绘制步骤 4

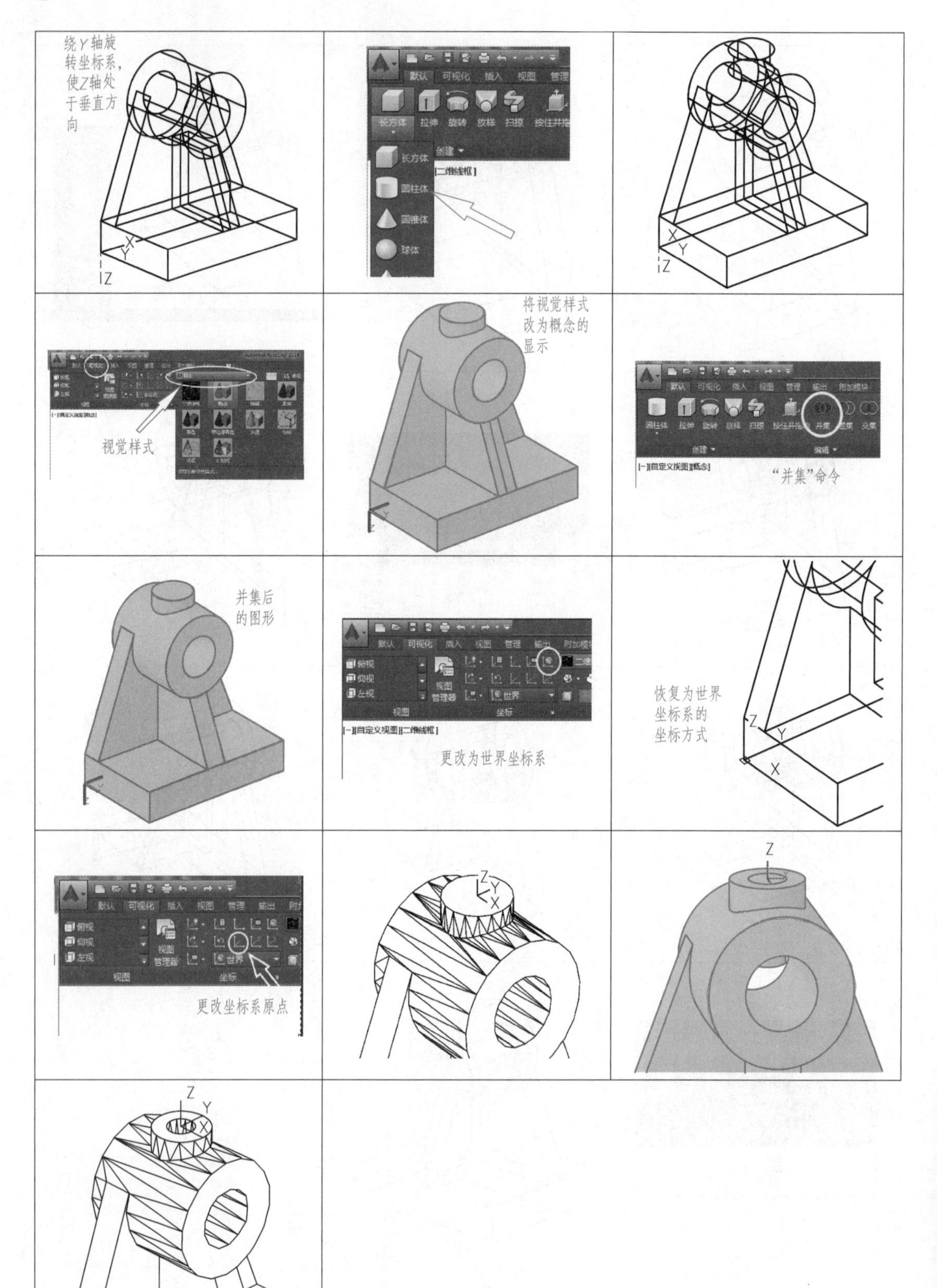

图 4-18 三维实体绘制步骤 5

圆柱高度输入16，完成一个圆柱的绘制。

➢启动“镜像”命令，镜像平面按照图4-19所示步骤选择，完成$R5$另一个孔的绘制。

➢启动“差集”命令，先选择外部大实体，按<Enter>键，再选择刚完成的两个小圆柱，按<Enter>键，底座的两个$\phi10$孔出现。整个步骤如图4-19所示。

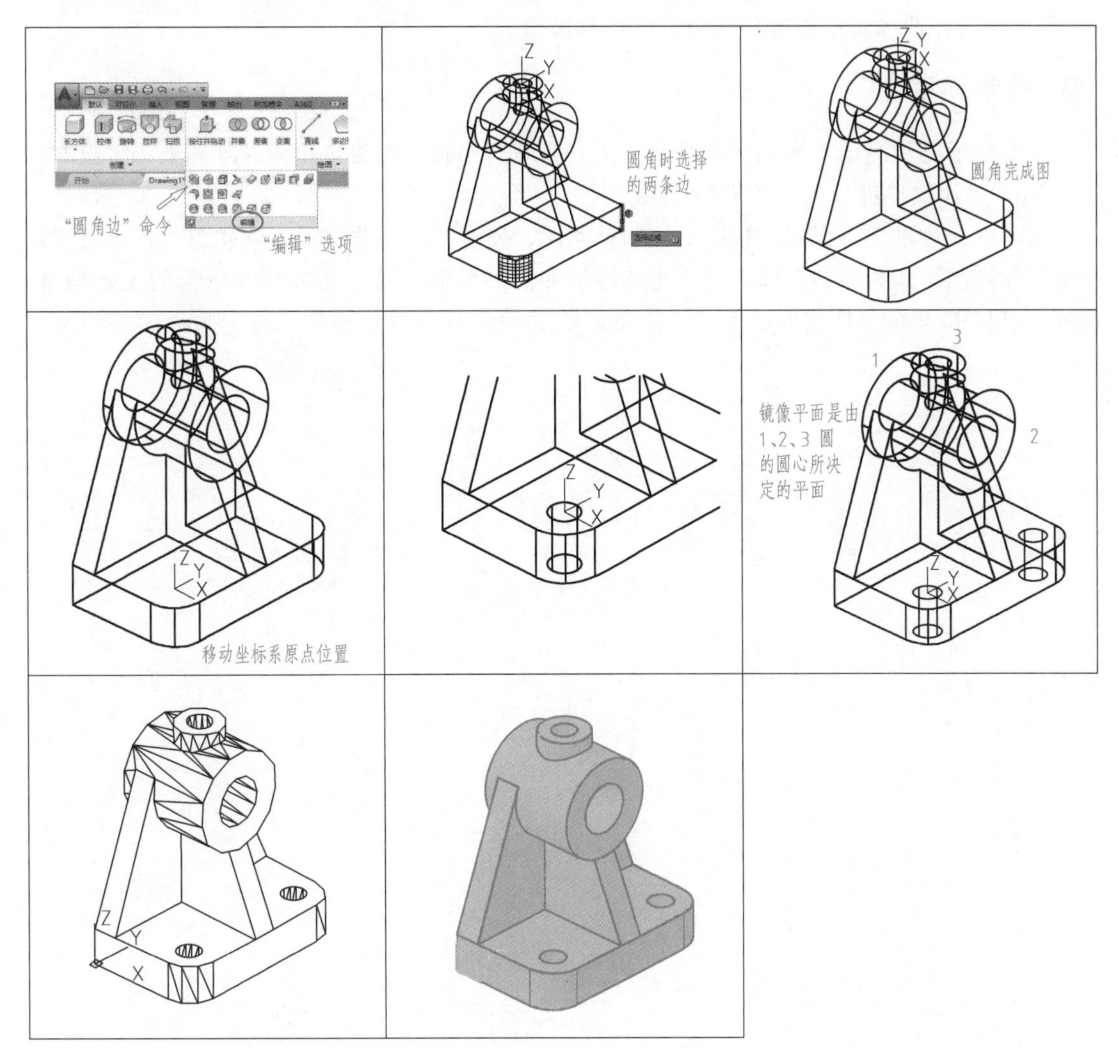

图4-19　三维实体绘制步骤6

AutoCAD 知识点小结

1）切换空间：（二维状态）在右下角的设置中切换成三维绘图方式。

2）绘图及标注均需在XOY平面上进行。

3）绘图方法：①直接绘立体图；②拉伸平面图形。

拉伸平面的步骤：先绘出二维图形，再对它创建面域，最后拉伸（必须先完成面域），也可对二维图形创建边界（通过拾取内部点），再拉伸（面域、边界均在绘图中进行）。

4）修改视角：选择菜单视图→三维视图→修改，按提示操作。

5）修改视觉样式：选择菜单视图→渲染（视觉样式→实体或概念），按提示操作。

6）移动原点（旋转）：选择工具→新建，按提示操作。

7）修改：与二维操作类似（镜像、偏移）。

8）倒角：选择菜单修改→倒角，按提示操作。

教学提示

本章在学习轴测图基本知识和绘制方法、合理选用轴测图表达物体的基础上，重点掌握运用 AutoCAD 软件进行三维建模的方法。

教学中，通过学习识读三视图并绘制轴测图，使学生进一步提升空间想象力；学习尺规绘制正等轴测图和斜二轴测图，使学生掌握轴测图的绘制方法，培养精益求精的工匠精神；通过学习利用 AutoCAD 软件进行三维建模，激发学生对软件绘图的兴趣，为后续学习奠定基础。

第 5 章　机件常用表达方法

教学目标

1. 掌握视图、剖视图和断面图的用法及表达方法。

2. 掌握局部放大图的画法和常用简化画法。

3. 正确选用各种表达方法，完整、清晰地表达零件的内、外结构，培养学生综合运用制图基础知识解决实际问题的能力。

4. 正确识读与绘制第三角投影图，培养国际化思想意识，满足外资企业对机械制图与识图能力的需求。

5. 通过动画演示学习，激发学生树立远大目标、努力拼搏的精神。

机件的结构多种多样，绘制机械图样时，可以选用不同的表达方法表达机件的内外结构，力求看图方便、作图简单。国家标准“技术制图”（GB/T 17451—1998、GB/T 17452—1998 和 GB/T 17453—2005、GB/T 13361—2012）规定了机械图样的基本画法，包括视图、剖视图、断面图、局部放大图及其他规定画法和简化画法等。本章将讲述这些机件表达方法。

5.1 视图

视图

视图主要用来表达机件的外部结构和形状，一般只画出机件的可见部分，必要时采用虚线表达其不可见部分。视图包含基本视图、向视图、局部视图和斜视图四种。

5.1.1 基本视图

机件在基本投影面上的投影称为基本视图，即将机件放在六面体（图 5-1a）中，分别向六个基本投影面（正六面体的六个面）投射所得的视图称为基本视图。六个基本视图为：主视图、俯视图、左视图、右视图、仰视图和后视图（图 5-1b）。六个基本视图按照图 5-1c 展开后的配置关系如图 5-2 所示。

1. 视图间的投影规律

六个基本视图仍保持“长对正、高平齐、宽相等”的投影规律，如主视图与俯视图、仰视图长对正，主视图与左、右视图和后视图高平齐，左、右视图与俯、仰视图宽相等。

2. 视图间的方位关系

六个基本视图的配置，反映了机件的上下、左右和前后的位置关系。尤其应注意，左、右视图和俯、仰视图靠近主视图的一侧都反映机件的后面，远离主视图的一侧都反映机件的前面，如图 5-2 所示。

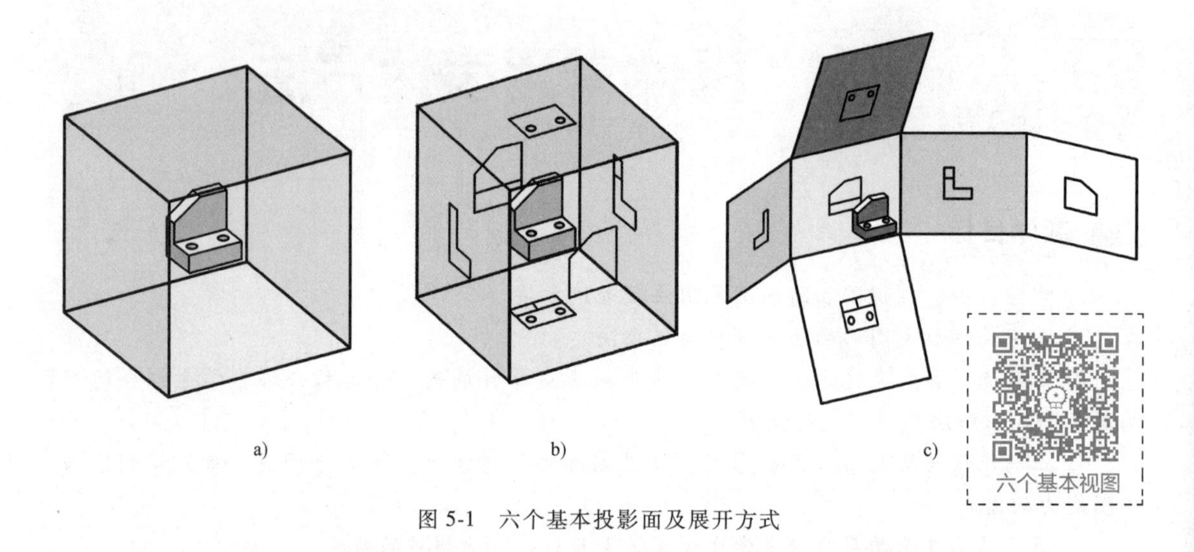

图 5-1 六个基本投影面及展开方式

一般情况，根据机件的结构特点选择需要的基本视图来表达其外部结构。

5.1.2 向视图

向视图是移位配置的基本视图。当某些视图不能按投影关系配置时，可以按向视图绘制，如图 5-3 所示的向视图 *A*、*B*、*C*。

向视图应在图形上方中间位置处标注出视图名称“*X*”，“*X*”为大写拉丁字母，并在相应的视图附近用箭头指明投射方向，注上相同的字母，如图 5-3 所示。

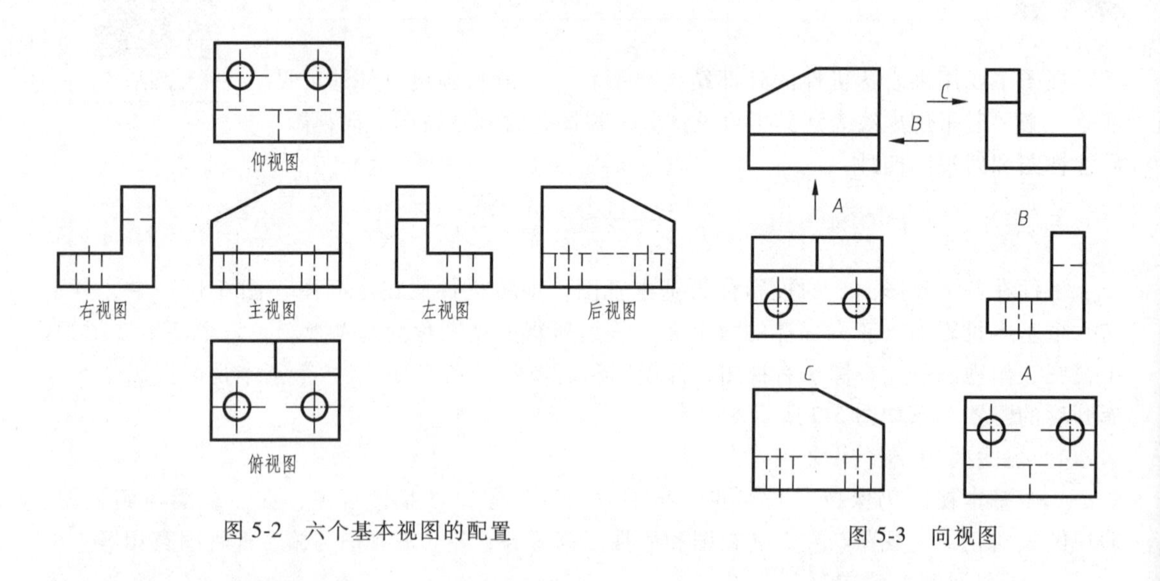

图 5-2 六个基本视图的配置

图 5-3 向视图

5.1.3 局部视图

局部视图是将物体的某一部分向基本投影面投射所得的视图，用于表达机件的局部形状，如图 5-4 所示的零件，用主、俯两个基本视图表达了主体结构，采用 *A*、*B* 两个局部视图表达左右两边凸缘结构，简单清晰。局部视图的画法及标注方法如下。

1）局部视图的局部断裂边界用波浪线或双折线表示，如图 5-4 所示的 *A* 向局部视图。当所表示的局部结构是完整的封闭图形时，断裂边界省略，如图 5-4 所示的 *B* 向局部视图。

2）局部视图的配置可依照基本视图的配置方法而定，中间如没有其他视图隔开，则不必标注，如图 5-4 所示的局部视图 *A* 上面的字母“*A*”及主视图左侧的投射方向与字母 *A* 均可省略。局部视图也可按向视图的配置方法配置在适当的位置，如图 5-4 所示的局部视图 *B*，此时必须标注。

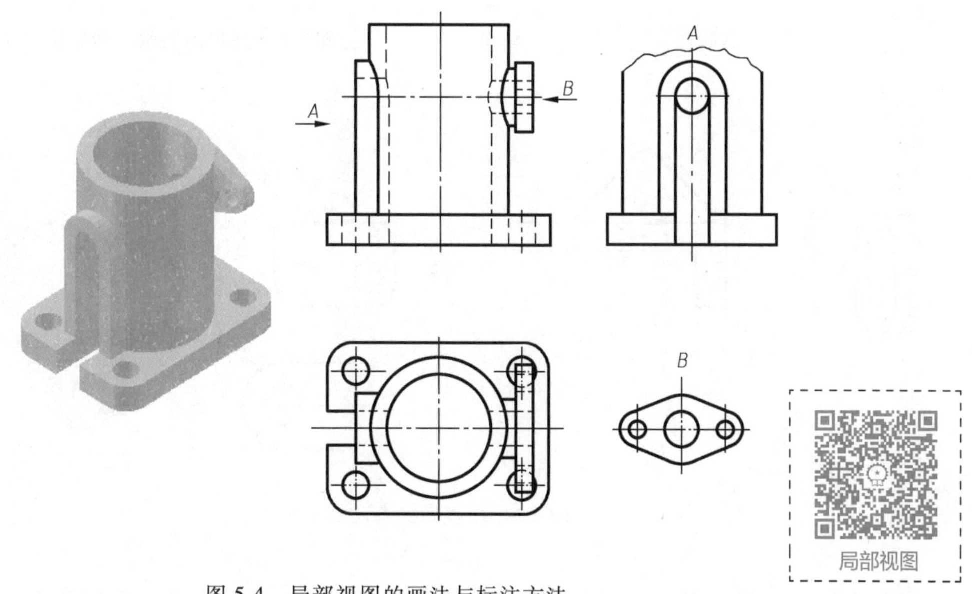

图 5-4　局部视图的画法与标注方法

5.1.4　斜视图

斜视图是物体向不平行于基本投影面的平面投影所得的视图。如图 5-5 所示，当机件上某局部结构不平行于任何基本投影面时，可增加一个辅助投影面 *P*，使它与机件上倾斜结构的主要平面平行，并垂直于一个基本投影面 *V*。将倾斜结构向辅助投影面 *P* 投射，即得到反映倾斜结构实形的视图 *A*。斜视图用于表达零件上的倾斜结构，其画法及标注方法如下。

1）用波浪线或双折线在适当位置断开，只画出零件的倾斜结构，其余部分不画出，如图 5-6 中的斜视图 *A*。

2）斜视图一般按向视图的形式配置和标注。必要时允许将斜视图旋转配置，但需标旋转符号，旋转符号为半圆弧，字母应靠近旋转符号的箭头端，箭头方向即为图形旋转方向，如图 5-6 所示（按投影关系布置的斜视图，图形上方标注字母，字母水平书写）。

图 5-7 所示机件表达方法中，采用了主视图、左视图（局部视图）、*A* 向局部视图和 *B* 向斜视图等表达方法，简单清晰。

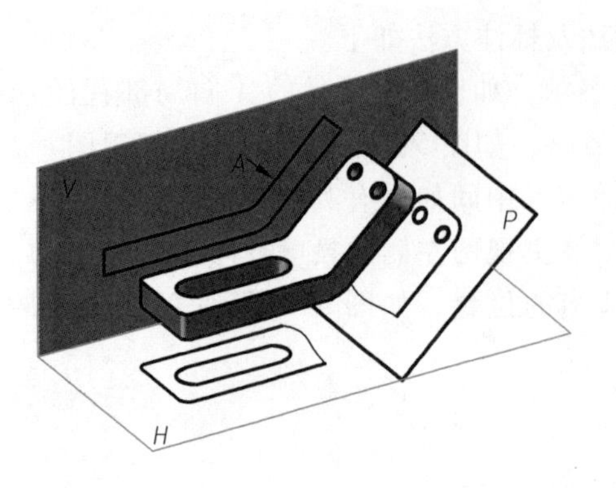

图 5-5 斜视图

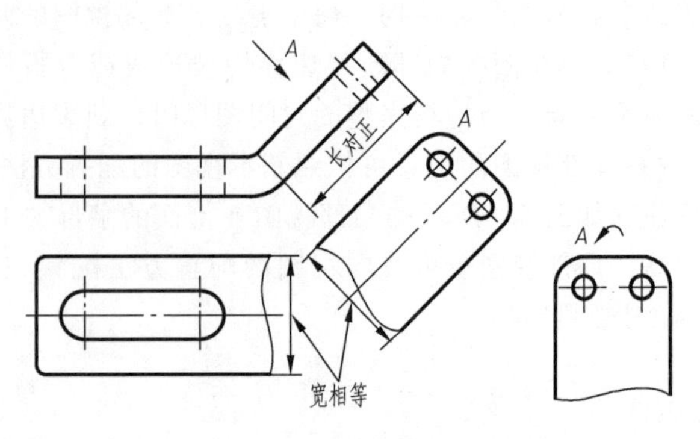

图 5-6 斜视图的画法和标记

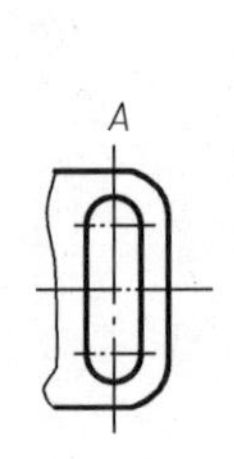

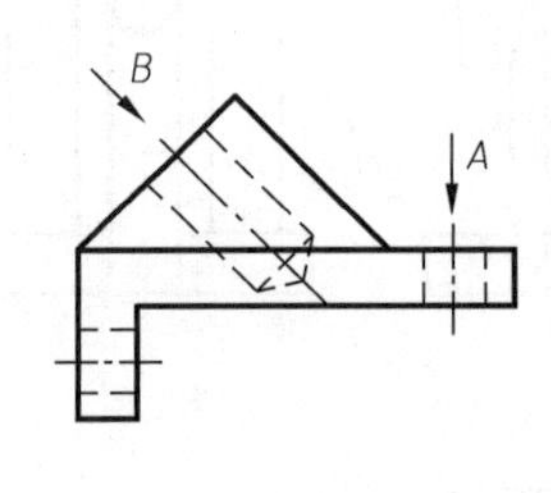

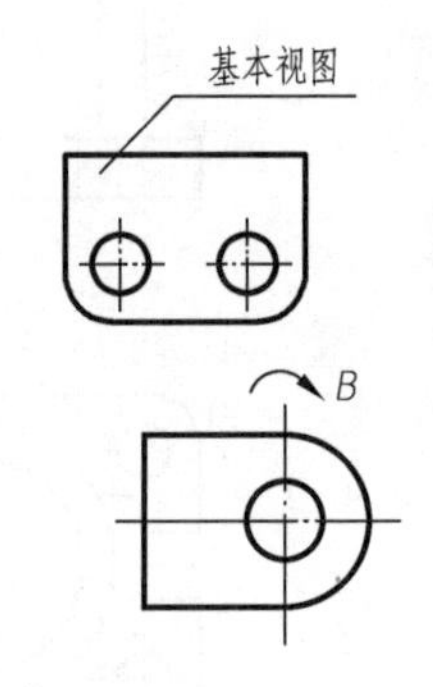

图 5-7 斜视图的画法和标记

5.2 剖视图

视图用来表达机件的外部形状，剖视图用来表达机件的内部形状。图 5-8 所示箱体底座的内部结构比较复杂，虚线较多，不便于看图和标注尺寸。为了清晰地表达机件的内部结构，可采用剖视图。剖视图的画法依据 GB/T 17452—1998、GB/T 4458.6—2002 规定。

5.2.1 剖视图的形成、画法和标注

1. 剖视图的形成

假想用剖切面剖开物体，将处在观察者和剖切平面之间的部分移去，将其余部分向投影面投射所得的图形称为剖视图，简称剖视。图 5-9 中的主视图是以箱体底座前后对称面为剖切平面的剖视图。

比较图 5-8 的三视图和图 5-9 的剖视图，可以看出，机座的主视图采用剖视图，将原视图中不可见的内腔与孔的投影变为实线，加上剖面区域内的剖面符号，使图形更加清晰。

箱体底座

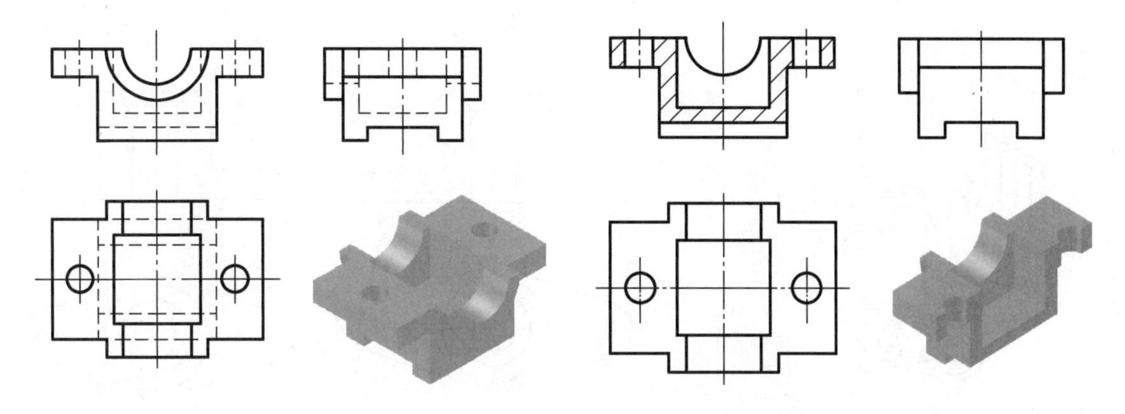

图 5-8 箱体底座三视图　　　　图 5-9 箱体底座剖视图

2. 剖视图的画法

(1) 确定剖切平面的位置

画剖视图时，根据机件的结构特点选择剖切平面的位置，使剖切后所画的剖视图能反映出需要表达的内部结构。一般剖切平面通过机件的对称面或通过孔、槽等的轴线，且平行于投影面。图 5-10a 所示的剖切平面为正平面 *A*。

(2) 画剖视图

画剖视图时，应按投影关系画出机件被剖切后的断面轮廓和剖切平面后机件的可见轮廓。剖切平面后的不可见部分如在其他视图中已表达清楚，其虚线省略不画。

剖切平面与机件接触的部分为剖面区域。剖面区域是剖切平面与机件相交所得的交线围成的图形，剖面区域内要画出剖面线符号。

3. 剖视图的标注

为便于看图，画剖视图时，需对剖视图进行如下几项标注：

1) 剖切符号。表示剖切面的起止及转折位置的符号，为 5~8mm 的粗实线，画在图形之外，与图形不相交。

2) 投射方向。在剖切符号的两端外侧，用箭头表示投影方向。

3) 剖视图名称。在剖视图的上方注出相应的大写字母“*X*—*X*”，并在剖切符号外侧注上相应的字母，如图 5-10b 所示的 *A*—*A* 剖视图。

注意：

1) 当剖视图按投影关系配置，且中间没有其他图形隔开时，可以省略箭头；当单一剖切平面通过物体的对称面或基本对称面，剖视图按投影关系配置，中间没有其他图形隔开时，可以省略标注，如图 5-10c 所示。

2) 剖面线画法依据 GB/T 17453—2005 和 GB/T 4457.5—2013 规定。当不需要在剖面区域中表达材料的类别时，剖面符号可以采用通用的剖面线表示。通用剖面线为间隔相等的平行细实线，绘制时，与图形的主要轮廓线或剖面区域的对称线成 45°，如图 5-11 所示。当需要在剖面区域中表示物体的材料时，金属材料的剖面线符号与通用剖面线符号一致，其他材料的剖面线符号，按照 GB/T 4457.5—2013 规定绘制。

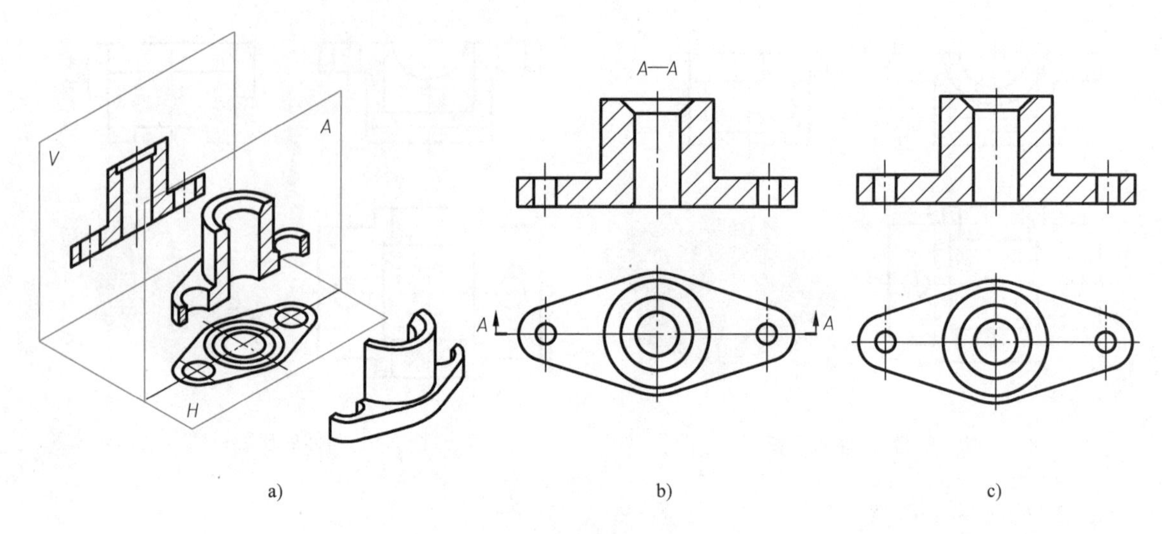

a) b) c)

图 5-10 剖视图画法与标注

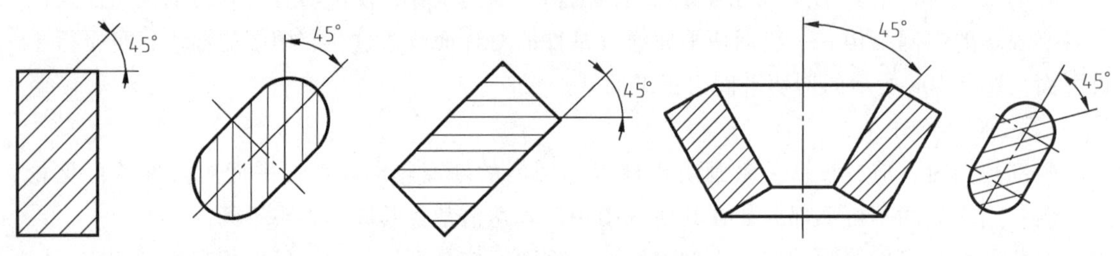

图 5-11 通用剖面线符号

3）同一物体的各个剖面区域的剖面线方向一致、间隔相等。剖面符号仅表示材料的类别，材料的名称和代号须另行标注。

4. 剖视图中常见结构画法的正误对比

剖视图画法中易错典型结构，如图 5-12 所示。图 5-12a 所示的物体主视图画成剖视图，上部矩形槽的后面与下部后半圆柱孔不平齐，必须画出结合面的投影直线；图 5-12b 所示的物体主视图画成剖视图，上部梯形槽后面与下部两个矩形槽后面平齐，不画线。

5.2.2 剖视图的分类

根据剖视图的剖切范围，可将剖视图分为全剖视图、半剖视图和局部剖视图三种。

1. 全剖视图

用剖切面完全地剖开物体所得的剖视图称为全剖视图。它用于表达外形简单、内部结构复杂且不对称的机件，如图 5-10c 所示的主视图。

同一机件可以假想进行多次剖切，画出多个剖视图，且各剖视图的剖面线方向和间隔应完全一致，如图 5-13 所示。主视图采用视图表达支座的外部结构；俯视图采用 *A—A* 全剖视图，反映支撑板和肋板的厚度；左视图采用全剖反映支撑圆筒内部结构与前后肋板的形状。

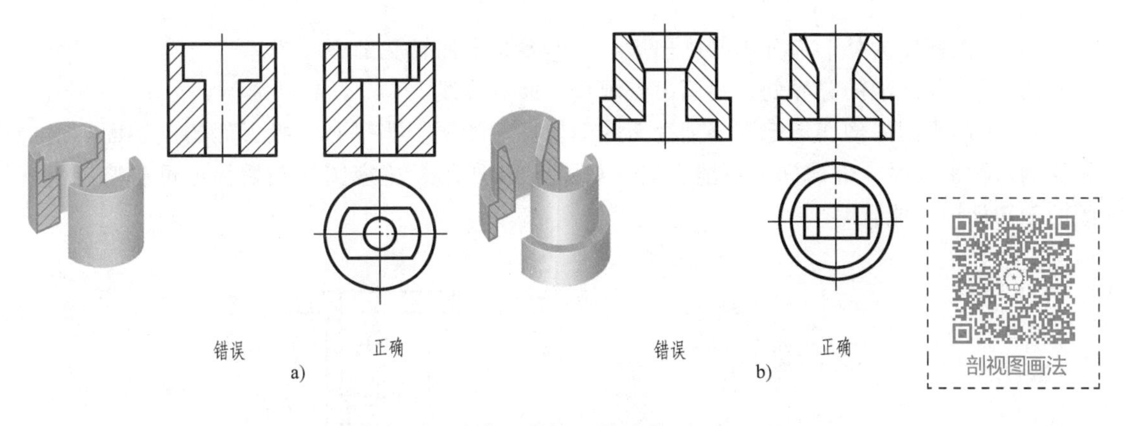

图 5-12　剖视图画法典型结构正误对比

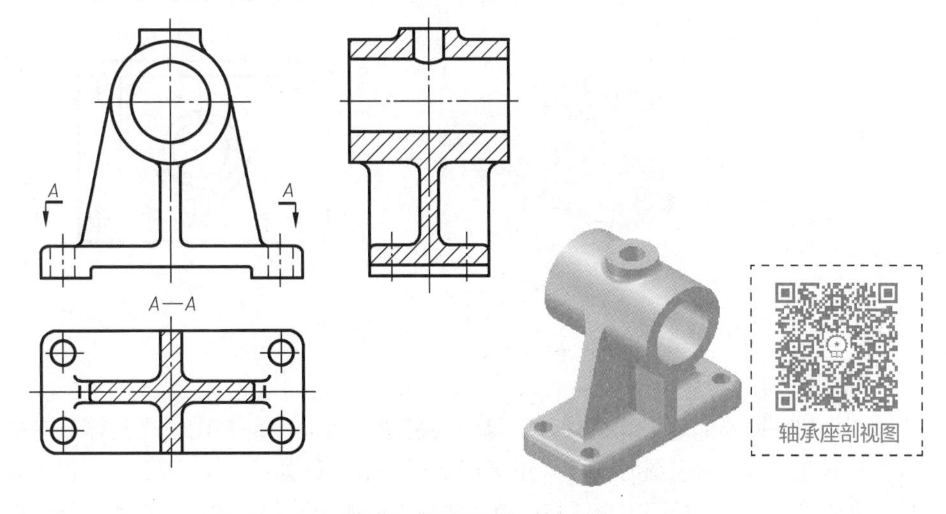

图 5-13　轴承座剖视图画法

注意：

1）左视图剖切平面为对称面，且按照投影关系布置，所以省略标注。

2）肋板的纵向剖切，按照不剖处理，以便清晰地表现其他部分的结构与肋板的形状，如左视图中的前后肋板，不画剖面线；而俯视图中的肋板是横向剖切，要画剖面线。

3）铸件的非切削加工表面，应画出铸造圆角。

2. 半剖视图

当机件具有对称平面时，向垂直于对称平面的投影面上投射所得的图形，可以对称中心线为界，一半画成剖视图，另一半画成视图，这种剖视图称为半剖视图，如图 5-14 所示的主视图和俯视图。

半剖视图既表示物体的内部结构，又表示外形特点。常用于内、外形状都较复杂的对称结构的零件。当机件的形状接近对称，且不对称部分已在其他视图中表达清楚时，也可画成半剖视图；对于不对称的孔或槽等，为表达清楚其结构，在半剖视图中可以作局部剖视，如图 5-14 所示主视图中的两个孔的局部剖视。

注意：

1）半剖视图的外形部分不必画出虚线，但要画出回转孔的中心线。

2）剖切与不剖的分界处，要画出点画线，即对称线。

3）半剖视图的剖切标记和全剖视图的剖切标记相同，当平行于投影面的剖切面不通过物体的对称平面时，剖切标记不能省略。如图 5-14 所示，主视图的剖切标记可省略，俯视图的剖切标记不能省略。

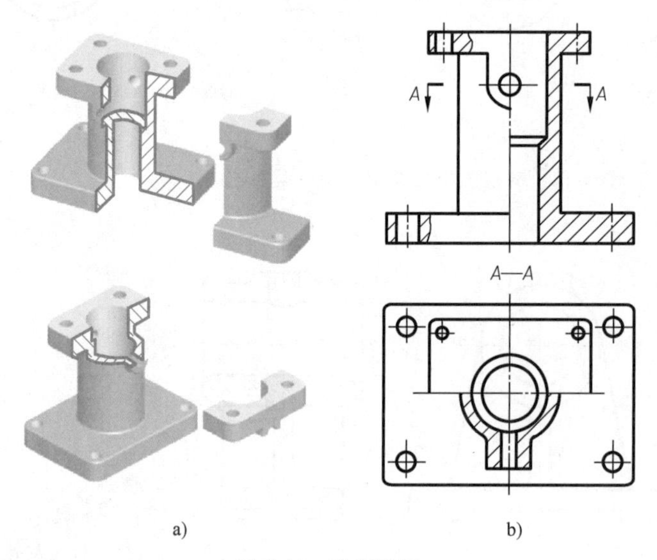

图 5-14 半剖视图

3. 局部剖视图

用剖切平面局部地剖开机件，所得的剖视图称为局部剖视图，当物体只有局部内形需要表示，又不宜采用全剖视图时，可采用局部剖视图表达，如图 5-15 所示。主视图采用两个局部剖视，俯视图采用一个局部剖视，将内腔、底板上的四个孔与前面凸台的内部结构均表达清楚。

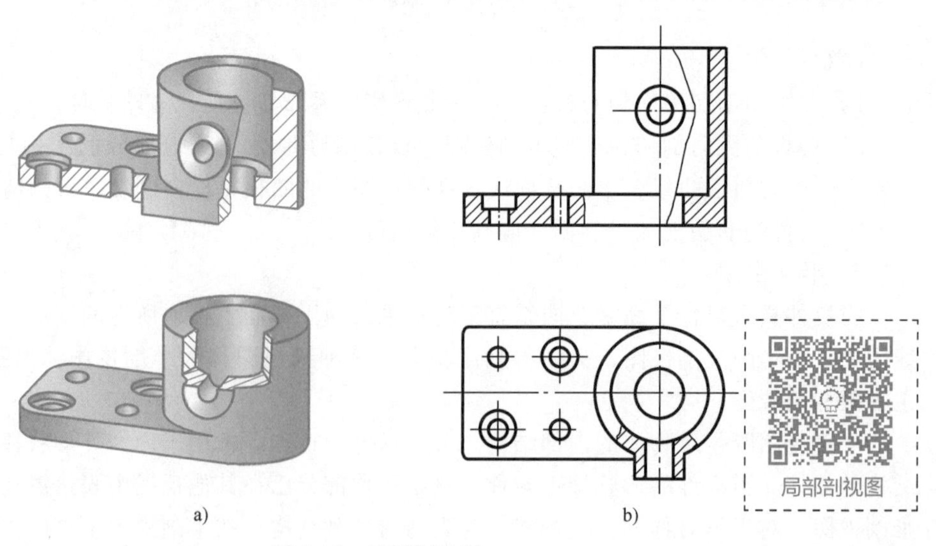

图 5-15 局部剖视图

局部剖视图的剖切位置和剖切范围比较灵活，恰当地选择局部剖视图，可使图形表达得简洁而清楚。画局部剖视图时，应注意以下几点：

1）局部剖视图的视图部分和剖视部分以波浪线或双折线分界。波浪线画在物体的实体部分，不能超出视图的轮廓线（图 5-16a），也不能与其他图线重合（图 5-16b、c）。

2）局部剖视图的标注与全剖视图相同，当剖切位置明确时，局部剖视图不必标注。

3）同一个视图中局部剖视图的使用次数不宜过多，否则会使图形凌乱，不宜于读图。

4）当被剖结构为回转体时，允许将该结构的中心线作为局部视图与剖视图的分界线，如图 5-16d 所示的俯视图，而图 5-16e 所示的主视图部分，只能用波浪线作为分界线。

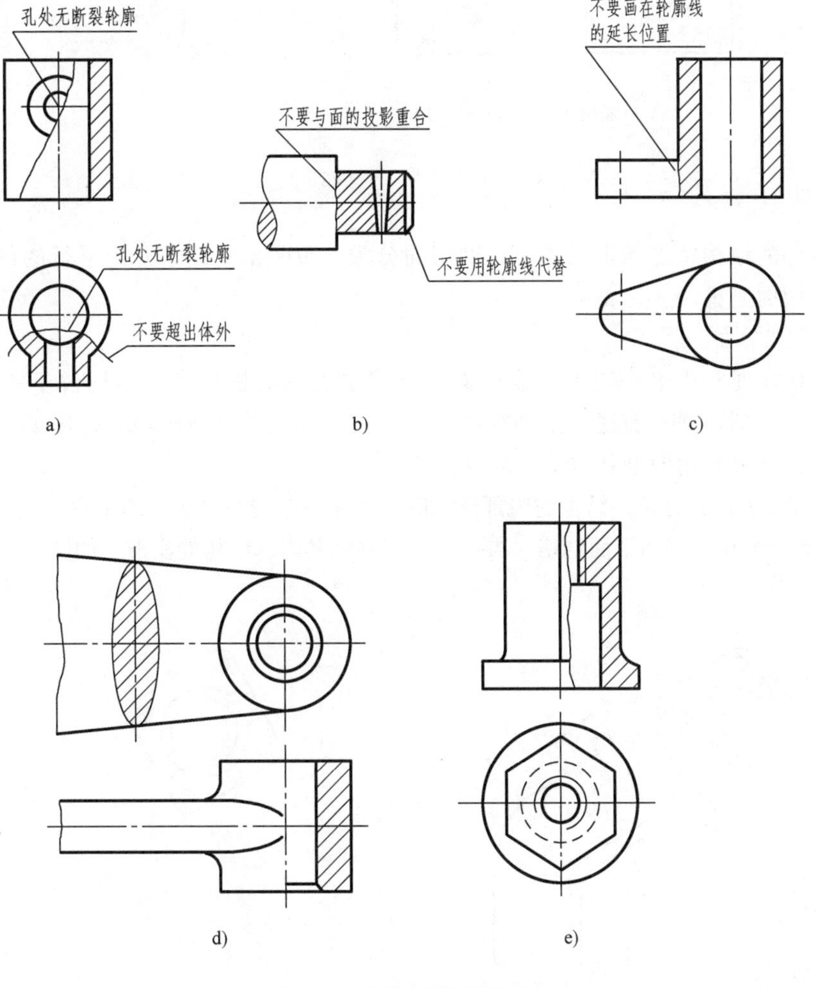

图 5-16 局部剖断裂线画法

【实例 1】 识读如图 5-17 所示机件的剖视图。

机件为对称结构，主视图选用半剖视图，左右两侧的肋板起加固作用。根据国标规定，在主视图上肋板为纵向剖切，故其投影不画剖面线，并用粗实线将肋板与其相邻部分分开。且剖开部分的肋板轮廓线为圆柱体的转向轮廓线，半剖视图中若内部形体结构已表达清楚，则外形部分不画虚线。图 5-17a 为正确的画法，图 5-17b 为错误的画法。

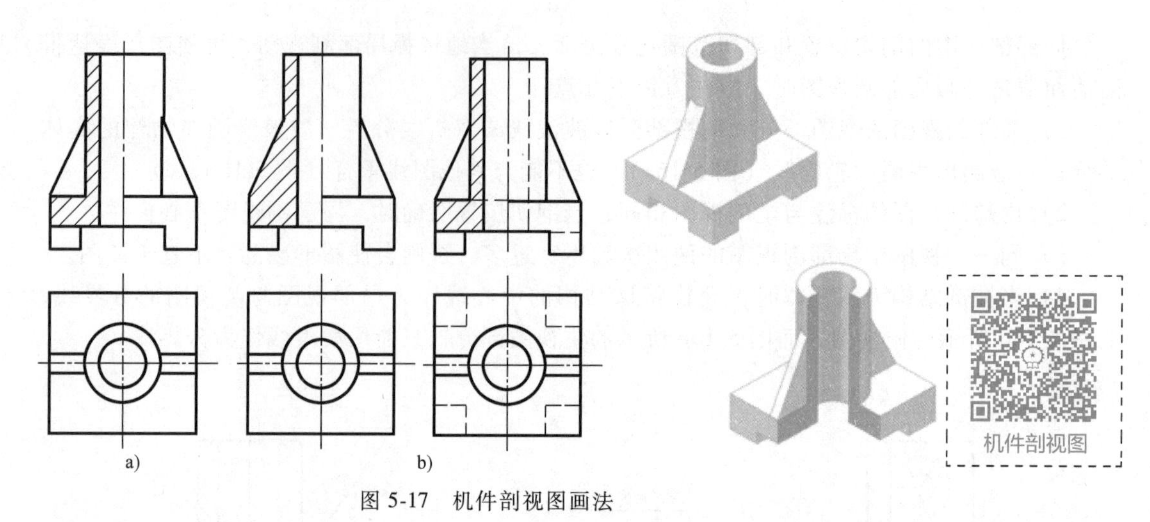

图 5-17 机件剖视图画法

5.2.3 剖切面的类型

根据零件的结构特点和表达需要，剖切面分为：单一剖切面、几个平行的剖切平面和几个相交的剖切面三种。

1. 单一剖切面

单一剖切面通常指单一的平面或柱面。当需要表达的机件内部结构位于一个剖切面上时，可选用单一剖切面。前述的全剖视图、半剖视图及局部剖视图均为采用单一剖切平面得到的剖视图，是最常用的剖切方式。

当机件需要表达具有倾斜结构的内部形状时，可用一个与倾斜部分的主要平面平行且垂直于某一基本投影面的单一剖切平面剖切，再投影，可得到其内部结构的实形，如图 5-18 所示。

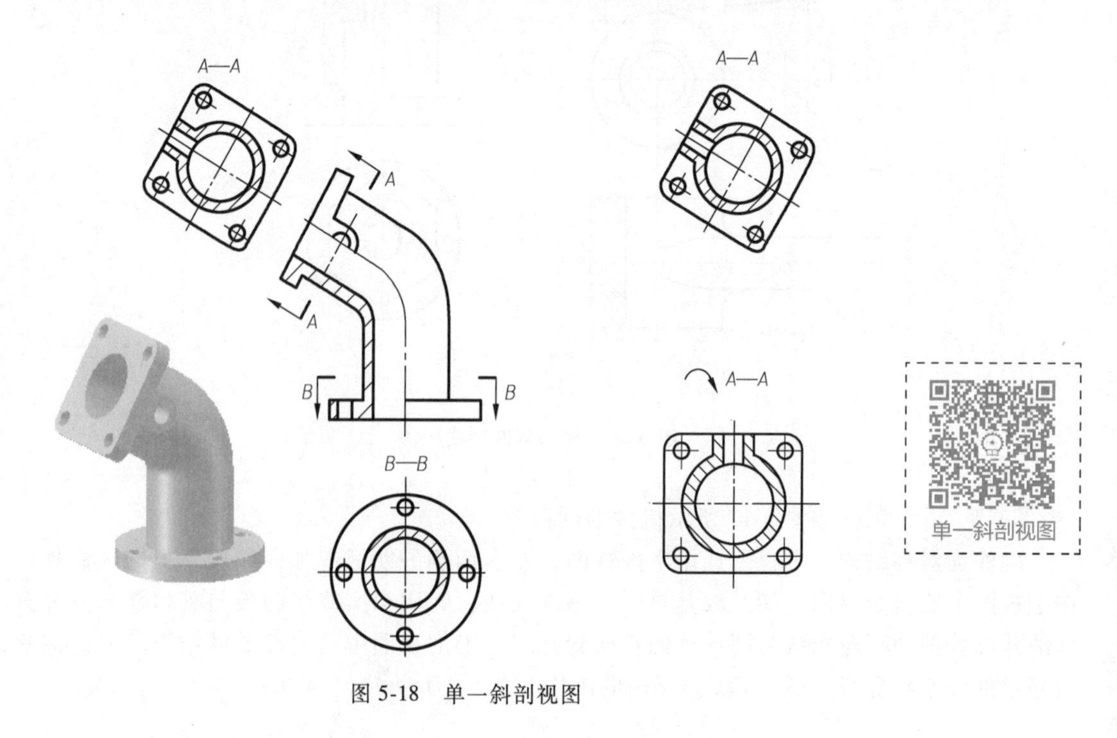

图 5-18 单一斜剖视图

用单一斜剖切面剖切时，必须对剖视进行标注。一般按投影关系配置，如图 5-18 所示的“A—A”，必要时可将剖视图旋转配置，但必须标注旋转符号，如图 5-18 所示的“↷A—A”。

单一剖切面也包含单一圆柱剖切面。采用柱面剖切时，剖视图应展开绘制，并在剖视图上方加注“*X—X* 展开”。

2. 几个平行的剖切平面

当机件的内部结构位于几个平行平面上时，可以采用几个平行的剖切平面来剖切。

如图 5-19 所示，机件上几个孔的轴线不在同一平面内，如果用一个剖切平面来剖切，不能将几个孔的结构均表达清楚。而采用过不同位置孔的轴线的两个互相平行的剖切平面剖切，可将几个孔在一个视图上表达清楚。标注方法如图 5-19 所示。

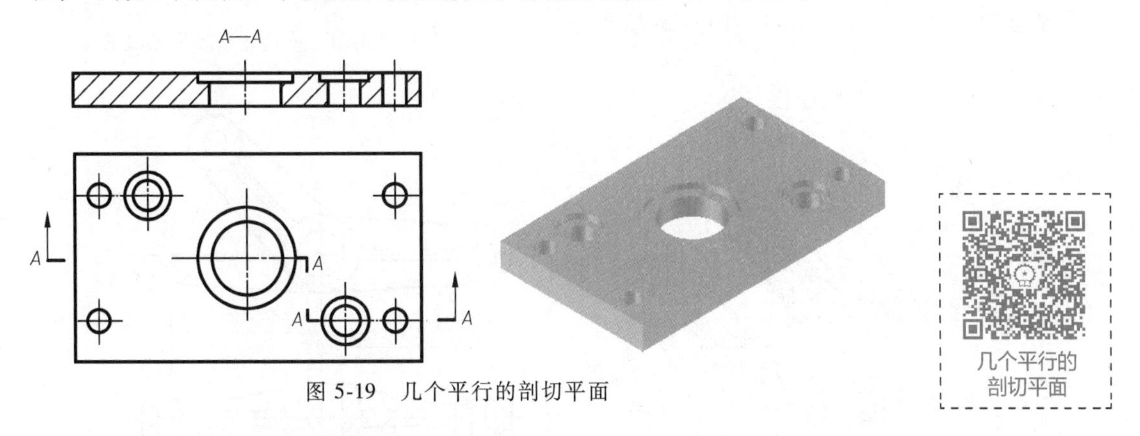

图 5-19　几个平行的剖切平面

采用平行剖切平面画剖视图时应注意：

1）因为剖切是假想的，所以在剖视图上不应画出剖切平面转折的界限，如图 5-20a 所示。

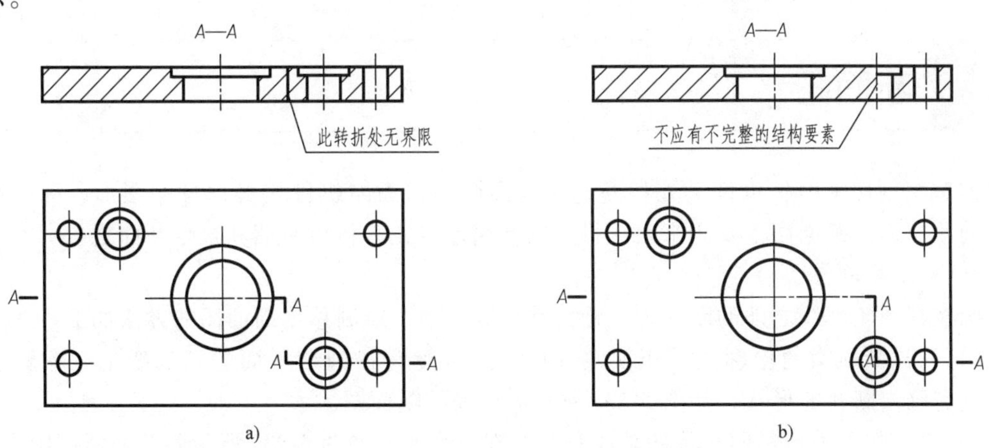

图 5-20　用几个平行剖切平面剖切的错误画法

2）在剖视图中不应有不完整的结构要素，如图 5-20b 所示。只有当两个要素在图形上具有公共对称中心线或轴线时，才可以各画一半，并以对称线或轴线为界限，如图 5-21 所示。

3. 几个相交的剖切面

当物体上的孔或槽等结构不在同一平面上，而是沿物体的某一回转轴线分布时，可以采用几个相交于回转轴线的剖切面剖开物体，将剖开的结构及有关部分旋转到与选定的投影面平行后，再进行投射。采用这种方法画剖视图时应注意：

1）几个相交的剖切平面的交线必须垂直于某一基本投影面。

2）由于采用先旋转后投影的方法绘图，有些部分的图形会伸长（图 5-22 右半部分的投影），不再保持投影关系；剖切平面后的其他结构（图 5-22 所示的油孔），仍按原来的位置进行投射。

3）必须对剖视图进行标注，其标注形式和内容与几个平行剖切平面的剖视相同，如图 5-22 所示。

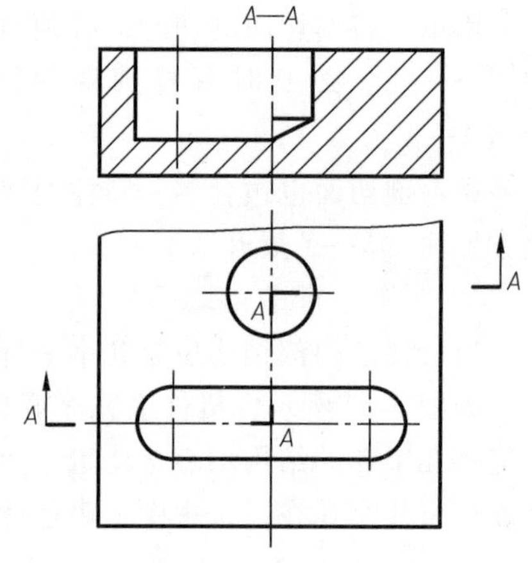

图 5-21 允许出现不完整要素

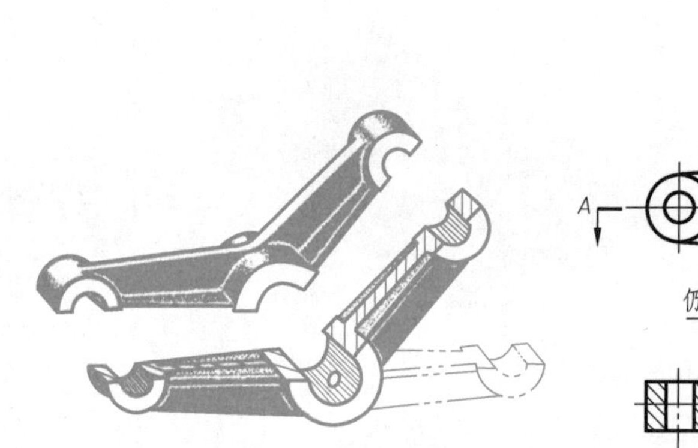

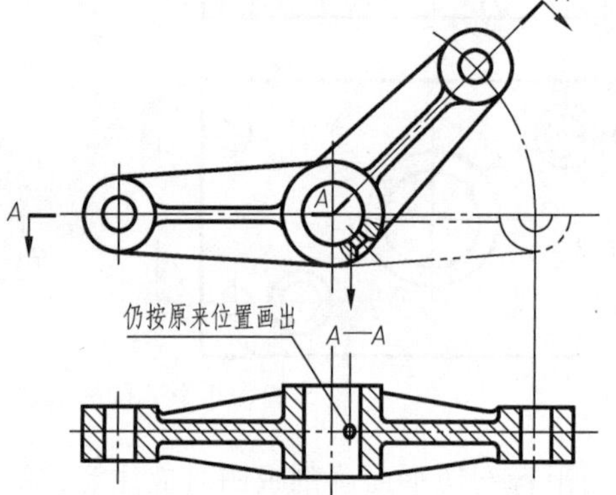

图 5-22 几个相交的剖切平面

5.3 断面图

假想用剖切平面将机件某处切断，仅画出该剖切面与机件接触部分的图形，称为断面图，简称断面。断面图主要用来表示机件的断面形状，有移出断面和重合断面之分。

1. 移出断面图

画在视图轮廓线之外的断面图，称为移出断面图，绘制移出断面图的方法如下。

1）移出断面图的轮廓线用粗实线绘制，尽量配置在剖切平面的延长线上。一般情况下，只需画出断面的形状，如图 5-23a 所示的键槽的断面图。

2）当剖切平面通过回转体的轴线时，按剖视绘制，如图 5-23a 所示圆孔的断面图。

3）当剖切平面通过非圆孔，导致断面为分离的图形时，按剖视绘制，如图 5-23b 所示。

4）断面图对称时，可画在视图的中断处，如图 5-23c 所示。当移出断面是由两个或多个相交的剖切平面形成时，可用点画线表示剖面位置，而断面图用波浪线断开，如图 5-23d 所示。

断面图标注要素：粗短线表示剖切面位置，箭头表示投影方向，字母为断面图的名称。

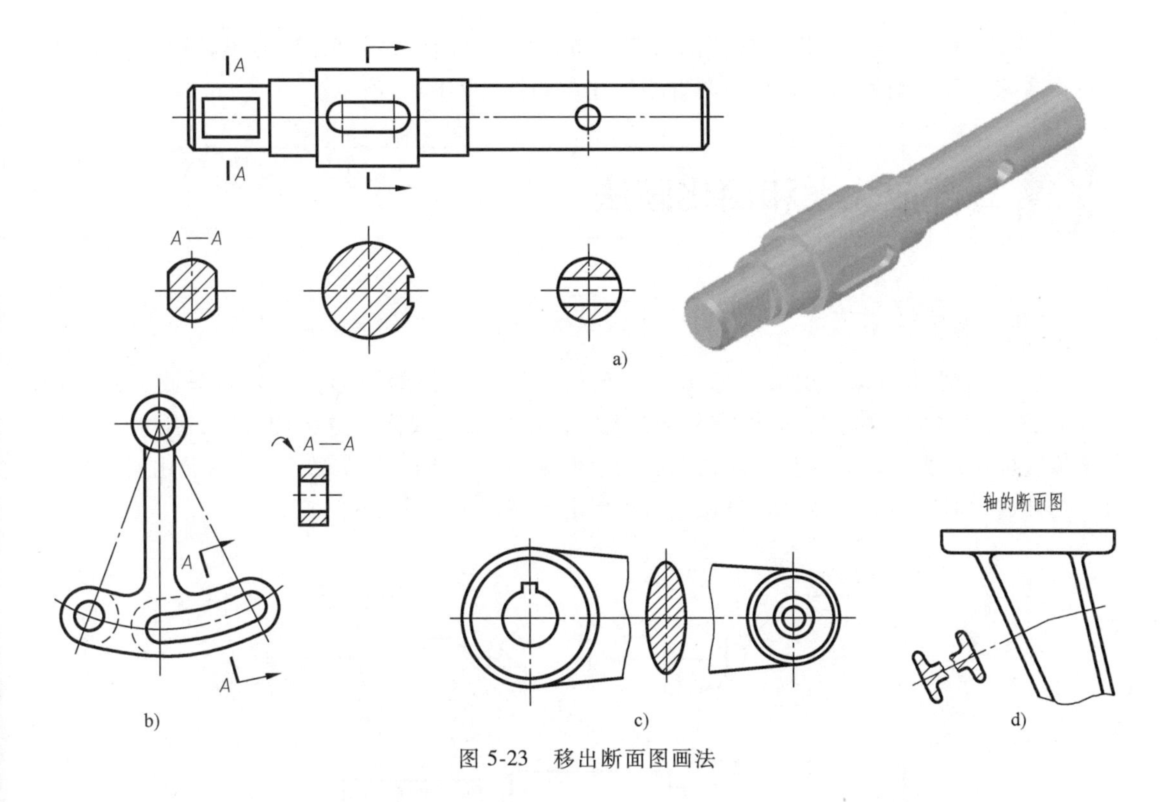

a)
b)　c)　d)

图 5-23　移出断面图画法

注意：

1）当移出断面图配置在剖切位置的延长线上时，可省略字母，如图 5-23a 中的键槽和圆孔的断面图；

2）当图形对称（向左或向右投影得到的图形完全相同）时，可省略箭头，如图 5-23a 中的 *A—A*；

3）当移出断面图配置在剖切位置的延长线上，且图形对称时，可不加任何标记，如图 5-23a 中的圆孔的断面图。

2. 重合断面图

画在视图之内的断面图，称为重合断面图。重合断面图的轮廓线用细实线绘制，绘制时应注意：

1）当断面图轮廓线和视图轮廓线重叠时，视图轮廓线应连续画出，如图 5-24a 所示。

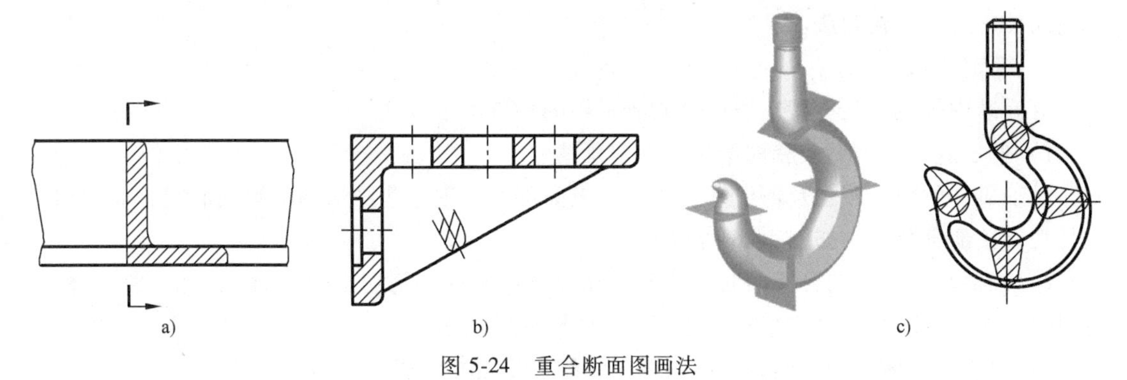
a)　b)　c)

图 5-24　重合断面图画法

2）不对称的重合断面图，标注剖切符号和箭头，如图5-24a所示，在不致引起误解时，也可以省略标注；对称的重合断面图省略标注，如图5-24b、c所示。

5.4 局部放大图和简化画法

5.4.1 局部放大图

将机件的局部结构，用大于原图形所采用的比例画出的图形，称为局部放大图。如图5-25所示，当同一机件上有几处需要放大时，可用细实线圈出放大的部位，用大写罗马数字依次标明放大部位，并在局部放大图的上方标注出相应的罗马数字和采用的比例；当只有一处被放大时，可省略数字，只在放大图形上方注出采用的比例。

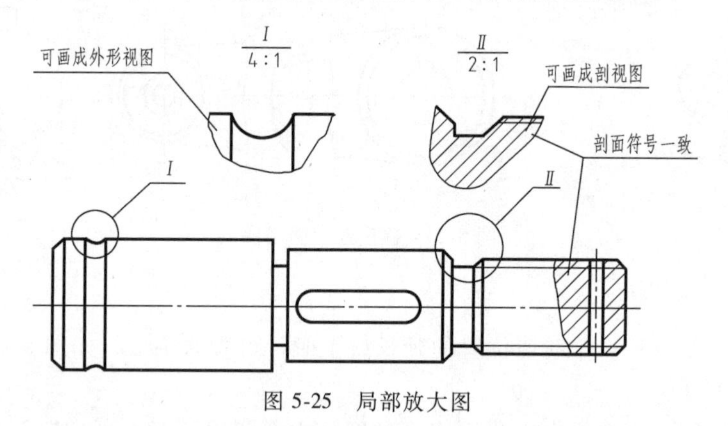

图5-25 局部放大图

局部放大图可采用原图形所采用的表达方法，也可采用与原图形不同的表达方法，如原图形为视图，局部放大图为剖视图，如图5-25所示Ⅱ处所示。

对于同一机件上不同部位的相同结构，只需画出一个局部放大图。

5.4.2 简化画法（GB/T 16675.1—2012、GB/T 4458.1—2002）

简化画法包括规定画法、省略画法、示意画法等图示方法。《机械制图》国家标准规定了一系列简化画法，可减少绘图工作量，提高设计效率，使图形清晰，满足生产需要。下面介绍几种常用的简化画法。

1. 规定画法

对标准中规定的某些特定表达对象所采用的特殊图示方法。

1）肋、轮辐、薄壁及相同结构的规定画法

对于机件的肋、轮辐及薄壁等，如果按纵向剖切，则这些结构都不画剖面线，而用粗实线与其邻接部分分开，如图5-26所示。

2）当回转体上均匀分布的肋、轮辐、孔等结构不处于剖切平面上时，应将这些结构旋转到剖切平面上来表达（先旋转后剖切），如图5-27所示。

3）对于回转体上的平面，可以用细实线绘制出对角线表示，如图5-28所示。

4）较长零件（轴、杆、型材和连杆等）沿长度方向的形状一致或按一定规律变化时，可断开后缩短绘制，其断裂边界线用波浪线绘制（也可用双折线或双点画线代替）。但标注尺寸时，要标注零件的实长，如图 5-29 所示。

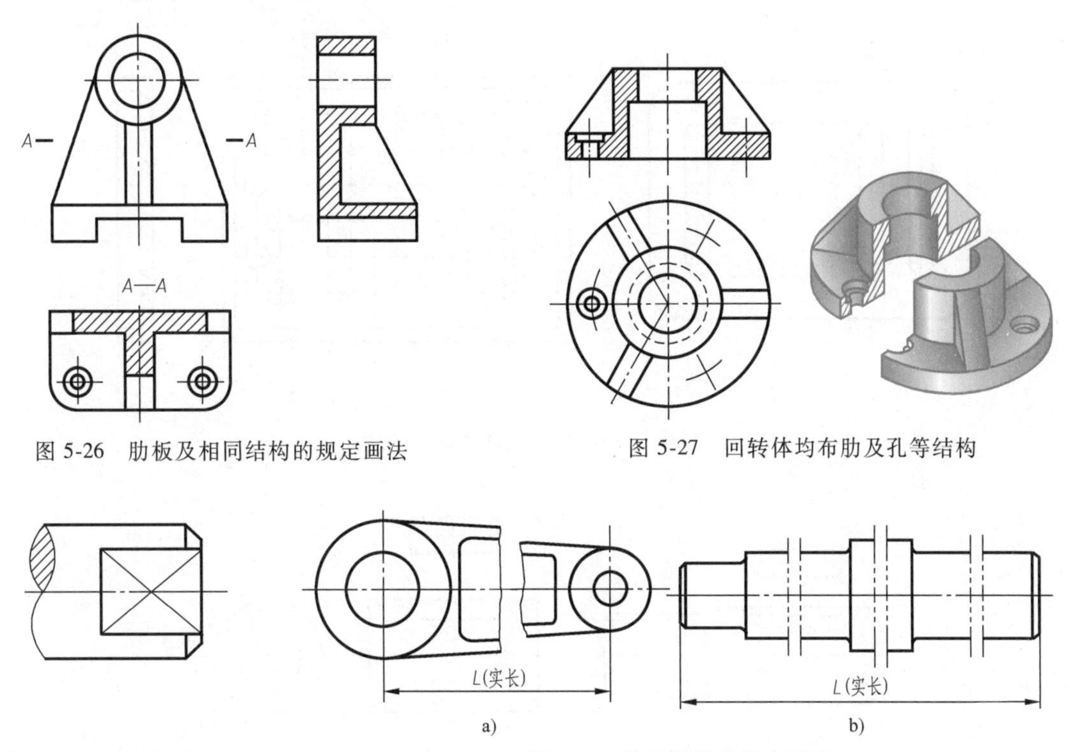

图 5-26　肋板及相同结构的规定画法

图 5-27　回转体均布肋及孔等结构

图 5-28　平面规定画法

图 5-29　较长零件的规定画法

5）在不致引起误解时，对于对称机件的视图可只画出一半或四分之一，并在对称中心线的两端画出两条与其垂直的平行细实线。如图 5-30 所示。

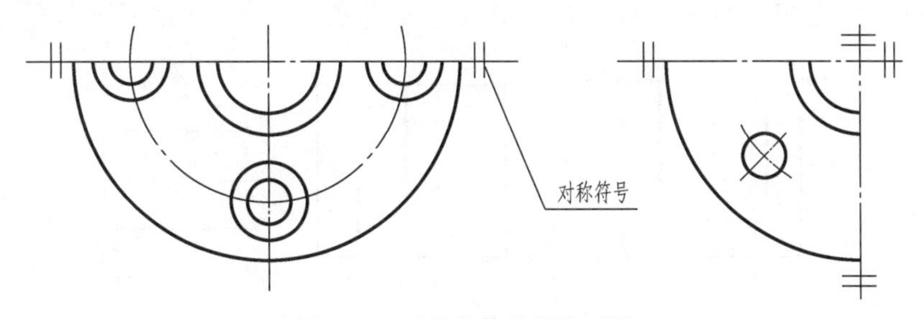

图 5-30　对称物体的规定画法

2. 省略画法

通过省略重复投影、重复要素、重复图形等达到图样简化的图示方法。

1）当零件上具有若干相同的结构（如齿、槽等），并按一定的规律分布时，只需画出几个完整的结构，其余用细实线连接，并在图上注明该结构的总数，如图 5-31a 所示。若干直径相同且成规律分布的孔，可以只画出几个，表示出其分布规律，其余只需用点画线表示其中心位置，并注明孔的总数，如图 5-31b 所示。

2）零件上对称结构的局部视图，可以配置在所需表示物体局部结构的附近，如图 5-32

所示。

3）在不致引起误解时，图形中的过渡线（后续章节讲）、相贯线可以简化，例如用圆弧或直线代替非圆曲线，如图 5-32a 所示用直线代替相贯线。

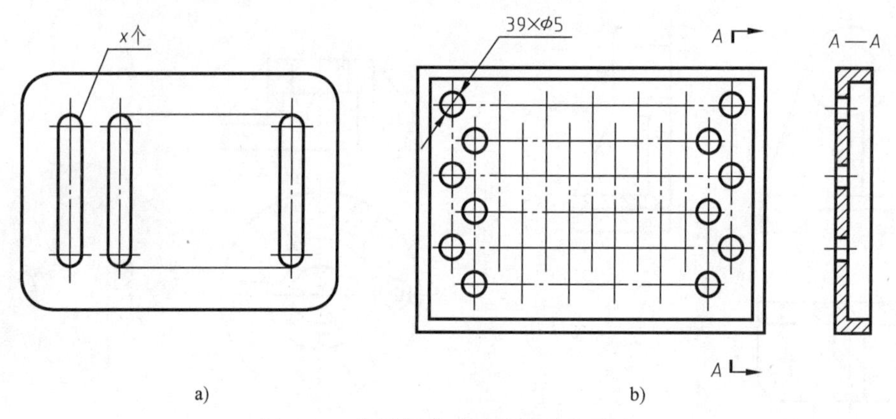

图 5-31　按规律分布结构的省略画法

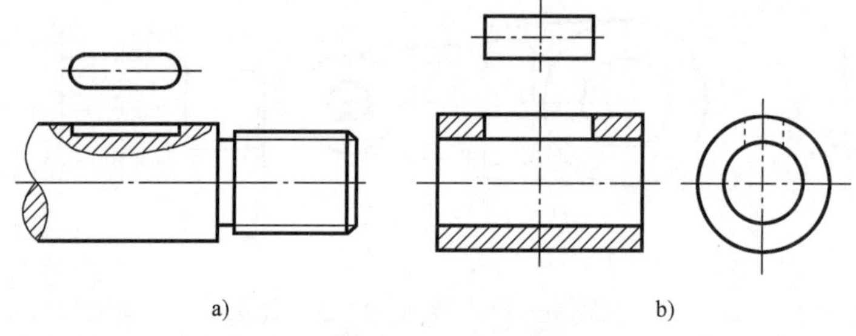

图 5-32　对称结构局部视图表示法

4）在不致引起误解时，零件图中的小圆角或小倒角允许省略不画，但必须注明尺寸或在技术要求中加以说明，如图 5-33a、b 所示。

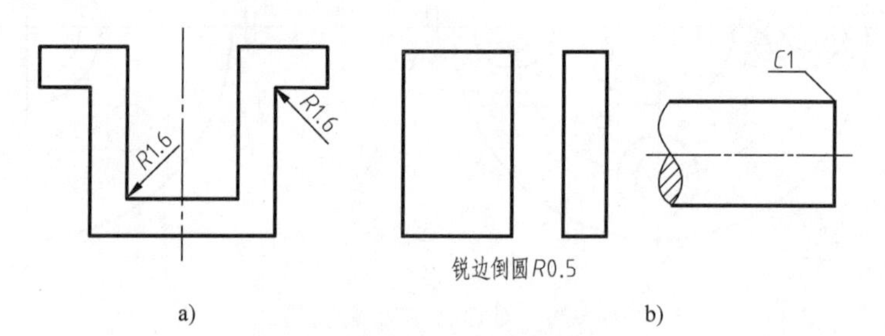

图 5-33　圆角与倒角的省略画法

5）零件中，与投影面倾斜角度小于或等于 30°的圆或圆弧，其投影可用圆或圆弧代替，如图 5-34 所示。

3. 示意画法

示意画法是用规定符号和（或）较形象的图线绘制图样的表意性图示方法。

零件上的滚花、沟槽等网状结构，可在轮廓线附近用粗实线示意画出，并在视图上或技术要求中注明这些结构的具体要求，如图 5-35 所示。

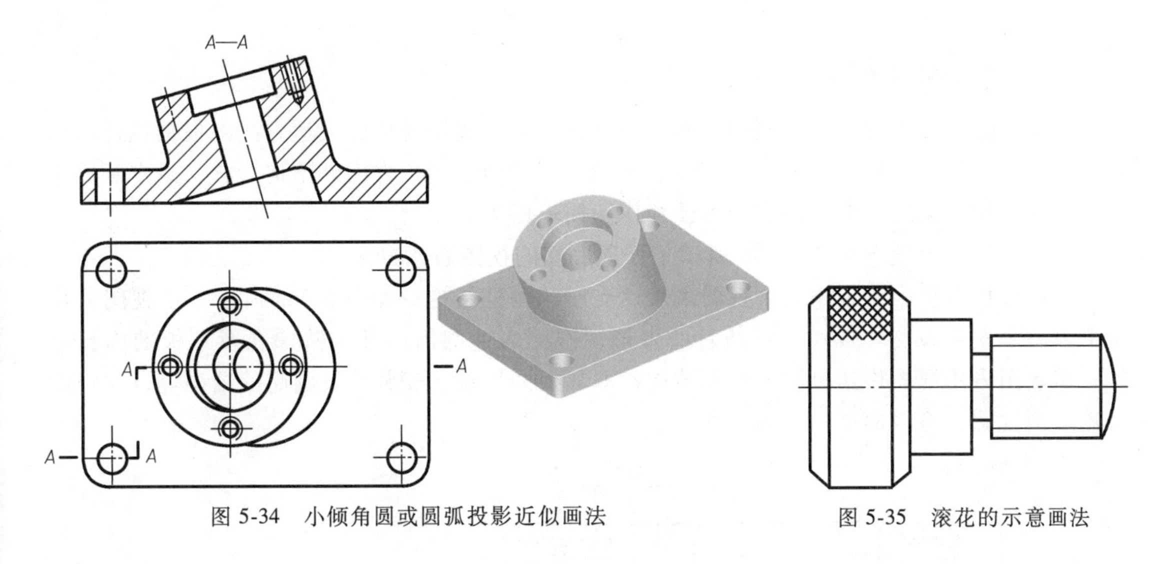

图 5-34　小倾角圆或圆弧投影近似画法

图 5-35　滚花的示意画法

5.5 剖视图的尺寸标注方法及综合实例

5.5.1 剖视图的尺寸标注

剖视图中标注尺寸，应尽量将外形尺寸和内形尺寸分别标注在视图两侧，如图 5-36 所示。半剖视图不完整对称结构的尺寸，可只画一条尺寸界线，尺寸线超过对称中心线，如图 5-37 所示俯视图中的 30、20 均为半标注。

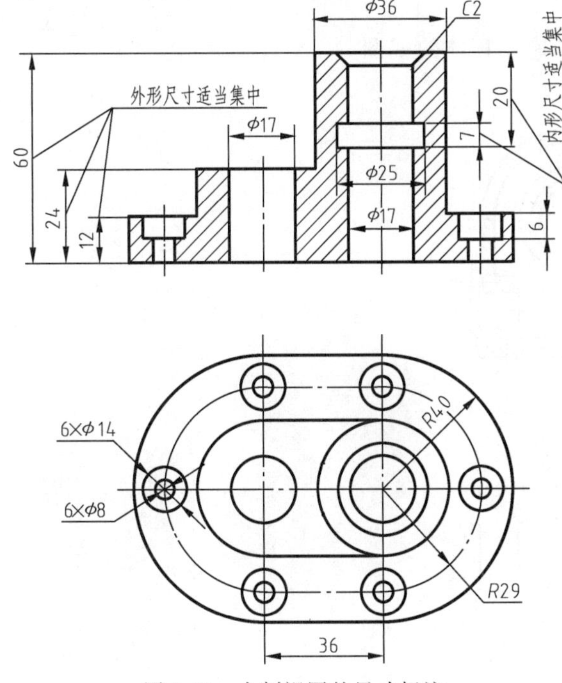

图 5-36　全剖视图的尺寸标注

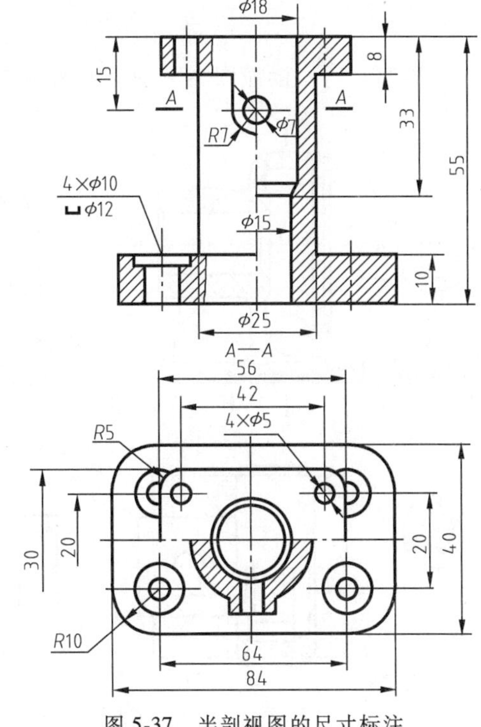

图 5-37　半剖视图的尺寸标注

5.5.2 综合实例

本章讲述了基本视图、剖视图、断面图及各种简化画法等机件表达方法。根据机件的结构特点，合理选用这些表达方法，准确、清晰、完整地表达机件内外结构形状，是本章的重点。选用表达方案时，要兼顾看图方便和作图简单两方面。

【实例2】 合理选择图5-38b所示千斤顶底座的视图表达方法。

经过形体分析，确定用三个视图来表达支座的内外结构，如图5-38a所示。主视图采用半剖视图，左侧表达耳板及拱形凸台的外形，右侧表达圆筒内部的阶梯孔及耳板的内孔结构；俯视图采用视图表达机件的外部结构，即耳板的形状、安装孔及圆筒的结构等；左视图采用全剖视图，将内部结构表达清晰。

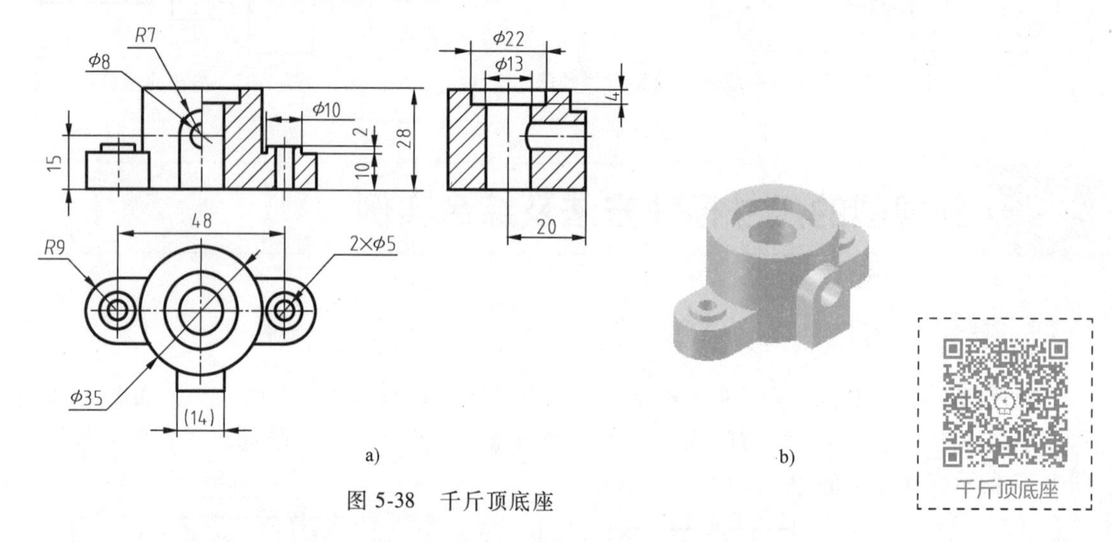

图5-38　千斤顶底座

【实例3】 读懂图5-39所示的蜗轮蜗杆减速器箱体的视图。

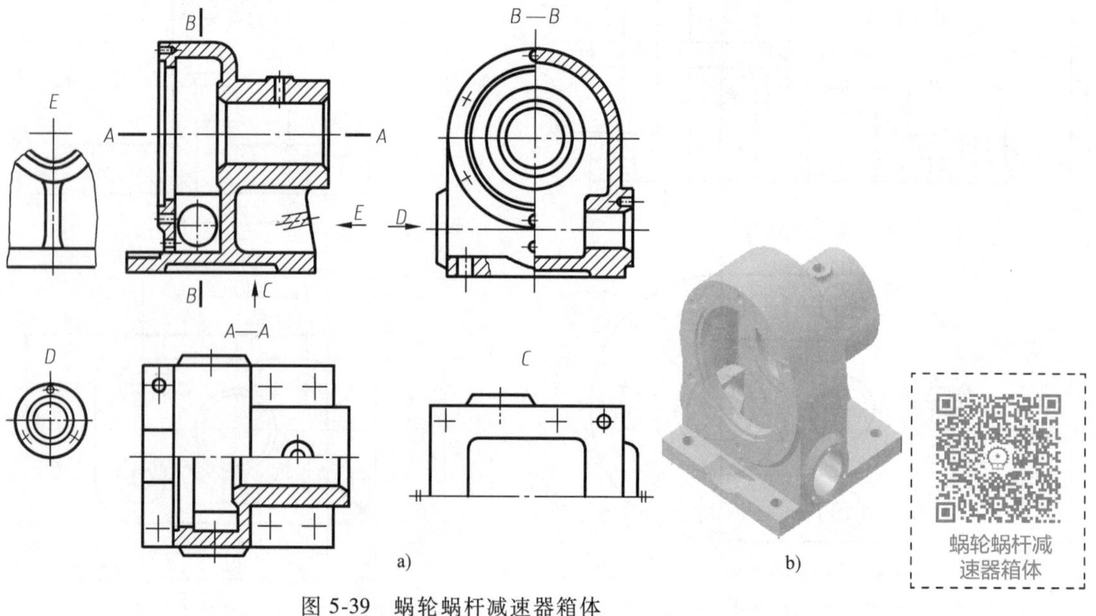

图5-39　蜗轮蜗杆减速器箱体

读图分为三个步骤：概括了解；分析相关视图，想象各部分形状；综合归纳，想象整体。

1. 概括了解

根据图形位置及其标注，明确视图名称，从视图的数量及表达方案的选用，了解零件的复杂程度。图 5-39 选用了六个视图，其中一个全剖视图，两个半剖视图 *A*—*A*、*B*—*B*，一个向视图 *C*；两个局部视图 *D*、*E*。视图较多，但各视图间的关系简单。

2. 分析相关视图，想象各部分形状

根据视图表达方案，将相关视图结合起来，用形体分析法读图，先看主要结构，后看次要结构，想象各部分形状。

主视图采用全剖视图，表达视图方向零件的内部结构；俯视图和左视图均采用半剖视图，未剖开部分表达零件视图方向的外形，剖开部分表达零件视图方向的内部结构；*C* 向视图表达底板底部结构，而且采用对称结构的简化画法；*D*、*E* 局部视图分别表达零件下半部分蜗杆孔和肋板的外形结构。

采用六个视图，分别将该零件的内外结构均表达清楚。

3. 综合归纳，想象整体

以主、俯、左视图为主，环顾所有图形，想象机件总体形状，如图 5-39b 所示。

【实例 4】 用 AutoCAD 软件绘制图 5-40 所示千斤顶底座的三视图并标注尺寸。

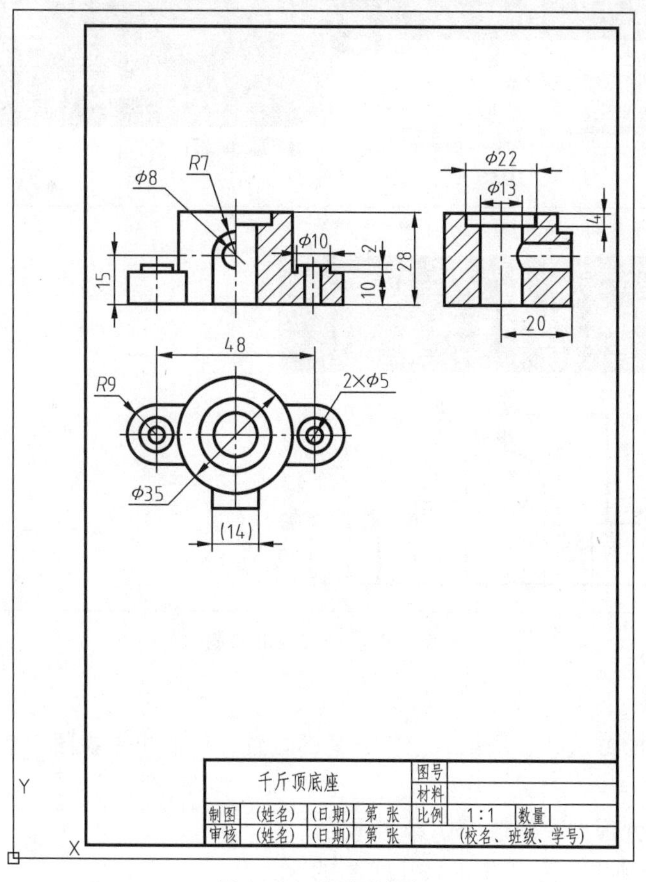

图 5-40 千斤顶底座

作图步骤：

1）启动 AutoCAD，导入 A4 图纸的样本，保存为 dwg 格式。

2）使用图层设置命令，设置四个绘图用到的图层：尺寸标注、轮廓线、虚线和中心线。

3）绘制俯视图。

➢ 切换到中心线层，在图纸的左下方绘制俯视图的一条水平中心线和三条垂直中心线。

➢ 切换到轮廓线层，按照图中所给尺寸完成全部俯视图的绘制。

4）按照投影关系完成主视图的绘制。

➢ 利用以前所学知识可以完成此视图的绘制。

➢ 在绘制距离底边 15 的 *R*7 圆的中心线时，可以先利用偏移命令将底边往上复制一条粗实线，然后选中此线，将其切换到中心线层。利用此方法比较方便。

➢ 在绘制剖面线时，先把图层切换到 0 层，因为剖面线是细实线，0 层没有改动过，默认是细实线。然后按照图 5-41 所示的 3 步即可完成剖面线的绘制。

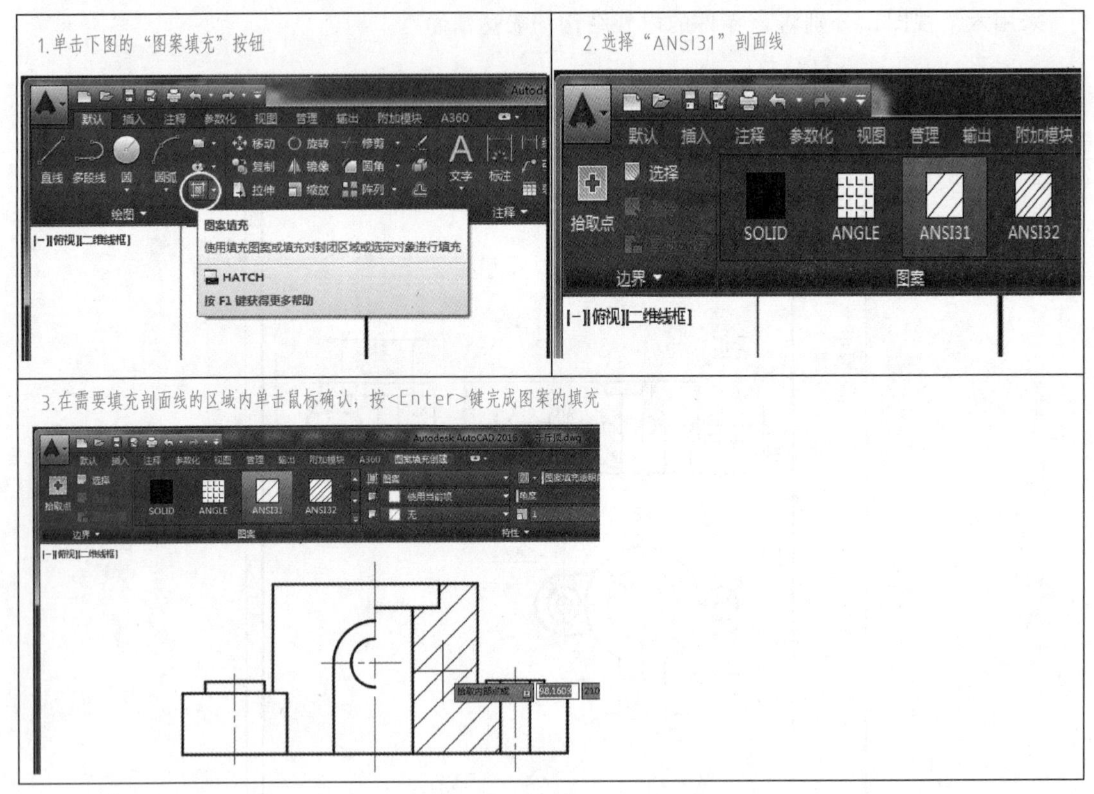

图 5-41 剖面线的绘制

5）绘制左视图。

按照以前讲过的方法，在图纸右上方合适的位置，绘制出左视图（满足投影关系）。

6）尺寸标注。

打开标注样式管理器，修改 ISO-25 样式。

➢ 在“线”选项中，将“超出尺寸线”的改为 2。

➢ 在“符号和箭头”选项中，将“箭头大小”值改为3。
➢ 在“文字”选项中，将“文字高度”值改为4，将“从尺寸线偏移”值改为1.5。
➢ 在“主单位”选项中，将“小数分隔符”改为“句点”。
➢ 将图层切换到尺寸标注层，然后按照图5-40所示标注所有尺寸。

5.6 第三角投影

ISO国际标准规定，工程图样有两种体系，即第一角投影和第三角投影。中国、英国、德国和俄罗斯等国家采用第一角投影，美国、日本、新加坡等国家采用第三角投影。

5.6.1 第一角投影和第三角投影

前面讲述的第一角投影，是将物体放在第一分角内（图5-42b）得到的视图，称为第一角视图。本节讲述第三角投影。

在三投影面体系中，若将物体放在第三分角内（图5-42c），并使投影面处于观察者和物体之间，这样所得的投影称为第三角投影。

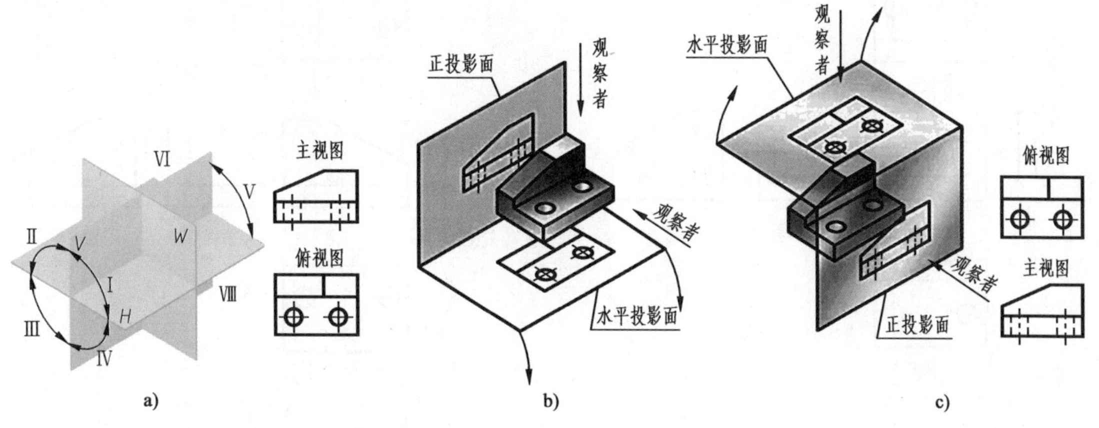

图5-42 投影体系分角及第一角、第三角投影
a）投影体系分角 b）第一角投影 c）第三角投影

第一角和第三角投影主要区别如下。

1. 物体与投影面的相对位置

第一角投影：将物体放在观察者与投影面之间，即观察者→物体→投影面。

第三角投影：将投影面放在观察者与物体之间，即观察者→投影面→物体，此时假定投影面为透明的平面。

2. 展开方向

第一角投影的展开方向，从观察者看，是由近而远的方向翻转展开，如图5-43a所示。

第三角投影的展开方向，从观察者看，是由远而近的方向翻转展开，如图5-43b所示。

3. 视图位置

第一角画法展开后六个视图的相对位置如图5-44a所示，左视图放右边，右视图放左

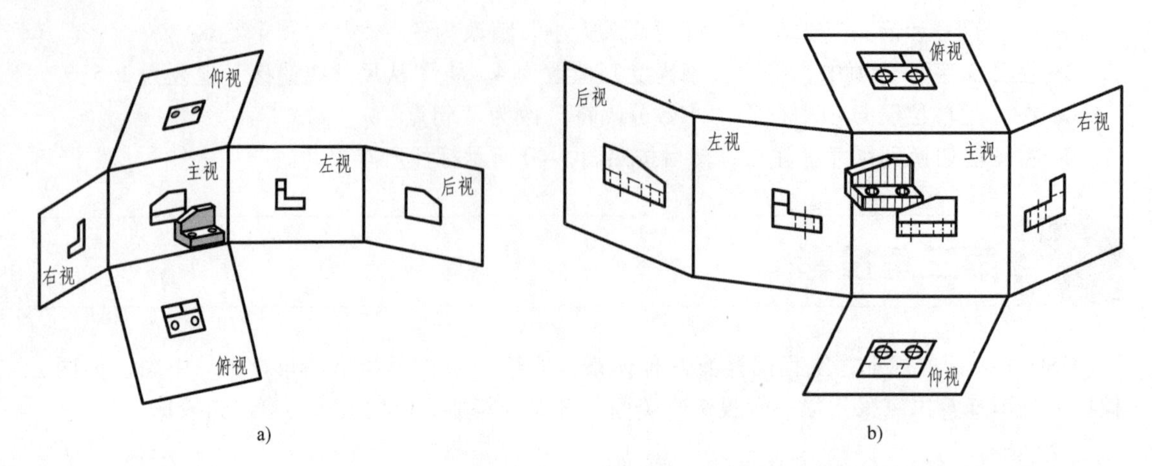

图 5-43　展开方向

a）第一角投影　b）第三角投影

边，俯视图放下面，仰视图放上面，依此类推。第三角画法展开后六个视图相对位置如图 5-44b 所示。左视图放左边，右视图放右边，俯视图放上面，仰视图放下面，依此类推。

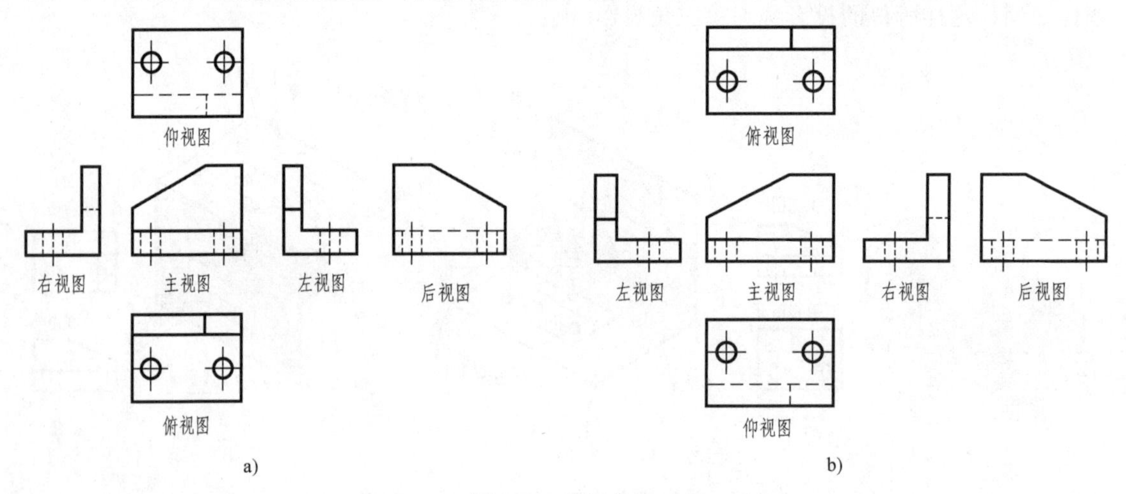

图 5-44　视图位置

a）第一角投影　b）第三角投影

4. 投影符号

看图时，为了方便区分第一角投影和第三角投影视图，国际标准化组织（ISO）规定了相应的识别符号，如图 5-45 所示。图 5-45a 为第一角投影符号，相当于主左视图投影关系；

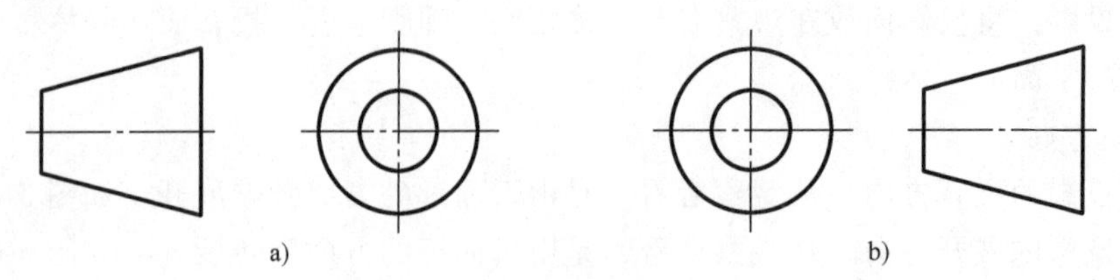

图 5-45　投影符号

a）第一角投影　b）第三角投影

图 5-45b 为第三角投影符号，相当于主右视图投影关系；一般将投影符号标注在标题栏的相应位置中。

5.6.2　实例分析

【实例 5】　画出图 5-46a 所示零件的第三角投影图。

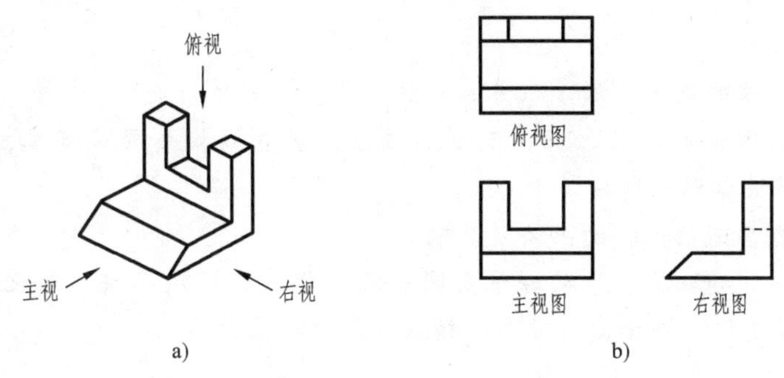

图 5-46　第三角投影实例

a）视图投影方向　b）投影视图

教学提示

本章重点学习视图、剖视图和断面图及其他常用表达方法和第三角投影的作图方法，使学生学会合理选用零件表达方法表达零件的内外结构，正确绘制零件视图；同时，掌握第三角投影视图的识读方法，读懂国外图样，完成生产任务；并能绘制中等难度物体的第三角投影图。

教学中，首先在对不同结构零件认识的基础上，根据所学视图表达方法，选用不同的表达方案，培养学生的观察能力、分析能力和综合运用所学知识解决问题的能力；其次，在学习中，通过自己选择方案、互相讨论、对比分析，最终找到最佳方案，完成设计工作，培养学生善于沟通、互帮互助的优秀品质；最后，通过第三角投影的学习，培养学生国际化意识，以适应制造业迅速发展的需求。

第 6 章　标准件和常用件

教学目标

1. 熟练掌握螺纹的规定画法、代号、标注方法。

2. 掌握螺纹紧固件的用法、标记及联接画法，会查阅相关国家标准，遵守职业规范，增强职业责任感，培养职业精神。

3. 掌握单个直齿圆柱齿轮的画法及其啮合画法。

4. 掌握键联接、销联接、滚动轴承及圆柱螺旋弹簧的规定画法、简化画法和标记，会按照国家标准合理选用，培养爱岗敬业、精益求精的职业素养。

在机器设备中，除一般零件外，还广泛使用螺栓、螺钉、螺母、键、销、轴承、齿轮、弹簧等标准件和常用件。由于它们的结构和尺寸均已标准化，绘图时，不必画出其真实投影和形状，只根据国家标准所规定的画法、代号和标记进行绘图和标注即可。

本章主要介绍标准件及常用件的有关基本知识、规定画法、代号、标注及查表方法。

6.1　螺纹及螺纹联接

螺纹是在圆柱或圆锥表面上，具有相同牙型、沿螺旋线连续凸起的牙体。

螺纹分为外螺纹和内螺纹两种，成对使用。在圆柱或圆锥外表面上形成的螺纹称为外螺纹，在圆柱或圆锥内表面上形成的螺纹称为内螺纹，又称螺纹孔。

6.1.1　螺纹的基本知识

1. 螺纹的形成

螺纹是根据螺旋线原理加工而成的。如图 6-1a、b 所示为在车床上加工螺纹的情况，圆柱形工件做等速旋转运动，车刀与工件接触，做等速轴向移动，刀尖相对于工件即形成螺旋线运动。由于刀刃的形状不同，在工件表面切去部分的截面形状也不同，因而可加工出不同的螺纹。

加工直径较小的螺纹孔时，先用钻头钻底孔（钻头顶角为 118°，钻孔的底部按 120°画出），再用丝锥加工内螺纹，如图 6-1c 所示。

2. 螺纹要素（GB/T 14791—2013）

螺纹的牙型、直径、螺距、线数和旋向称为螺纹五要素，只有五要素相同的内、外螺纹才能互相旋合。

（1）牙型

通过螺纹轴线断面上的螺纹轮廓形状，称为牙型。相邻牙侧间的材料实体，称为牙体；联接两个相邻牙侧的牙体顶部表面，称为牙顶；联接两个相邻牙侧的牙槽底部表面，称为牙

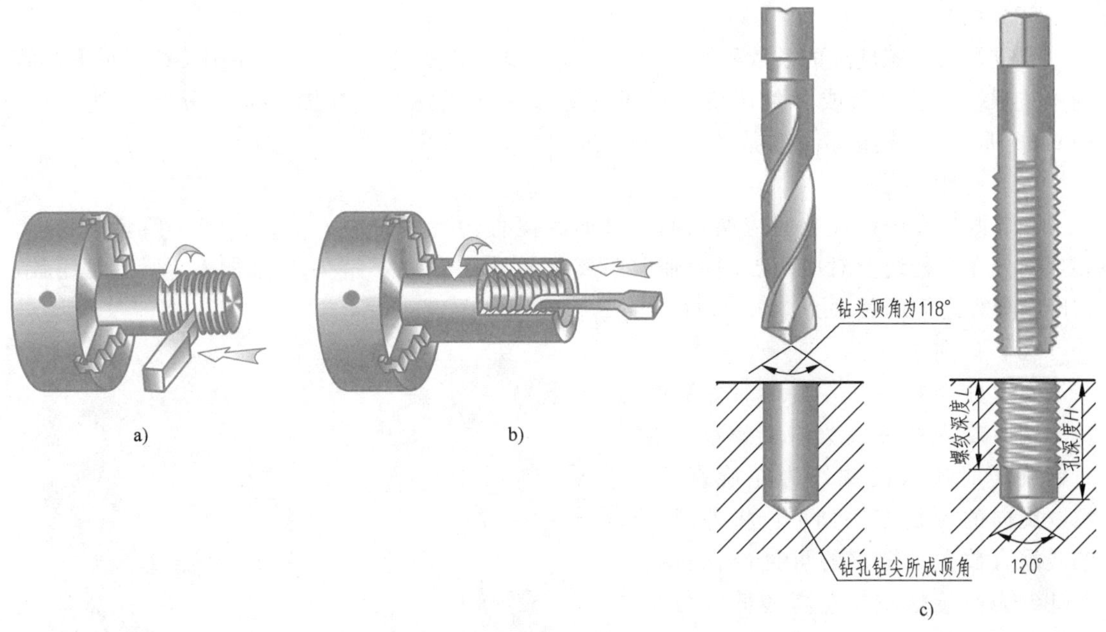

图 6-1　螺纹加工方法

a）车外螺纹　b）车内螺纹　c）钻孔、攻螺纹加工内螺纹

底；相邻两牙侧面间的夹角称为牙型角。常见的螺纹牙型有三角形、梯形、锯齿形和矩形。常用普通螺纹的牙型为三角形，牙型角为 60°。

（2）直径（大径、小径和中径）

大径是指和外螺纹的牙顶、内螺纹的牙底相切的假想圆柱或圆锥的直径，外螺纹的大径用 d 表示，内螺纹的大径用 D 表示。

小径是指和外螺纹的牙底、内螺纹的牙顶相切的假想圆柱或圆锥的直径，外螺纹的小径用 d_1 表示，内螺纹的小径用 D_1 表示。

在过轴线的断面图内，在大径和小径之间，牙宽和槽宽相等的假想圆柱面的直径称为中径，用 d_2（或 D_2）表示，如图 6-2 所示。

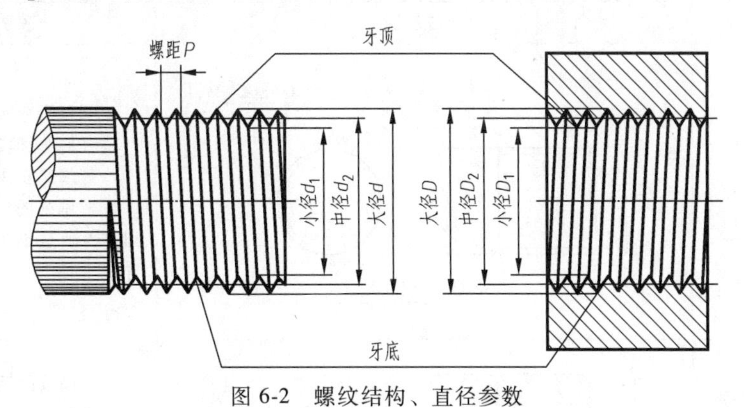

图 6-2　螺纹结构、直径参数

螺纹的公称直径为大径。外螺纹的大径和内螺纹的小径称为顶径。外螺纹的小径和内螺纹的大径称为底径。

(3) 线数

形成螺纹的螺旋线的条数称为线数。螺纹有单线和多线之分。沿一条螺旋线形成的螺纹为单线螺纹；沿两条或多条螺旋线形成的螺纹为多线螺纹，如图 6-3a 所示为单线螺纹、图 6-3b 所示为双线螺纹。线数的代号用 n 表示。

(4) 螺距和导程

相邻两牙在中径线上对应两点间的轴向距离称为螺距，用 P 表示。同一条螺旋线上，相邻两牙在中径线上对应两点间的轴向距离称为导程，用 P_h 表示，如图 6-3 所示。线数、螺距与导程之间的关系为：$P_h = n \times P$。

(5) 旋向

螺纹分为右旋和左旋两种。顺时针旋转时旋入的螺纹为右旋螺纹，逆时针旋转时旋入的螺纹为左旋螺纹。螺纹旋向的判别方法如下：将外螺纹轴线垂直放置，螺纹的可见部分右高左低者为右旋螺纹；左高右低者为左旋螺纹，如图 6-3 所示。

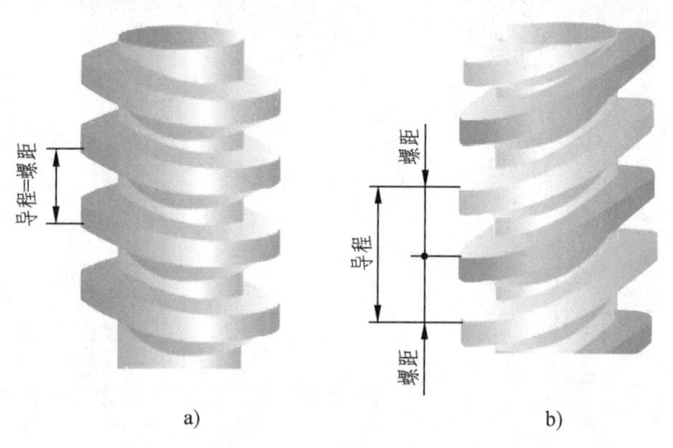

图 6-3 螺纹线数、螺距、导程、旋向

a) 单线、左旋 b) 双线、右旋

在螺纹的诸要素中，牙型、大径和螺距是决定螺纹结构规格的基本要素，凡此三要素符合国家标准的，称为标准螺纹；牙型不符合国家标准的，称为非标准螺纹。

6.1.2 螺纹的规定画法（GB/T 4459.1—1995）

绘制螺纹时，不必画出其真实投影。国家标准 GB/T 4459.1—1995 对螺纹及螺纹紧固件的表示方法做了相应的规定。外螺纹、内螺纹及内外螺纹联接的画法见表 6-1。

表 6-1 螺纹的规定画法

	实物图形	画法示例	画法说明
外螺纹		倒角；牙顶用粗实线；牙底用细实线；3/4圈细实线圆 此处倒角圆不画；大径；小径；螺纹终止线用粗实线	1. 牙顶画粗实线(整圆)； 2. 牙底画细实线(3/4 圆)； 3. 螺纹终止线画粗实线； 4. 非圆视图中，画出倒角，牙底细实线画至倒角；左视图倒角圆省略
			1. 剖面线画至粗实线处； 2. 倒角圆不画； 3. 剖视图中只有螺纹牙部分有螺纹终止线

（续）

	实物图形	画法示例	画法说明
内螺纹	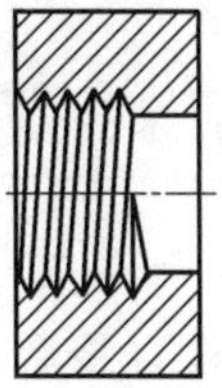	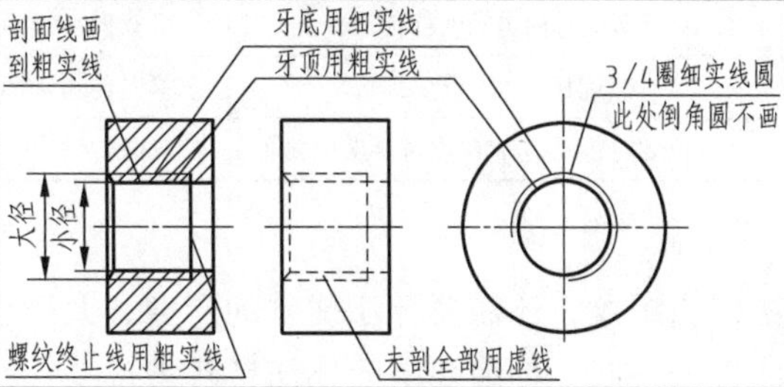 剖面线画到粗实线；牙底用细实线；牙顶用粗实线；3/4圈细实线圆此处倒角圆不画；大径；小径；螺纹终止线用粗实线；未剖全部用虚线	内螺纹一般画成剖视图。1. 牙顶画粗实线(整圆)；2. 牙底画细实线(3/4 圆)；3. 螺纹终止线用粗实线；4. 非圆视图中，画出倒角，牙底细实线画至倒角；左视图倒角圆省略
	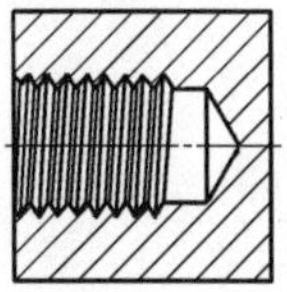	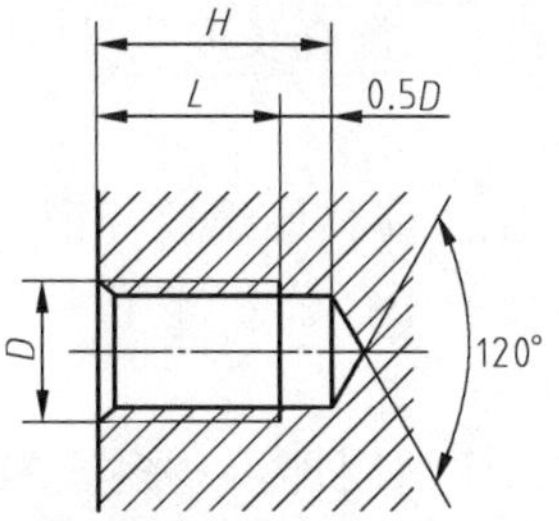 H；L；0.5D；D；120°	1. 钻孔深度 H，螺纹孔深度 L，一般钻孔深度比螺纹孔深 $0.5D$；2. 盲孔底部画出 120°角；3. 其余部分与通孔一样
内外螺纹联接	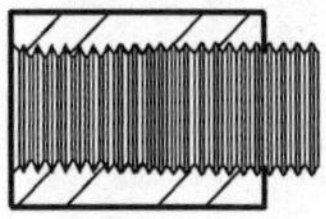	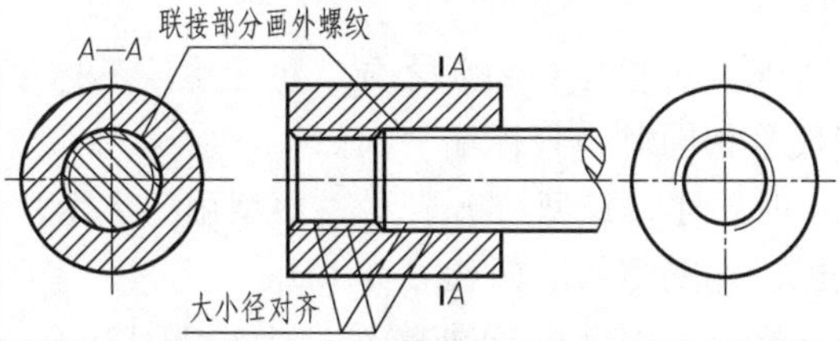 A—A；联接部分画外螺纹；A；A；大小径对齐	1. 非圆视图中，旋合部分按外螺纹绘制，其余部分按各自画法画；2. 相互旋合的内、外螺纹的大、小径应分别对齐(相等)

注：螺纹画法中，剖面线均画至粗实线处；比例画法中，小径 $d_1 \approx 0.85d$，$D_1 \approx 0.85D$。

6.1.3 螺纹的标注方法

1. 螺纹的分类

（1）按螺纹要素是否标准分类

1）标准螺纹。牙型、螺距、大径均符合国家标准，最为常用。

2）特殊螺纹。牙型符合国家标准，大径和螺距不符合国家标准，极少采用。

3）非标螺纹。牙型不符合国家标准，极少采用。

（2）按螺纹用途分类

螺纹按用途不同分为联接螺纹和传动螺纹。联接螺纹分为普通螺纹和管螺纹，具体分类及用途见表 6-2。

表 6-2 螺纹种类及作用

分类			用途	说明
联接螺纹	普通螺纹	粗牙普通螺纹	一般零件的联接	1. 普通螺纹牙型为三角形，牙型角为 60°；2. 同一公称直径的普通螺纹，有粗牙和细牙之分，细牙螺纹的螺距有多种，粗牙螺纹的螺距只有一种
		细牙普通螺纹	薄壁件和精密件的联接	
	管螺纹	非螺纹密封管螺纹	低压管路的联接	牙型为三角形，牙型角为 55°
		螺纹密封管螺纹	中、高压管路的联接	

（续）

分类		用途	说明
传动螺纹	梯形螺纹	承受双向力的丝杠传动	可双向传递运动和动力
	锯齿形螺纹	螺旋压力机、千斤顶	单向传递动力
	矩形螺纹	对传动效率有较高要求的机件	双向传动，工艺性差，少用

2. 螺纹的标注

按照国家标准规定的画法画出螺纹，还需要标注螺纹的牙型、大径、螺距、线数及旋向等要素。不同种类的螺纹标注方法不同。标准螺纹的标注格式为：

螺纹特征代号 | 尺寸代号 - 公差带代号 - 旋合长度代号 - 旋向代号

(1) 普通螺纹的标注

普通螺纹的尺寸一定要标注在大径上。完整的螺纹标记如下：

螺纹特征 公称直径×导程(螺距)-中径公差带 顶径公差带-旋合长度-旋向

说明：

① 单线螺纹导程与螺距相同，只标注螺距即可；多线螺纹的尺寸代号为“公称直径×Ph 导程 P 螺距”。

② 普通螺纹的特征代号为 M，有粗牙和细牙之分，粗牙螺纹不标注螺距和导程。

③ 中径和顶径的公差带代号相同时，只标注一次。

④ 旋合长度为中型（N）时不注，长型用 L 表示，短型用 S 表示。

⑤ 右旋螺纹不注旋向代号，左旋螺纹旋向代号为 LH。

【实例 1】 写出以下螺纹标记：粗牙普通外螺纹，大径为 12mm，中径公差带代号为 5g，顶径公差带代号为 6g，中等旋合长度，右旋。

解：其标记为 M12-5g6g。

常用普通螺纹标注示例见表 6-3。

表 6-3 普通螺纹标注示例

分类	螺纹标记	标注示例	说明
粗牙普通螺纹	M12-5g6g 顶径公差带代号 中径公差带代号 大径为12mm	M12-5g6g	1. 螺纹标记，应注在大径的尺寸线或其引出线上； 2. 粗牙普通螺纹，不标注螺距；细牙普通螺纹，标注螺距； 3. 中径和顶径公差带相同时，只注一个代号； 4. 中等旋合长度省略标注； 5. 右旋省略不注，左旋要标注
	M12-7H-L-LH 左旋 长旋合长度 中径和顶径公差带代号	M12-7H-L-LH	
细牙普通螺纹	M12×1.5-5g6g 顶径公差带代号 中径公差带代号 螺距为1.5mm	M12×1.5-5g6g	

（2）管螺纹的标注

管螺纹分为非密封管螺纹和密封管螺纹。管螺纹的标记必须注在螺纹大径引出的指引线的横线上，其标记组成如下：

非密封管螺纹代号：螺纹特征代号 尺寸代号 公差等级代号-旋向代号

密封管螺纹代号：螺纹特征代号 尺寸代号-旋向代号

管螺纹的标注示例见表 6-4。

表 6-4　管螺纹标注示例

分类	螺纹标记		标注示例	说　明
55°非密封管螺纹	内螺纹	G1/2	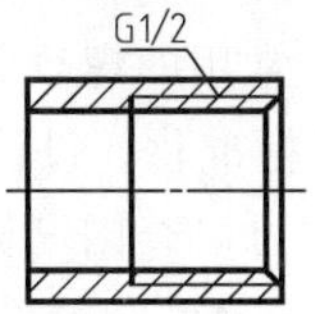 G1/2	1. 从螺纹大径画指引线进行标注； 2. 特征代号右边的数字为尺寸代号，即管子内径，单位为英寸； 3. 管螺纹的直径需查标准确定； 4. 内螺纹公差等级只有一种，不标注；外螺纹公差等级分为 A、B 两级，需标注
	外螺纹	G1/2A	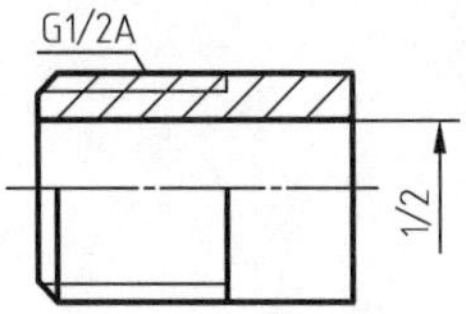 G1/2A 1/2	
55°密封管螺纹	Rp R_1 Rc R_2		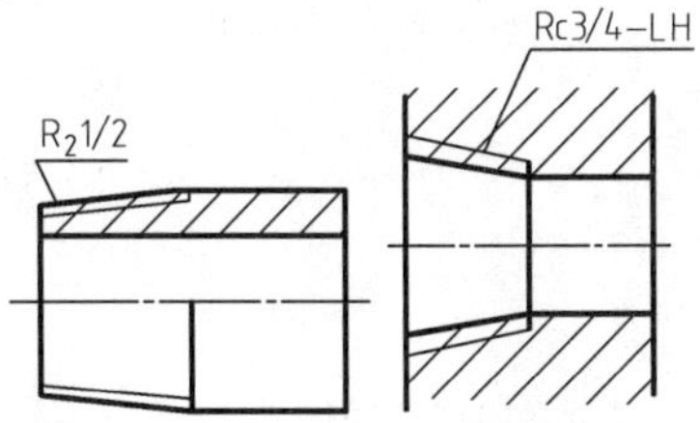 $R_2 1/2$ Rc3/4-LH	1. 55°密封的与圆锥内螺纹配合的圆锥外螺纹，特征代号为 R_2，尺寸代号为 1/2，右旋； 2. 55°密封的圆锥内螺纹，特征代号为 Rc，尺寸代号为 3/4，左旋； 3. Rp 表示圆柱内螺纹；R_1 表示与圆柱内螺纹相配合的圆锥外螺纹

注：管螺纹的尺寸代号并不是指螺纹的大径，其参数可由相关手册中查出。

（3）传动螺纹

这里介绍梯形螺纹和锯齿形螺纹标注示例，见表 6-5。

表 6-5　传动螺纹标注示例

分类		螺纹标记	标注示例	说　明
梯形螺纹	单线	Tr40×7-7e	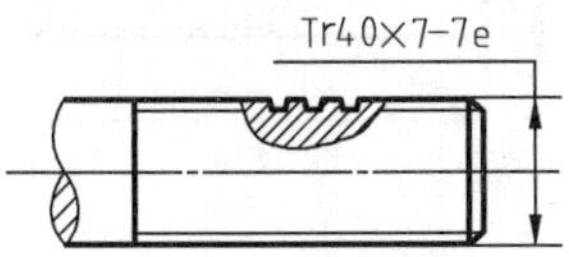 Tr40×7-7e	1. 单线螺纹只标注螺距，多线螺纹标注导程和螺距； 2. 右旋省略标注，左旋注 LH； 3. 中等旋合长度不注
	双线	Tr40×14(P7)LH-7e	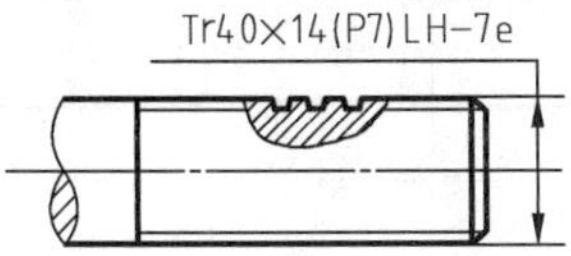 Tr40×14(P7)LH-7e	

（续）

分类	螺纹标记	标注示例	说　明
锯齿形螺纹	B32×6-7e	B32×6-7e	1. 单线螺纹只标注螺距，多线螺纹标注导程和螺距； 2. 右旋省略标注，左旋注 LH； 3. 中等旋合长度不注

6.1.4 螺纹联接件

1. 常用螺纹紧固件及其标记

螺纹联接是工程上广泛应用的联接方式。常用的螺纹紧固件有螺栓、螺柱、螺钉、螺母和垫圈等，如图 6-4 所示。其结构和尺寸均已标准化，设计时不需要绘制出零件图，只在装配图的明细栏中填写规定标记即可。按照标记可以查国家标准得到零件的结构及尺寸。

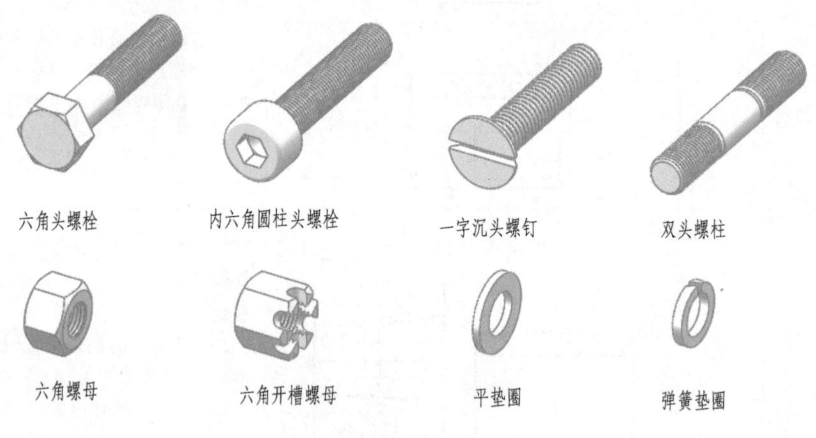

图 6-4　常用螺纹紧固件

常用螺纹紧固件的标记示例见表 6-6。

表 6-6　常用螺纹紧固件标记示例

名称	紧固件实物	画法及规格尺寸	标记示例及说明
六角头螺栓		d, L	螺栓 GB/T 5780 M10×60 GB/T 5780—2016，C 级六角头螺栓，规格 M10、公称长度 $L=60$mm
双头螺柱		d, b, L	螺柱 GB/T 899 M12×50 B 型双头螺柱（B 省略标注），两端均为粗牙普通螺纹，规格 M12，公称长度 $L=50$，$b=1.5d$

（续）

名称	紧固件实物	画法及规格尺寸	标记示例及说明
开槽沉头螺钉		d L	螺钉 GB/T 68 M8×30 螺纹规格 M8，公称长度 L=30，性能等级为 4.8 级，不经表面处理的开槽沉头螺钉
六角螺母		D	螺母 GB/T 41 M10 螺纹规格 M10，性能等级为 5 级，不经表面处理，C 级 I 型六角螺母
平垫圈		d	垫圈 GB/T 97.1 8 140HV 标准系列，规格 d=8，硬度等级为 140HV 级，不经表面处理的 A 级平垫圈
弹簧垫圈			垫圈 GB/T 93 8 规格 8mm，材料 65Mn，表面氧化的标准型弹簧垫圈

2. 螺纹联接件的联接画法

常见的联接方式有螺栓联接、双头螺柱联接和螺钉联接。

(1) 螺栓联接

螺纹联接

螺栓联接是将螺栓的杆身穿过两个被联接零件的通孔，套上垫圈，再用螺母拧紧，使两个零件联接在一起的一种联接方式，如图 6-5 所示。

螺栓联接的联接件有螺栓、螺母和垫圈。联接件采用比例画法绘制，即以螺栓上螺纹的公称直径（大径 d）为基准，其余各部分的结构尺寸均按与公称直径成一定比例关系绘制，倒角省略不画，如图 6-5 所示。其中，$l \geq t_1+t_2+0.15d+0.9d+0.3d$，计算后，$l$ 参照附录表 B-1 选取标准值。

螺栓联接画法中应注意：

1）两个零件接触面处只画一条粗实线，不得将轮廓线加粗。

2）凡不接触的表面，在图上应画出间隙。

3）两零件分界线画至螺栓轮廓线。

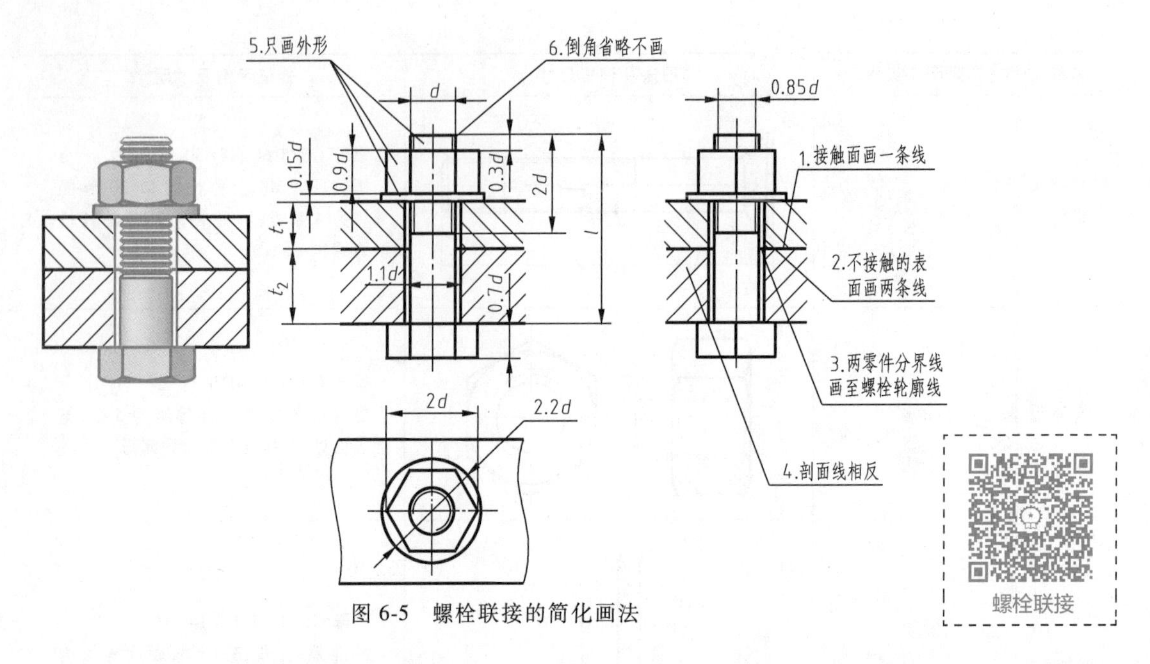

图 6-5 螺栓联接的简化画法

4）在剖视图中，相互接触的两个零件其剖面线方向应相反。而同一个零件在各剖视图中，剖面线的倾斜方向和间隔应相同。

5）在装配图中，当剖切平面通过螺栓、螺柱、螺钉、螺母及垫圈等标准件的轴线时，应按不剖切绘制，即只画外形。

6）螺纹联接件上的工艺结构，如倒角、退刀槽等均省略不画。

（2）双头螺柱联接

双头螺柱的两端均加工成螺纹，将螺纹较短一端旋入下部较厚零件的螺纹孔；较长一端穿过上部零件的通孔，配合垫圈、螺母使用，将上、下两个零件联接在一起。这种联接方式常用于由于被联接件之一较厚，不便使用螺栓联接的场合。其联接及作图步骤如图 6-6 所示。

双头螺柱旋入端长度 b_m 根据被联接件的材料而定，见附录表 B-2。图中公称长度 $l=t+h+m+a$，其中 $a=0.3d$，按计算结果查附录表 B-2 取标准长度。

双头螺柱联接画法，在两件结合面上方与螺栓联接的画法相同，同时应注意：

1）较厚零件上为螺纹孔，较薄零件上为通孔。

2）旋入端的螺纹终止线应与结合面平齐，表示旋入端已经拧紧。

（3）螺钉联接

螺钉按用途可分为紧定螺钉和联接螺钉。紧定螺钉用于固定零件，联接螺钉用于联接零件，本书仅介绍联接螺钉。

螺钉联接不用螺母，常用于受力较小或不经常拆卸的地方。这种联接，必须在较厚的零件上加工出螺孔，而另一被联接件上加工出通孔，用螺钉穿过通孔旋入螺纹孔，从而联接两个零件，其作图步骤如图 6-7 所示。

图中 b_m+t 为螺纹的旋入深度，t 为通孔零件厚度，则螺钉的公称长度为 $l \geq b_m+t$，按计算结果查附录表 B-3 确定标准长度，如图 6-7 所示。

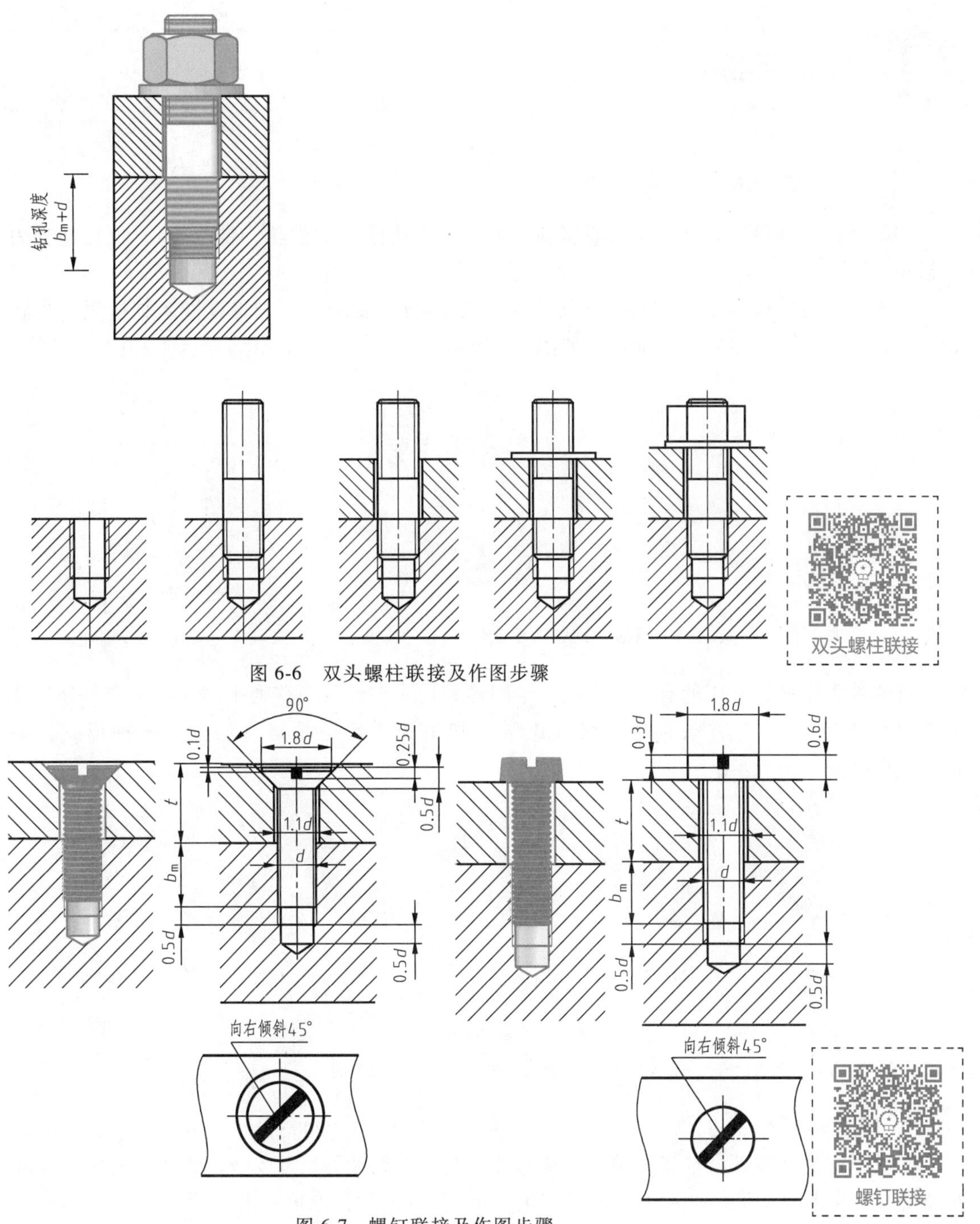

图 6-6　双头螺柱联接及作图步骤

图 6-7　螺钉联接及作图步骤

螺钉联接画法中，应注意：

1）主视图上的钻孔深度有时可以省略不画，仅画出螺纹孔深度，如图 6-7 所示。

2）螺钉头部的一字槽可画成一条特粗实线（约等于两倍粗实线），并在俯视图中画成与水平呈 45°角，如图 6-7 所示。

6.2 键、销联接

6.2.1 键联接

键联接是一种可拆联接，用于联接轴和轴上的传动件（如齿轮、带轮等），以传递动力或扭矩。

通常在轴与轮毂（轴上零件）上分别加工出键槽。装配时，先将键嵌入轴槽里，再将轮毂装在轴上，并使轮毂槽对准键，如图 6-8 所示。

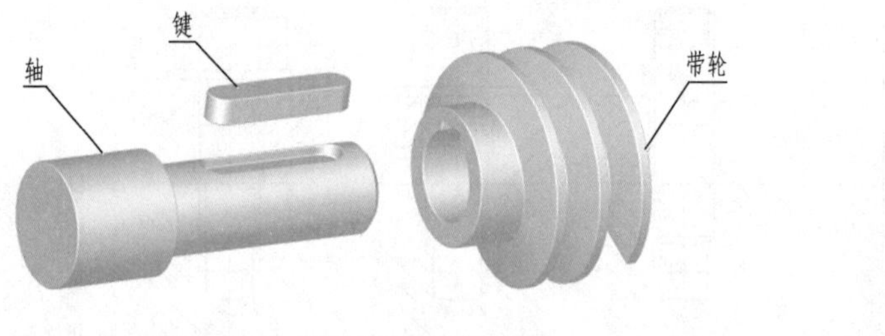

普通平键联接

图 6-8 普通平键联接形式

键的种类很多，常用的有普通平键、半圆键和钩头楔键等。普通平键应用最广，分为圆头普通平键（A 型）、方头普通平键（B 型）和单圆头普通平键（C 型）三种形式，如图 6-9 所示。

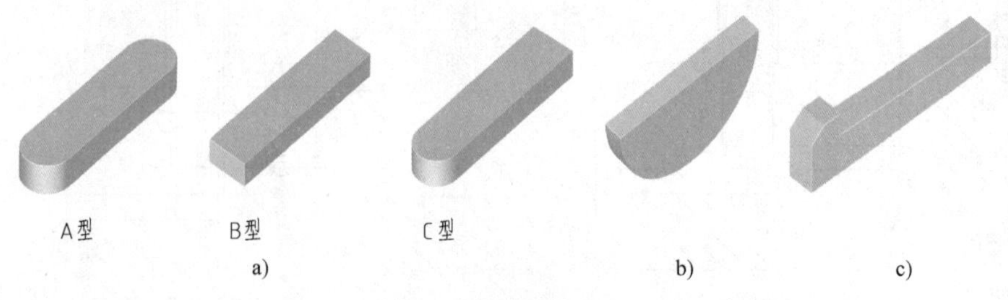

图 6-9 常用键的形式

a）普通平键 b）半圆键 c）钩头楔键

1. 普通平键的标记（GB/T 1095—2003、GB/T 1096—2003）

普通平键是标准件。选择平键时，从标准中查取键的截面尺寸 $b\times h$，然后根据轮毂长度 B 和受力大小选取 L 值，一般 $L=B-(5\sim10)$mm，并取 L 为标准值。

键的标记格式为：标准代号 名称 型式 键宽×键高×键长

注意：普通 A 型平键应用较多，“A” 省略。

标记示例：

圆头普通平键（A 型），$b=18$mm，$h=11$mm，$L=100$mm，其标记为：

GB/T 1096 键 18×11×100

平头普通平键（B 型），$b=18$mm，$h=11$mm，$L=100$mm，其标记为：

GB/T 1096　键 B 18×11×100

2. 键槽的画法和尺寸标注

轴、轮毂键槽的表示方法和尺寸标注如图 6-10b、c 所示，轴上键槽的深度 t_1 和轮毂上键槽的深度 t_2 参照附录表 B-6 选取。

图 6-10d 为键联接装配图的画法，应注意：

1）主视图中键的剖切平面为纵向剖切，按不剖处理；左视图 *B—B* 剖视图中，键的剖切平面为横向剖切，按剖视画出。

2）由于键的两个侧面是工作表面，左视图中，键的两个侧面分别与轴槽和轮毂槽的两个侧面配合，画一条线。

3）主视图中，键的底面与轴槽底面接触，画一条线；而键的顶面不与轮毂槽的底面接触，画两条线。

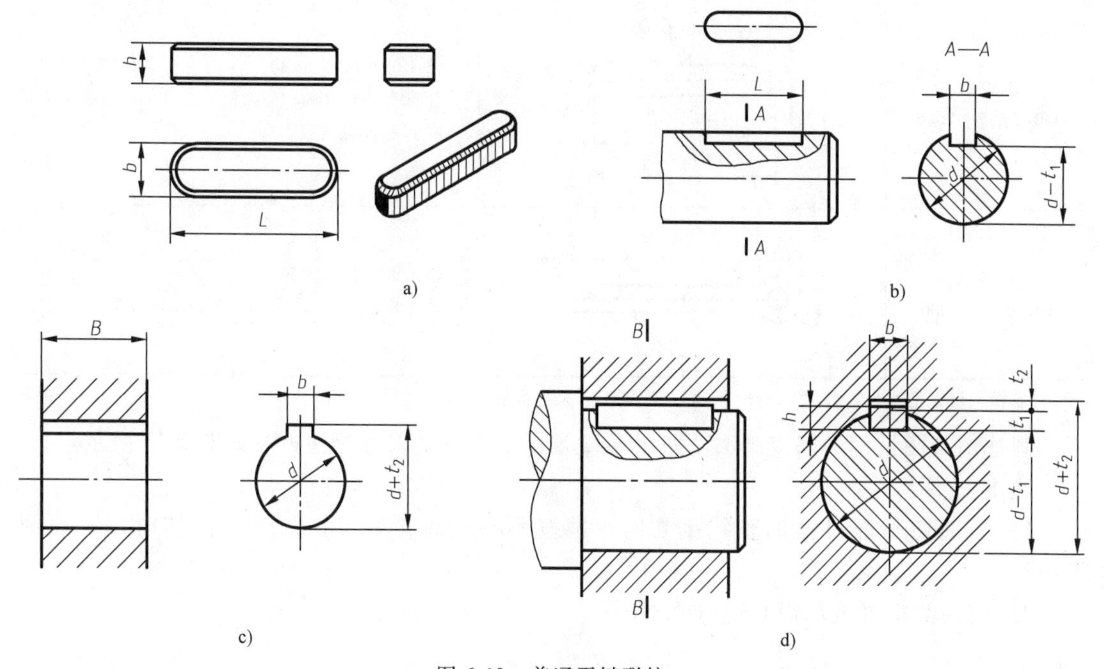

图 6-10　普通平键联接

当载荷较大、定心精度要求较高时，可以利用花键联接方式，即将键与键槽做成一体，如图 6-11a 所示。花键装配图如图 6-11b 所示。其尺寸要求、规定画法及标注方法，参见国家标准 GB/T 1144—2001 和 GB/T 4459. 3—2000。

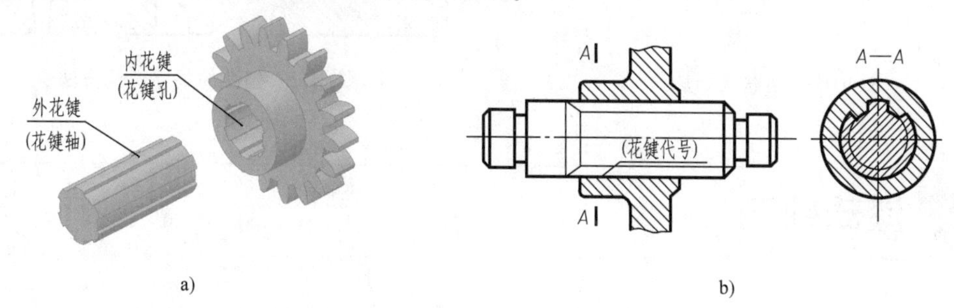

图 6-11　花键联接

6.2.2 销联接

销联接也是一种可拆联接，主要用于零件间的联接或定位。销是标准件，常用的销有圆柱销、圆锥销和开口销等，它们的型式和尺寸均已标准化，其规格、尺寸及标记见表 6-7 所示。

表 6-7 销的规格、尺寸和标记

名称及国家标准代号	画法及规格尺寸	标记及说明
圆柱销 GB/T 119.1—2000	≈15°　c　c　d　l	销 GB/T 119.1　6 m6×30 公称直径 d = 6mm，公差为 m6，公称长度 l = 30mm 的圆柱销
圆锥销 GB/T 117—2000	1:50　d　a　a　l	销 GB/T 117　6×30 公称直径 d = 6mm，公称长度 l = 30mm 的圆锥销 注：d 指小端直径
开口销 GB/T 91—2000	b　l　a　c　d	销 GB/T 91　5×50 公称规格为 5mm，公称长度 l = 50mm 的开口销

注：销的标记格式为：名称 标准代号 型式 公称直径 公差代号×长度

圆柱销与圆锥销的联接画法，如图 6-12 所示。销孔的尺寸标注方法如图 6-13 所示。

注意：

1）当剖切平面过销的轴线剖切时，销按不剖处理；垂直销的轴线剖切时，要画剖面线。

2）销的倒角（或球面）可省略不画。

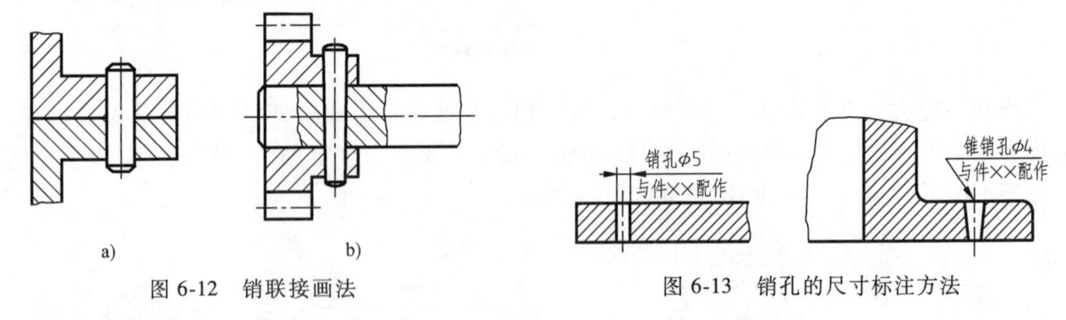

图 6-12　销联接画法

图 6-13　销孔的尺寸标注方法

6.3 滚动轴承

滚动轴承是支承轴并承受轴上载荷的标准组件。由于其结构紧凑、摩擦阻力小，得到广泛应用。

6.3.1　滚动轴承的结构和分类

滚动轴承种类很多，但其结构大体相同，一般由外圈、内圈、滚动体和保持架组成，如图 6-14 所示。一般情况，内圈装在轴上，随轴一起转动；外圈装在机体或轴承座内，固定不动；滚动体安装在内外圈的滚道中，有球形、圆柱形和圆锥形等；保持架用来隔离滚动体。

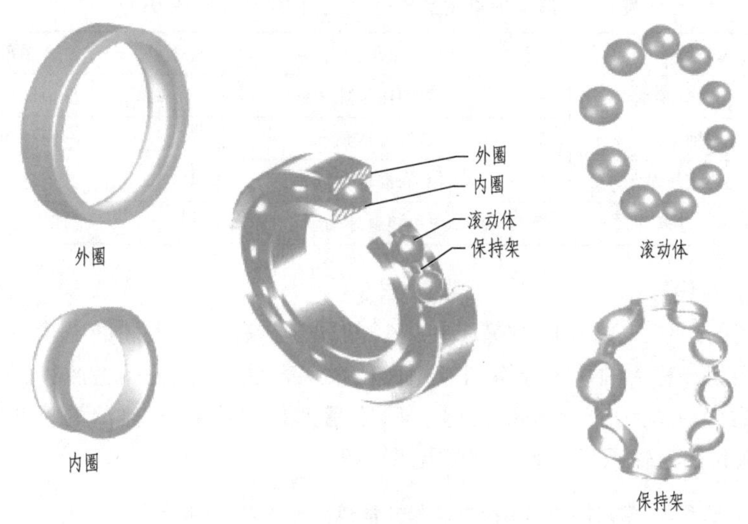

图 6-14　滚动轴承的结构

滚动轴承按承受载荷的方向不同，可分为三类。

1）向心轴承。主要承受径向载荷，如深沟球轴承，如图 6-15a 所示。

2）推力轴承。仅能承受轴向载荷，如推力球轴承，如图 6-15b 所示。

3）向心推力轴承。能同时承受径向载荷和轴向载荷，如圆锥滚子轴承，如图 6-15c 所示。

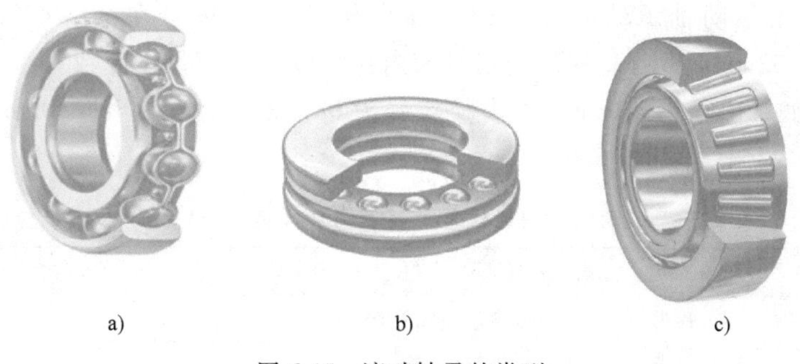

图 6-15　滚动轴承的类型

6.3.2　滚动轴承的代号（GB/T 272—2017）

滚动轴承的代号由基本代号、前置代号和后置代号组成，其排列顺序为：前置代号、基本代号、后置代号。

1. 基本代号

基本代号表示滚动轴承的基本类型、结构、尺寸、公差等级及技术性能等特征，是滚动轴承代号的基础。基本代号包括三部分内容：

类型代号 尺寸系列代号 内径代号

（1）轴承类型代号

轴承类型代号用数字或大写字母表示，见表6-8。

表6-8 滚动轴承类型代号（摘自GB/T 272—2017）

代号	轴承类型	代号	轴承类型	代号	轴承类型
0	双列角接触球轴承	4	双列深沟球轴承	8	推力圆柱滚子轴承
1	调心球轴承	5	推力球轴承	N	圆柱滚子轴承
2	（推力）调心滚子轴承	6	深沟球轴承	U	外球面球轴承
3	圆锥滚子轴承	7	角接触球轴承	QJ	四点接触球轴承

（2）尺寸系列代号

为适应不同的工作（受力）情况，在内径相同时，有各种不同的宽度和外径尺寸，它们构成一定的系列，称为轴承尺寸系列，用两位数字表示，左边一位为滚动轴承的宽（高）度系列代号，右边一位为直径系列代号。尺寸系列代号决定了轴承的宽度（B）和外径（D），向心轴承和推力轴承尺寸系列代号见表6-9。

表6-9 常用滚动轴承类型及尺寸系列代号（摘自GB/T 272—2017）

轴承类型	类型代号	尺寸系列代号
深沟球轴承	6	17、18、19、37、(1)0、(0)2、(0)3、(0)4
推力球轴承	5	11、12、13、14
圆锥滚子轴承	3	02、03、13、20、22、23、29、30

括号内的数字在轴承代号中省略。

（3）内径代号

内径代号表示滚动轴承的内径（即公称直径），对于内径在20~480mm之间的轴承（22mm、28mm、32mm除外），其内径代号为内径除以5的商数，商数为个位数时，需在商数左边加0。例如，内径为40mm，则内径代号为08。对于内径大于480mm，或小于20mm的滚动轴承，其内径代号见表6-10。

表6-10 滚动轴承内径代号及其示例（摘自GB/T 272—2017）

轴承公称内径/mm		内径代号	示例	
1~9(整数)		用公称内径毫米数直接表示，对深沟球及角接触球轴承7、8、9直径系列，内径与尺寸系列代号之间用“/”分开	深沟球轴承625 深沟球轴承618/5	$d=5$mm $d=5$mm
10~17	10	00	深沟球轴承6200	$d=10$mm
	12	01	深沟球轴承6201	$d=12$mm
	15	02	深沟球轴承6202	$d=15$mm
	17	03	深沟球轴承6203	$d=17$mm

（续）

轴承公称内径/mm	内径代号	示例	
20～480 （22、28、32 除外）	公称内径除以 5 的商数，商数为个位数时，需在商数左边加“0”，如 08	圆锥滚子轴承 30308 深沟球轴承 6205	d=40mm d=25mm
≥500 及 22、28、32	用公称内径毫米数直接表示，但在与尺寸系列代号之间用“/”分开	深沟球轴承 62/22	d=22mm

滚动轴承的基本代号举例：

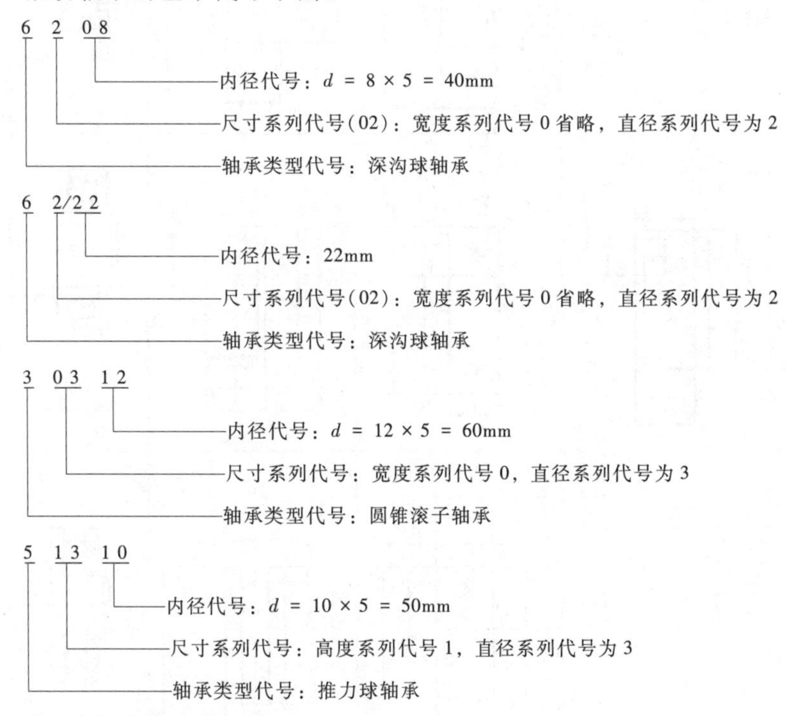

（4）滚动轴承的标记

滚动轴承的标记格式为：

名称 基本代号 标准编号

【实例 2】 写出内径 d=60mm、尺寸系列代号为（0）2 的深沟球轴承的标记。

解：深沟球轴承的标记为“深沟球轴承 6212　GB/T 276—2013”。

根据标记，可以查出轴承的型式和尺寸，参看附录表 B-10。

2. 前置代号和后置代号

前置和后置代号是轴承在结构形状、尺寸、公差、技术要求等有改进时，在其基本代号左、右添加的补充代号。具体内容可查阅有关的国家标准。

6.3.3 滚动轴承的画法

滚动轴承是标准组件，不必画出各组成部分的零件图。当需要在图样上表示滚动轴承时，可采用简化画法（即通用画法和特征画法）或规定画法，见表 6-11。各主要尺寸的数值由标准查得，参看附录表 B-10。

表 6-11 常用滚动轴承的画法

名称和标准号	查表主要数据	通用画法	特征画法	规定画法	装配示意图及作用
深沟球轴承 （GB/T 276—2013）	D、d、B		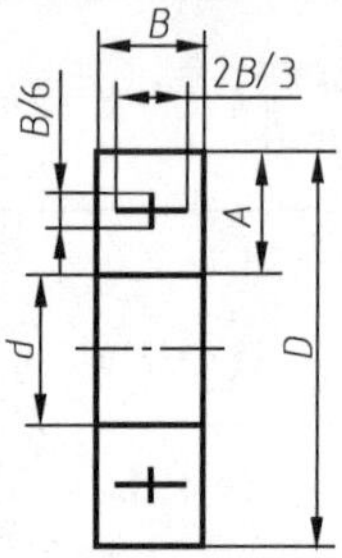	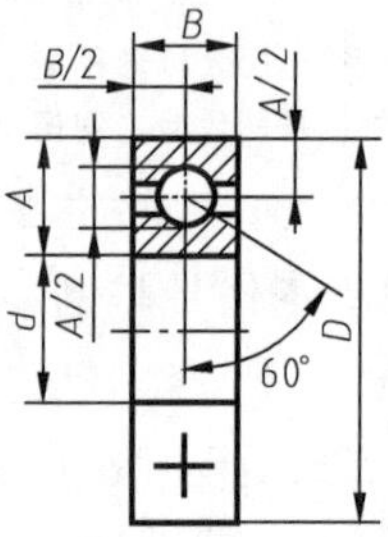	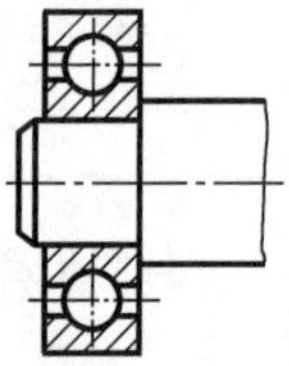 主要承受径向载荷
圆锥滚子轴承 （GB/T 297—2015）	D、d、B、T、C	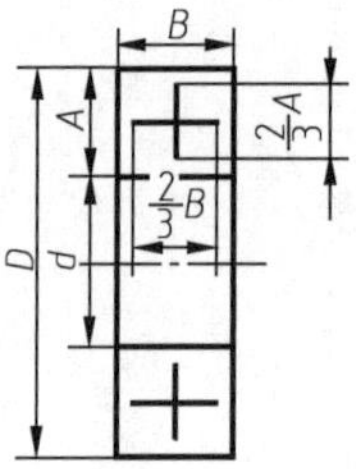	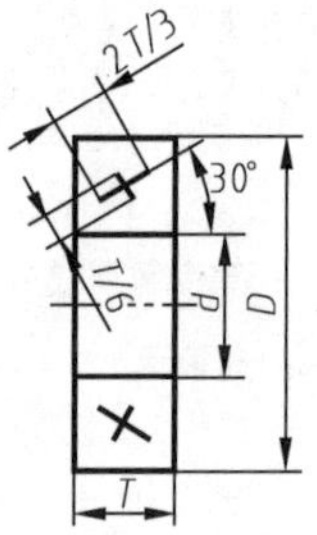	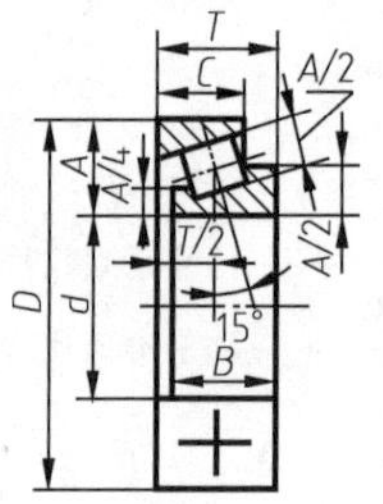	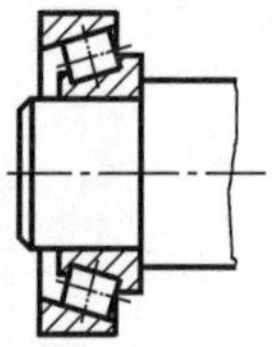 同时承受径向和轴向载荷
推力球轴承 （GB/T 301—2015）	D、d、T		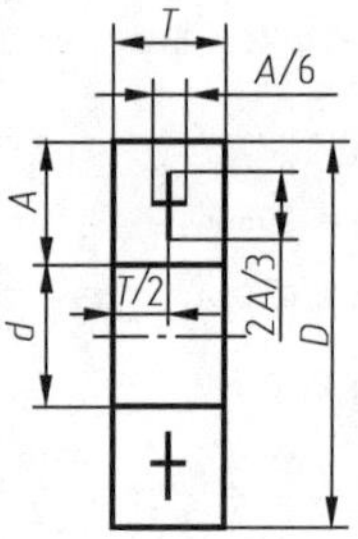	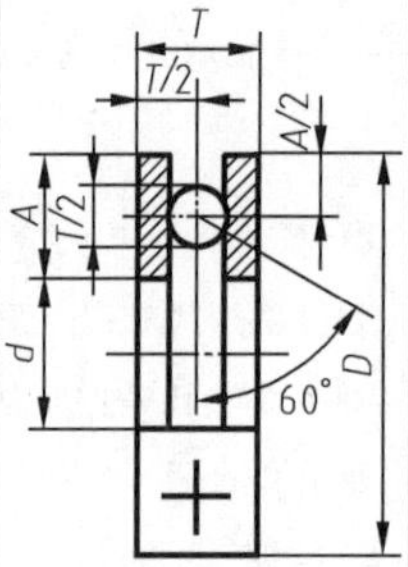	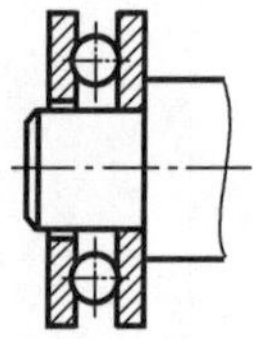 仅承受轴向载荷

表 6-11 中，通用画法用于不需要确切地表示滚动轴承的外形轮廓、承载特性和结构特征，较形象地表示滚动轴承的结构特征时采用特征画法。滚动轴承的产品图样、产品样本和产品标准中采用规定画法。

在装配图中，滚动轴承通常按规定画法绘制，如图 6-16 所示，应注意：

1）规定画法一般画在轴的一侧，另一侧按通用画法绘制。

2）轴承的滚动体不画剖面线。

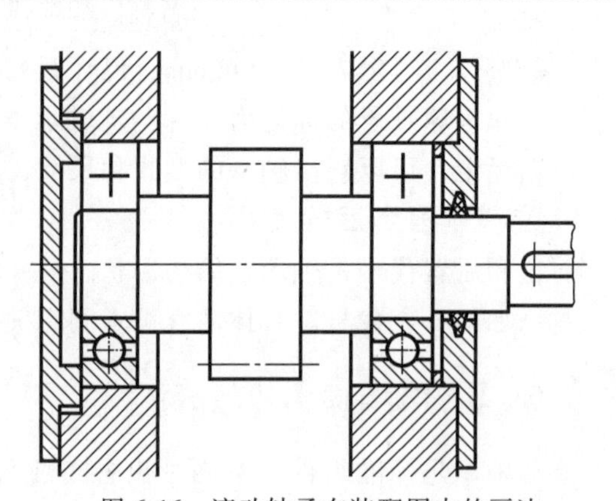

图 6-16 滚动轴承在装配图中的画法

3）轴承内外圈剖面线的方向和间隔相同。

4）倒角可省略。

5）为了便于装拆，轴肩尺寸应小于轴承内圈外径，孔肩直径应大于轴承外圈内径。

6.4 齿轮

齿轮传动在机械中被广泛应用，常用于传递动力、改变转速和旋转方向。齿轮的种类很多，常见的齿轮传动形式，如图 6-17 所示。

1）圆柱齿轮。用于平行两轴间的传动。

2）圆锥齿轮。用于相交两轴间的传动。

3）蜗杆与蜗轮。用于交叉两轴间的传动。

轮齿是齿轮的最主要结构。为了传动平稳，轮齿形状一般做成渐开线、摆线或圆弧形齿廓，其中最常用的是渐开线齿廓。轮齿方向分为直齿、斜齿和人字齿等，如图 6-18 所示。

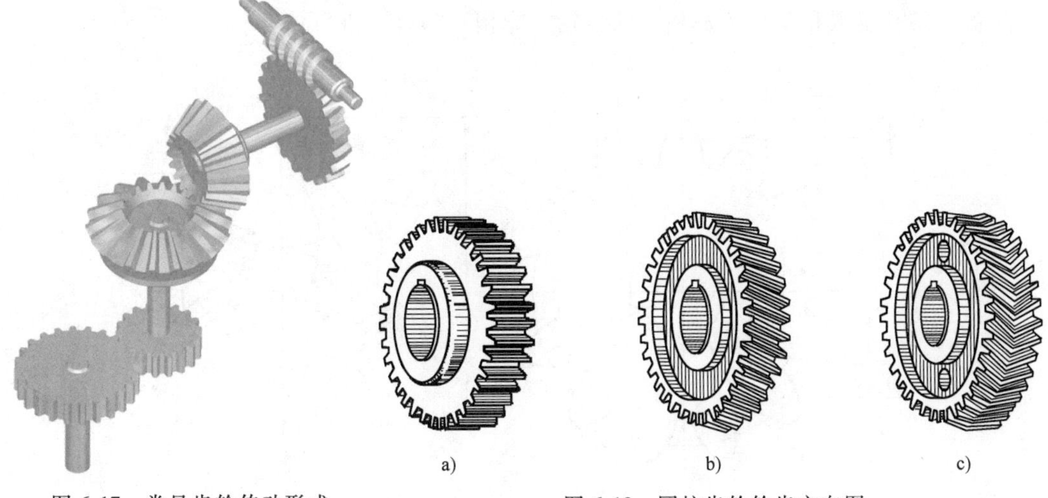

图 6-17　常见齿轮传动形式

图 6-18　圆柱齿轮轮齿方向图
a）直齿齿轮　b）斜齿齿轮　c）人字齿齿轮

轮齿符合国家标准规定的齿轮为标准齿轮，根据需要按标准齿轮改动的齿轮为变位齿轮。本节主要讲述标准直齿圆柱齿轮的几何要素及规定画法。

1. 直齿圆柱齿轮各部分名称及代号（GB/T 3374.1—2010）

直齿圆柱齿轮各部分名称及代号，如图 6-19 所示。

1）齿顶圆 d_a。通过轮齿顶部的圆周直径。

2）齿根圆 d_f。通过轮齿根部的圆周直径。

3）分度圆 d。齿厚等于齿槽宽处的圆周直径。

4）齿顶高 h_a。分度圆到齿顶圆的径向距离。

5）齿根高 h_f。分度圆到齿根圆的径向距离。

6）全齿高 h。齿顶圆与齿根圆的径向距离。

7）齿厚 s。每个齿在分度圆上的弧长。

8）槽宽 e。每个齿槽在分度圆上的弧长。

9）齿距 p。在分度圆上相邻两齿廓对应点的弧长（齿厚+槽宽）。

10）中心距 a。齿轮副两轴线之间的最短距离，称为中心距。

2. 直齿圆柱齿轮的基本参数

1）齿数 z。一个齿轮的轮齿总数。

2）模数 m。齿距 p 除以圆周率 π 所得的商。

$$m=p/\pi$$

齿轮上有多少齿，在分度圆上就有多少齿距，即分度圆周长 $\pi d=zp$，$d=zp/\pi$，$d=zm$。即模数 $m=d/z$。

模数的单位为mm，是设计、制造齿轮的一个重要参数，渐开线圆柱齿轮模数系列见表6-12。模数值越大，表示轮齿的承载能力越大 。

3）压力角 α。两啮合轮齿在接触点处的齿廓公法线与分度圆公切线所夹的锐角。标准圆柱齿轮压力角 $\alpha=20°$。

注意：只有模数和压力角都相同的齿轮才能相互啮合，进行传动。

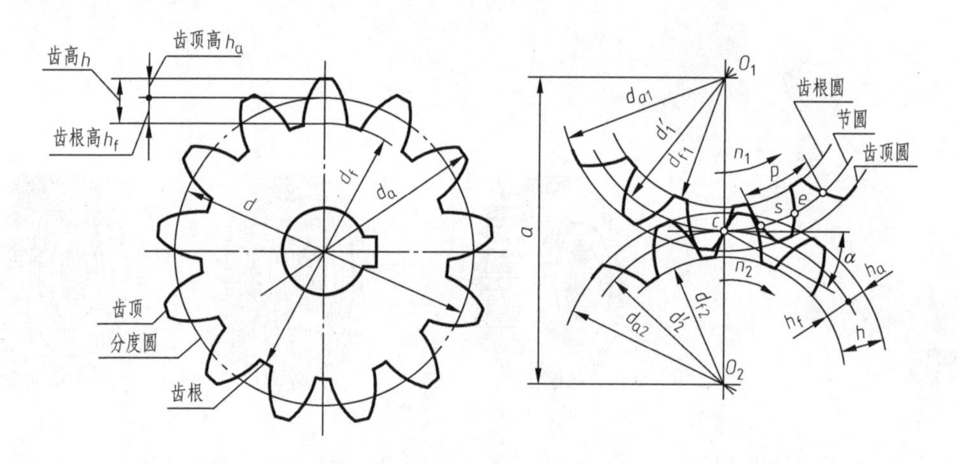

图6-19 齿轮各部分名称及代号

标准直齿圆柱齿轮的齿轮参数计算公式，见表6-13。

表6-12 渐开线圆柱齿轮模数系列（摘自GB/T 1357—2008） （单位：mm）

第一系列	1,1.25,1.5,2,2.5,3,4,5,6,8,10,12,16,20,25,32,40,50
第二系列	1.125,1.375,1.75,2.25,2.75,3.5,4.5,5.5,(6.5),7,9,11,14,18,22,28,35,45

表6-13 标准直齿圆柱齿轮的各部分尺寸关系 （单位：mm）

名称及代号	计算公式	名称及代号	计算公式
模数 m	$m=d/z$	分度圆直径 d	$d=mz$
齿顶高 h_a	$h_a=m$	齿顶圆直径 d_a	$d_a=d+2h_a=m(z+2)$
齿根高 h_f	$h_f=1.25m$	齿根圆直径 d_f	$d_f=d-2h_f=m(z-2.5)$
齿高 h	$h=h_a+h_f=2.25m$	中心距 a	$a=(d_1+d_2)/2=m(z_1+z_2)/2$

3. 直齿圆柱齿轮的画法（GB/T 4459.2—2003）

（1）单个直齿圆柱齿轮的规定画法

1）视图画法。直齿圆柱齿轮的齿顶线用粗实线绘制；分度线用点画线绘制；齿根线用细实线绘制，也可省略不画，如图 6-20a 所示。

2）剖视画法。当剖切平面通过直齿轮的轴线时，轮齿一律按不剖处理。齿顶线用粗实线绘制；分度线用点画线绘制；齿根线用粗实线绘制，如图 6-20b 所示。

3）端面视图画法。齿顶圆用粗实线绘制；分度圆用点画线绘制；齿根圆用细实线绘制，也可以省略不画，如图 6-20c 所示。

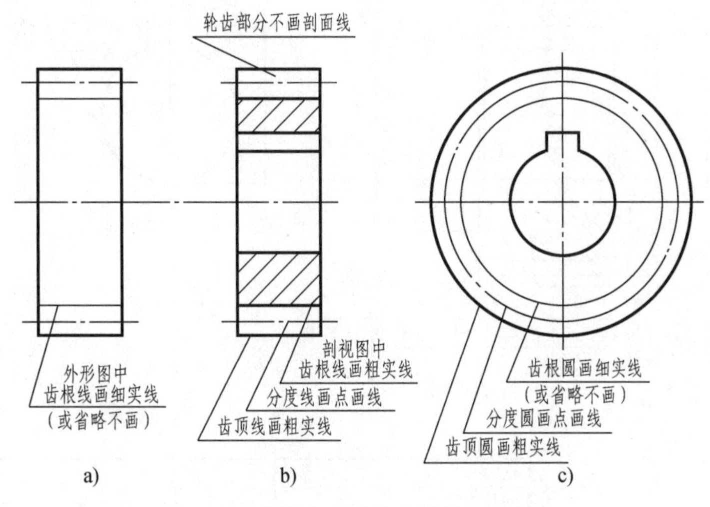

图 6-20　单个直齿圆柱齿轮的规定画法

（2）直齿圆柱齿轮啮合的规定画法

1）剖视画法。将一个齿轮的轮齿用粗实线绘制，另一个齿轮的轮齿被遮挡部分用细虚线绘制。端面视图中，两个齿轮的分度圆相切，啮合区域的齿顶圆均用粗实线绘制。如图 6-21a 所示。

2）视图画法。啮合区内的齿顶线不必画出，重合的分度线用粗实线绘制。啮合区域的

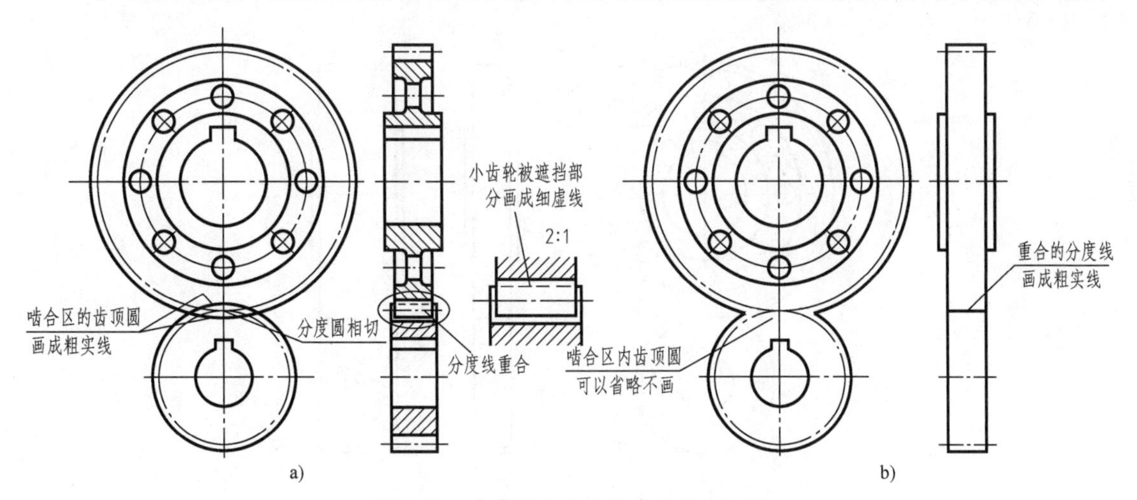

图 6-21　直齿圆柱齿轮啮合的规定画法

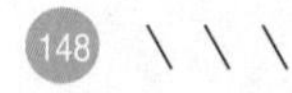

齿顶圆省略不画，如图 6-21b 所示。

4. 圆柱齿轮的零件图画法

完整的直齿圆柱齿轮零件图，如图 6-22 所示。

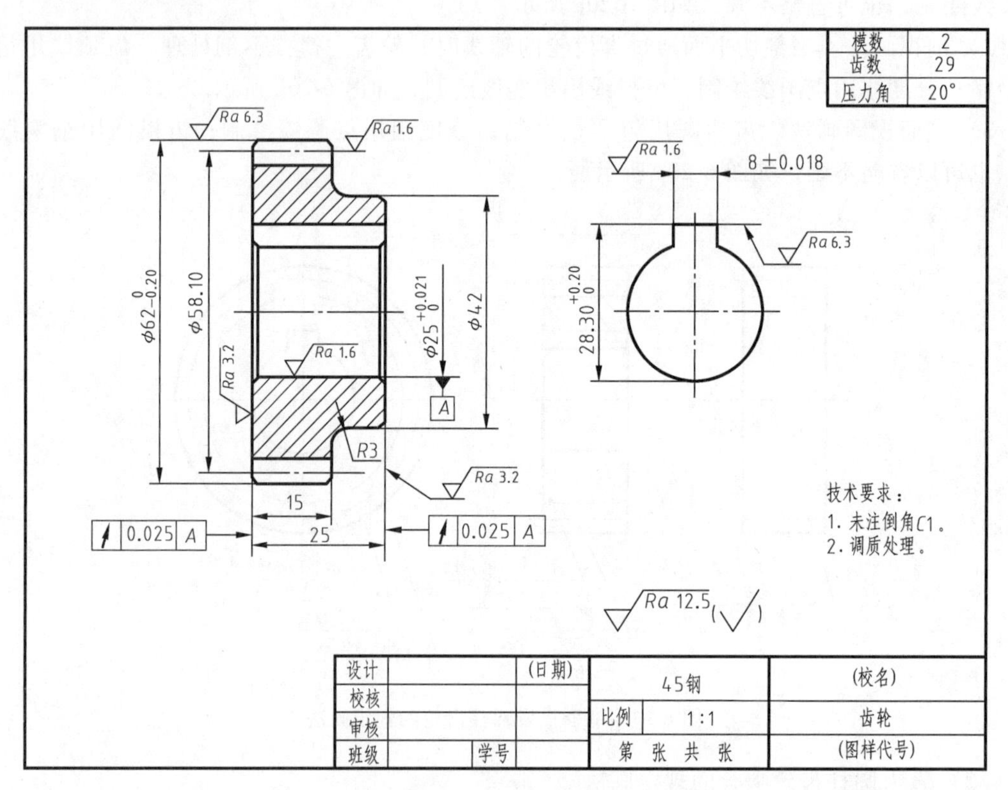

图 6-22　圆柱齿轮零件图

注意：

1）斜齿（人字齿）圆柱齿轮画法与直齿圆柱齿轮画法相近，可在非圆视图中用三条与齿线（齿形）方向一致的细实线表示齿线形状，如图 6-23 所示。

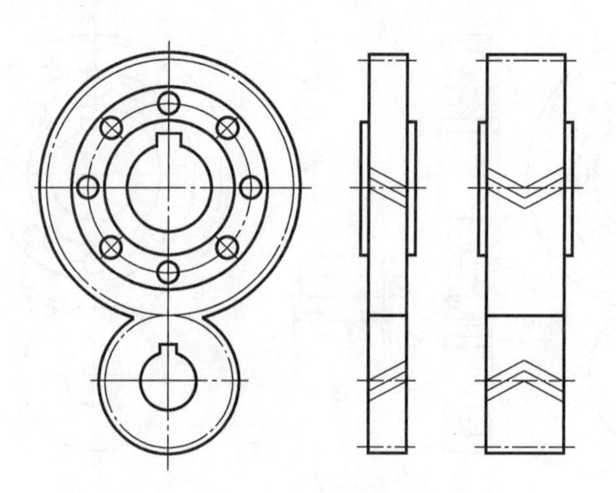

图 6-23　斜齿圆柱齿轮的画法

2）锥齿轮参数及画法，参看 GB/T 12368—1990、GB/T 4459.2—2003。

3）蜗杆蜗轮参数及画法，参看 GB/T 10085—2018、GB/T 4459.2—2003。

6.5 弹簧

弹簧是利用材料的弹性和结构特点，通过变形和储存能量工作的一种机械零（部）件，可用于减振、夹紧、测力等。弹簧用途广泛，种类很多。常用的圆柱螺旋弹簧按用途不同分为：压缩弹簧、拉伸弹簧和扭转弹簧，如图 6-24 所示。这里介绍普通圆柱螺旋压缩弹簧的尺寸计算和画法。

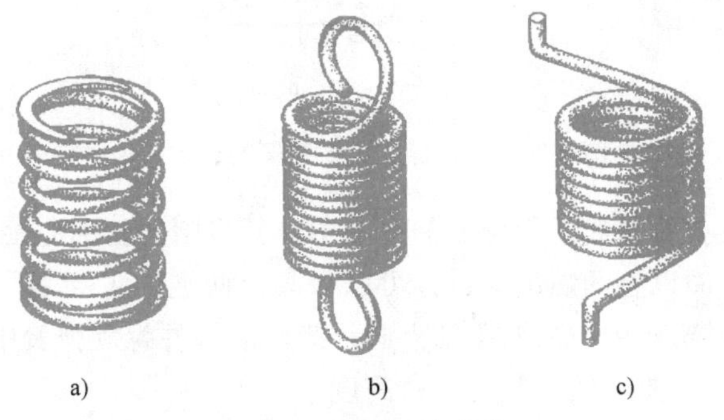

图 6-24　圆柱螺旋弹簧

a）压缩弹簧　b）拉伸弹簧　c）扭转弹簧

1. 圆柱螺旋压缩弹簧各部分的名称和尺寸计算

圆柱螺旋压缩弹簧各部分的名称及代号，如图 6-25 所示。

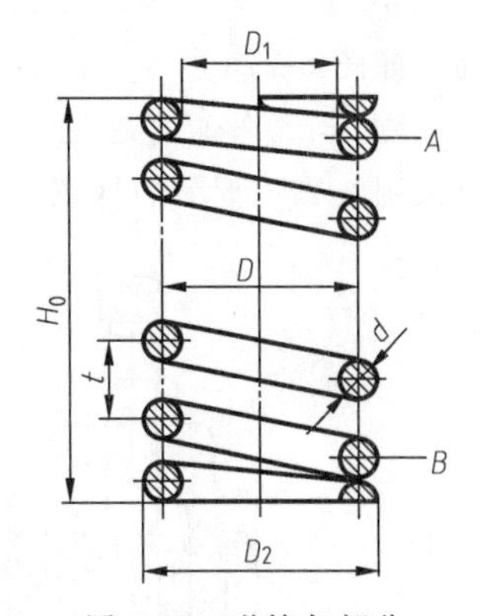

图 6-25　弹簧各部分名称及代号

1）线径 d。用于缠绕弹簧的钢丝直径。

2）弹簧内径 D_1。弹簧的内圈直径称为内径。

3）弹簧外径 D_2。弹簧的外圈直径称为外径。

4）弹簧中径 D。弹簧内径和外径的平均值，即弹簧的规格直径。

$$D=(D_1+D_2)/2=D_1+d=D_2-d$$

5）节距 t。两相邻有效圈上对应点之间的轴向距离。

6）有效圈数 $n(A\sim B)$、支承圈数 n_2 和总圈数 n_1。为了使压缩弹簧工作时端面受力均匀、工作平稳，制造时，需将弹簧两端的圈压紧磨平。这些压紧磨平的圈只起支承作用，故称为支承圈。支撑圈数 n_2 一般取 1.5、2 或 2.5 圈三种。2.5 圈用得较多，即两端各压紧 $1\frac{1}{4}$圈，其中包括磨平$\frac{3}{4}$圈。其余的圈称为有效圈，其圈数用 n 表示，总圈数 $n_1=n+n_2$。

7）自由高度（长度）H_0　弹簧不受负荷作用时的高度（长度），即

$$H_0=nt+(n_2-0.5)d$$

8）展开长度 L　制造弹簧时簧丝的长度，即

$$L \approx n_1 \sqrt{(\pi D)^2 + t^2} \approx \pi D n_1$$

2. 圆柱螺旋压缩弹簧的规定画法

圆柱螺旋弹簧可画成视图、剖视图或示意图，如图 6-26 所示。画图时，应注意以下几点。

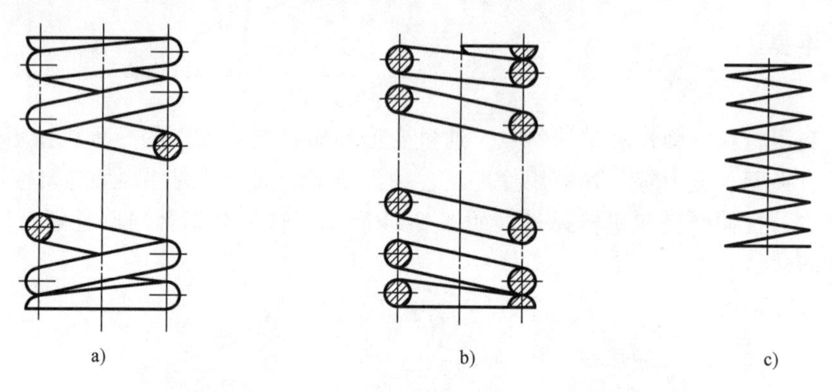

图 6-26 圆柱螺旋压缩弹簧的规定画法

1）在平行于螺旋弹簧轴线的投影面的视图中，其各圈的轮廓应画成直线。

2）有效圈数在 4 圈以上的螺旋弹簧，可以只画出两端的 1~2 圈（支承圈除外），中间部分省略不画，用通过簧丝中心的两条细点画线表示。圆柱螺旋弹簧中间部分省略后，可适当地缩短图形的长度，但要注明弹簧的自由高度。

3）螺旋弹簧均可画成右旋，但对于左旋螺旋弹簧，不论画成左旋或右旋，一律要标明旋向“左”字。

4）在装配图中，螺旋弹簧被剖切后，不论中间各圈是否省略，被挡住的结构一般不画，如图 6-27a 所示。

5）当簧丝直径在图样上小于或等于 2mm 时，其断面可以涂黑表示，如图 6-27b 所示，或采用 6-27c 所示的示意图绘制。

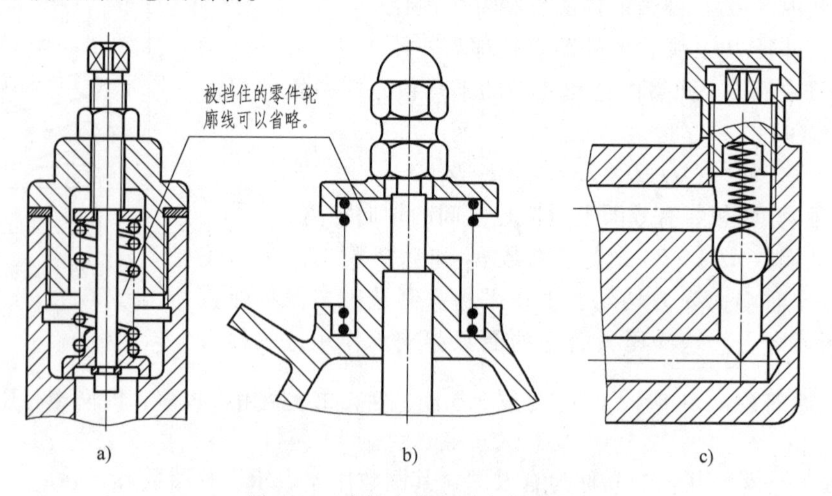

图 6-27 弹簧在装配图中的画法

3. 圆柱螺旋压缩弹簧画法实例

当已知弹簧的材料直径 d、中径 D、自由高度 H_0（画装配图时，弹簧高应采用受压力后的高度)、有效圈数 n、总圈数 n_1 和旋向后，由计算可得节距 t，即可画出弹簧的视图。

【实例 3】 已知：弹簧簧丝直径 $d=5\text{mm}$，弹簧外径 $D_2=42\text{mm}$，节距 $t=11\text{mm}$，有效圈数 $n=8$，支撑圈 $n_2=2.5$，试画出弹簧的剖视图。

（1）计算

总圈数　$n_1=n+n_2=8+2.5=10.5$

自由高度　$H_0=nt+2d=8\times11+2\times5=98\text{mm}$

中径　$D=D_2-d=42-5=37\text{mm}$

展开长度　$L\approx\pi Dn_1=3.14\times37\times10.5=1220\text{mm}$

（2）画图步骤

1）根据弹簧中径 D 和自由高度 H_0 作矩形 $abcd$，图 6-28a 所示；

2）画出支承圈部分簧丝的断面，图 6-28b 所示；

3）画出有效圈部分簧丝的断面，图 6-28c 所示；

4）按右旋方向作相应圆的公切线及画剖面线，校核、加深并画剖面线，如图 6-28d 所示。

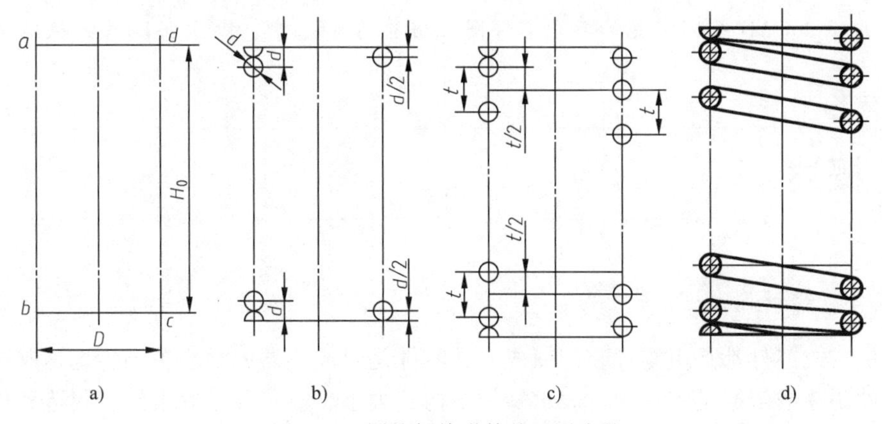

图 6-28　圆柱螺旋弹簧的画图步骤

教学提示

本章重点学习螺纹、键、销、齿轮、轴承及弹簧等标准件和常用件的有关知识，使学生熟练掌握螺纹的规定画法、代号及标注方法；掌握螺纹紧固件的用法、标记及螺纹联接画法，会查阅相关国家标准；掌握单个直齿圆柱齿轮的画法及一对齿轮的啮合画法；掌握键联接、销联接、滚动轴承及圆柱螺旋弹簧的规定画法、简化画法和标记，会按照国家标准合理选用。

教学中，通过引入讲解一些生产中零件的设计实例，培养学生的爱国主义情操，使他们认识到从事生产工作，必须具备强烈的责任感；同时，教学中，要注重培养学生爱岗敬业、精益求精的职业素养；在标准件画法教学中，注重养成教育，培养学生遵守职业规范，为日后胜任生产工作奠定坚实的基础。

第 7 章 零件图

教学目标

1. 掌握轴套类、轮盘类、叉架类和箱体类典型零件的结构特点和视图表达方法。

2. 正确选择尺寸基准，按照工艺要求合理标注尺寸。

3. 掌握极限与配合、几何公差及表面粗糙度等技术要求的正确标注方法，能读懂零件图中的技术要求。

4. 了解零件中常见工艺结构，合理设计零件结构。

5. 学习通用量具的使用方法，掌握零件测绘的基本方法、步骤及要求，增强劳动意识，树立劳动观念，培养团队协作精神。

6. 掌握零件图的阅读方法，能读懂中等难度的零件图，培养善于思考的学习习惯。

7. 利用 AutoCAD 绘制常见的典型零件图，培养勇于探索、勤于实践的积极解决问题的能力。

7.1 概述

7.1.1 零件图的作用

任何机器或部件都是由零件装配而成的，零件是组成机器的最小单元，也是制造的基本单元，零件制造的依据是零件图。表示零件结构、大小、技术要求等设计、制造和检验信息的图样，称为零件图。零件图是制造业生产过程中的重要技术文件，也是使用和维修的主要技术文件之一。其作用如下：

1）根据零件图中的信息，准备材料毛坯、机床设备、工具、量具和刀具；

2）按零件图中的图形、尺寸和其他结构要求等进行加工制造；

3）按技术要求检验零件的合格性，以确保产品质量。

7.1.2 零件图的内容

为准确表达设计思路，保证设计要求，制造出合格的零件，应充分利用前面所学的图样画法、尺寸注法等基本知识，考虑零件的作用、加工制造、质量及装配等要求进行综合分析。如图 7-1 所示，一张完整的零件图应包括以下内容。

1. 一组图形

用视图、剖视图、断面图及其他表达方法，将零件的内、外结构正确、完整、清晰地表达出来。

2. 一组尺寸

正确、完整、清晰、合理地标注出零件的全部尺寸。

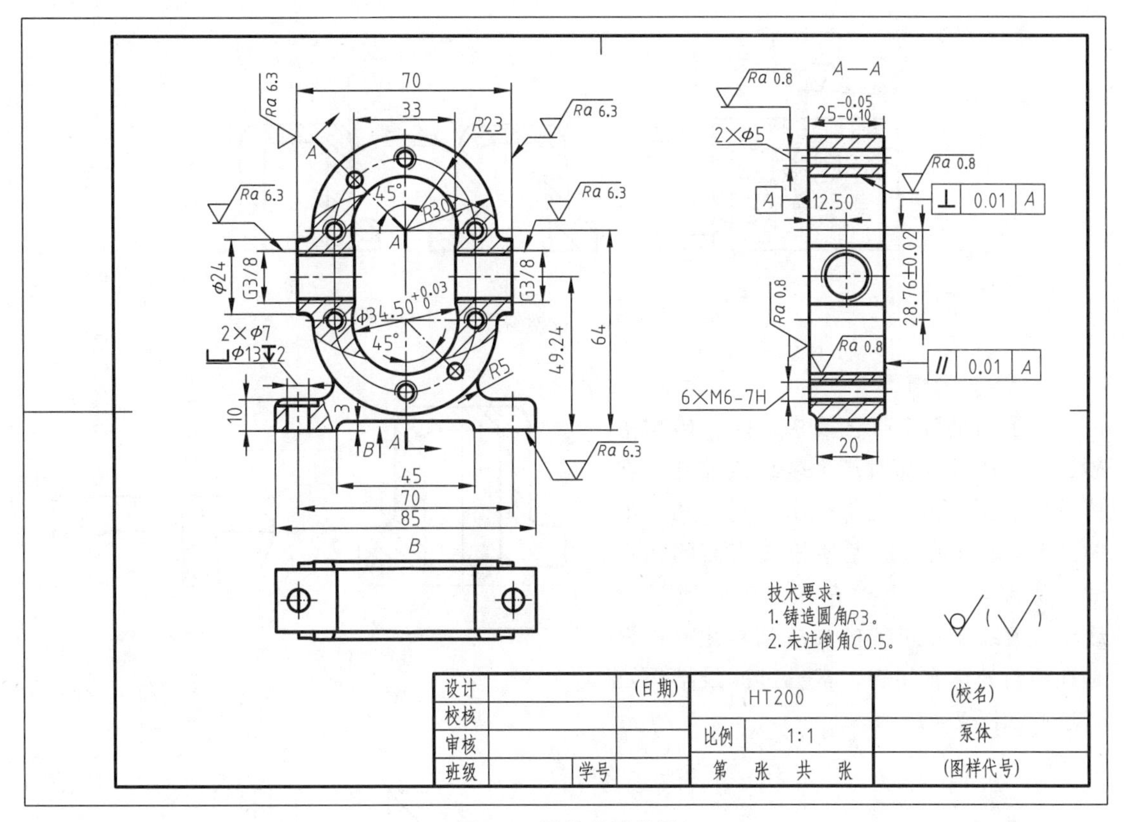

图 7-1　泵体的零件图

3. 技术要求

用规定的代号、数字字母或文字，简明、准确地标注出零件在制造、检验、装配和使用过程中应达到的一些技术要求，如表面粗糙度、尺寸公差、几何公差、表面处理及材料热处理等。

4. 标题栏

填写零件的名称、材料、数量、比例、图号及制图、审核人员的责任签字等各项内容。其中，零件名称要精练，如“齿轮”、“泵盖”等，不必体现零件在机器中的具体作用；零件材料要用规定的代号表示。

7.2 零件的工艺结构

7.2.1 铸造工艺结构

1. 拔模斜度

为了在铸造时便于将铸件从砂型中取出，一般沿拔模的方向设计出 1°~3°的斜度，称为拔模斜度，如图 7-2a、b 所示。斜度在图上可以不标注，也可以不画出，如图 7-2c 所示。必要时，可在技术要求中注明。

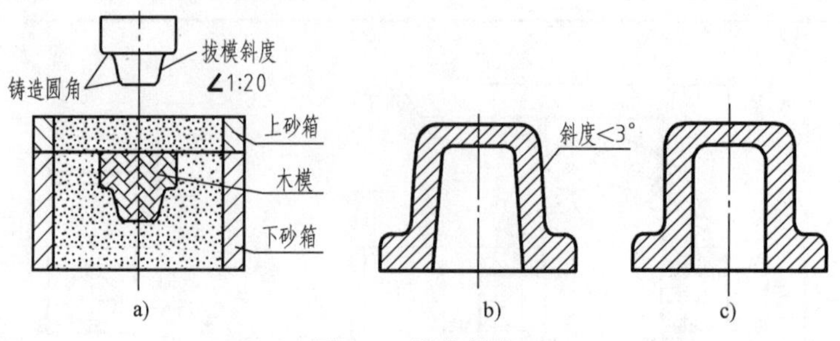

图 7-2 拔模斜度

2. 铸造圆角

为了满足铸造工艺要求，防止砂型落砂，避免铸件冷却时产生裂纹或缩孔，在铸件各表面的相交处都做出铸造圆角，如图 7-3 所示。铸造圆角使相交表面的相贯线不太明显，但仍然存在，应画成过渡线，过渡线与相贯线的画法基本相同，只是在圆角处留有间隙，常见过渡线结构及画法，如图 7-4 所示。

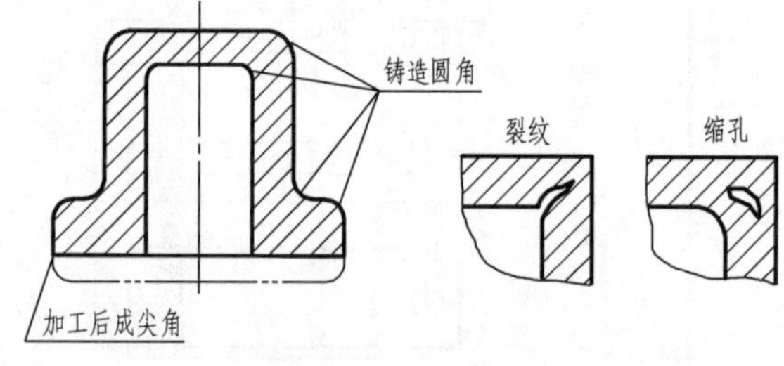

图 7-3 铸造圆角

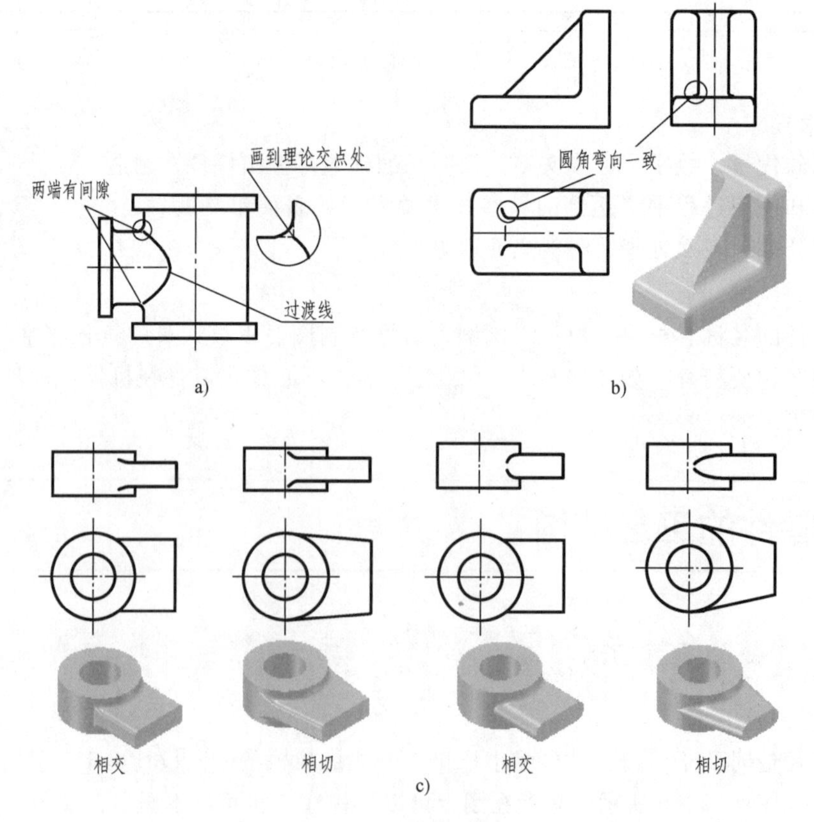

图 7-4 过渡线画法

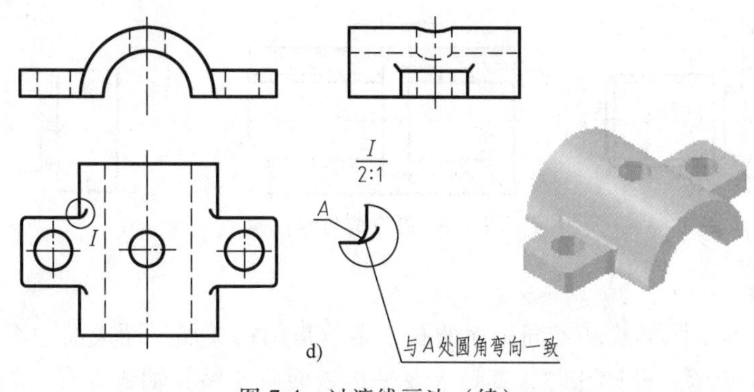

图 7-4 过渡线画法（续）

3. 铸件壁厚

在浇铸零件时，为了避免各部分因冷却速度不同而产生缩孔或裂纹，铸件的壁厚应保持大致均匀，或采用渐变的方法，如图 7-5 所示。

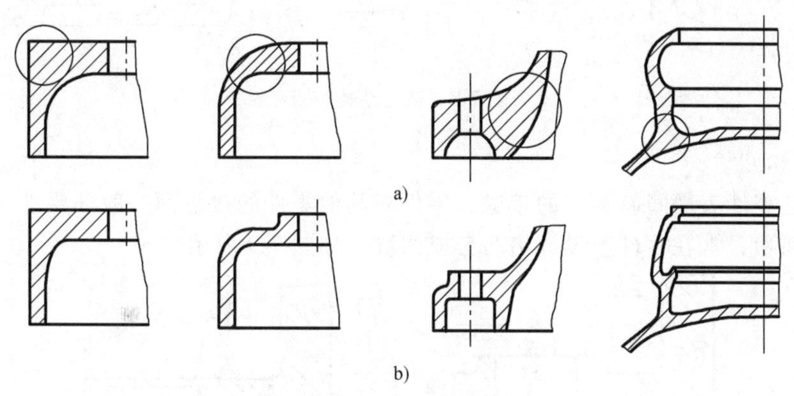

图 7-5 铸件壁厚正误对照

a）错误 b）正确

7.2.2 机械加工工艺结构

1. 倒角与倒圆

机械加工后，铸件的圆角被切去，出现了尖角。为了便于零件的装配和保护装配面不受损伤，一般在轴、孔的端部加工出 45°的倒角，如图 7-6a 所示。为了避免应力集中产生的裂纹，在轴肩处一般加工成圆角的过渡形式，称为倒圆，如图 7-6b 所示。

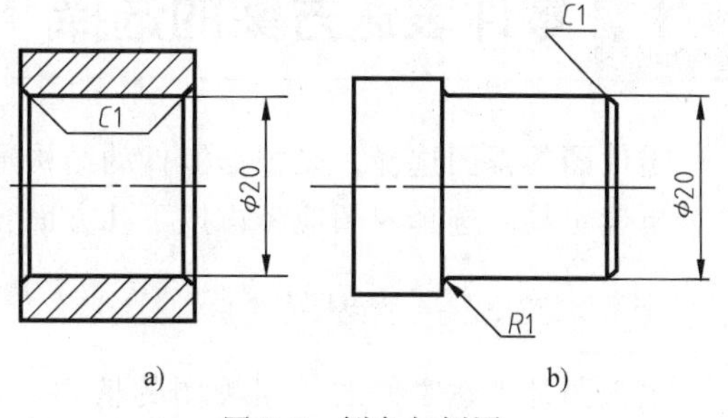

图 7-6 倒角与倒圆

2. 螺纹退刀槽和砂轮越程槽

在切削加工，特别是在车削螺纹和磨削时，为便于退出刀具，且不损坏刀具，以及在装配时与相邻零件保证靠紧，常在待加工面的末端先加工出退刀槽或砂轮越程槽，如图 7-7 所示。

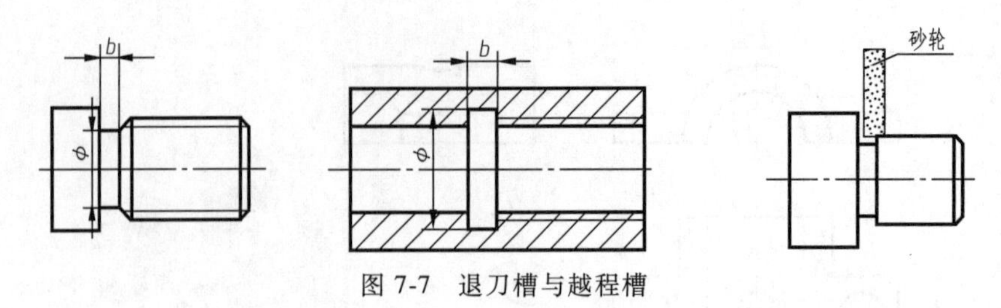

图 7-7 退刀槽与越程槽

3. 钻孔结构

零件上有各种不同形式和不同用途的孔，多数是用钻头加工而成的，不通孔底部应画为120°，如图 7-8a 所示。设计孔时，其钻入及钻出表面应与钻头轴线垂直，如图 7-8b 所示。

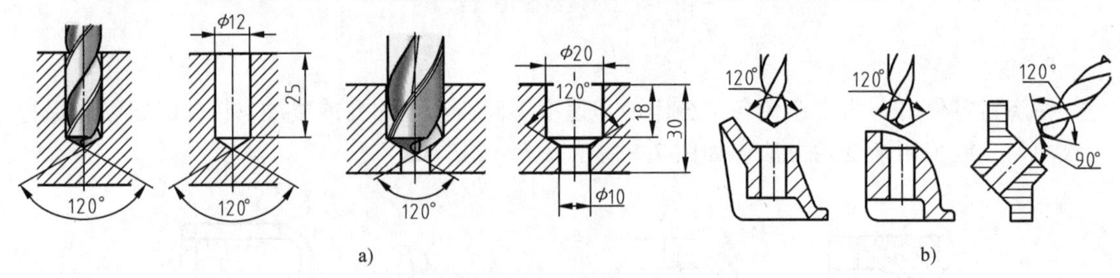

图 7-8 钻孔结构特点

4. 凸台和凹坑

为了保证零件表面间有良好的接触，零件与其他零件的接触面一般都要进行加工。为减小零件加工面积，常在零件上设计出凸台或凹坑，如图 7-9 所示。

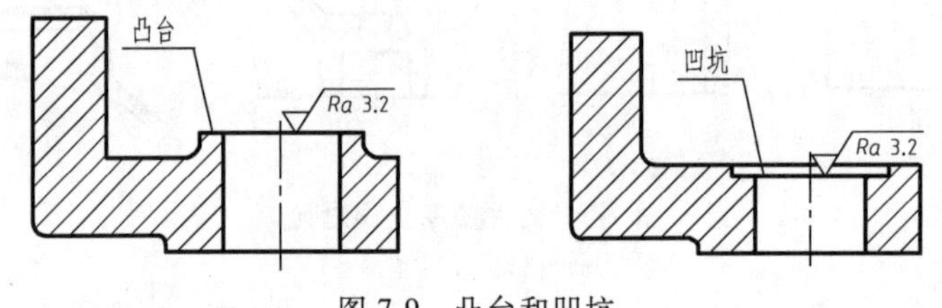

图 7-9 凸台和凹坑

7.3 零件表达方案的选择

零件图的视图选择，是根据零件的结构形状、加工方法及其在机器中所处位置等因素综合分析确定的。选择视图应考虑以下几方面：主视图的选择、视图数量和表达方法的选择。

7.3.1 主视图的选择原则

主视图是表达零件的一组视图的核心。通常将表示零件信息最多的那个视图作为主视图，其选择原则如下。

（1）形体特征原则

主视图应尽量多地反映零件的结构形状特征。图 7-1 所示的泵体，主视图较其他两个视图更好地反映物体的形状特征。

（2）工作位置原则

在选择主视图时，应尽量使其位置与零件在机器中的工作位置（安装位置）一致，如图 7-10 所示。

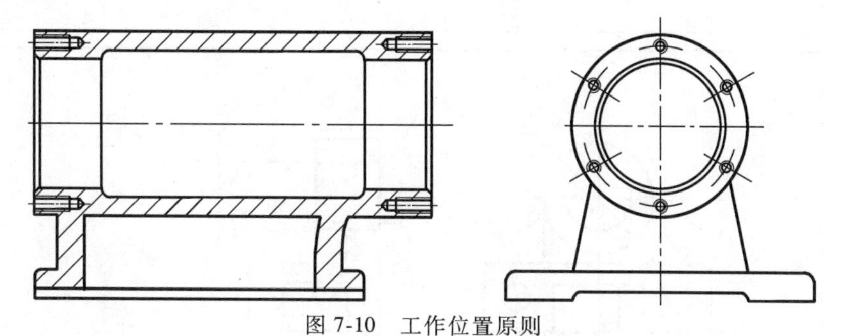

图 7-10　工作位置原则

（3）加工位置原则

选择主视图时，应尽量选择零件在机床上加工时所处的位置（即零件在主要工序中的装夹位置）作为主视图的位置，如轴类零件加工时，轴线一般水平放置，其主视图如图 7-11 所示。

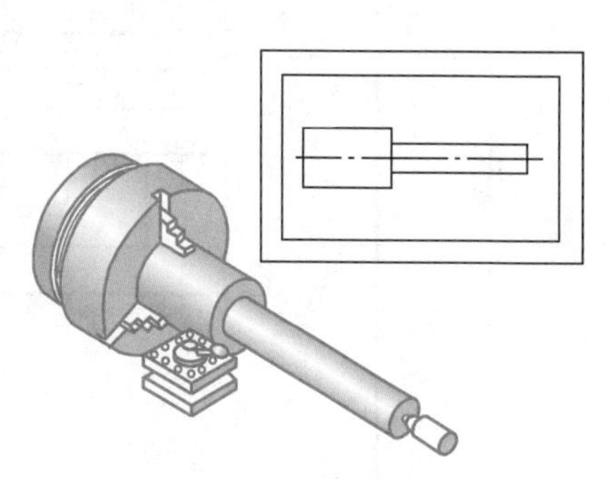

图 7-11　加工位置原则

7.3.2　其他视图的选择

主视图确定后，应运用形体分析法对零件各组成部分逐一进行分析，将主视图未表达清楚的结构，再选择其他视图加以完善。其他视图的确定应考虑以下几方面。

1）每个视图应有明确的表达目的。对零件内、外结构形状的表达，每个视图应各有侧重。

2）视图数量要恰当。根据零件的复杂程度和结构特点，选用适量的视图（包括剖视、断面、局部放大图等）补充表达主视图所没有表达清楚的结构形状和各部分的相对位置。

3）尽量选用基本视图和在基本视图上作剖视。若基本视图不能满足要求或不便画图时，再考虑选用其他表达方法。

4）采用局部视图或斜视图时，应尽可能按投影关系配置在有关视图附近。

总之，选择视图时，首先考虑看图方便，在充分表达清楚零件结构形状的前提下，尽量减少视图的数量，力求作图简便。

7.4　零件图的尺寸标注

零件图上标注的尺寸既要符合零件的设计要求，又要便于加工和检验。因此，必须根据零件的设计和加工要求，正确选择尺寸基准，合理配置零件的结构尺寸。

7.4.1　尺寸基准的选择

1. 尺寸基准的概念

尺寸基准即标注尺寸的起点，是指确定零件上几何元素位置的一些点、线、面。任何零件都有长、宽、高三个方向的尺寸，每个方向至少要选择一个尺寸基准。一般常选择零件结构的对称面、回转轴线、大平面或端面作为尺寸基准。如图 7-12 所示零件，长度方向的对称面、零件的后面及零件的底面分别为 *X*、*Y*、*Z* 三个方向的基准。

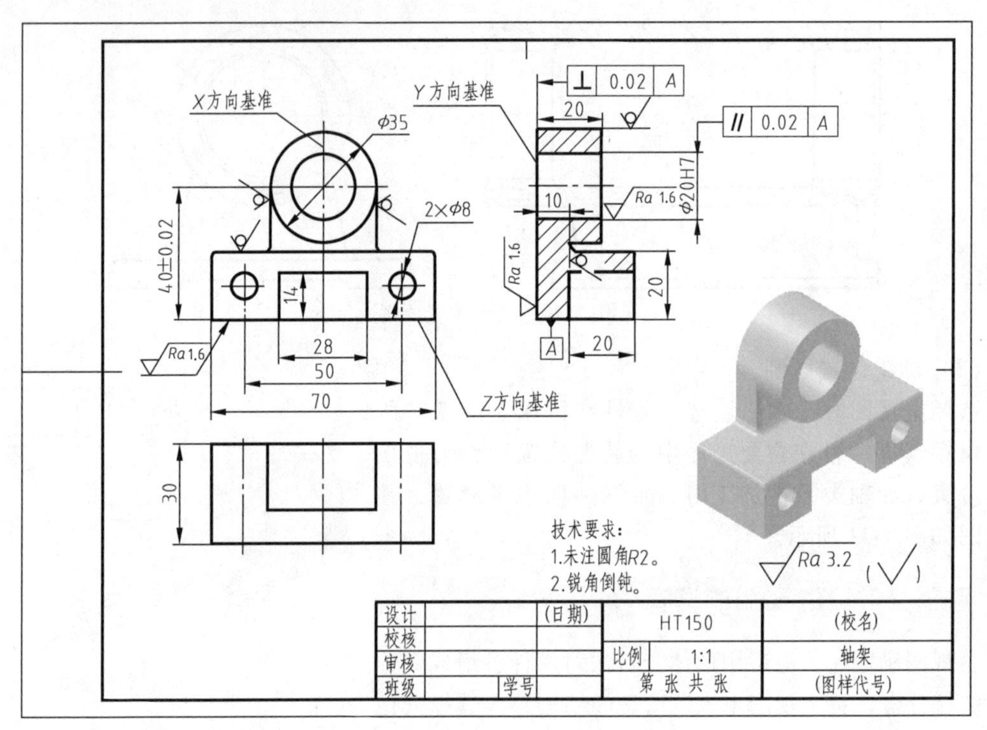

图 7-12 轴架

2. 基准的分类

1）设计基准。根据机器的构造特点及对零件的设计要求而选定的基准，称为设计基准。如图 7-12 所示的对称面、后面及底面均为设计基准。

2）工艺基准。加工时，为便于定位和测量所选定的基准，称为工艺基准。

设计时，尽量考虑将设计基准与工艺基准重合，可减少误差，提高加工质量。如图 7-12 所示的三个方向的设计基准均与工艺基准重合。

当同一方向不止一个尺寸基准时，根据基准作用的重要性分为主要基准和辅助基准。如图 7-12 所示，底面为高度方向的主要基准，ϕ20 孔的中心为高度方向的辅助基准。

7.4.2 标注尺寸的原则

零件图的尺寸标注方法：先标注整体长、宽、高，再利用形体分析法，标注各组成部分的定形与定位尺寸。尺寸标注应符合以下原则。

1. 重要尺寸直接注出

重要尺寸指影响产品性能、装配精度和使用要求的尺寸，必须直接注出。如图 7-13a 所示的中心高度 40±0.02 为重要尺寸，直接标注，而图 7-13b 所示的标注不符合要求。

2. 尺寸标注应符合工艺要求

1）按加工顺序标注尺寸。如图 7-14a 所示的阶梯轴，是按加工工艺标注的尺寸，便于

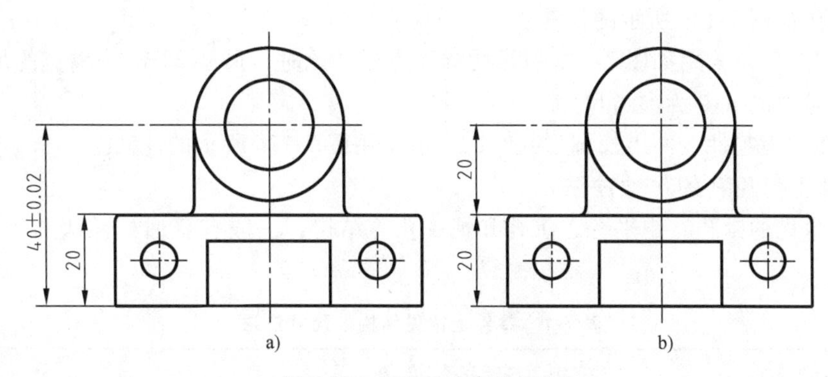

图 7-13　重要尺寸直接标出

加工测量，保证加工精度。图 7-14b 不符合加工工艺要求。

2）按测量要求标注尺寸。如图 7-15 所示中间孔的轴向尺寸不便测量。图 7-15a 标注的尺寸便于测量，图 7-15b 标注的尺寸不便于测量。

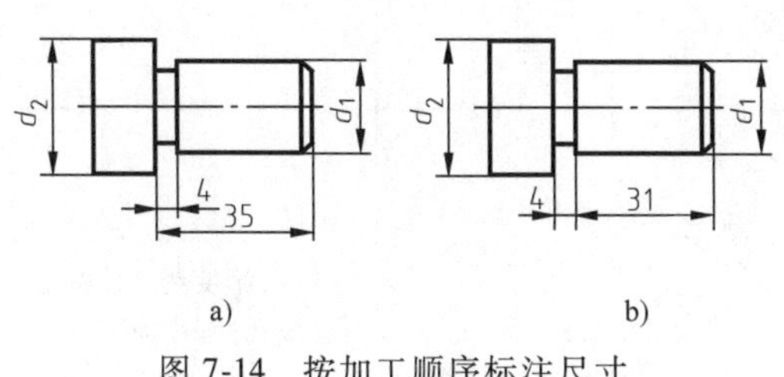

图 7-14　按加工顺序标注尺寸

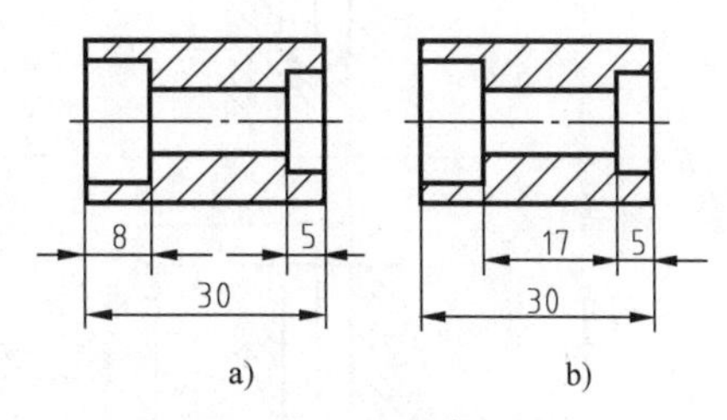

图 7-15　按测量要求标注尺寸

3. 避免出现封闭尺寸链

如图 7-16 所示的阶梯轴，图 7-16a 所示长度方向的尺寸 a、b、c、d 首尾连接，构成了一个封闭的尺寸链，这种情况应避免。应挑选一个不重要的尺寸不标注，如图 7-16b 所示。

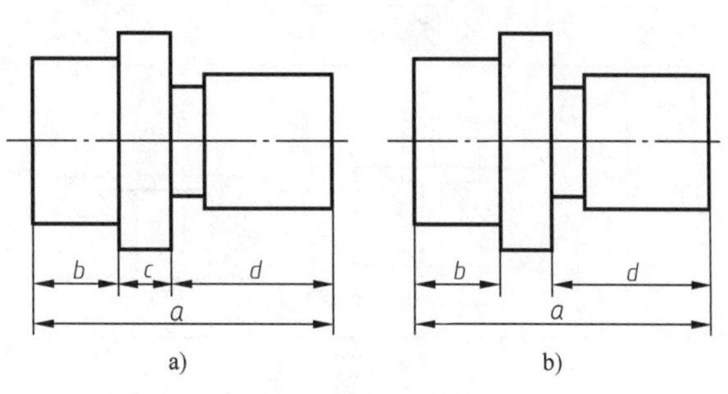

图 7-16　避免尺寸封闭

a）错误　b）正确

4. 长圆孔的尺寸注法

对于零件上长圆形的孔或凸台，由于其加工方法和作用不同，尺寸标注也不同。

1）一般情况，当长圆孔装入螺栓时，中心距就是允许螺栓变动的距离，也是钻孔的定

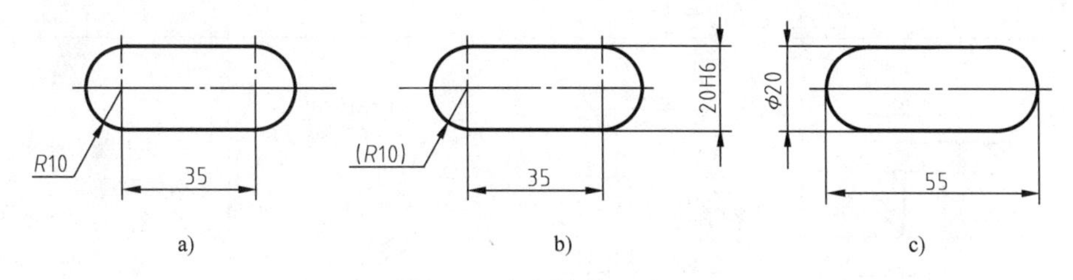

图 7-17　长圆孔的尺寸注法

位尺寸，采用如图 7-17a 所示的注法。

2）必要时可以采用如图 7-17b 所示的标注方法。此时，尺寸 20H6 为槽宽的尺寸及公差带代号，括号内的 $R10$ 为参考尺寸。

3）当在薄板零件上冲出长圆形孔时，一般采用图 7-17c 所示的注法。

5. 零件上常见孔的尺寸注法

零件上常见的销孔、锪平孔、沉孔和螺纹孔等结构，一般有普通标注法和旁注法两种，见表 7-1。

表 7-1 零件上常见结构的尺寸注法

结构名称	尺寸标注方法	说　明
光孔	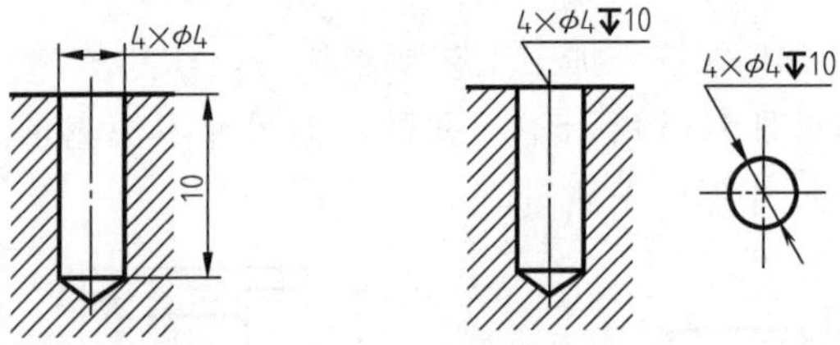 4×Φ4，10；4×Φ4↧10；4×Φ4↧10	“↧”为孔深符号
光孔	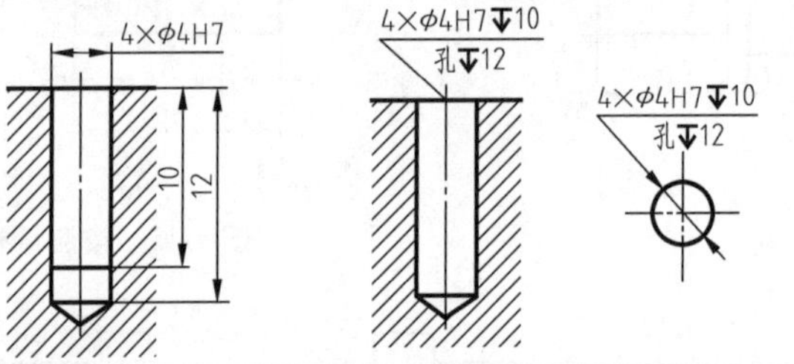 4×Φ4H7，10，12；4×Φ4H7↧10 孔↧12；4×Φ4H7↧10 孔↧12	钻孔深度为 12，精加工孔（铰孔）深度为 10
锪孔	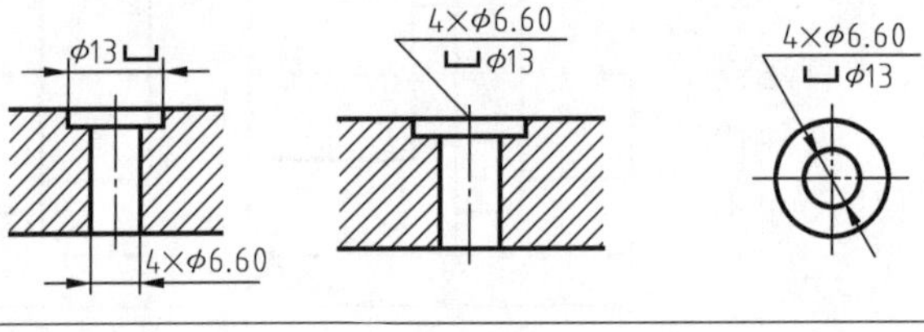 Φ13⌴，4×Φ6.60；4×Φ6.60 ⌴Φ13；4×Φ6.60 ⌴Φ13	1.“⌴”为锪平符号； 2. 锪孔深度一般不标注
沉孔	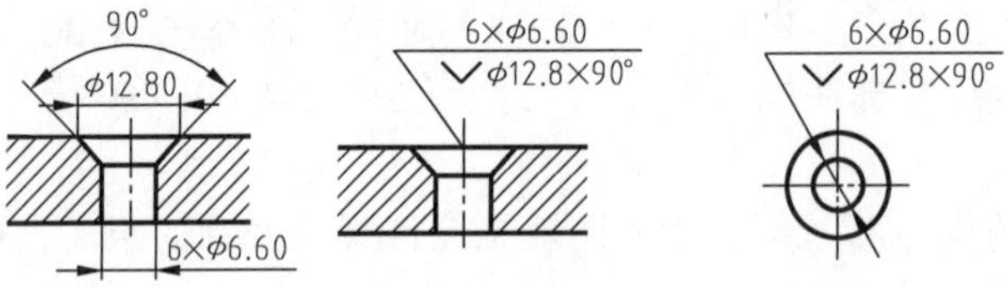 90°，Φ12.80，6×Φ6.60；6×Φ6.60 ⌵Φ12.8×90°；6×Φ6.60 ⌵Φ12.8×90°	1.“⌵”为埋头孔符号； 2. 该孔为安装开槽沉头螺钉使用
沉孔	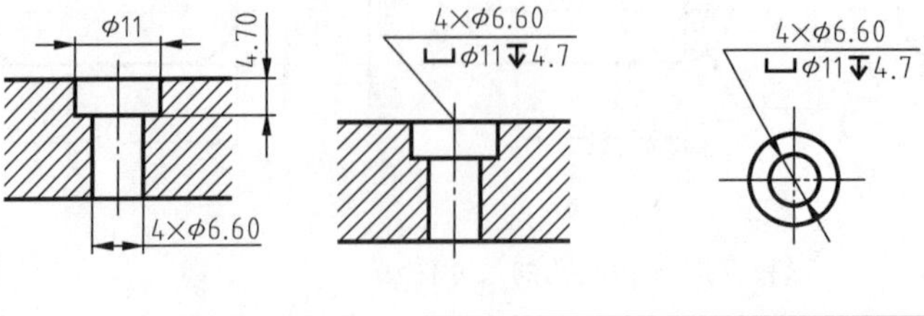 Φ11，4.70，4×Φ6.60；4×Φ6.60 ⌴Φ11↧4.7；4×Φ6.60 ⌴Φ11↧4.7	1. 该孔为安装内六角圆柱头螺钉使用； 2. 注出头部孔深

（续）

结构名称	尺寸标注方法	说　明
螺纹孔	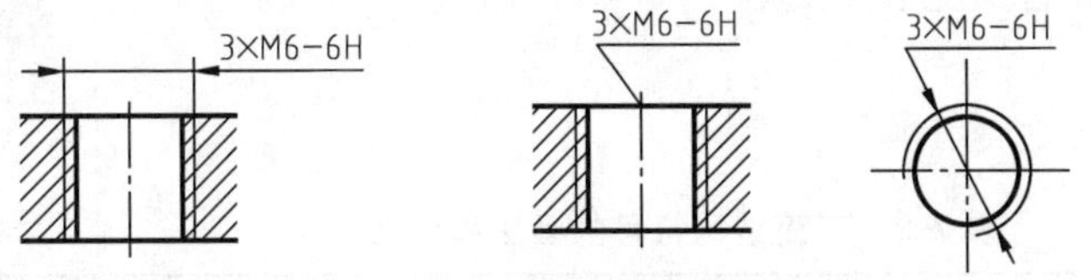 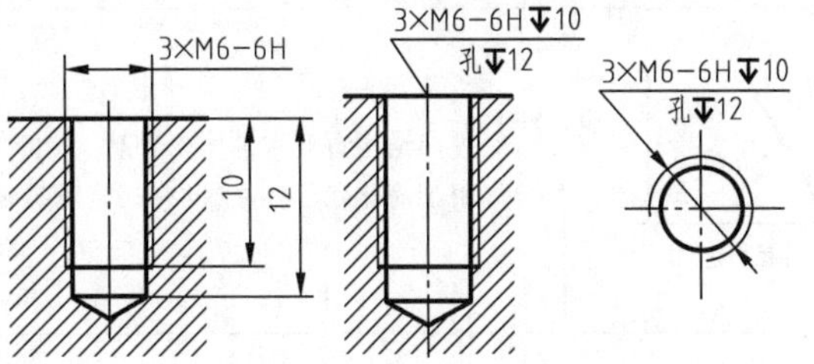 3×M6-6H　3×M6-6H　3×M6-6H 3×M6-6H　3×M6-6H↧10 孔↧12　3×M6-6H↧10 孔↧12　10　12	1. 螺纹孔尺寸标注在大径上； 2. 底孔比螺纹孔深(0.3~0.5)d
倒角	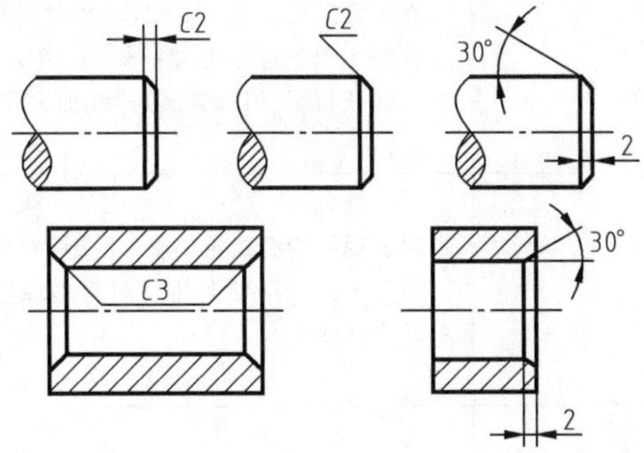 C2　C2　30°　2 C3　30°　2	1. 45°倒角注“C宽度”； 2. 30°或60°倒角分别标注宽度和角度
退刀槽	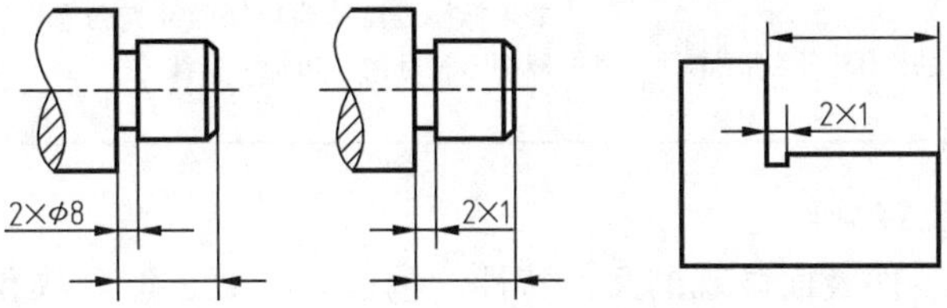 2×ϕ8　2×1　2×1	按照“槽宽×直径”或“槽宽×槽深”标注

7.5 零件图中的技术要求

零件图的技术要求通常包括表面结构要求、尺寸公差、几何公差、材料及热处理、表面处理等要求。在零件图上，可用代号、数字、文字来标注，以达到制造和检验时零件的技术指标。

7.5.1 表面结构

表面结构是表面粗糙度、表面波纹度、表面缺陷、表面纹理和表面几何形状的总称。表面粗糙度是反映零件表面结构要求的重要指标。这里介绍常用的表面粗糙度表示法。

1. 表面结构代号

GB/T 131—2006 规定，表面结构代号是由规定的符号和有关参数组成，表面结构符号的画法和含义见表 7-2。

表 7-2　表面结构符号的画法和含义

符号名称	符　号	含　义
基本图形符号（简称基本符号）	h字体高度；1.4h；60°；60°；2h；符号粗细h/10	对表面结构有要求的图形符号 仅用于简化代号标注，没有补充说明时不能单独使用
扩展图形符号（简称扩展符号）		对表面结构有指定要求（去除材料）的图形符号 在基本图形符号上加一短横，表示指定表面是用去除材料的方法获得，仅当其含义是“被加工表面”时可单独使用
		对表面结构有指定要求（不去除材料）的图形符号 在基本图形符号上加一圆圈，表示指定表面是不用去除材料的方法获得
完整图形符号（简称完整符号）	允许任何工艺 去除材料 不去除材料	对基本图形符号和扩展图形符号扩充后的图形符号 当要求标注表面结构特征的补充信息时，在基本图形符号或扩展图形符号的长边加一横线

2. 表面结构参数术语及定义

表面结构参数用于评定零件表面微观的几何特性，包括 *R* 参数、*W* 参数和 *P* 参数。

1）*R* 参数（粗糙度参数）——从粗糙度轮廓上计算所得的参数。

2）*W* 参数（波纹度参数）——从波纹度轮廓上计算所得的参数。

3）*P* 参数（原始轮廓参数）——从原始轮廓上计算所得的参数。

生产中常用 *R* 参数评定零件加工表面上较小间距和峰谷所组成的微观几何形状特性，即表面粗糙度，如图 7-18 所示。它对零件的配合性质、耐磨性、抗腐蚀性及密封性都有一定的影响。

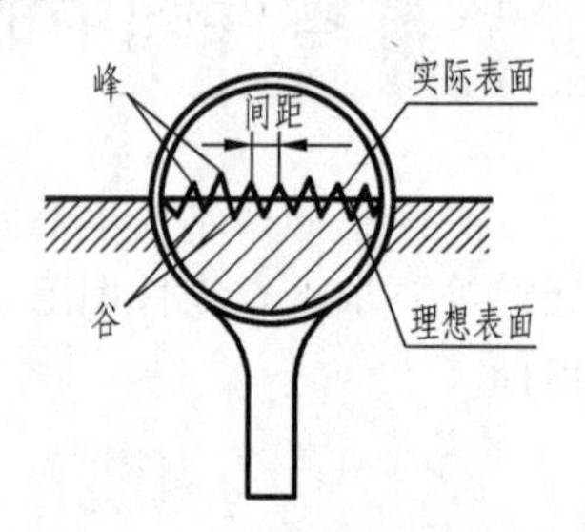

图 7-18　表面粗糙度示意图

表面粗糙度的评定参数有：轮廓算术平均偏差 *Ra* 和轮廓最大高度 *Rz*，如图 7-19 所示。由于参数 *Ra* 较能客观地反映表面微观几何形状特性，优先选用 *Ra* 作为评定参数。参数 *Rz* 在反映表面微观不平程度上不如 *Ra*，但易于在光学仪器上测量，特别适用于超精加工零件表面粗糙度的评定。表面粗糙度参数值可给出极限值，也可给出取值范围。

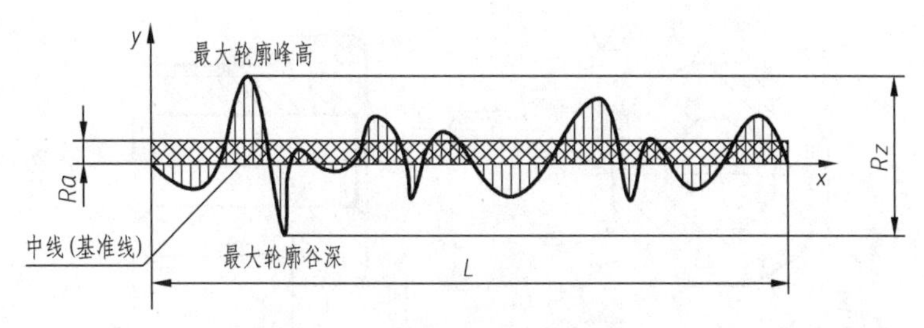

图 7-19 轮廓算术平均偏差 *Ra*

3. 表面结构参数 *Ra*

常用表面结构参数为轮廓算数平均偏差 *Ra*，其数值与相应的加工方法，见表 7-3。其中，“√Ra 3.2”含义为：切削加工方法得到的表面，其轮廓算数平均偏差的上限值为 3.2μm（评定方法，遵守 16%原则）；“√Ra_{max} 3.2”含义为：切削加工方法得到的表面，其轮廓算数平均偏差的最大值为 3.2μm（评定方法，遵守 100%原则）。

表 7-3 常用表面结构参数 *Ra* 的数值与加工方法

表面特征	表面结构代号（*Ra*）	加工方法举例
明显可见刀痕	√Ra 100　√Ra 50　√Ra 25	粗车、粗刨、粗铣、钻孔
微见刀痕	√Ra 12.5　√Ra 6.3　√Ra 3.2	精车、精刨、精铣、粗铰、粗磨
看不见加工痕迹，微辨加工方向	√Ra 1.6　√Ra 0.8　√Ra 0.4	精车、精磨、精铰、研磨
暗光泽面	√Ra 0.2　√Ra 0.1　√Ra 0.05	研磨、珩磨、超精磨

4. 表面结构代号的注法

在图样中，标注表面结构代号应符合以下原则。

1）国标规定表面结构代号中数字的方向和尺寸数字的方向一致，如图 7-20a 所示。

2）表面结构代号应注在可见轮廓线、尺寸界线或它们的延长线上，也可以用带箭头的指引线引出标注，如图 7-20a、b 所示。

3）表面结构符号的尖端必须从材料外指向表面，如图 7-20b 所示。

4）在不致引起误解时，表面结构代号可以标注在给定的尺寸线上，如图 7-20c 所示。

5）同一表面一般只标注一次表面结构代号，并尽可能标注在反映该表面位置特征的视图上，如图 7-20d 所示。

6）对于多个表面有相同表面结构要求时，采用简化注法。如果零件的全部表面具有相同的表面结构要求，统一标注在标题栏的上方，如图 7-20e 所示；如果零件上多数表面具有相同的表面结构要求，统一标注在标题栏的上方，并在括弧内注明“√”或者其余表面要求，如图 7-20f、g 所示。

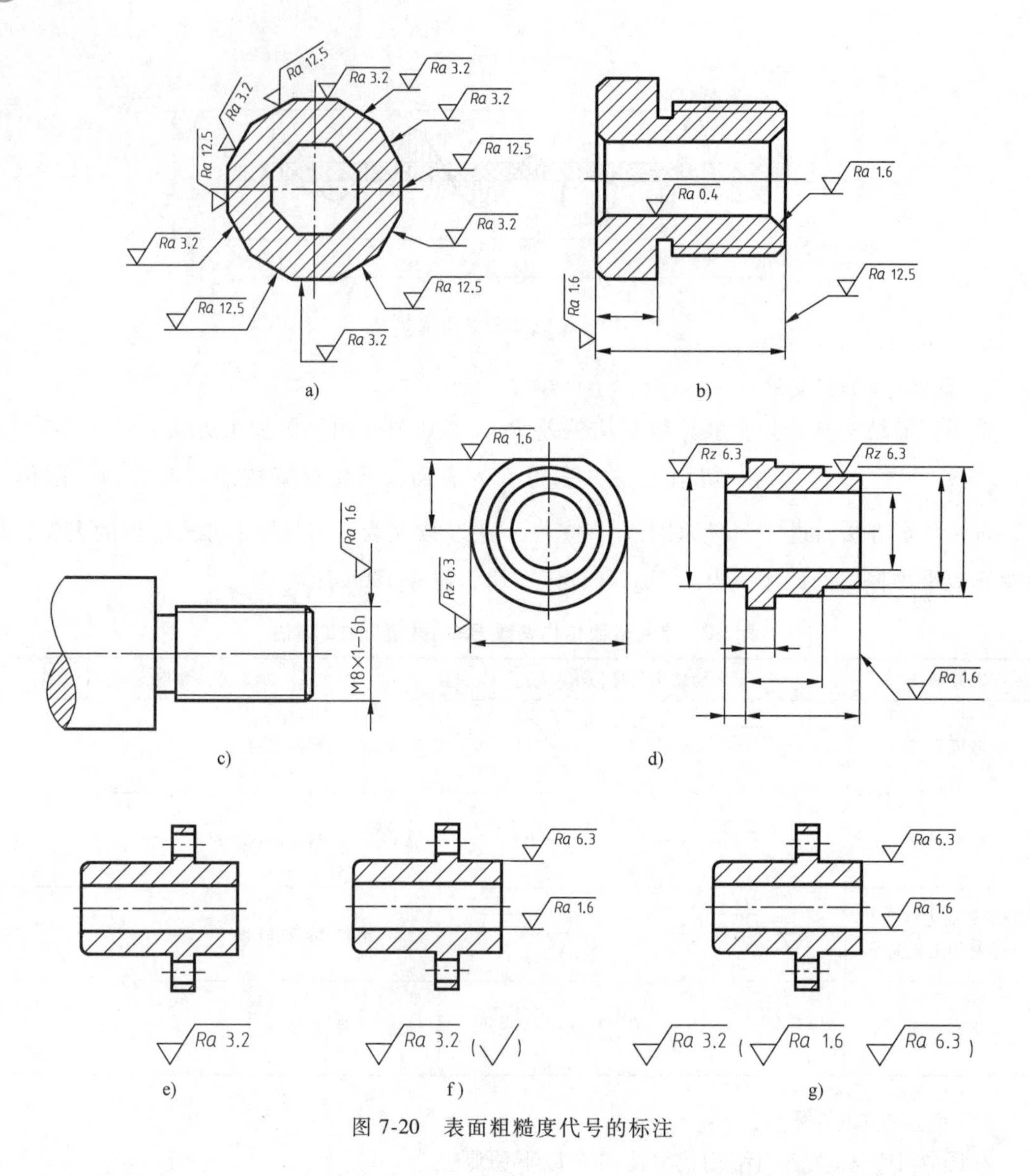

图 7-20 表面粗糙度代号的标注

7.5.2 极限与配合（GB/T 1800.1—2020、GB/T 1800.2—2020）㊀

在一批相同规格的零件中任取一个，不需修配便可装到机器上并能满足使用要求的性质，称为互换性。

在制造零件时，为使零件具有互换性，必须控制零件的尺寸。但是，由于加工、测量过程都会产生误差，零件的尺寸不能控制得绝对精确。因此，在满足工作要求的前提下，必须允许尺寸在一定的范围内变动，这一允许的变动范围就称为公差。国家对公差进行标准化规定，以保证相互配合的零件具备一定的功能，由此，产生了“极限与配合”制度。

㊀ GB/T 1800.1—2020、GB/T 1800.2—2020《产品几何技术规范（GPS）线性尺寸公差 ISO 代号体系》代替了 GB/T 1800.1—2009、GB/T 1800.2—2009 和 GB/T 1801—2009。

1. 极限与配合的基本概念

这里以图 7-21a、b 所示的孔和轴为例，介绍极限与配合的相关概念。

1）公称尺寸。设计给定的尺寸称为公称尺寸，如图 7-21 所示的 $\phi50$。

2）上极限尺寸。零件实际尺寸所允许的最大值，如图 7-21c、d 所示。图中，孔的最大值 $D_{max}=\phi50.007$，轴的最大值 $d_{max}=\phi50$。

3）下极限尺寸。零件实际尺寸所允许的最小值，如图 7-21c、d 所示。图中，孔的最小值 $D_{min}=\phi49.982$，轴的最小值 $d_{min}=\phi49.984$。

4）上极限偏差。上极限尺寸与公称尺寸的差值，简称上偏差，如图 7-21 所示。图中，孔的上偏差 $ES=+0.007$，轴的上偏差 $es=0$。

5）下极限偏差。下极限尺寸与公称尺寸的差值，简称下偏差，如图 7-21 所示。图中，孔的下偏差 $EI=-0.018$，轴的下偏差 $ei=-0.016$。

6）公差。允许尺寸的变动量，等于上极限尺寸与下极限尺寸代数差的绝对值。孔的公差 $T_D=D_{max}-D_{min}=0.025$，轴的公差 $T_d=d_{max}-d_{min}=0.016$。

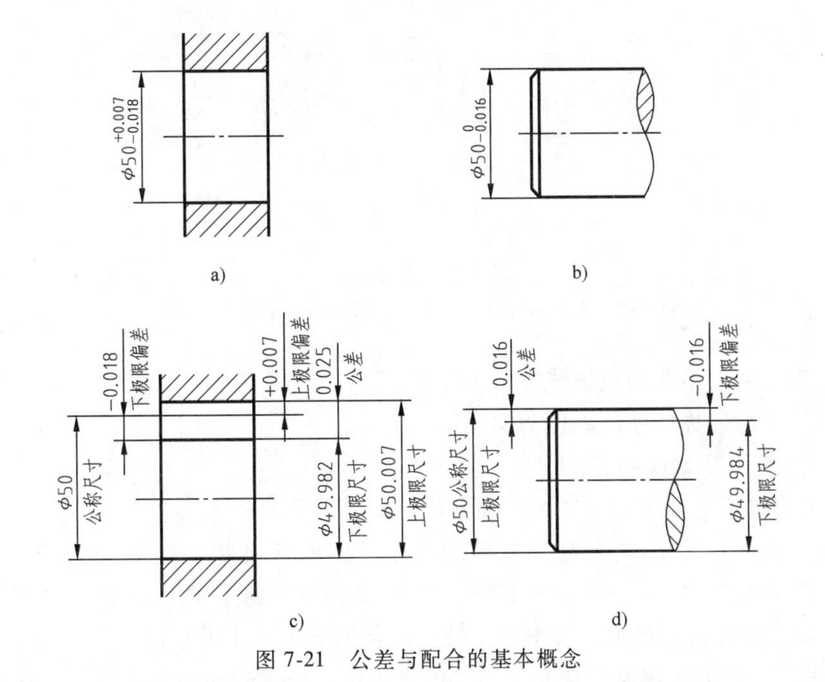

图 7-21　公差与配合的基本概念

7）公差带图与公差带。为便于公差分析，常把公称尺寸、极限偏差与尺寸公差之间的关系简化成公差带图，如图 7-22b 所示。

在公差带图解中，由代表上下极限偏差的两条直线限定的区域，称为公差带。表示公称尺寸的直线称为零线，其上方为正值，下方为负值；矩形表示孔轴的公差带，矩形的高表示尺寸的变化范围，即公差。矩形的上边代表上极限偏差，下边代表下极限偏差，距零线近的偏差为基本偏差，如图 7-22b 所示，EI 和 es 为基本偏差。图 7-21 所示孔轴的公差带图，如图 7-22c 所示。

注意：

1）极限偏差可以为正值、负值或零，必须标注“+”、“-”号；

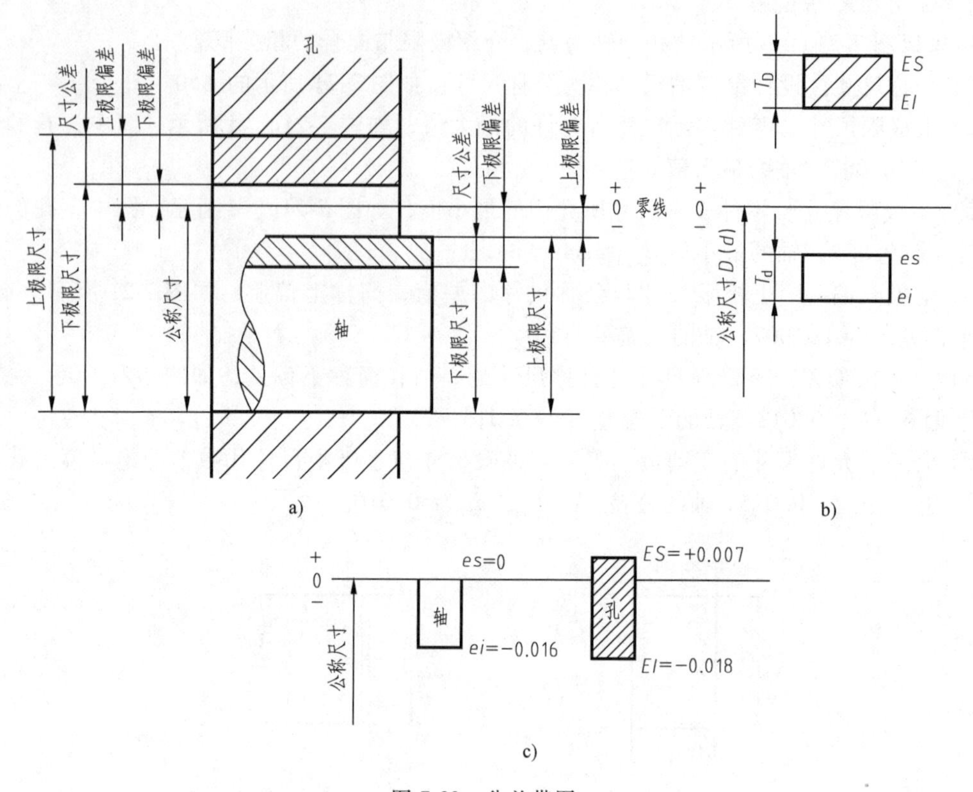

图 7-22 公差带图

a）公差与配合示意图 b）公差带图解 c）公差带图实例

2）公差为正值，不能是负值或零，不写“+”号；

3）实际尺寸与公称尺寸的差值为实际偏差。

2. 标准公差和基本偏差系列

公差带由公差带的大小和位置两个要素决定。

1）标准公差。标准公差决定公差带的大小。国家标准将公差划分为 20 个等级，即 IT01、IT0、IT1、IT2、IT3……IT17、IT18。IT 代表标准公差，数字表示公差等级。其中，IT01 精度最高，IT18 精度最低。标准公差数值可从附录表 C-1 中查得。

标准公差值由公差等级和公称尺寸两个因素决定。公差等级相同的零件，其加工精度相同，但公差值随着公称尺寸的不同而不同。

2）基本偏差。基本偏差决定公差带相对于零线的位置，通常指靠近零线的那个偏差，可以是上极限偏差或者下极限偏差。

国标规定轴和孔的基本偏差代号各有 28 个，用字母或字母组合表示，轴的基本偏差代号用小写字母表示，孔的基本偏差代号用大写字母表示，如图 7-23 所示。图中各公差带只表示了公差带位置，即基本偏差，另一端开口，其值由相应的标准公差决定。轴、孔的基本偏差数值可根据附录表 C-2 和表 C-3 查得。

3. 配合与配合制

公称尺寸相同、相互结合的轴和孔公差带之间的关系称为配合。

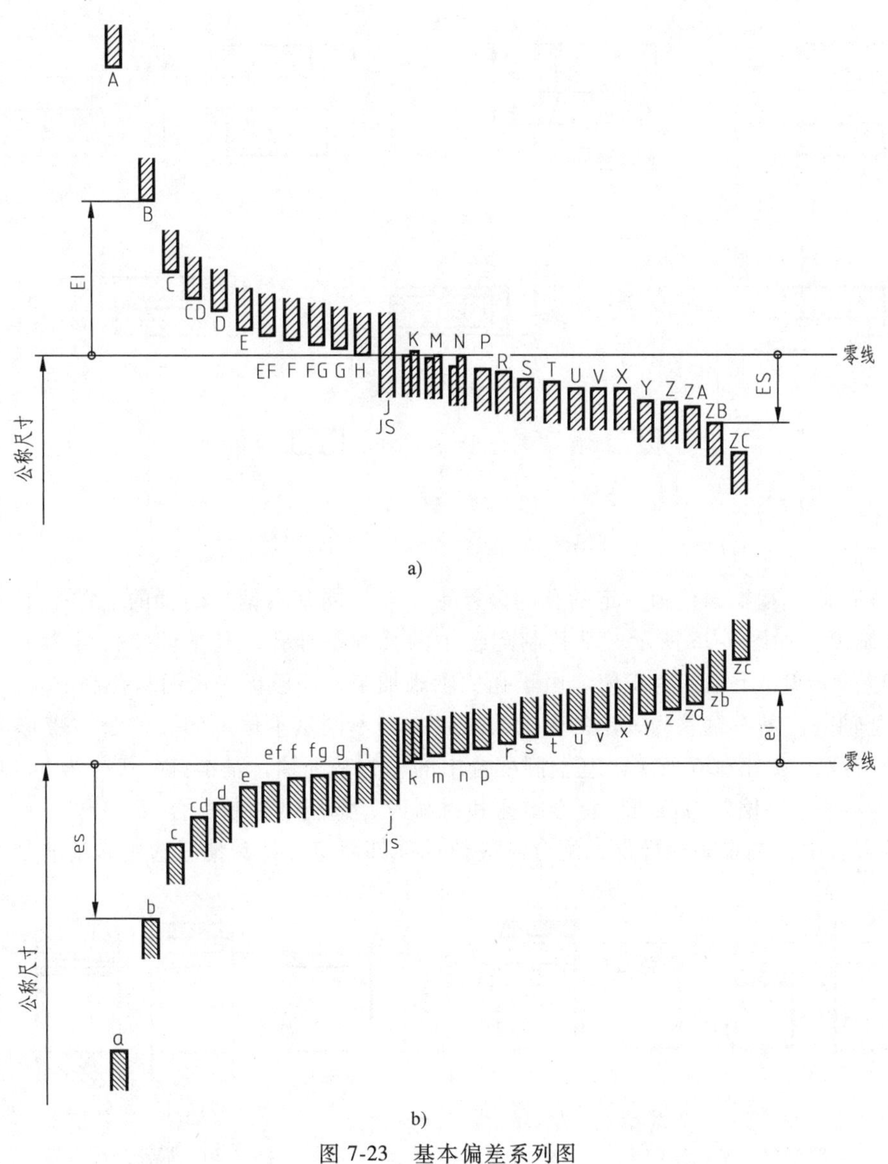

图 7-23　基本偏差系列图

a）孔　b）轴

（1）配合种类

配合按松紧程度不同可分为间隙配合、过盈配合和过渡配合，如图 7-24 所示。

1）间隙配合。具有间隙（包含最小间隙为零）的配合。孔的公差带在轴的公差带上方，如图 7-24a 所示。

2）过盈配合。具有过盈（包含最小过盈为零）的配合。孔的公差带在轴的公差带下方，如图 7-24b 所示。

3）过渡配合。可能具有间隙或过盈的配合。孔轴公差带相互交叠，如图 7-24c 所示。

（2）基准制

为减少加工时使用的定值刀具和量具数量，国家标准对配合制规定了基孔制和基轴制两种基准制。

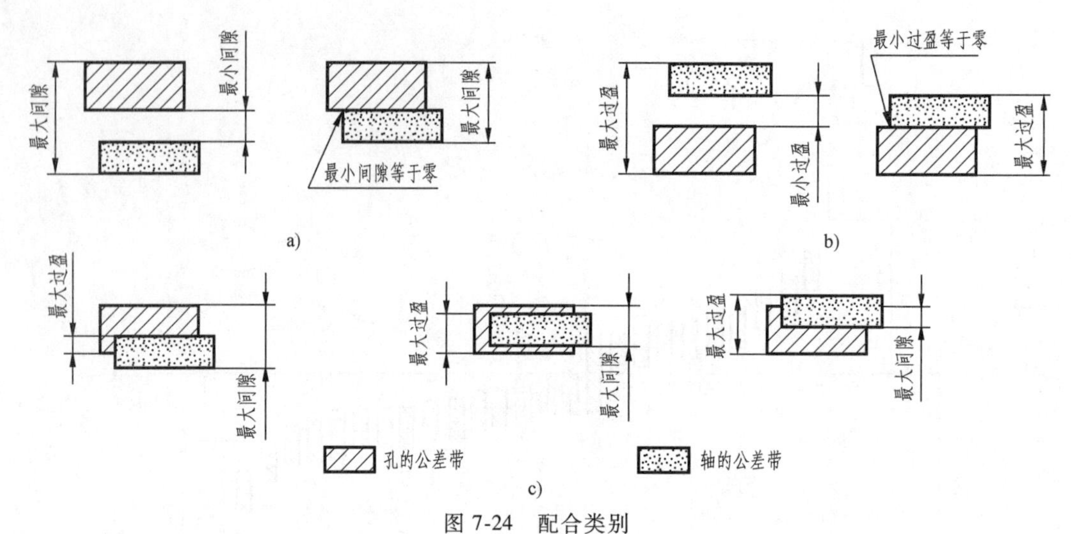

图 7-24　配合类别

a）间隙配合　b）过盈配合　c）过渡配合

1）基孔制。基本偏差为一定的孔的公差带，与不同基本偏差的轴的公差带形成各种配合的一种制度，如图 7-25 所示。基孔制配合中的孔为基准孔，基本偏差代号为 H，基本偏差为下偏差 $EI=0$，上偏差为正值。由于孔比轴难加工，一般优先选用基孔制配合。

2）基轴制。基本偏差为一定的轴的公差带，与不同基本偏差的孔的公差带形成各种配合的一种制度，如图 7-26 所示。基轴制配合中的轴为基准轴，基本偏差代号为 h，基本偏差为上偏差 $es=0$，下偏差为负值。特殊结构和材料时，选用基轴制配合。

一对配合中，如果有标准件，配合制应依标准件而定，特殊情况选用非基准制。

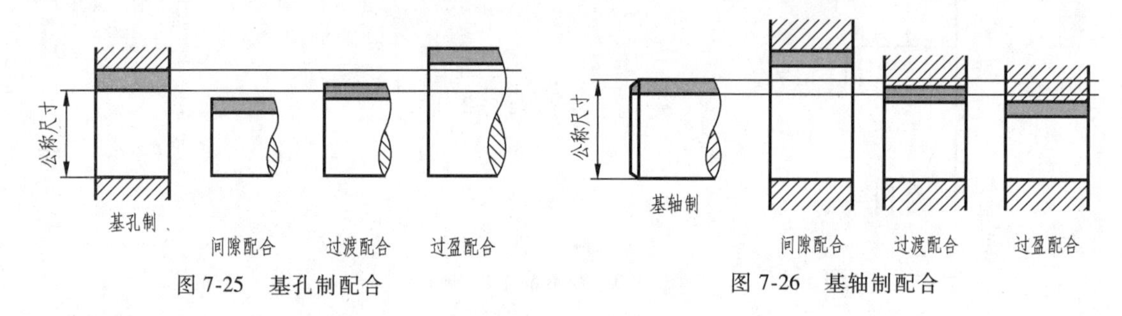

图 7-25　基孔制配合　　图 7-26　基轴制配合

（3）优先及常用配合代号

国家标准对基孔制、基轴制规定有优先及常用配合代号，以满足不同要求的配合，其配合代号见表 7-4 和表 7-5。

表 7-4　基孔制优先、常用配合

基准孔	轴																			
	a	b	c	d	e	f	g	h	js	k	m	n	p	r	s	t	u	v	x	y	z
	间隙配合								过渡配合			过盈配合									
H6						H6/f5	H6/g5	H6/h5	H6/js5	H6/k5	H6/m5	H6/n5	H6/p5	H6/r5	H6/s5	H6/t5					
H7						H7/f6	**H7/g6**	**H7/h6**	H7/js6	**H7/k6**	H7/m6	**H7/n6**	**H7/p6**	H7/r6	**H7/s6**	H7/t6	**H7/u6**	H7/v6	H7/x6	H7/y6	H7/z6

（续）

基准孔	轴																				
	a	b	c	d	e	f	g	h	js	k	m	n	p	r	s	t	u	v	x	y	z
	间隙配合								过渡配合			过盈配合									
H8					H8/e7	**H8/f7**	H8/g7	**H8/h7**	H8/js7	H8/k7	H8/m7	H8/n7	H8/p7	H8/r7	H8/s7	H8/t7	H8/u7				
				H8/d8	H8/e8	H8/f8		H8/h8													
H9			H9/c9	**H9/d9**	H9/e9	H9/f9		**H9/h9**													
H10			H10/c10	H10/d10				H10/h10													
H11	H11/a11	H11/b11	**H11/c11**	H11/d11				**H11/h11**													
H12		H12/b12						H12/h12													

注：常用配合 59 种，优选配合 13 种（黑体字）。

表 7-5　基轴制优先、常用配合（摘自 GB/T 1801—2009）

基准轴	孔																				
	A	B	C	D	E	F	G	H	JS	K	M	N	P	R	S	T	U	V	X	Y	Z
	间隙配合								过渡配合			过盈配合									
h5						F6/h5	G6/h5	H6/h5	JS6/h5	K6/h5	M6/h5	N6/h5	P6/h5	R6/h5	S6/h5	T6/h5					
h6						F7/h6	**G7/h6**	**H7/h6**	JS7/h6	**K7/h6**	M7/h6	**N7/h6**	**P7/h6**	R7/h6	**S7/h6**	T7/h6	**U7/h6**				
h7					E8/h7	**F8/h7**		**H8/h7**	JS8/h7	K8/h7	M8/h7	N8/h7									
h8				D8/h8	E8/h8	F8/h8		H8/h8													
h9				**D9/h9**	E9/h9	F9/h9		**H9/h9**													
h10				D10/h10				H10/h10													
h11	A11/h11	B11/h11	**C11/h11**	D11/h11				**H11/h11**													
h12		B12/h12						H12/h12													

注：常用配合 59 种，优选配合 13 种（黑体字）。

4. 极限与配合的标注

1）零件图中的注法。在零件图中，尺寸公差带有三种标注形式：只标注公称尺寸和极限偏差数值；只标注公称尺寸和公差带代号；公称尺寸后面既标注公差带代号，又标注极限偏差值，偏差写在括号中，如图 7-27a 所示。

2）装配图中的注法。在装配图上一般只标注配合代号。配合代号用分数表示，分子为孔的公差带代号，分母为轴的公差带代号，如图 7-27b 所示。零件与标准件配合时，省略标准件的公差带代号，只标注配合的另一个零件的公差带代号，如图 7-27b 所示的轴承内圈与

轴、轴承外圈与轴承座孔的配合标注。

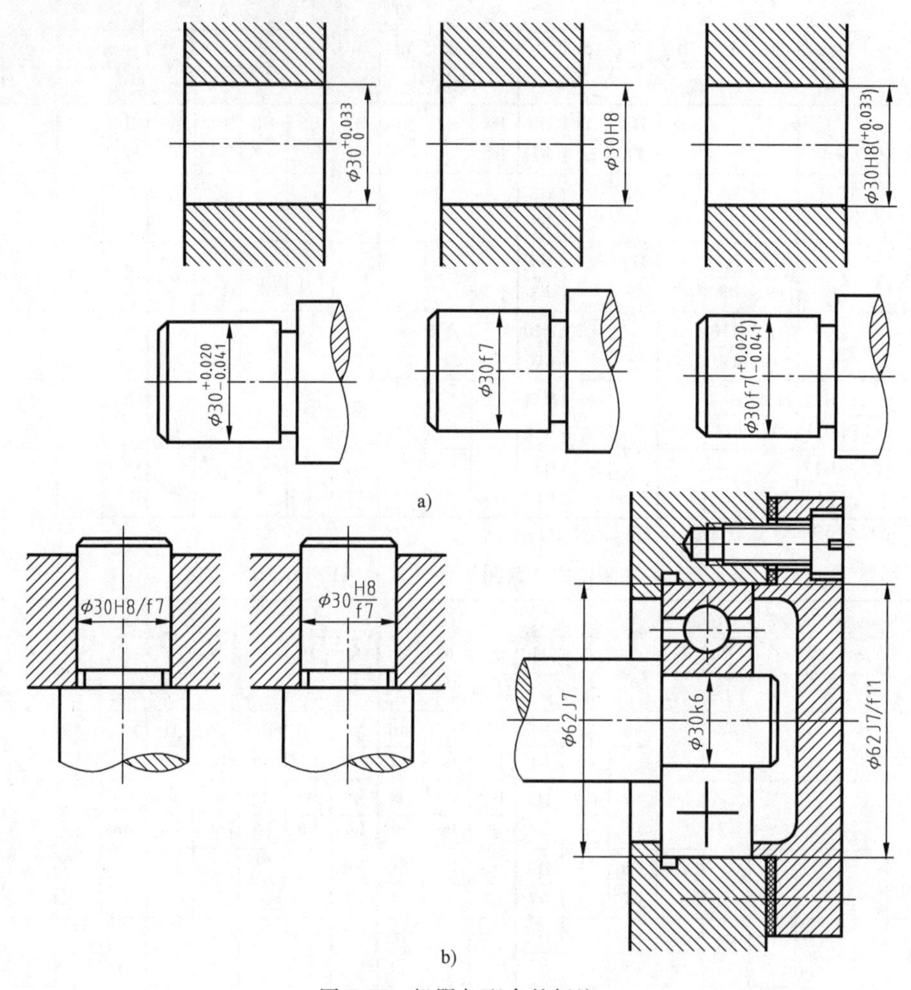

图 7-27 极限与配合的标注

a）零件图中的注法 b）装配图中的注法

注意：

1）标注偏差数值时，上极限偏差注在公称尺寸的右上方，下极限偏差与公称尺寸在同一底线上，字体比公称尺寸数字小一号；

2）当上下极限偏差数值相同，符号相反时，标注为“±……”，偏差数值与公称尺寸数字等高；

3）当有一个偏差为零时，“0”不能省略，且与另一偏差的个位对齐。

例如：$\phi20^{+0.043}_{+0.022}$，$\phi20^{-0.007}_{-0.028}$，$\phi20^{+0.012}_{-0.009}$，$\phi20\pm0.01$，$\phi20^{+0.021}_{0}$，$\phi20^{0}_{-0.021}$。

4）上、下极限偏差数值可以为正值，可以为负值，还可以为零。上极限偏差数值永远大于下极限偏差数值。

【实例 1】 试查表确定如图 7-28 所示配合的孔、轴极限偏差，确定配合性质，并正确标注在零件图中。

解：由装配图可知：孔为 $\phi20H7$，轴为 $\phi20g6$。

查附录表 C-1 得：IT7 = 21μm，IT6 = 13μm。

H 孔下偏差 EI = 0，所以，$ES = EI + \text{IT6} = +13\mu m$。

查附录表 C-2 得：g 的基本偏差：$es = -7\mu m$。

所以，g 的下偏差：$ei = es - \text{IT6} = -20\mu m$。

孔的尺寸为 $\phi20^{+0.021}_{0}$，轴的尺寸为 $\phi20^{-0.007}_{-0.020}$，此孔轴配合为间隙配合，零件图标注如图 7-29 所示。

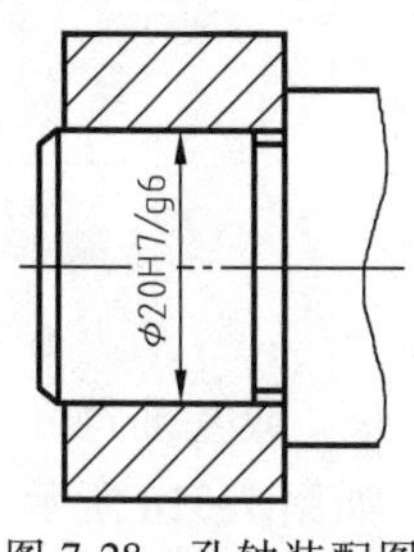

图 7-28　孔轴装配图

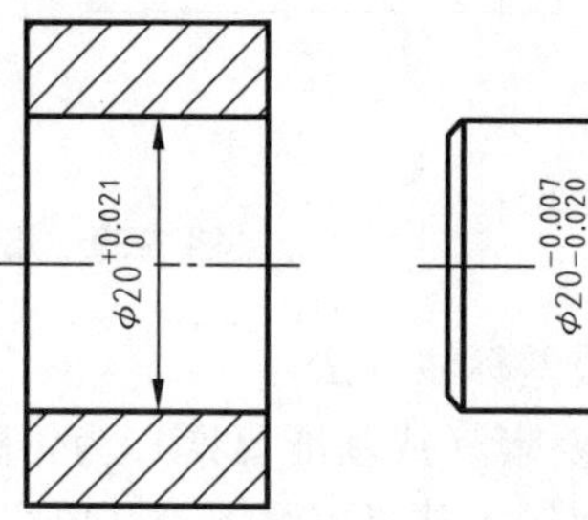

图 7-29　零件图标注

7.5.3　几何公差（GB/T 1182—2018）

零件的几何公差是指形状公差、方向公差、位置公差和跳动公差。对于精度要求较高的零件，需要给出对零件形状要求的几何公差，以确保产品质量。

1. 几何公差的几何特征和符号

国标规定几何公差的几何特征和符号共 19 项，其中，形状公差 6 项、方向公差 5 项、位置公差 6 项、跳动公差 2 项，见表 7-6。

表 7-6　几何公差的分类、几何特征和符号（摘自 GB/T 1182—2018）

公差类型	几何特征	符号	有无基准	公差类型	几何特征	符号	有无基准
形状公差	直线度	—	无	位置公差	位置度	⌖	有或无
	平面度	▱	无		同心度	◎	有
	圆度	○	无		同轴度	◎	有
	圆柱度	⌭	无		对称度	⌯	有
	线轮廓度	⌒	无		线轮廓度	⌒	有
	面轮廓度	⌓	无		面轮廓度	⌓	有
方向公差	平行度	//	有	跳动公差	圆跳动	↗	有
	垂直度	⊥	有		全跳动	⌰	有
	倾斜度	∠	有	—	—	—	—
	线轮廓度	⌒	有	—	—	—	—
	面轮廓度	⌓	有	—	—	—	—

2. 几何公差的标注

（1）几何特征符号及基准符号

几何公差要求在图样中用矩形框格和指引线标注。框格由两格或多格组成，框格中从左到右依次是几何特征符号、公差数值和基准字母。公差框格与基准符号的注写方法，如图 7-30 所示。

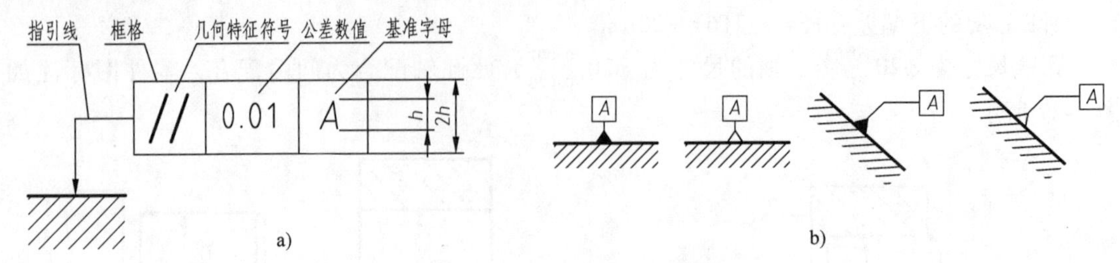

图 7-30　几何特征符号及基准符号

（2）几何公差标注方法

1）当被测要素（或基准要素）为轮廓要素时，指引线箭头（或基准符号）应标注在该要素的可见轮廓线或其引出线上，并应明显地与尺寸线错开，如图 7-31a 所示。

2）当被测要素（或基准要素）为中心要素时，指引线箭头应与该要素的尺寸线对齐，如图 7-31b 所示。

3）当多个被测要素有相同的几何公差要求时，可从一个框格内的同一端引出多个箭头，如图 7-31c 所示；当同一个被测要素有多项几何公差要求时，可在一个指引线上画出多个公差框格，如图 7-31d 所示。

几何公差的其他详细标注方法，请参看 GB/T 1182—2018。

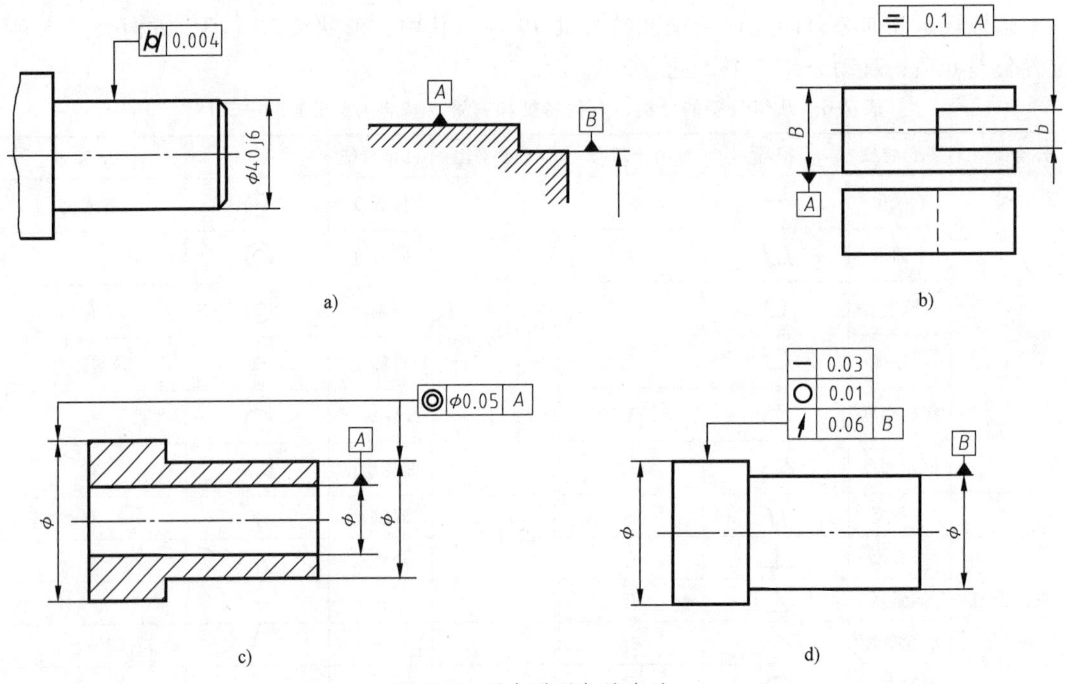

图 7-31　几何公差标注方法

（3）几何公差标注实例

【实例 2】　如图 7-32 所示的阀杆零件图，说出图中所注各项几何公差的含义。

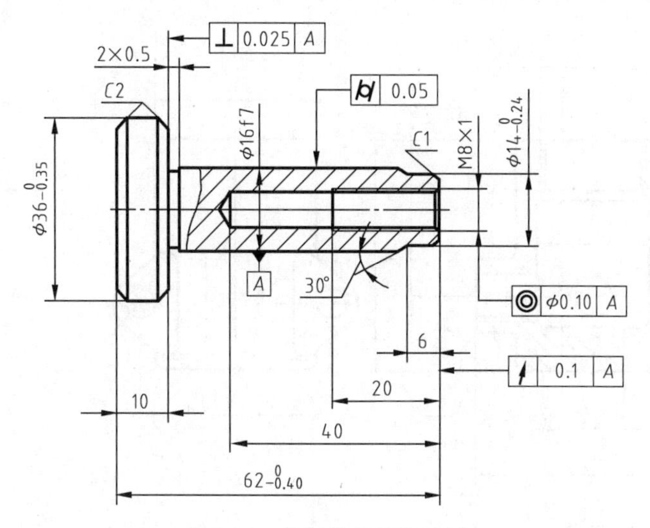

图 7-32　几何公差标注示例

图中标注的各项几何公差含义如下。

1）⊥ 0.025 A 含义：ϕ36 圆柱右端面相对于 ϕ16f7 轴线的垂直度公差为 0.025mm。

2）⌭ 0.05 含义：ϕ16f7 轴表面圆柱度公差为 0.05mm。

3）◎ ϕ0.10 A 含义：M8 螺纹孔的轴线相对于 ϕ16f7 轴线的同轴度公差为 ϕ0.10mm。

4）↗ 0.1 A 含义：阀杆右端面相对于 ϕ16f7 轴线的端面圆跳动公差为 0.10mm。

注意：

1）几何公差标注中，指引线的箭头垂直于被测要素，即沿着公差带的宽度方向。

2）圆跳动公差根据被测要素是端面和圆柱面的不同，可以分为轴向圆跳动和径向圆跳动。图 7-32 中箭头指向端面，因而称为轴向圆跳动。如果箭头指向圆柱表面，则称为径向圆跳动。同理，全跳动也分为轴向全跳动和径向全跳动。

7.6 读零件图

前面讲述的读组合体视图方法，是读零件图的基础。在产品设计和生产制造等活动中，读零件图是一项重要的工作。

7.6.1 读零件图的方法和步骤

读零件图时，除了看清楚零件的形状和大小外，还要注意它的结构特点和质量要求。下面以图 7-33 为例，介绍读零件图的一般方法和步骤。

1. 看标题栏

在零件图标题栏中，列出了零件的名称、材料、比例等内容，可以了解零件在机器中的作用和制造要求，为理解零件结构特点提供依据。

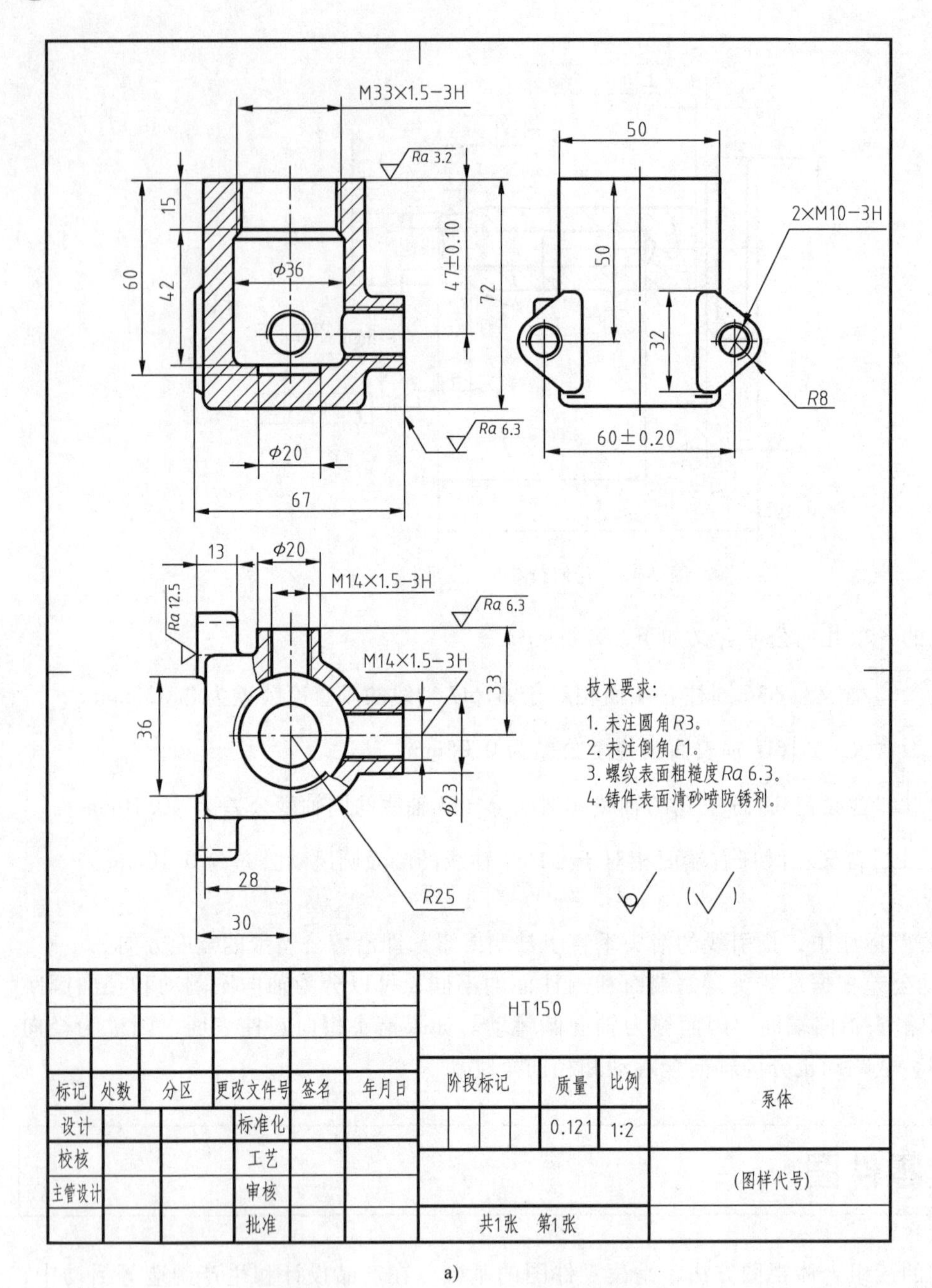

a)

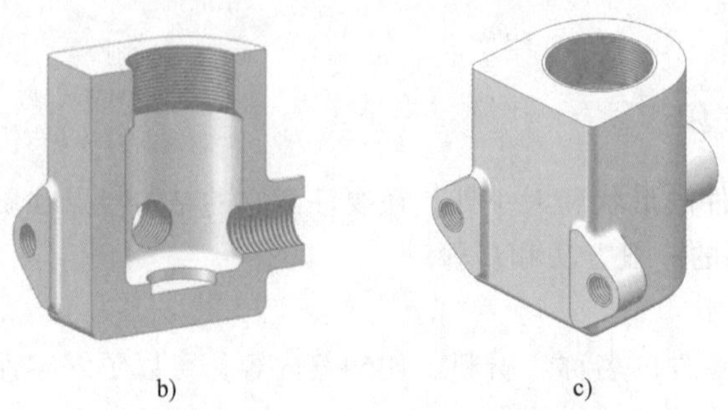

b) c)

图 7-33 读零件图的方法和步骤

如图 7-33a 所示，由标题栏可知：零件名称为泵体，材料是 HT150，因此，毛坯为灰口铸铁，外形具有铸造圆角等工艺特点。根据绘图比例 1∶2，可知零件的实际大小。

2. 弄清视图关系

所谓视图关系，主要是指零件图的个数、名称及各视图之间的投影关系。如图 7-33a 所示，主视图采用全剖视图，俯视图采用局部剖视，左视图采用基本视图。根据视图配置和有关标注，可以判断出现有视图的名称和剖切位置，从而弄清视图之间的投影关系。

3. 分析视图、想象零件形状

搞清楚视图对应关系后，运用形体分析方法，抓住零件的结构特征，读懂零件各部分结构，想象出零件的整体结构形状。

看图步骤：

1）先主要，后次要；

2）先整体，后细节；

3）先简单，后复杂；

4）按投影关系分析形体时，要兼顾零件的尺寸及其功用，以利于想象零件的形状。

由图 7-33a 看出，泵体由三个部分组成。

1）半圆形的壳体，其圆柱形的内腔，用于容纳其他零件，如图 7-33b 所示。

2）两个圆柱形的进出油口，分别位于泵体的右面和后面，如图 7-33b 所示。

3）两块三角形的安装板，如图 7-33c 所示。

综合分析后，想象出泵体的内外形状，如图 7-33b、c 所示。

4. 读尺寸和技术要求

图上的尺寸、极限与配合和表面结构等技术要求，是零件的重要技术指标，要注意分析。看尺寸时，先分析长、宽、高三个方向的尺寸基准（图中长度方向是安装板的左端面，宽度方向是泵体前后对称面、高度方向是泵体的上端面）；从基准出发，搞清楚哪些是主要尺寸（图中 47±0.1 和 60±0.2 是主要尺寸，加工时必须保证）；M14×1.5-7H 和 M33×1.5-7H 都是细牙普通螺纹；端面表面结构要求 *Ra* 值分别为 3.2μm 和 6.3μm，要求较高，以便对外连接紧密，防止漏油。

然后以结构形状分析为线索，找出各部分的定形尺寸和定位尺寸；最后，还要检查尺寸标注是否符合设计、工艺要求，是否便于测量，是否符合有关标准。

按上述步骤和方法，从零件图中了解了这些内容，才算看懂了图，有时为了真正看懂零件图，还要参考有关技术资料和其他零件图、装配图等。读图与绘图一样重要，对于工程技术人员是必须具备的能力。

7.6.2　典型零件分析

根据零件的结构和用途，零件大致可分为轴（套）类、轮盘类、叉架类和箱体类四种典型结构。它们在视图表达上有不同的方法和特点。

1. 轴套类零件

(1) 结构及用途

轴套类零件是由几段直径不同的圆柱、圆锥体所组成的阶梯状回转体结构，其尺寸特点是轴向尺寸远大于径向尺寸，如图 7-34a 所示。轴主要用于传递动力和支承传动件（如带轮、齿轮、轴承等）。

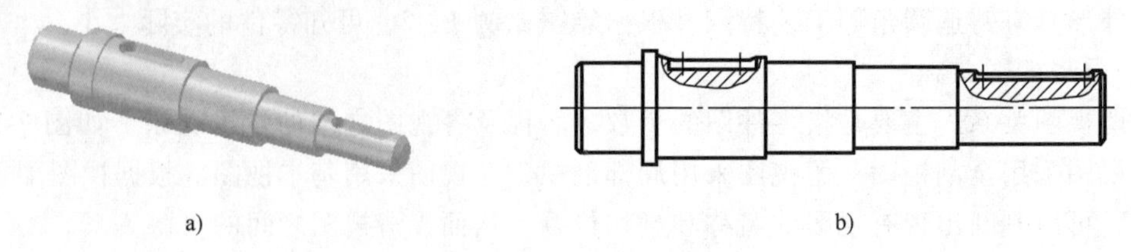

图 7-34 减速器从动轴

（2）视图表达方案

1）轴套类零件一般在车床上加工，应按形状特征和加工位置确定主视图，轴线水平放置，一般只画一个基本视图，如图 7-35 所示。

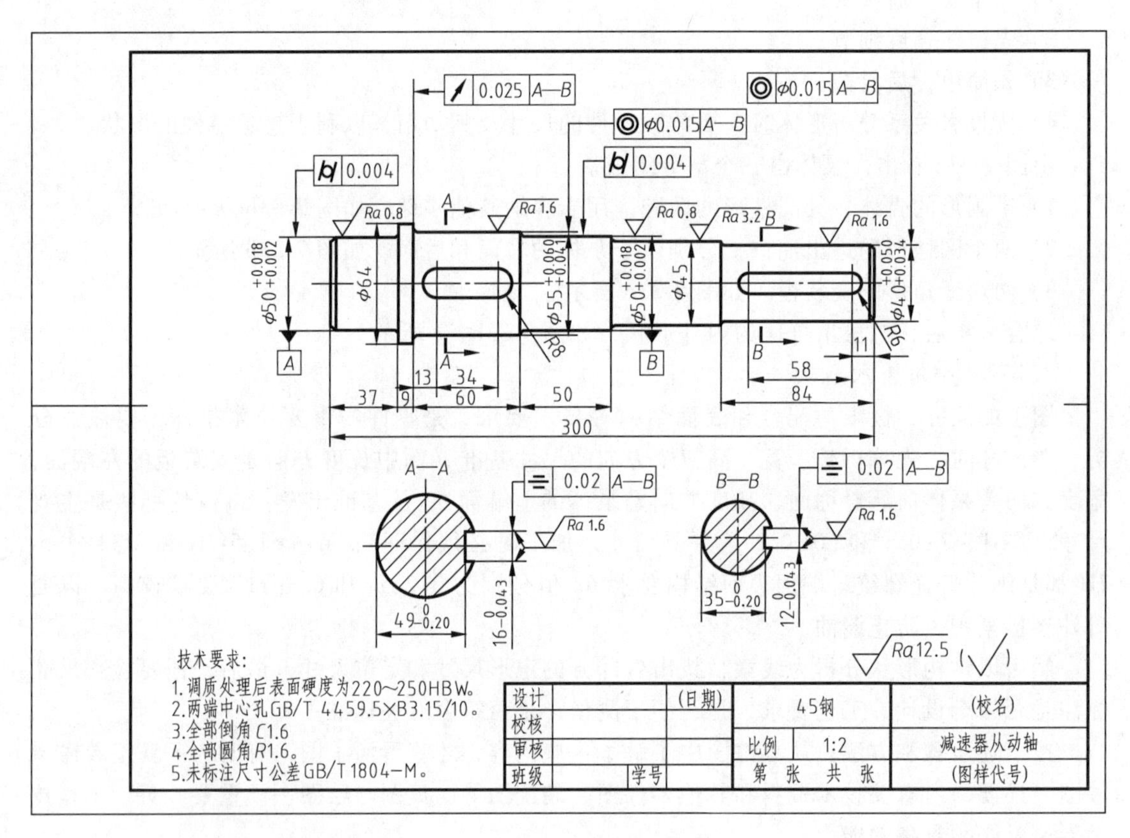

图 7-35 减速器从动轴零件图

2）轴套类零件的其他结构形状，如键槽、螺纹退刀槽和孔等可以用剖视、断面、局部视图和局部放大图等加以补充。

3）实心轴一般不剖，但轴上的局部内部结构形状可以采用局部剖视方法，如图 7-34b 所示。

（3）尺寸标注

1）宽度方向和高度方向的基准是回转轴线，长度方向的基准一般是左、右端面。

2）功能尺寸必须直接标注出来，其余尺寸一般按加工顺序标注。

3）为了清晰和便于测量，在剖视图上，内外结构形状的尺寸分开标注。

4）零件上的标准结构，如倒角、退刀槽、越程槽、键槽等，应按该结构的标注要求标注尺寸。

（4）技术要求方面

1）有配合要求的表面，其表面结构参数值较小；无配合要求表面的表面结构参数值较大。

2）有配合要求的轴颈尺寸公差等级较高、公差较小；无配合要求的轴颈尺寸公差等级较低，一般不需标注。

3）有配合要求的轴颈和重要的端面一般应有几何公差的要求。

2. 轮盘类零件

（1）结构及用途

轮盘类零件的基本形状是扁平的盘状，主体部分多为回转体，其尺寸特点是径向尺寸远大于轴向尺寸，如图 7-36 所示的端盖。轮盘类零件还包括手轮、带轮等。轮一般用来传递动力和扭矩，盘主要起支撑、轴向定位以及密封等作用。

（2）视图表达方案（图 7-37）

1）轮盘类零件一般在车床上加工，应按形状特征和加工位置选择主视图，轴线水平。

2）一般需要两个主要视图，其他结构形状（如轮辐）可用断面图表示。

3）根据其结构特点（空心的），各个视图具有对称平面时，可作半剖视图；无对称平面时，可作全剖视图。

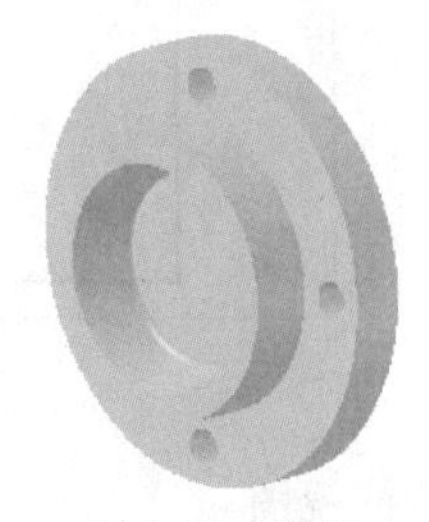

图 7-36 端盖

（3）尺寸标注

1）宽度和高度方向的基准是回转轴线，长度方向的主要基准是经过加工的大端面。

2）定形尺寸和定位尺寸都比较明显，尤其是在圆周上分布的小孔的定位圆直径是这类零件的典型定位尺寸，多个小孔一般采用“6×ϕ7EQS”形式标注，EQS 含义是沿定位圆均布，当均布很明显时，EQS 也可省略标注。

3）内外结构形状应分开标注。

（4）技术要求

1）有配合要求的内、外表面结构参数值较小；用于轴向定位的端面，表面结构参数值较小。

2）有配合要求的孔、轴的尺寸公差较小；与其他运动零件相接触的表面应有平行度、垂直度的要求。

3. 叉架类零件

（1）结构及用途

叉架类零件一般由三部分组成，即支撑部分、工作部分和连接部分，如图 7-38 所示的支架。叉架类零件还包括拨叉和连杆等，拨叉主要用在机械设备的操纵机构上，操纵机器、调节速度。支架和连杆主要起支撑和连接的作用。

（2）视图表达方案

1）叉架类零件一般是铸件，毛坯形状较复杂，不同的加工位置难以分出主次。选主视图时，主要按形状特征和工作位置（或自然位置）确定，如图 7-39 所示，支架的主视图是

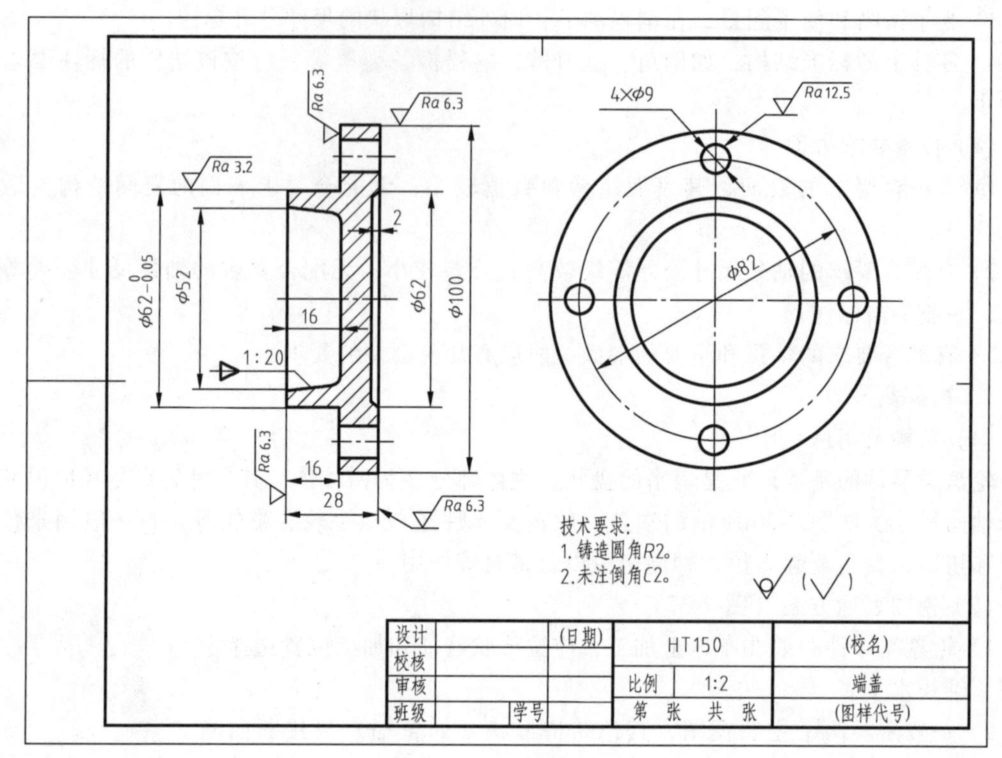

图 7-37 端盖零件图

特征视图。

2）结构形状较复杂，一般需要两个以上的视图。由于它的某些结构形状不平行于基本投影面，所以常采用斜视图、剖视图和断面图表示。对内部结构形状可采用局部剖视。

（3）尺寸标注

1）长度、宽度和高度方向的主要基准一般为孔的中心线、轴线、对称面和较大的加工平面。支架三个方向的基准为：长度方向（X 向）是左端面，宽度方向（Y 向）是前后对称面，高度方向（Z 向）是工作部分的中心线。

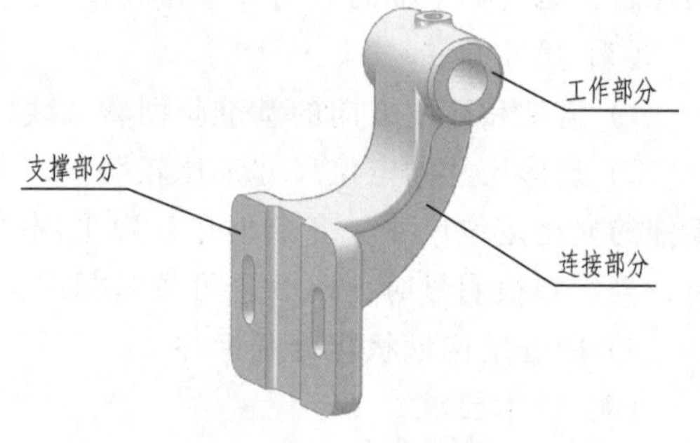

图 7-38 叉架类零件

2）定位尺寸较多，要注意能否保证定位的精度。一般要标注出孔中心线（或轴线）间的距离，或孔中心线（轴线）到平面的距离、平面到平面的距离。

3）定形尺寸一般采用形体分析法标注，便于制作模样。内、外结构形状要注意保持一致。起模斜度、圆角也要标注出来。

（4）技术要求

表面粗糙度、尺寸公差和几何公差没有特殊的要求。

4. 箱体类零件

（1）结构及用途

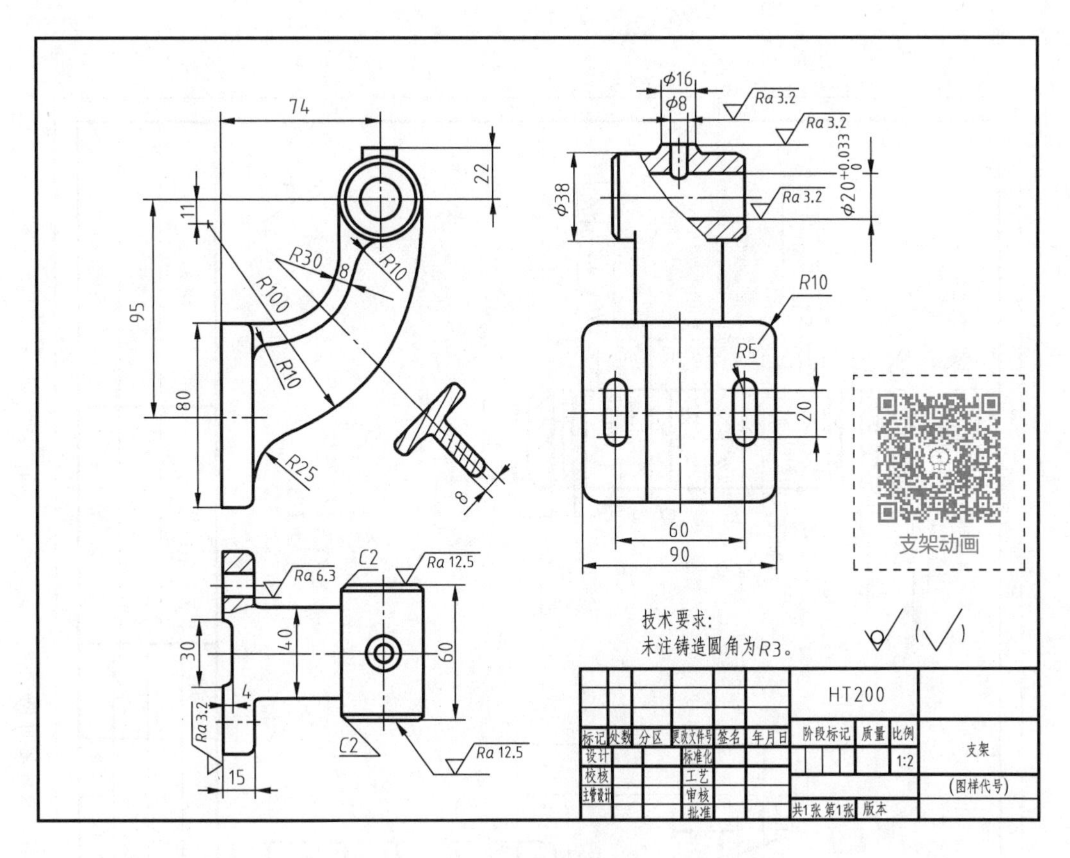

图 7-39　支架零件图

箱体类零件主要用来支撑和包容其他零件，多为铸件。其内外结构比较复杂，如图 7-40 所示的泵体。箱体类零件还包括阀体、减速器箱体等。

（2）视图表达方案

1）箱体类零件一般加工工序复杂，各工序的加工位置不相同，主视图主要按形状特征和工作位置确定，如图 7-41 所示。

2）结构形状一般较复杂，常需用三个以上的基本视图进行表达。

泵体动画2

图 7-40　泵体

3）视图投影关系一般较复杂，常会出现截交线和相贯线；由于它们是铸件，所以经常会遇到过渡线，要按照铸造工艺结构分析并作图。

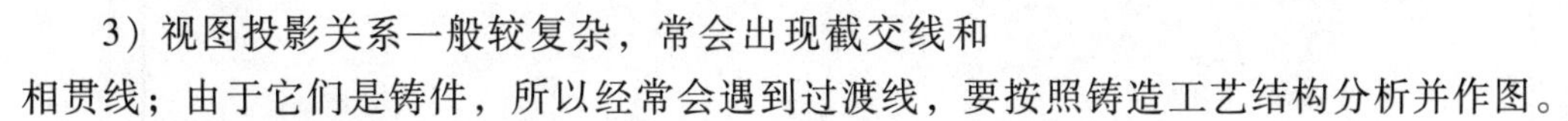

（3）尺寸标注

1）长度、宽度和高度方向的基准为孔的中心线、轴线、对称面和较大的加工平面。箱体三个方向的基准为：长度方向（X 向）是左右对称面，宽度方向（Y 向）是前后对称面，高度方向（Z 向）是底面。

2）它们的定位尺寸较多，各孔中心线（或轴线）间的距离要直接标注出来；定形尺寸仍用形体分析法标注。

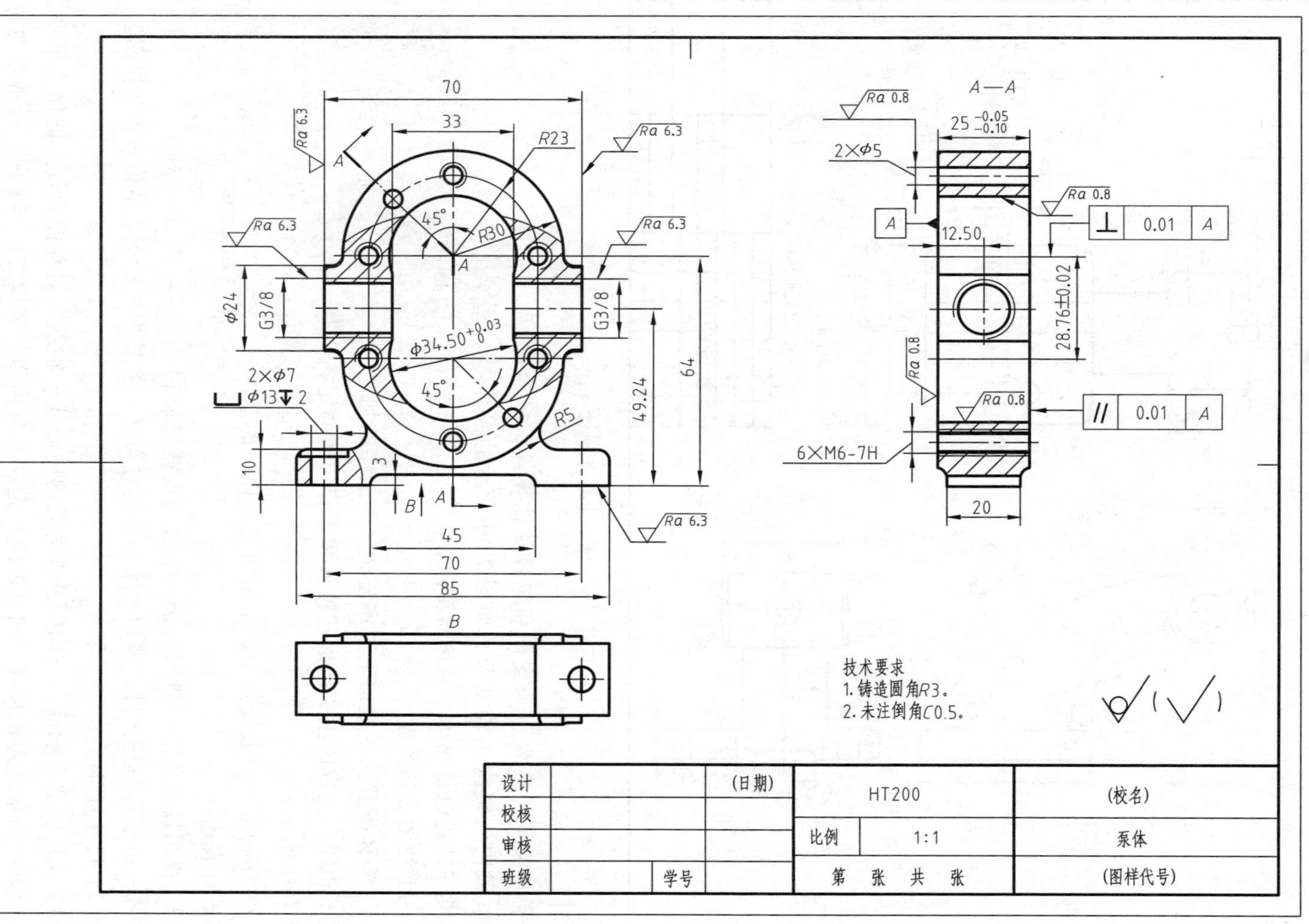

设计		(日期)	HT200		(校名)
校核			比例	1:1	泵体
审核					
班级	学号		第　张　共　张		(图样代号)

图 7-41　泵体零件图

（4）技术要求

1）箱体重要的孔、表面一般应有尺寸公差和几何公差要求。

2）箱体重要的孔、表面的表面粗糙度参数值较小。

7.6.3　零件实例

前面讲述了有关零件图的读图方法和步骤，以及典型零件分析，这里引用企业实际零件图纸，进一步学习有关企业零件图的实际内容及特点。

【实例1】　如图7-42所示，为中国一重集团有限公司轧制生产线上辊道输送机的辊轴支撑构件——轴承座。此轴承座一般负荷较重、承受较大的冲击载荷，因此在生产中要求轴承座维护方便，故障少，易于标准化。

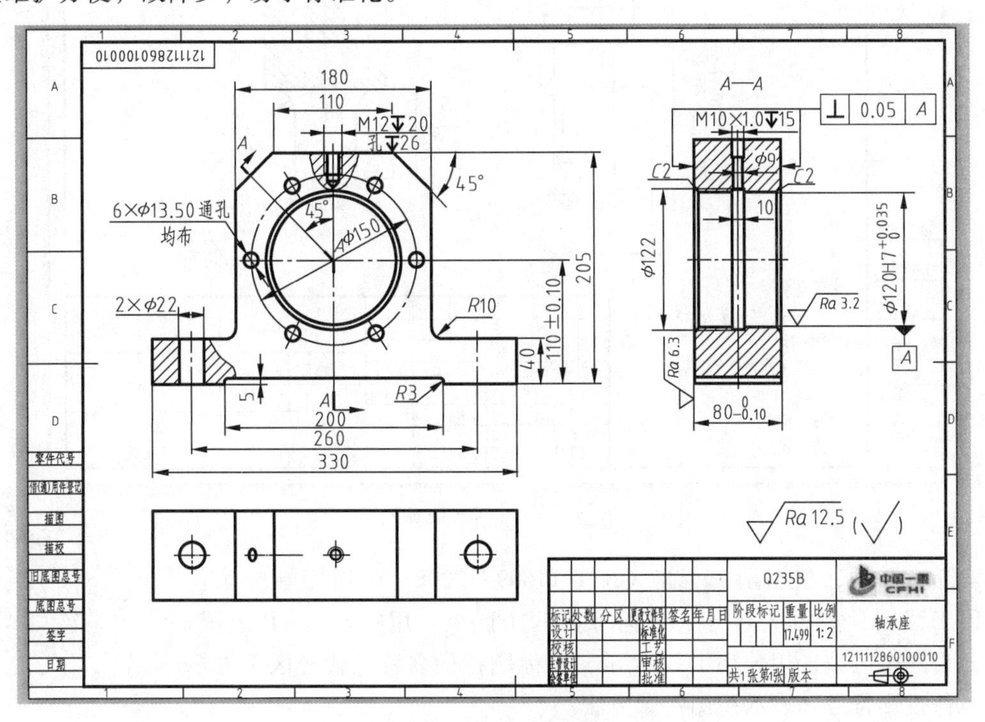

图7-42　轴承座零件图

零件图中关于轴承座的视图表达方法、尺寸标注、公差及技术要求等内容，此处不再叙述。

实际生产中，根据国家标准GB/T 14689—2008，经常采用图幅分区代号，可以快速查找某一字母所表示的尺寸位置，便于读图。如图7-42中，纵向分为六个区域，用字母A~F表示；横向分为八个区域，用数字1~8表示。在标题栏的名称及代号区下方标注第一角投影符号，表示视图投影方法。

【实例2】　如图7-43为十字万向联轴器，十字万向联轴器是两轴存在轴线夹角或不在同一轴线上的联接机构，能可靠地传递转矩和运动，有单节（图7-43a）和双节（图7-43b）两种。主动节是十字万向联轴器组成部分，图7-44为主动节零件图。

零件图中关于主动节的视图表达方法、尺寸标注、公差及技术要求等内容，此处不再叙述。

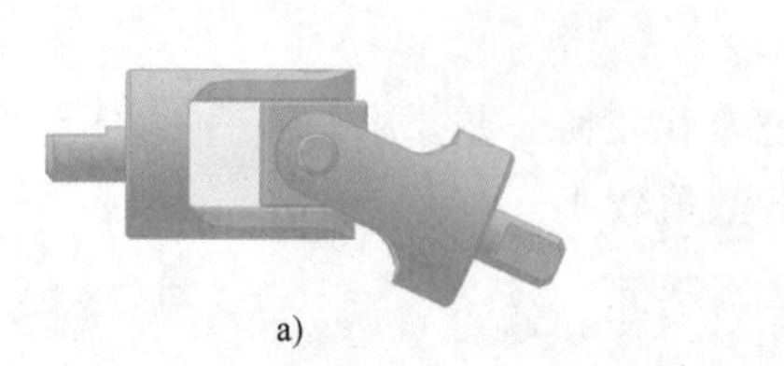

a) b)

图 7-43 十字万向联轴器

a）单节 b）双节

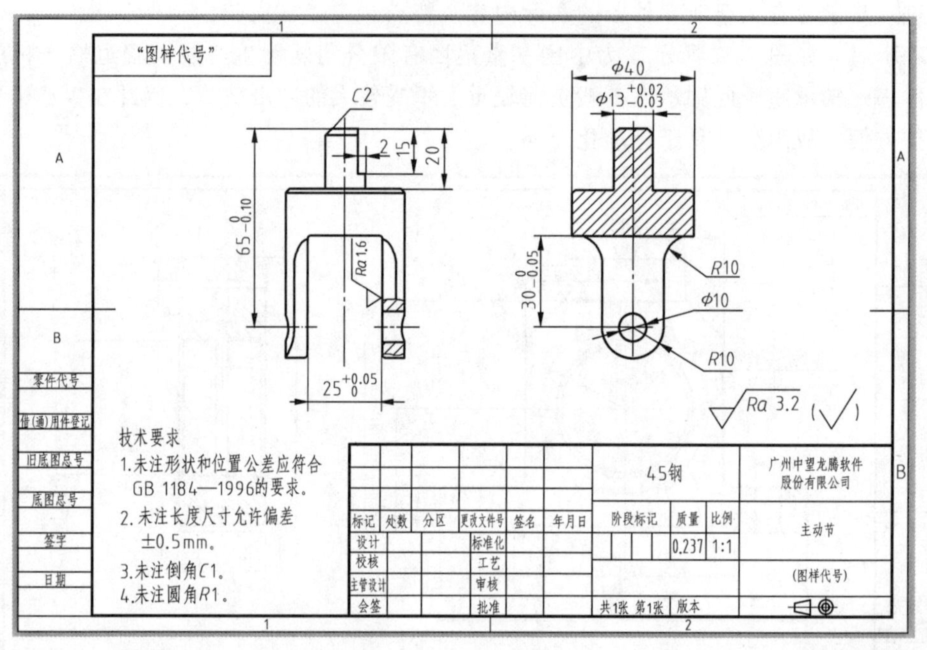

图 7-44 主动节零件图

实际生产中，根据国家标准 GB/T 14689—2008，采用图幅分区代号，便于读图。如图 7-44 中，纵向分为两个区域，用字母 A ~ B 表示；横向分为两个区域，用数字 1~2 表示。在标题栏的名称及代号区下方标注第一角投影符号，表示视图投影方法。

生产中，依据机械制图国家标准，结合生产实际需要，可以按照企业标准进行设计、绘制零件图。

7.7 零件测绘

零件测绘是对已有零件进行测量、分析，大致估算图形与实物的比例，徒手画出草图，并标注尺寸和技术要求，然后经整理画出零件图的过程。

零件测绘工作常在机器设备的现场进行，由于受场地、时间等条件限制，一般都不用或少用绘图工具，目测徒手绘出图形，但要求线型明显清晰、内容完整、投影关系正确、比例匀称、字迹工整。在讨论设计方案、技术交流及现场测绘中，经常需要快速地绘制出草图，徒手绘制草图是工程技术员必须具备的基本技能。

7.7.1　零件测绘方法与步骤

1. 了解和分析测绘对象

首先应了解零件的名称、用途、材料以及它在机器（或部件）中的位置和作用；然后对该零件进行结构分析和制造方法的大致分析。

2. 确定视图表达方案

先根据显示零件形状特征的原则，按零件的加工位置或工作位置确定主视图；再按零件的内外结构特点选用必要的其他视图和剖视、断面等表达方法。

3. 绘制零件草图

1）确定绘图比例并定位布局。根据零件大小、视图数量、现有图纸大小，确定适当的比例。粗略确定各视图应占的图纸面积，在图纸上作出主要视图的作图基准线、中心线。注意留出标注尺寸和画其他补充视图的地方，如图 7-45a 所示。

2）详细画出零件内外结构和形状，检查、加深有关图线。注意各部分结构之间的比例应协调，如图 7-45b 所示。

3）将需要标注尺寸的尺寸界线、尺寸线全部画出，然后集中测量、注写各个尺寸。注意不要遗漏、重复或注错尺寸，如图 7-45c 所示。

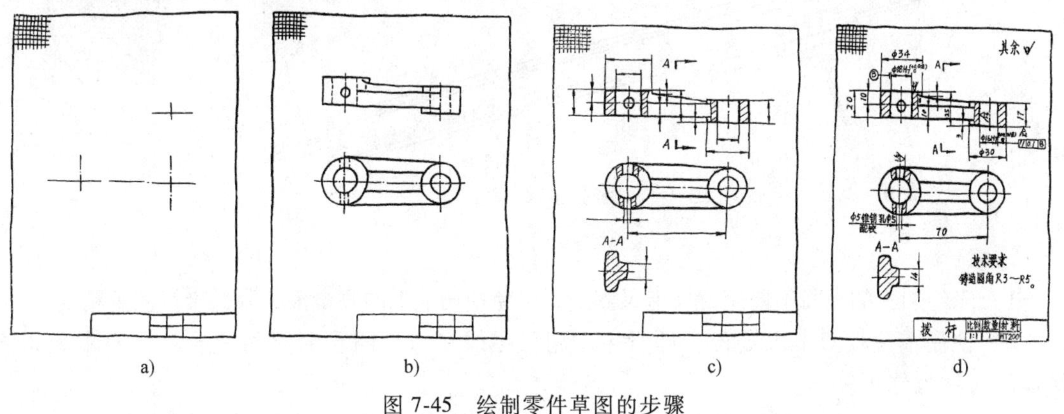

图 7-45　绘制零件草图的步骤

4）注写技术要求。确定表面粗糙度，确定零件的材料、尺寸公差、几何公差及热处理等要求，如图 7-45d 所示。

5）最后检查、修改全图并填写标题栏，完成草图。

4. 复核零件草图，画零件图

由于绘制零件草图时，往往受某些条件限制，有些问题可能处理得不够完善，在画零件工作图时，要对草图进一步检查和校对，对于零件上标准结构及配合关系等，查表给出正确的标注，再画出零件工作图，即完成零件测绘工作。

7.7.2　测量工具及其使用方法

1. 常用测量工具

（1）钢板尺

钢板尺是钢质板状量尺，可直接测量长度尺寸，规格有 150mm、300mm、500mm、

1000mm 等，测量精度为 1mm，最高 0.5mm，有的还有英制刻线，英制精度为 1/32″，最高 1/64″，如图 7-46 所示。

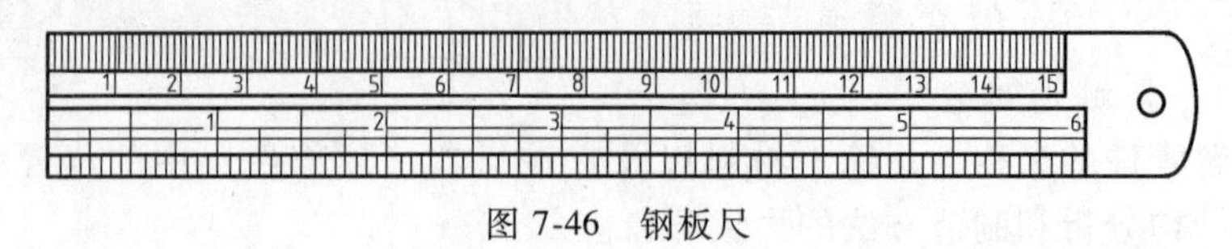

图 7-46 钢板尺

（2）游标卡尺

游标卡尺是带有测量量爪并用游标读数的量尺。测量精度较高，结构简单，使用方便，可以直接测出零件的内径、外径、宽度、长度和深度的尺寸值，是生产中应用最广的一种量具。

游标卡尺的结构如图 7-47 所示，由主尺（尺身）、副尺（游标）、内外卡爪、深度尺及紧固螺钉组成。游标卡尺的测量精度有 0.1mm、0.05mm、0.02mm 三种，其规格有 125mm、150mm、200mm、300mm 等几种，其刻线原理与读数方法见表 7-7。

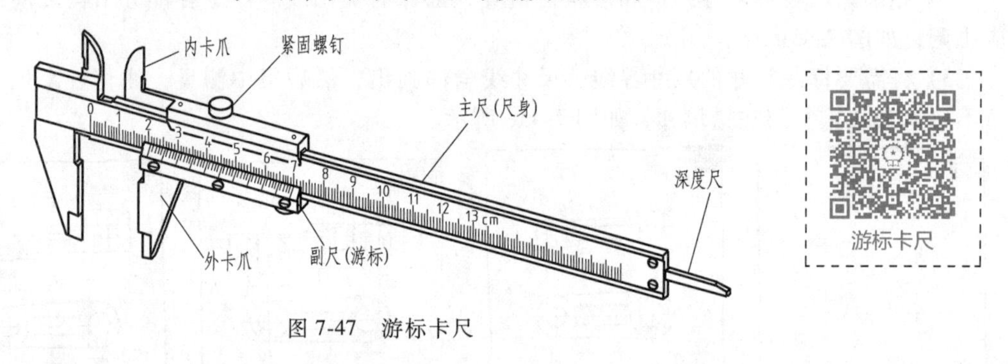

图 7-47 游标卡尺

注意：

1）未经加工的毛面不要用游标卡尺测量，以免损伤卡爪的测量面，降低卡尺测量精度。

2）使用前应校对卡尺零位，即看主、副尺零线在卡爪闭合时是否重合，如有误差，测量读数时注意修正。

3）游标卡尺测量方位应放正，不可歪斜。如测量内、外圆直径时应垂直于轴线。

4）测量时用力适当，不可过紧，也不可过松，特别是抽出卡尺读数时，注意游标不要移动。

其他游标量具还有专门用来测量深度尺寸的深度游标尺，如图 7-48a 所示；用来测量高度或进行精密划线的高度游标卡尺，如图 7-48b 所示。读数原理与游标卡尺相同。

（3）千分尺

千分尺是精密量具，测量精度为 0.01mm，有外径千分尺、内径千分尺及深度千分尺，这里以外径千分尺为例讲解。

外径千分尺的规格有 0~25mm、25~50mm、50~75mm、75~100mm 等，图 7-49 是 0~25mm 的外径千分尺。弓形尺架左端有测量砧座，测微螺杆与微分筒是连在一起的，转动微分筒时，测微螺杆即沿其轴向移动。测微螺杆的螺距为 0.5mm，固定套筒上有轴向中线，中线两侧相错 0.5mm 各有一排刻线，每格为 1mm。微分筒锥面边缘沿圆周有 50 等分的刻度线，当测微螺杆端面与砧座接触时，微分筒上零线与固定套筒中线对准，同时微分筒边缘与固定套筒零线重合。

表 7-7　游标卡尺的刻线原理及读数方法　（单位：mm）

精度	刻线原理	读数方法及示例
0.1	主尺 1 格 1mm，副尺取主尺 9 格等分为 10 份，每 1 格为 0.9mm。尺身与副尺每格之差： 1mm−0.9mm＝0.1mm	读数：游标 0 线前主尺整数+游标与主尺重合线数×精度值 示例：读数＝ 90mm+4×0.1mm＝ 90.4mm
0.05	主尺 1 格 1mm，副尺取主尺 19 格等分为 20 份，每 1 格为 0.95mm，尺身与副尺每格之差： 1mm−0.95mm＝0.05mm	读数：游标 0 线前主尺整数+游标与主尺重合线数×精度值 示例：读数＝30mm+11×0.05mm＝ 30.55mm
0.02	主尺 1 格 1mm，副尺取主尺 49 格等分为 50 份，每 1 格为 0.98mm。尺身与副尺每格之差： 1mm−0.98mm＝0.02mm	读数：游标 0 线前主尺整数+游标与主尺重合线数×精度值 示例：读数＝ 22mm+9×0.02mm＝ 22.18mm

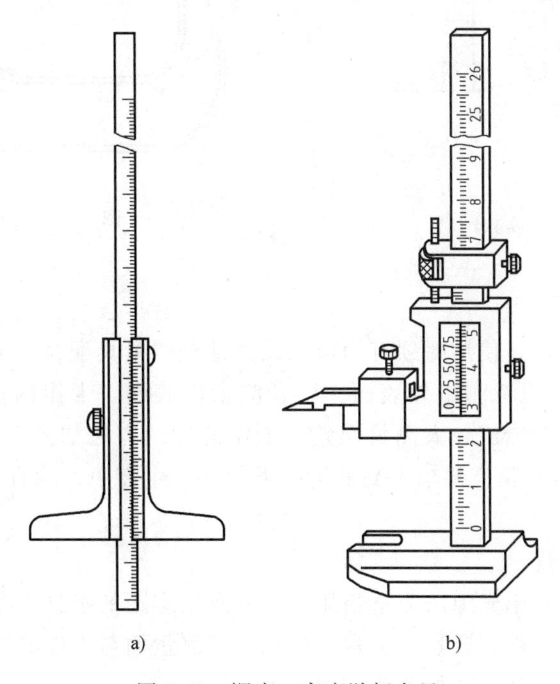

图 7-48　深度、高度游标卡尺

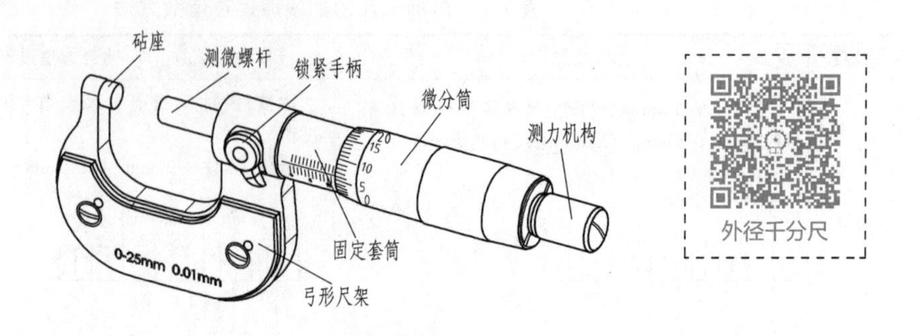

图 7-49　外径千分尺

测量时，先从固定套筒上读出毫米数，若 0.5mm 刻线也露在活动套筒边缘之外，加 0.5mm；从微分筒上读出小于 0.5mm 的小数，二者加在一起即测量数值。如图 7-50 所示，读数为：8.5mm+ 0.01mm×27＝8.77mm。

其他规格的外径千分尺，零线对准时，测微螺杆与砧座间的距离就是该测量范围的起点值，对准零线时应使用相应的校准杆，如图 7-51 所示。

使用时的注意事项与游标卡尺基本相同，只是当测微螺杆与工件接触时，应使用测力机构，避免用力过大使测量不准或损坏量具。

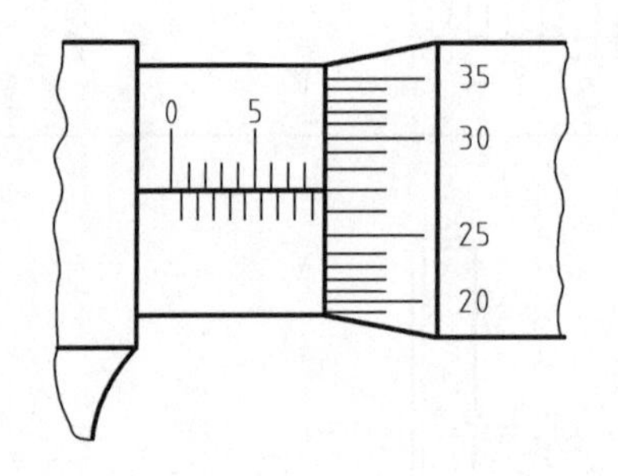

图 7-50　千分尺读数示例

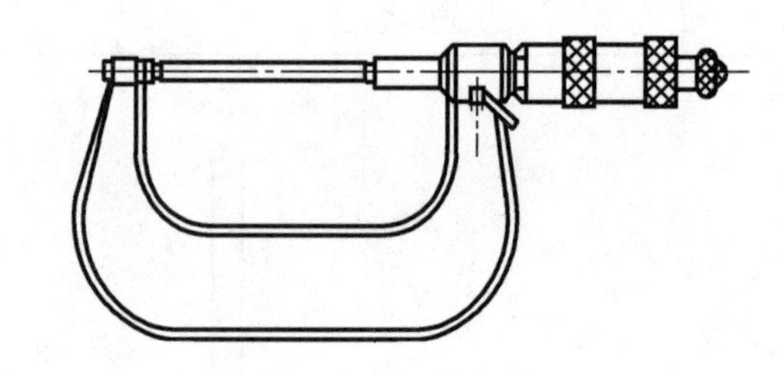

图 7-51　校准杆的使用

（4）卡钳

卡钳是一种间接量具，使用时须有钢板尺或其他刻线量具配合。卡钳有外卡钳和内卡钳之分，如图 7-52 所示，前者测量外表面，后者测量内表面。卡钳的正确使用需要靠经验，过松、过紧或歪测，均会造成较大测量误差。卡钳的使用方法如图 7-53 所示，尺寸的确定如图 7-54 所示，卡钳可在精度要求不高的情况下使用。生产中，除直接测量较困难的情况，一般不使用。

（5）半径规与螺纹规

半径规与螺纹规是利用光隙法测量圆弧半径和螺纹螺距的工具。测量时必须使半径规或螺纹规的测量面与工件的被测要素完全紧密接触，当测量面与工件的被测要素之间没有间隙时，读取样板上的数字，其用法如图 7-55 所示。

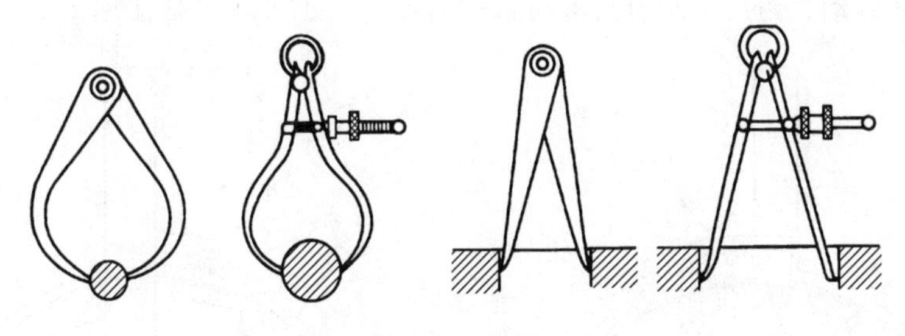

图 7-52 卡钳

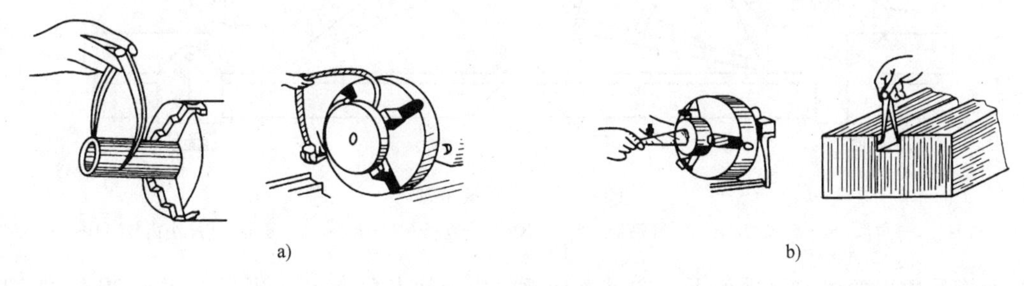

图 7-53 卡钳的使用

a）测外径 b）测内径

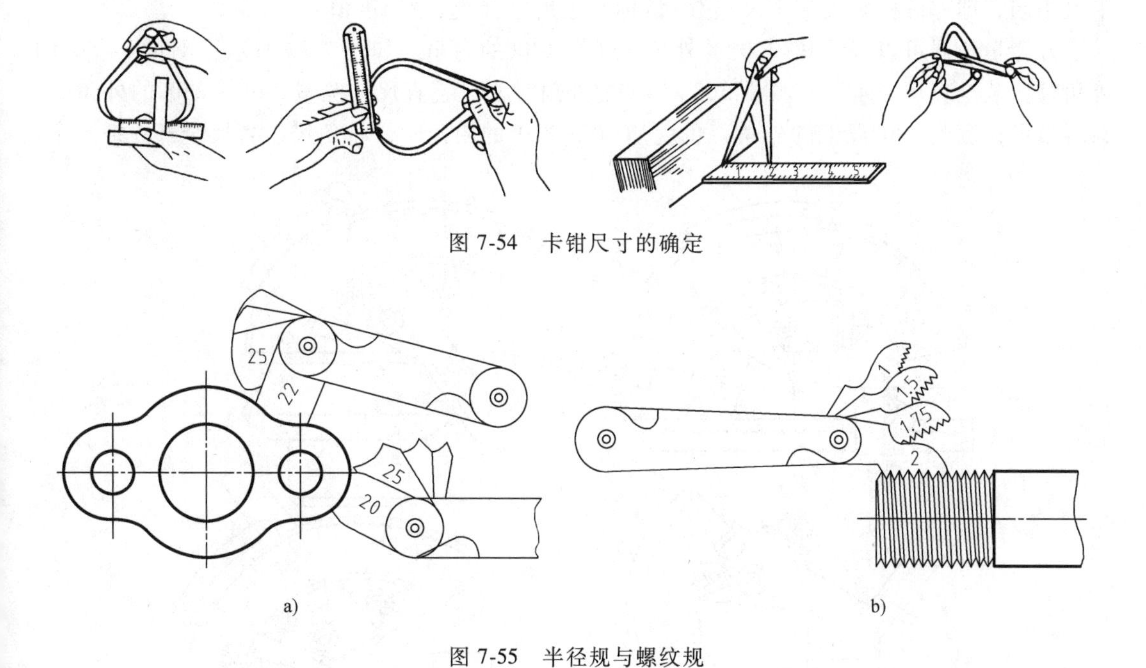

图 7-54 卡钳尺寸的确定

图 7-55 半径规与螺纹规

a）半径规 b）螺纹规

（6）万能量角器

万能量角器由主尺尺身 1、角尺 2、副尺游标 3、制动器 4、基尺 5、直尺 6、卡块 7 等组成，如图 7-56 所示。手轮 8 可通过小齿轮 9 转动扇形齿轮 10，使基尺 5 改变角度，带动尺身 1 沿游标 3 转动，角尺 2 和直尺 6 可以配合使用，也可以单独使用。

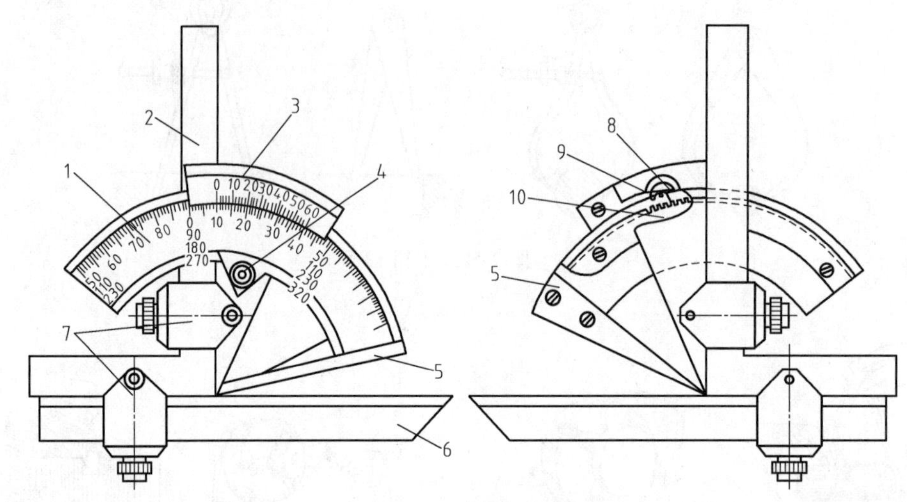

图 7-56 万能量角器

1—主尺尺身 2—角尺 3—副尺游标 4—制动器 5—基尺 6—直尺 7—卡块 8—手轮 9—小齿轮 10—扇形齿轮

万能量角器的读数原理如下。主尺上相邻两格线间夹角为 1°，副尺取主尺 29 格即 29°，等分为 30 份，所以副尺上每相邻两条刻线间夹角为（29/30）°，主尺与副尺的两刻线间夹角差为 $[1°-(29/30)°]\times60'=2'$。也就是说，万能量角器的测量精度为 2′，读数方法与游标卡尺相同，即：游标 0 线前主尺整数+游标与主尺重合线数×精度值。

万能量角器可以测量 0～320°的外角，40°～130°的内角。如图 7-57 所示，测量 0～50°的外角时，装全直尺、角尺；测量 50°～140°的外角时，只装直尺；测量 140°～230°的外角时，只装角尺；测量 230°以上的外角，也就是 40°～130°的内角时，将角尺、直尺全部去掉。

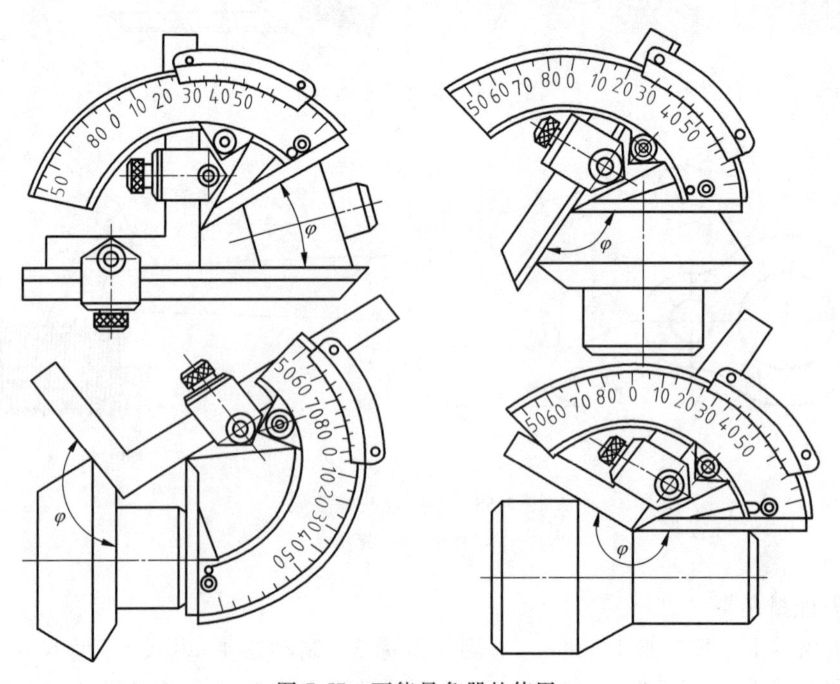

图 7-57 万能量角器的使用

2. 测量工具的使用方法

(1) 线性尺寸测量

精度较低时用钢板尺，如图 7-58a 所示；精度较高时用游标卡尺，如图 7-58b 所示。

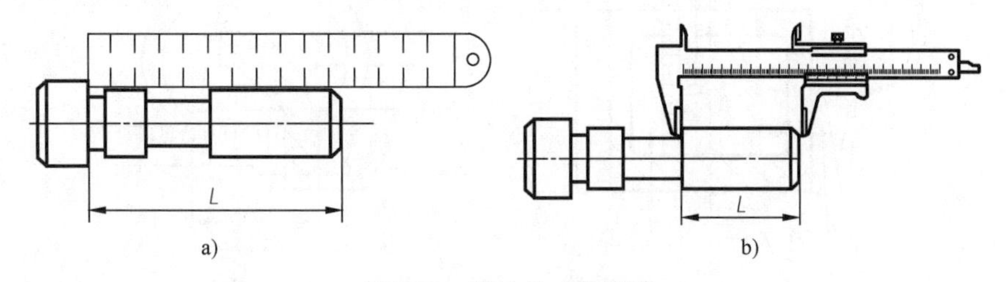

图 7-58　线性尺寸的测量

a）用钢板尺测量长度　b）用游标卡尺测量长度

(2) 直径尺寸

如结构允许，尽量使用游标卡尺、千分尺等量具直接量取，特殊情况下使用卡钳，但要正确使用，松紧适度，如图 7-59 所示。

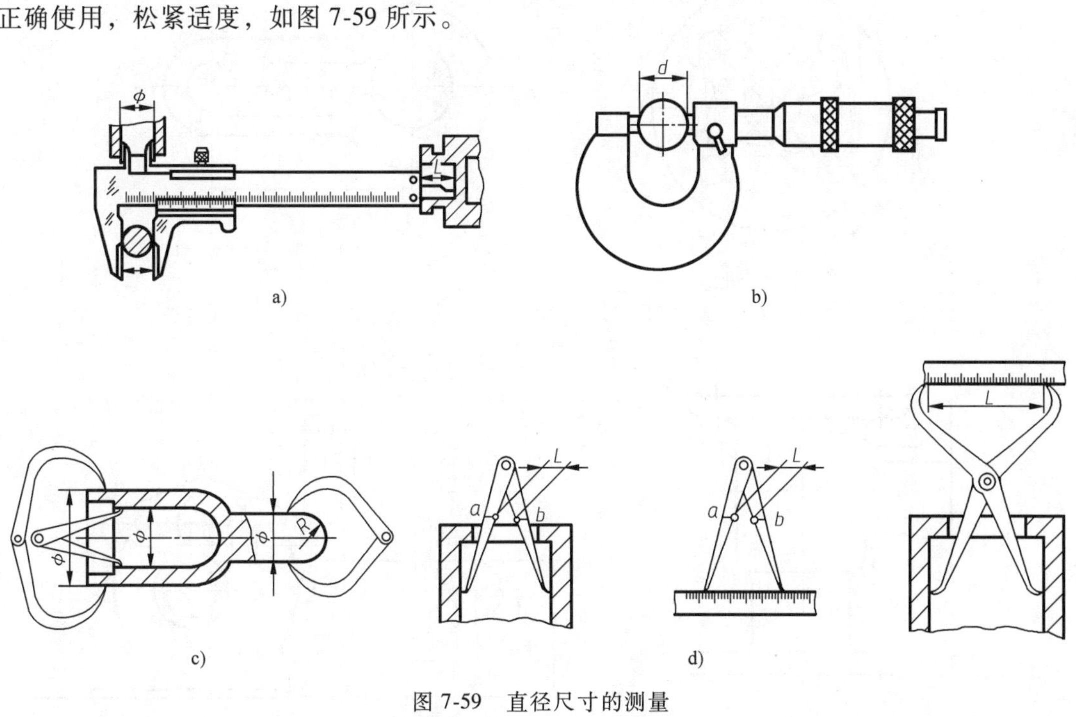

图 7-59　直径尺寸的测量

a）用游标卡尺测量直径　b）用外径千分尺测量直径　c）用内、外卡钳测量直径　d）测量内径的特殊方法

(3) 深度及壁厚尺寸的测量

间接测量时，要正确使用工量具，尽量减少测量误差。测量方法如图 7-60 所示。

(4) 孔间距和中心高

测量中心高时应在划线平板上进行，以减小基准不重合误差。测量方法如图 7-61 所示。

(5) 测量曲线和曲面

1）平面曲线，可用纸拓印其轮廓，再测量其形状尺寸，如图 7-62a 所示。

2）用铅丝弯成与其曲面相贴的实形，得平面曲线，再测出其形状尺寸，如图 7-62b 所示。

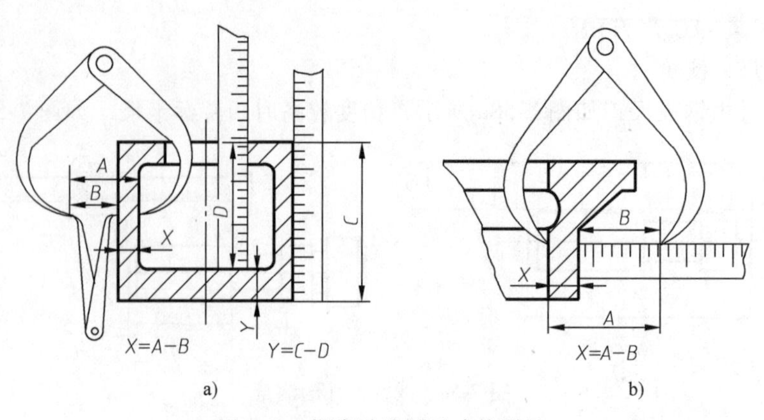

图 7-60 深度及壁厚尺寸的测量

a）用内、外卡钳测壁厚用直尺测深度、壁厚 b）用外卡钳和直尺测壁厚

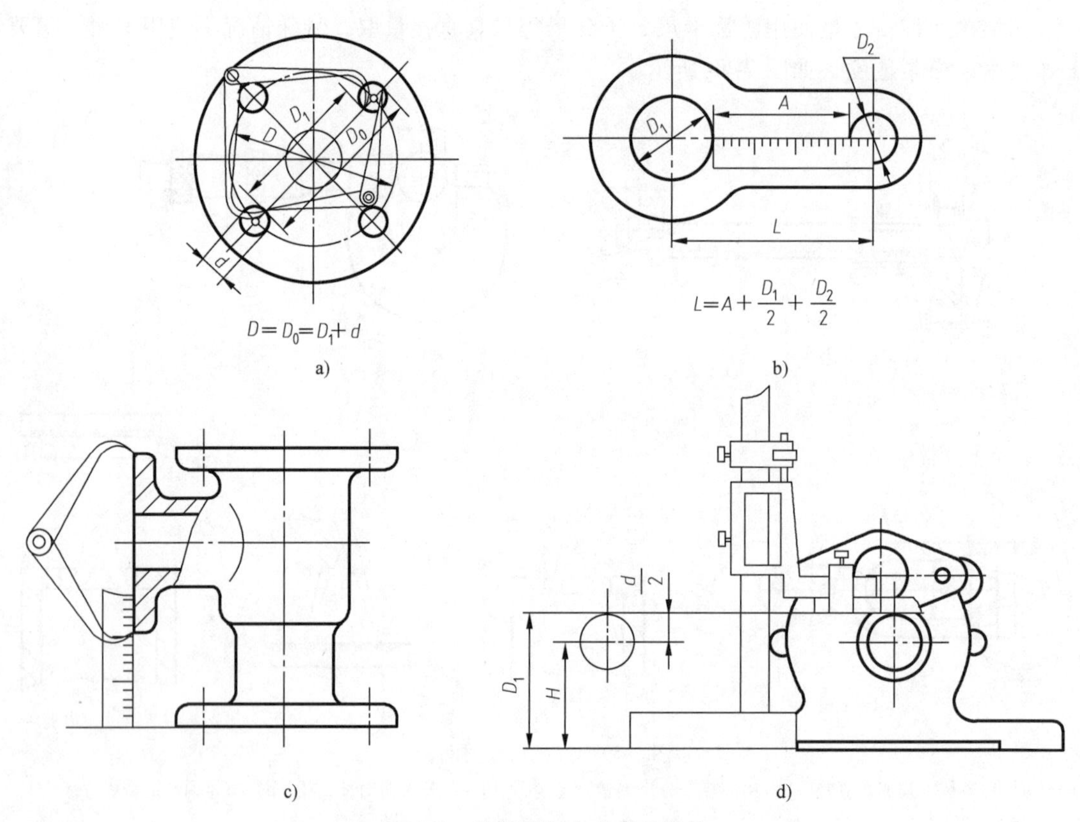

图 7-61 孔间距和中心高的测量

a）用内、外卡钳测孔距 b）用直尺测孔距 c）用直尺、卡钳测中心高 d）用高度尺测中心高

3）用直尺和三角板定出曲线或曲面上各点的坐标，平滑连接各点作出曲线，再测出其形状尺寸，如图 7-62c 所示。

3. 三坐标测量机

三坐标测量机广泛应用于机械、电子和仪表等行业。三坐标测量机是一种能够在 X、Y 和 Z 轴三个坐标方向上进行测量的通用长度测量仪器。一般由主机（包括光栅尺）、控制系

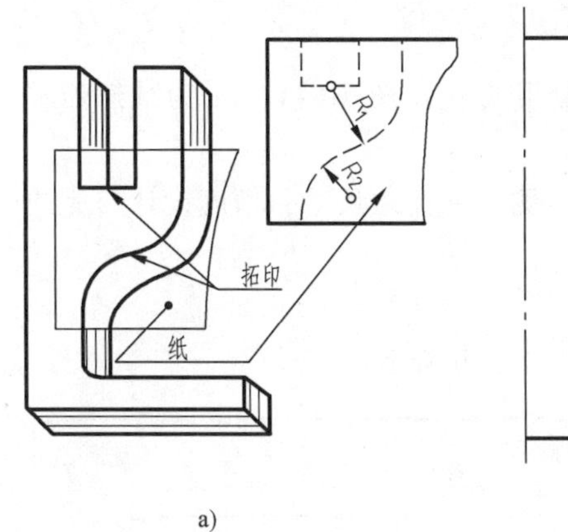

a)

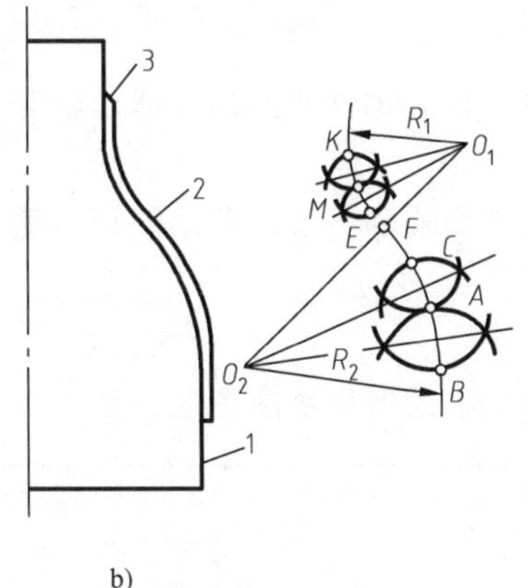

b)

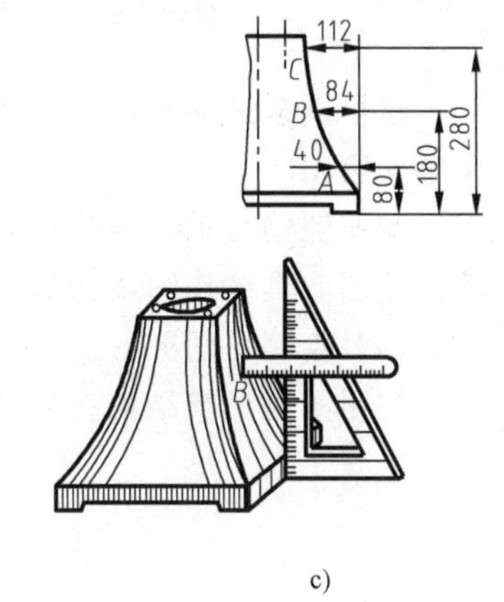

c)

图 7-62　测量曲线、曲面

统、软件系统和测头等组成，如图 7-63 所示，每个坐标有各自独立的测量系统。

三坐标测量机的基本原理是将被测零件置于三坐标测量空间，可获得被测物体上各测点的坐标位置，根据这些点的空间坐标值，将所测量的数值经过计算机进行数据处理、拟合，形成测量元素，如圆、球、圆柱、圆锥、曲面等，经计算求出被测物体的几何尺寸、形状和位置误差等，为操作者提供生产过程中的实用信息。

三坐标测量机是测量和获得尺寸数据最有效的方法之一，它可以代替多种表面测量工具，把复杂的测量任务所需时间从几小时减到几分钟，实现高效检测的目的。

图 7-63　三坐标测量机

4. 零件测绘注意事项

1）测量尺寸时，应正确选择测量基准，以减少测量误差。零件上磨损部位的尺寸，应参考其配合零件的相关尺寸，或参考有关技术资料予以确定。

2）零件上相互配合结构的基本尺寸必须一致，并应精确测量，查阅有关手册，给出恰当的尺寸偏差。

3）零件上的非配合尺寸，如果测得为小数，应圆整为整数标出。

4）零件上的截交线和相贯线，不能机械地照实物绘制。因为它们常常由于制造上的缺陷而被歪曲。画图时要分析、弄清它们是怎样形成的，然后用学过的相应方法画出。

5）要重视零件上的一些细小结构，如倒角、圆角、凹坑、凸台和退刀槽、中心孔等。如果是标准结构，在测得尺寸后，应参照相应的标准查出其标准值，注写在图样上。

6）对于零件上的缺陷，如铸造缩孔、砂眼、加工的疵点、磨损等，不要在图上画出。

7）测绘零件时，可根据实物并结合有关资料分析，确定零件的有关技术要求，如尺寸公差、几何公差、表面结构、热处理和表面处理等。

7.7.3 零件测绘实例

这里以减速器输出轴为例，讲解零件测绘的具体步骤和方法。图 7-64a 所示为减速器输出轴实物图。

减速器输出轴的测绘分为四个步骤：绘出草图图形→测量并标注尺寸→精度设计→完成零件草图。具体作图步骤如下。

（1）绘制草图图形

按照实物形状结构在坐标纸上绘制出草图图形，如图 7-64b 所示。

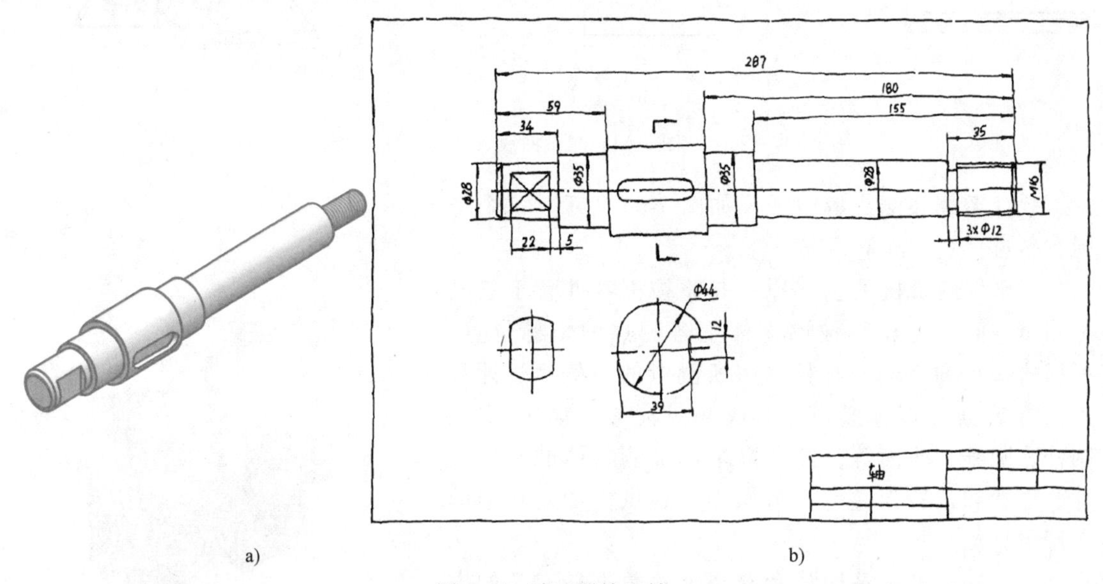

a) b)

图 7-64 减速器输出轴

（2）测量并标注尺寸

确定被测尺寸，并根据被测尺寸的精度选择测量工具。线性尺寸的主要测量工具有千分尺、游标卡尺和钢板尺等，千分尺的测量精度在 IT5 ~ IT9 之间，游标卡尺的测量精度在 IT10 以下，钢板尺一般用来测量非功能尺寸。轴类零件的测量尺寸主要有以下几类。

1）轴径尺寸测量。由测量工具直接测量的轴径尺寸要经过圆整，使其符合国家标准（GB/T 2822—2005）推荐的尺寸系列，与轴承配合的轴径尺寸要和轴承的内孔系列尺寸相匹配。

2）轴长度尺寸测量。轴长度尺寸一般为非功能尺寸，用测量工具测出的数据圆整成整数即可，需要注意的是，长度尺寸要直接测量，不要用各段轴的长度累加计算总长。

3）键槽尺寸测量。键槽尺寸主要包含槽宽 b、深度 t_1 和长度 L，从外观即可判断与之配合的键的类型为普通平键 A 型，根据测量出的 b、t_1 和 L 值，结合轴径的公称尺寸，查阅 GB/T 1096—2003，取标准值。

4）螺纹尺寸测量。螺纹大径的测量可用游标卡尺，螺距的测量可用螺纹规，然后按照国家标准取标准值。

（3）精度设计

轴类零件的精度设计应根据与轴相配合零件（如滚动轴承、齿轮、键等）对轴的精度要求，查阅相关标准，合理地确定轴的各部位的尺寸公差、几何公差和表面结构参数值。

1）轴承的作用是支承轴，轴上的几何公差及基准要素应选择在与轴承配合的轴径处。

2）与轴承内圈配合的表面要有圆柱度要求，左右两边安装轴承的轴段要有同轴度要求。

3）安装齿轮的键槽宽度方向要有对称度的要求。

4）根据配合要求给出轮廓结构参数 *Ra* 值。

（4）完成零件草图

按照机械制图的相关国家标准，将已确定的草图信息画在工程图纸上，注意合理布局，正确选择视图，填写技术要求和标题栏。

7.8 AutoCAD 绘制零件图

前面已经学习了运用 AutoCAD 绘制三视图的基本方法，这里以减速器输出轴零件图的绘制为例，重点讲解极限与配合、几何公差和技术要求等的标注方法。

【实例 3】 用 AutoCAD 绘制图 7-65 所示的减速器输出轴零件图。

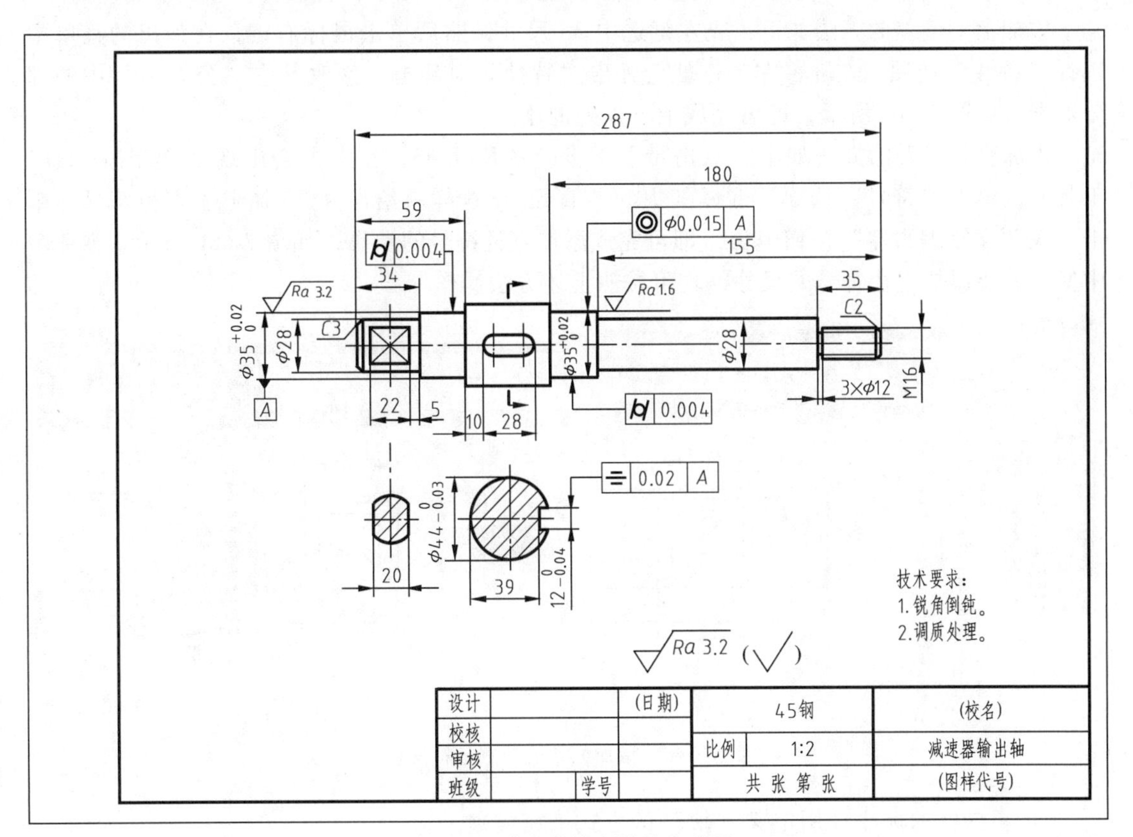

图 7-65 减速器输出轴的完成图

作图步骤：

1）启动 AutoCAD，绘制 A4 图纸横放的图例，完成图框及标题栏，如图 7-65 所示。

2）使用图层设置命令，设置四个绘图用到的图层：尺寸标注、轮廓线、虚线和中心线。

3）绘制视图。

注意：因为按照 1∶2 的比例绘制，所以在绘制时所有尺寸均除以 2。

➢ 利用前面 AutoCAD 所讲的知识，按照图中所给尺寸完成全部图样的绘制。

4）尺寸标注。

打开标注样式管理器，修改 ISO-25 样式。

➢ 在“线”选项中，将“超出尺寸线”的值改为 3。

➢ 在“符号和箭头”选项中，将“箭头大小”的值改为 4。

➢ 在“文字”选项中，将“文字高度”的值改为 4，将“从尺寸线偏移”的值改为 1.5。

➢ 在“主单位”选项中，将“小数分隔符”改为“句点”。

➢ 在“主单位”选项中，将“比例因子”的值改为 2。

➢ 按照图 7-65 的要求标注所有尺寸（不含公差）。

5）标注公差。

以最左侧的 $\phi35^{+0.02}_{\ 0}$ 为例说明公差的标注方法。

在标注线性尺寸时，带上下偏差的 $\phi35$ 只能标成 35，是不带直径符号和上下偏差的。

添加上下偏差的方法如下：先左键选中 35 尺寸，然后单击鼠标右键，在弹出的菜单中选择“特性”选项，在屏幕左上方就会弹出“特性”对话框，修改其中“公差项”中的部分数据，如图 7-66a 所示，即可完成上下偏差的添加。

添加直径符号的方法如下：双击带上下偏差的尺寸 35，在上方会出现“文字编辑器”工具栏，单击“符号”选项，选择其中的“直径”，这样就给尺寸 35 加上了直径符号，单击“关闭文字编辑器”按钮退出，即可完成添加直径符号的操作，如图 7-66b 所示。零件图中所有需要添加直径符号的尺寸，均可按照上述方法操作。

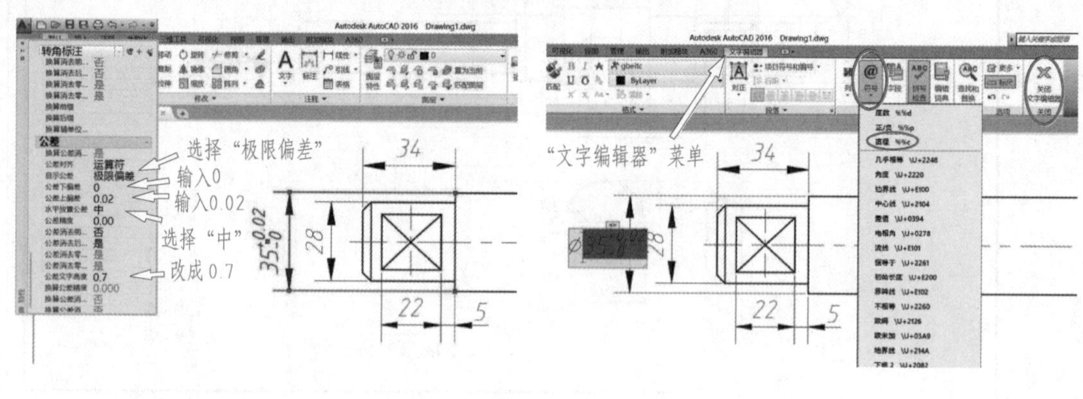

图 7-66 添加公差值及直径符号

6）粗糙度的标注（用定义“块”的方式来完成）。

➢ 先在图纸下方空白处按照制图标准用直线命令绘制粗糙度的符号（先不写 $Ra3.2$）。

➢ 在上方的功能区选择“块”，然后在弹出的下拉菜单中选择第一项“定义属性”，就打开了“属性定义”对话框。在“标记”文本框填入一个任意名称；在“文字样式”下拉列表中选择已经定义过的文字样式；在“文字高度”文本框可以修改默认的文字高度值。如图 7-67 所示。

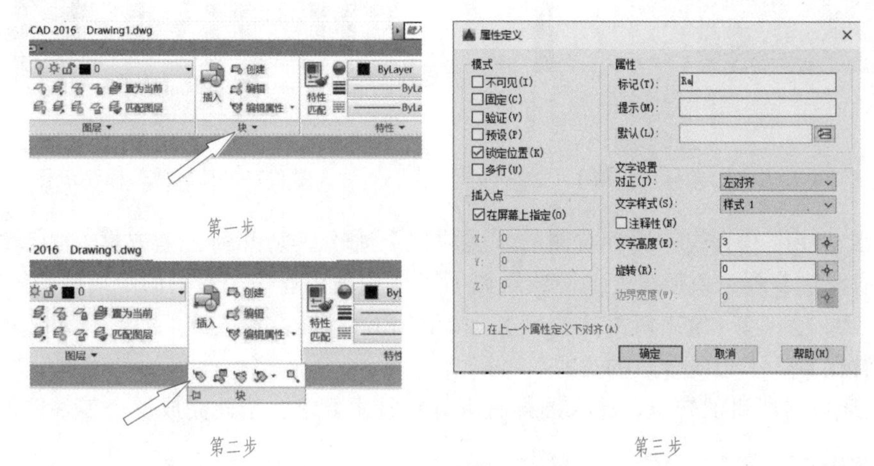

图 7-67　块属性定义步骤

➢ 单击“确定”按钮后，在粗糙度符号横线下面的合适位置给定文字左下角的位置。

➢ 在上方的功能区选择“块”区域上面的“创建”选项，弹出“块定义”对话框。如图 7-68 所示。

➢ 名称处填写 ccd（可填写任意名称，ccd 为粗糙度汉语拼音首字母）。

➢ 在“基点”区域下方选择“拾取点”，回到图纸界面后选择粗糙度三角形的下角点。

➢ 在“对象”区域下方选择“选择对象”，回到图纸界面后选择粗糙度符号图形及文字，按鼠标右键确定后返回“块定义”对话框，单击“确定”按钮完成块的定义。

➢ 单击插入块按钮，如图 7-69 所示。选择名称为 ccd 的块，在零件图上需要添加粗糙度的位置单击鼠标左键，在弹出的“编辑属性”对话框中填写零件图上标注的表面粗糙度值，最后单击“确定”按钮。并写入图上标注的粗糙度数值。

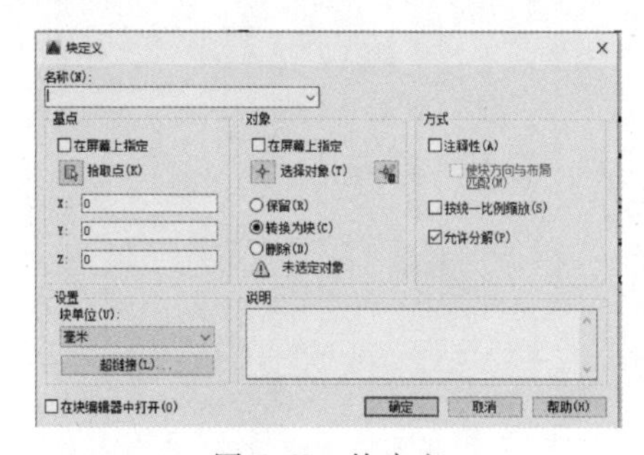

图 7-68　块定义

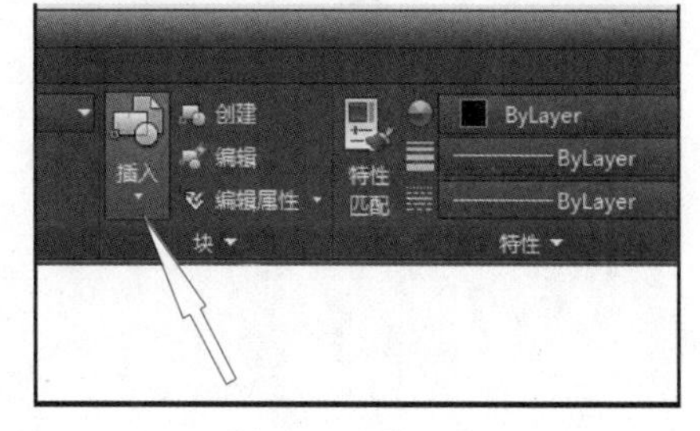

图 7-69　插入块

7）几何公差的标注。

以同轴度 0.015 为例说明 AutoCAD 几何公差的标注方法。

➢ 从菜单栏选择“标注”选项，在弹出的下拉菜单中选择“公差”后弹出“形位公差”对话框（形位公差即几何公差），如图 7-70 和图 7-71 所示，按照图 7-71 选择同轴度符号并在相应位置填写数值及基准 A。

➢ 将几何公差放到合适位置后用“多段线”命令画连接线。

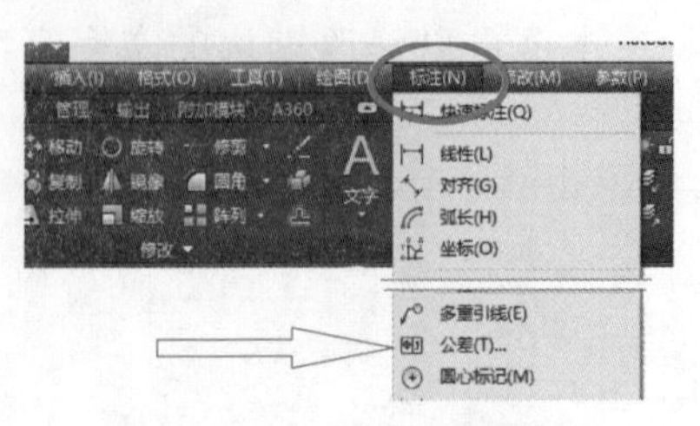

图 7-70 几何公差标注步骤 1

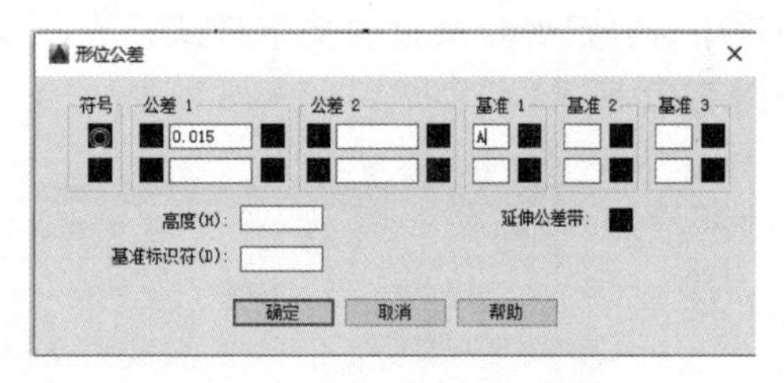

图 7-71 几何公差标注步骤 2

➢ 单击功能区“直线”图标右侧的“多段线”命令，从几何公差方框左侧竖线中点开始画一条横线接着画一条竖线（此竖线距离 $\phi35$ 上边线还有一个箭头的距离），输入 W，按下<Enter>键，输入 2（给出箭头的宽度），按下<Enter>键，输入 0，按下<Enter>键后，将箭头终点放在 $\phi35$ 上边线合适的位置。

8）按照以前所讲的知识，输入图样右下方的技术要求，至此完成整个零件图的绘制。

教学提示

本章是机械制图与识图技能训练的核心，重点学习常见零件工艺结构及零件技术要求的相关知识，使学生掌握典型零件的结构特点和视图表达方法；合理设计零件结构，用 AutoCAD 绘制零件图、标注尺寸并注写技术要求等；初步掌握通用量具的使用方法，能够运用其进行简单的零件测绘；掌握零件图的识读方法，能读懂中等难度的零件图，满足企业用人要求。

教学中，通过零件图的绘制与识读训练，培养学生勇于探索、勤于实践，积极主动解决实际问题的能力；通过对企业实际零件图的识读，使学生认识到企业实际应用与校内技能学习的差别，培养学生善于思考和应变的能力；同时，通过测绘技能训练，增强学生的劳动意识，树立劳动光荣的观念；教学中，通过分组测绘实践，践行知行合一，使学生处理好个人和集体的关系，培养团队协作精神。

第8章 装配图

教学目标

1. 掌握装配图的视图表达方法以及尺寸标注、技术要求和明细栏及序号等表达方法。
2. 熟悉装配工艺知识，合理设计装配结构，在实践中增强质量意识及创新思维。
3. 学会装配体测绘方法与步骤，并应用于实践，培养爱劳动、重实践的思想意识。
4. 读懂中等难度的装配图，培养积极思考、分析问题和解决问题的综合能力。
5. 利用 AutoCAD 软件绘制中等难度的装配图。

8.1 概述

1. 装配图的作用

装配图是表示产品及其组成部分的连接、装配关系及技术要求的图样。它主要反映机器（或部件）的工作原理、零件之间的装配关系、结构形状和技术要求，是设计和绘制零件图的主要依据，也是装配过程中安装、调试和维修的主要技术文件。

2. 装配图的内容

图 8-1 所示为滑动轴承的装配图，其内容包含以下几方面。

1）一组视图。表达机器（或部件）的工作原理、装配关系、传动路线和零件的主要结构形状等。

2）必要的尺寸。主要的规格尺寸、性能尺寸、装配尺寸、安装尺寸、外形尺寸及其他重要尺寸。

3）技术要求。用文字或符号说明机器或部件在装配调试、安装和使用等过程中的技术要求。

4）零件序号和明细栏。为便于生产和管理，装配图中必须对每种零件进行编号，并填写在明细栏内，用以说明零件的名称、数量和材料等内容。

5）标题栏。填写机器（或部件）的名称、图号、比例，以及设计、制图和审核等责任者的签名和日期等内容。

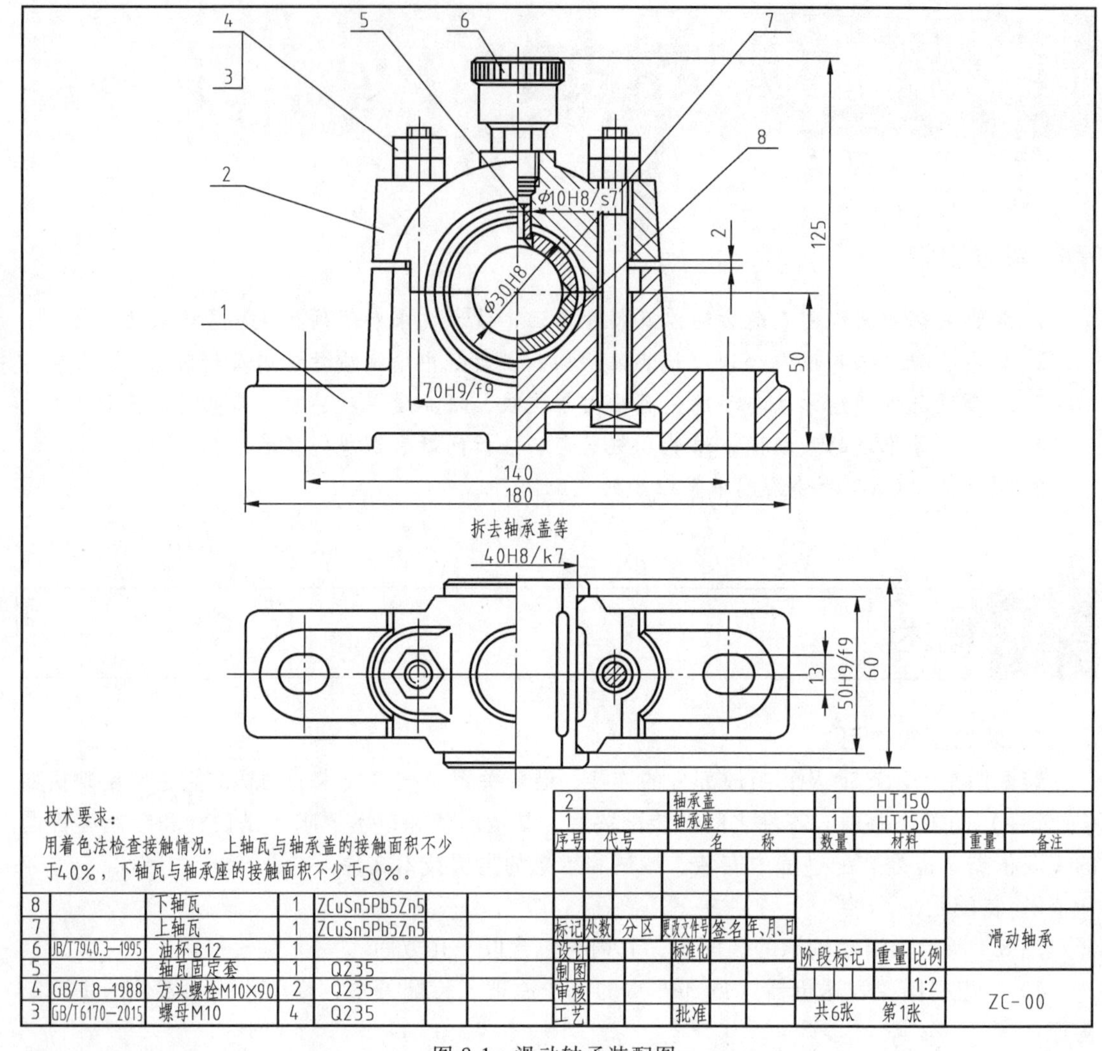

图 8-1 滑动轴承装配图

8.2 装配图的表达方法

装配图着重表达部件的整体结构，特别是各零件的相互位置、连接方式和装配关系等，以便于分析部件或机器的传动路线、运动情况、润滑冷却方式、操作及控制方法等。选择装配图的一般步骤、表达方法及基本要求如下。

1）一般步骤。根据部件的机构特点，从装配干线入手，首先考虑和部件功用密切的主要干线（如工作系统、传动系统等）；然后是次要干线（如润滑冷却系统、操纵系统和各种辅助装置等）；最后考虑连接、定位等方面的表达。

2）表达方法。了解部件的功用和结构特点，选择主视图要符合部件的工作位置，采用恰当的表达方法，能较多地表达部件的结构和主要装配关系，主视图没有表达（或表达不够完整、清晰）而又必须表达的部分，用其他视图表达完整。

3）基本要求。装配图表达方案要完全、正确、清楚。

完全：部件的功用、工作原理、主要结构和零件之间的装配关系要表达完全。

正确：表达部件的视图、剖视图、规定画法等的表示方法要正确。

清楚：图形清楚易懂，便于读图。

装配图的表达方法与零件图基本相同，零件图中的各种表达方法基本适用于装配图。除此之外，装配图还有其规定画法和特殊画法。

8.2.1　装配图的规定画法

1. 相邻两零件的画法

相邻两零件的接触表面和配合表面只画一条轮廓线，如图 8-2a 所示，非接触表面和非配合表面画两条轮廓线，如图 8-2b 所示。

2. 相邻两零件剖面线的画法

两个（或两个以上）零件邻接时，剖面线的倾斜方向应相反或间隔不同，但同一零件在各视图上的剖面线方向和间隔必须一致，如图 8-3 所示。

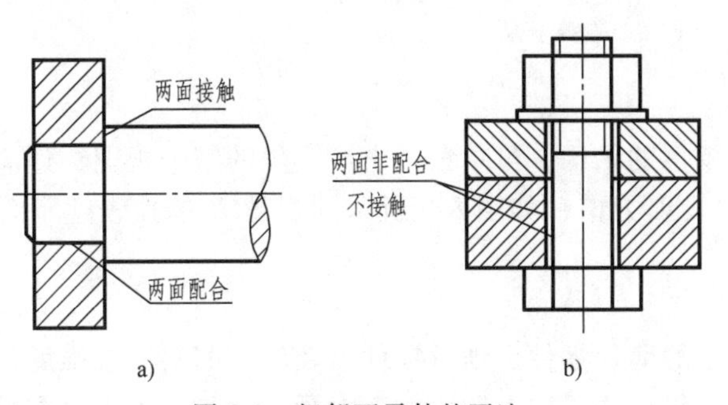

图 8-2　相邻两零件的画法

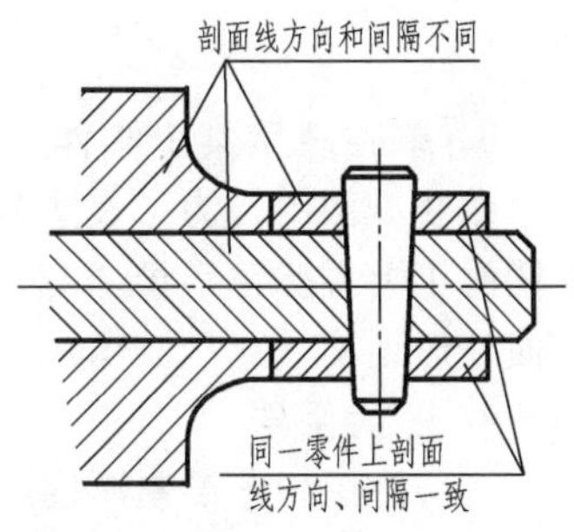

图 8-3　相邻零件剖面线画法

3. 标准件和实心件的画法

标准件和实心件按不剖绘制。当剖切平面通过螺栓、螺钉、螺母、垫圈、键、销等标准件及轴、杆、球等实心件的轴线或纵向对称面时，这些零件按不剖绘制，如图 8-2、图 8-3 所示的实心轴、标准件及圆锥销，均按不剖绘制。

8.2.2　装配图的特殊画法

1. 拆卸画法

为了表达装配体中被上面零件遮挡的下面零件的内部结构及装配关系，可假想将上面的零件拆卸后绘制，并在该图上方标注“拆去××等”，如图 8-4 所示。

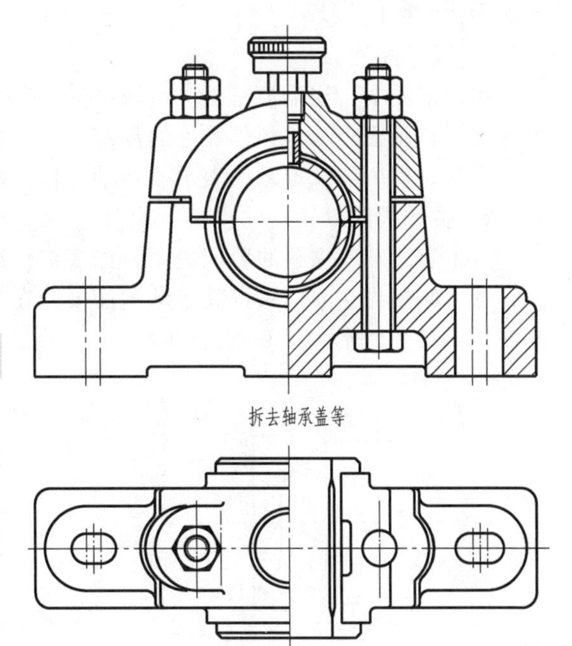

图 8-4　滑动轴承

2. 沿结合面剖切画法

为了表达装配体中某些内部结构及装配

关系，可假想沿某些零件的结合处进行剖切后绘制，如图 8-5 所示，*A*—*A* 剖视图为沿轴承盖与轴承座的结合面剖切后的视图，此时零件的结合面不画剖面线，被剖断的其他零件（螺栓和心轴）应画剖面线。

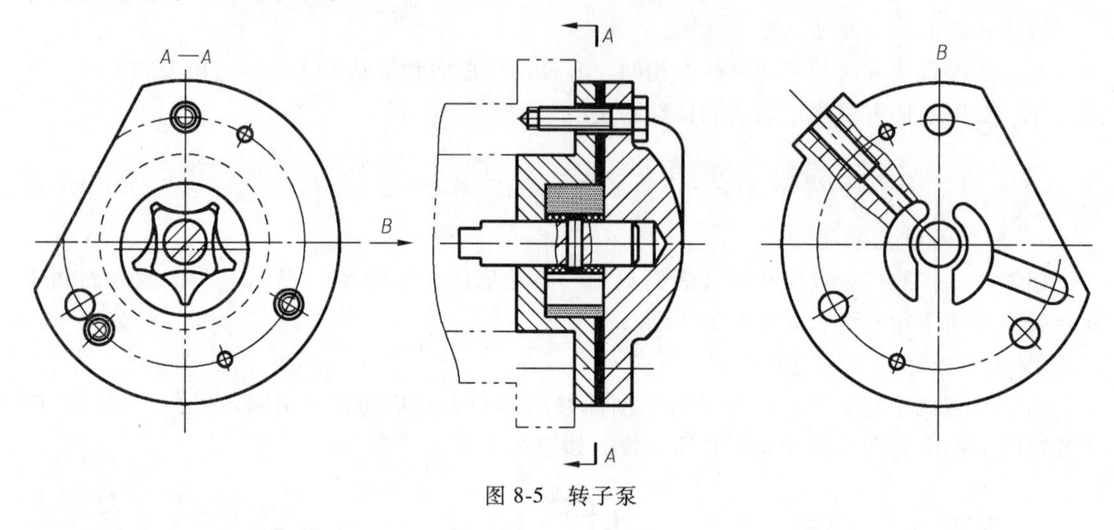

图 8-5　转子泵

3. 单独表示某个零件

在装配图中，为了表达某个主要零件的结构，可单独画出该零件的某个视图，还应在该视图的正上方标注字母“*X*”，并标注投射方向，如图 8-5 所示的视图 *B* 单独表达了泵盖的左面外形结构。

4. 夸大画法

在装配图中若绘制厚度或直径较小的薄片零件、细丝零件以及较小的斜度或锥度，而这些零件又无法按实际比例画出时，允许将这些结构不按比例夸大画出，如图 8-5 中主视图所示的垫片的画法。

5. 假想画法

在装配图中，当需要表达与本装配体有关，但不属于本装配体的相邻零（部）件时，可用细双点画线表示其相邻零件的局部外形轮廓，如图 8-6 所示；当需要表达运动机件的极限位置时，可用细双点画线表示该运动零件极限位置的外形轮廓图，如图 8-7 所示。

6. 展开画法

为了表达某些重叠的装配关系，如多级传动变速箱，需要表示出齿轮传动顺序和装配关系，可以假想将空间轴系按其传动顺序展开在一个平面上，画出剖视图，这种画法称为展开画法，如图 8-8 所示的 *A*—*A* 展开。

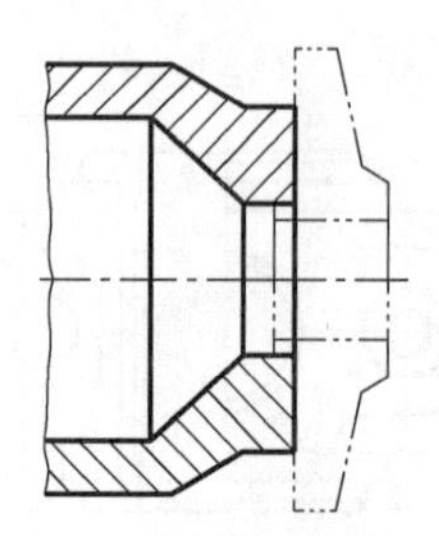

图 8-6　相邻机构的假想画法

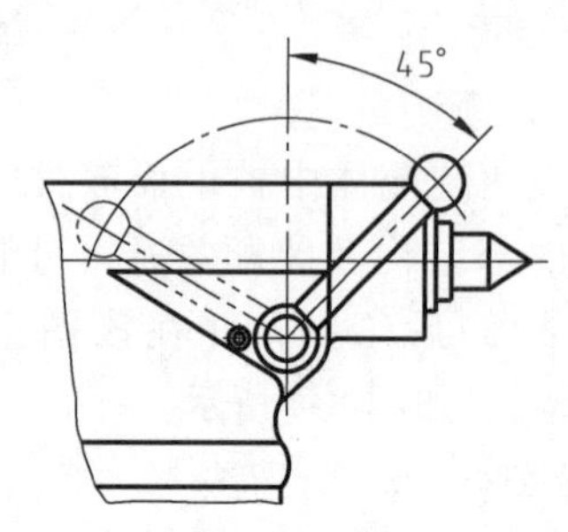

图 8-7　手柄极限位置的假想画法

7. 简化画法

1）在装配图中，零件的工艺结构（如倒角、圆角和退刀槽等）可省略不画，六角头螺栓与螺母的倒角曲线也可以省略不画，如图 8-2 所示的螺栓头部和螺母的画法。

2）在装配图中，当绘制相同的螺纹紧固件组时，允许只画出一处，其余用细点画线表示出其中心位置即可，如图 8-4 所示滑动轴承底板上的安装孔，左边只画出定位中心线。

3）在装配图中，绘制滚动轴承时，一般一半采用规定画法，另一半采用简化画法，如图 8-9 所示。

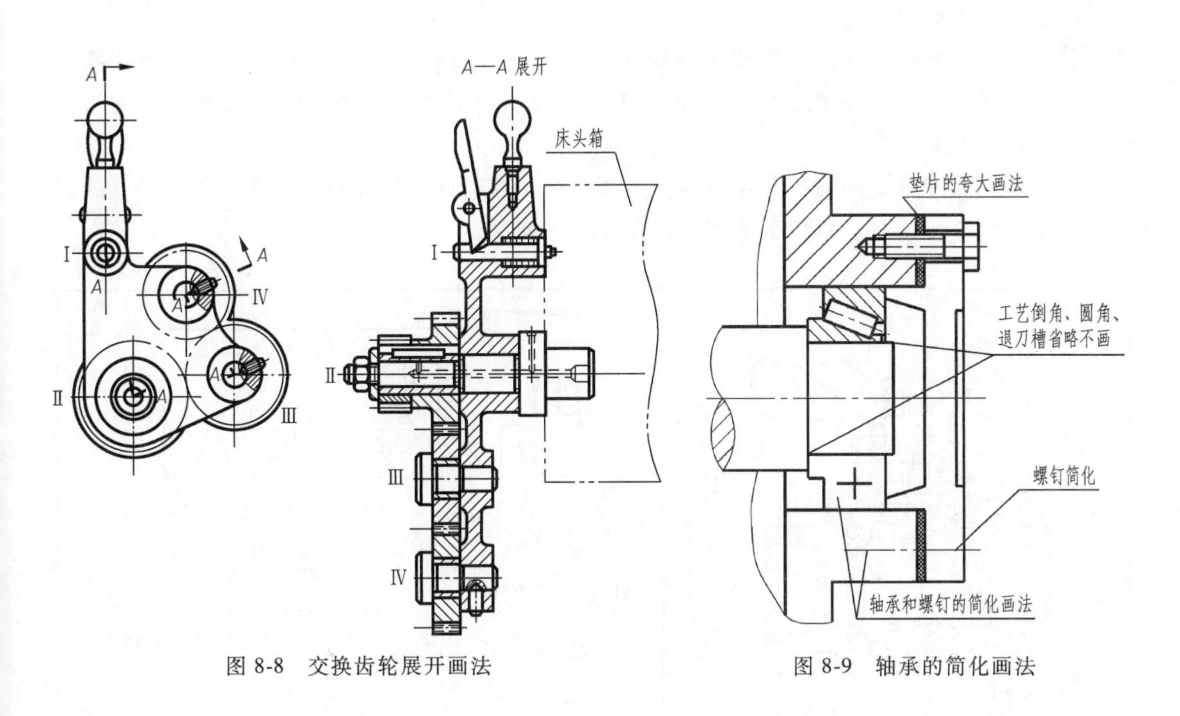

图 8-8　交换齿轮展开画法　　　　图 8-9　轴承的简化画法

8.3 装配图的尺寸标注及技术要求

装配图中只需标注一些与机器（部件）性能规格、工作原理、装配关系和安装要求等相关的尺寸。这里以球阀为例，说明装配图的尺寸标注类型。

1. 装配图的尺寸标注

（1）性能（规格）尺寸

性能（规格）尺寸是表示机器（部件）性能和规格的尺寸，是设计时确定的尺寸，也是选用产品的主要依据，如图 8-10 所示球阀通孔直径 $\phi25$，表示该球阀的流通能力。

（2）装配尺寸

装配尺寸表示机器或部件上有关零件间的装配关系，包括配合尺寸和相对位置尺寸。

1）配合尺寸。表示两个零件之间配合性质。如图 8-10 所示球阀的阀体和阀体接头的配合尺寸 $\phi54H11/d11$、阀杆和螺纹压环的配合尺寸 $\phi16H11/d11$ 等。

2）相对位置尺寸。表示装配机器或拆画零件图时，需要保证的、影响其性能的重要零件间的相对位置尺寸，如图 8-10 所示的尺寸 51、56×56 等。

（3）安装尺寸

安装尺寸是将部件安装到机座或地基上，或与其他机器或部件相连接时所需要的尺寸。如图 8-10 所示的两端螺纹锥孔 Rc1。

（4）外形尺寸

外形尺寸是表示机器或部件外形轮廓的长、宽、高三个方向上的最大尺寸。如图 8-10 所示的尺寸 107、150、80×80、98 等。

（5）其他重要尺寸

其他重要尺寸是设计时计算确定或选定的，但又没有包含在上述四类尺寸中的重要尺寸。这类尺寸在拆画零件图时不能改变，如 M27×1.5（变大或变小可能导致密封件装不进去或因密封不严而泄漏）。

以上五类尺寸在不同的装配体中不一定都存在，有时同一尺寸可能有不同的含义，属于几类尺寸。尺寸标注时，要根据装配体的具体情况而定。

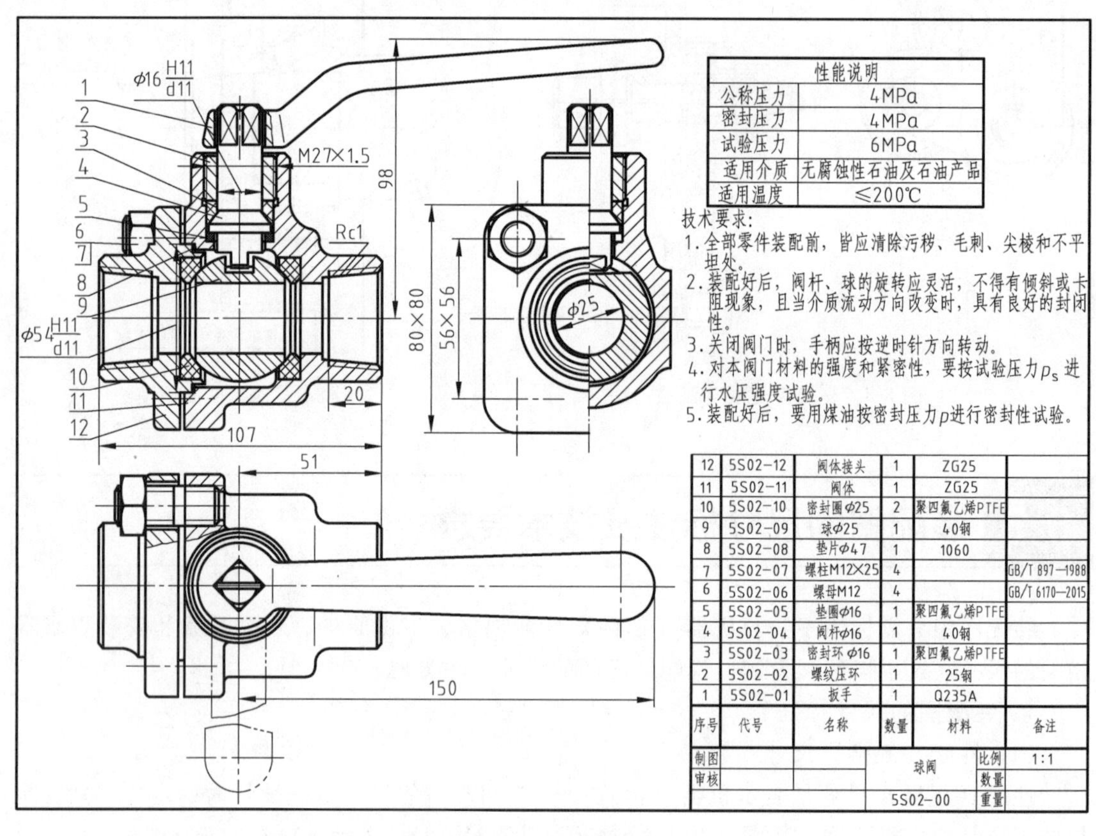

图 8-10 球阀装配图

2. 装配图的技术要求

在图形中无法用代号或符号表达的对机器或部件在包装、运输、安装、调试和使用等过程中应满足的一些技术要求及注意事项，应该用文字的形式写在明细栏的上方或左边，如图 8-10 所示。

8.4 装配图中零部件序号和明细栏

为便于看图和生产管理，对装配图中的每一种零部件必须编注序号、填写明细栏。

1. 零部件序号

装配图上每种零部件按一定顺序编写序号，序号应写在视图、尺寸的范围之外。相同零部件只对其中一个进行编号，其数量填在明细栏内。

（1）零部件序号的标注方法

1）指引线应从可见轮廓内引出，用细实线绘制，并在轮廓内的一端画一小圆点，如图 8-11a 所示。在轮廓外一端画一小段细实线的水平线或圆，序号的字高比该装配图中所注尺寸数字高度大一号或两号；也可以不画水平线或圆，但序号的字高比该装配图中所注尺寸数字高度大两号。

2）同一装配图中标注序号的形式应一致。

3）若在所指部分不易画圆点时（很薄的零件或涂黑的剖面区域），可在指引线末端画出指向该部分的箭头，如图 8-11b 所示。

（2）标注零部件序号的注意事项

1）指引线不能相交。在通过剖面线区域时，指引线不能与剖面线平行。必要时指引线允许弯折一次，如图 8-11c 所示。

2）对于一组紧固件或装配关系清楚的零件组，可采用公共指引线，如图 8-11d 所示。

3）零件编号应按顺时针或逆时针方向顺序编号，全图按水平方向或垂直方向整齐排列，并应标注在视图外面，如图 8-1 所示，按照顺时针方向编写序号。

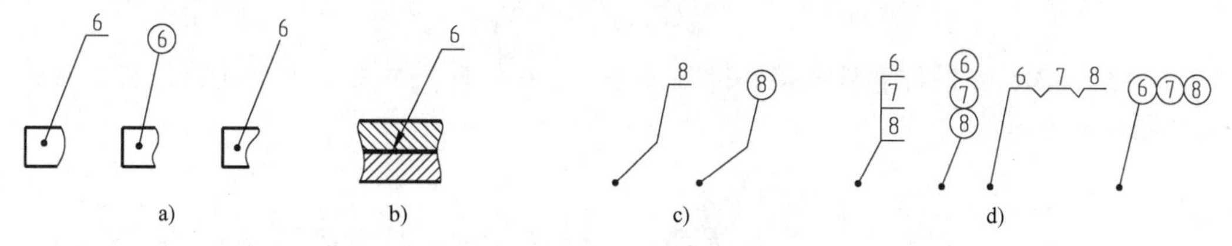

图 8-11　零部件序号的标注方法

a）一般标注方式　b）特殊标注方式　c）指引线允许弯折一次　d）公共指引线标注方式

2. 明细栏

明细栏是指装配图中所有零部件的详细目录，应画在标题栏的上方，零部件的序号应自下而上填写。当位置不够时可以在标题栏左侧紧接标题栏继续填写，如图 8-1 所示。

8.5 常见装配结构

在设计和绘制装配图时，应考虑到装配结构的合理性，符合零件加工和装配工艺要求，满足机器和部件的使用要求，并达到优良的性能。

1. 接触面、配合面的结构

1）两零件在同一个方向上，只能有一对接触面或配合面，如图 8-12 所示。

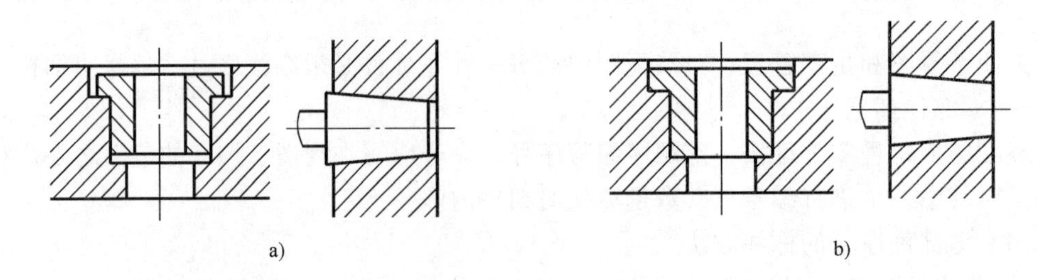

图 8-12 接触面、配合面的结构

a）合理 b）不合理

2）装配时，为保证零件接触良好，应在轴肩处加工出退刀槽或凹槽，或在孔端面加工出倒角、倒圆，不应都做成倒角或相同的圆角，如图 8-13 所示。

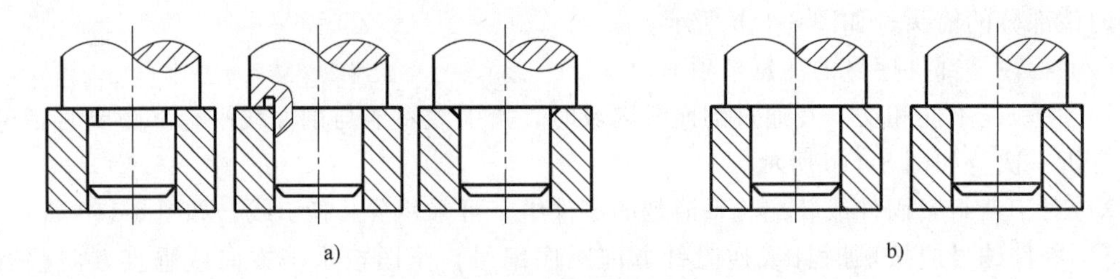

图 8-13 接触面转角处的结构

a）合理 b）不合理

3）为保证螺纹紧固件和被联接件接触良好，应在铸件表面加工出沉孔或设置凸台等结构，如图 8-14 所示。

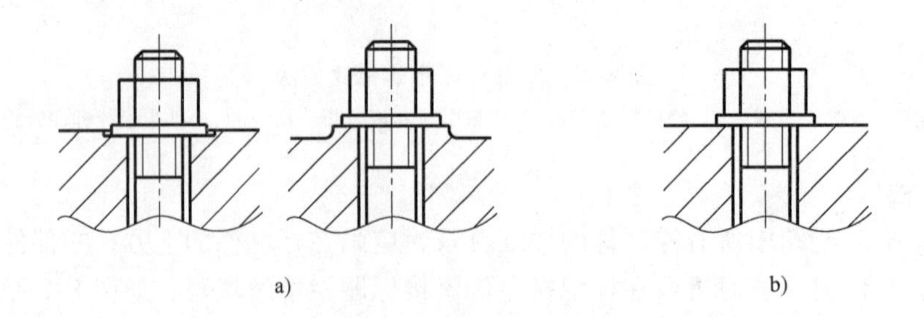

图 8-14 沉孔、凸台结构

a）合理 b）不合理

2. 螺纹联接结构

当采用螺纹联接结构时，必须留出扳手的活动空间和螺栓等拆装时的操作空间，如图 8-15 和图 8-16 所示。

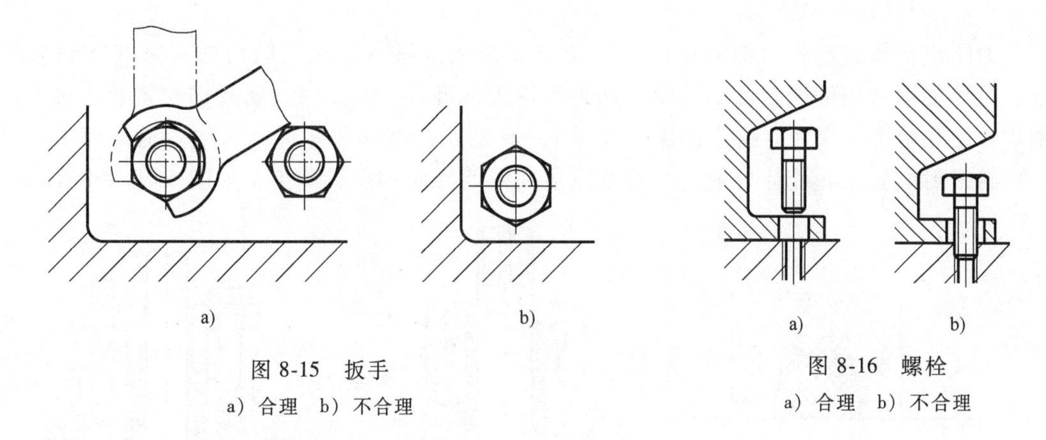

图 8-15　扳手
a）合理　b）不合理

图 8-16　螺栓
a）合理　b）不合理

3. 轴向零件的固定结构

为防止滚动轴承等零件产生轴向窜动，需采用轴向固定结构来固定。当以孔肩或轴肩定位时，其高度应小于轴承外圈或内圈的厚度，以便拆卸，如图 8-17 所示。

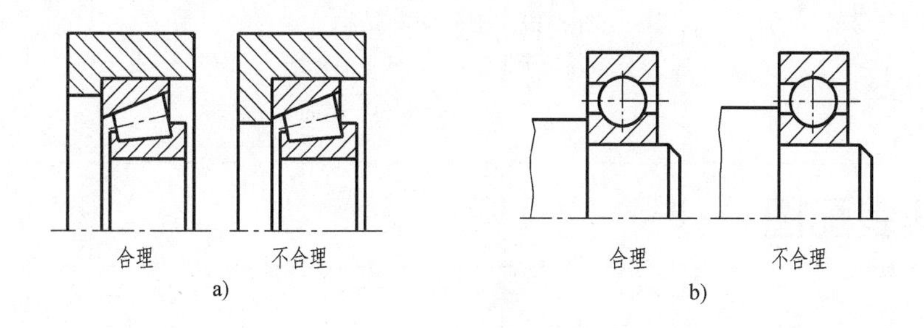

图 8-17　滚动轴承的轴向定位结构
a）孔肩定位　b）轴肩定位

4. 防松结构

机器在运转过程中受到振动的影响，螺纹联接件可能产生松动。这些结构需要加装防松装置，如图 8-18a 所示的双螺母、图 8-18b 所示的弹簧垫圈和图 8-18c 所示的开口销等，都是常用的防松装置。

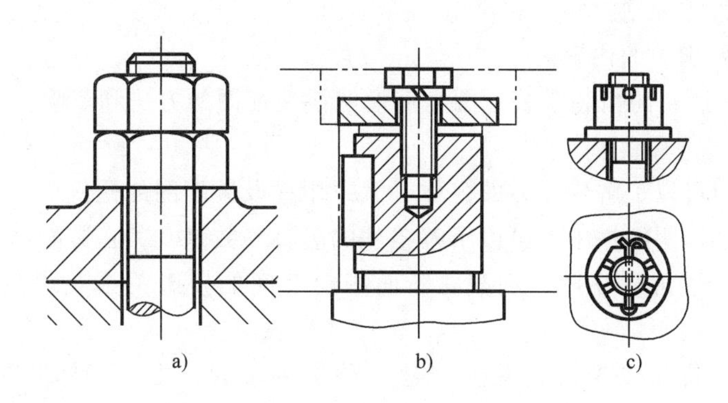

图 8-18　螺纹联接的防松
a）双螺母防松　b）弹簧垫圈防松　c）开口销防松

5. 密封防漏结构

为防止机器或部件内部液体外漏以及灰尘杂质的进入，相关结构处应采取密封防漏措施。滚动轴承常用的密封件如毡圈、油封等均为标准件。画图时，密封件要紧套在轴上，且轴承盖的孔径大于轴径，应有间隙，如图 8-19a 所示。在阀类零件和其他管道零件中，当采用填料密封装置防止流体外泄时，可按压盖在开始压紧的位置画出，如图 8-19b 所示。

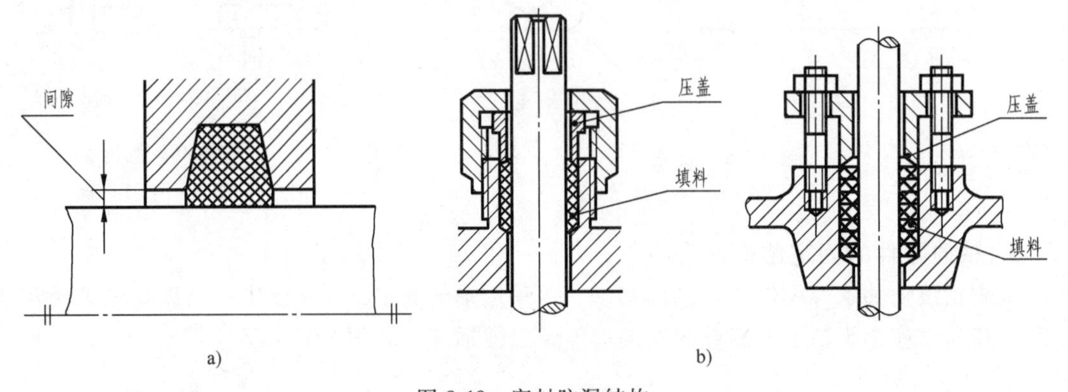

图 8-19 密封防漏结构

a）滚动轴承密封 b）阀盖的密封

8.6 读装配图

8.6.1 读装配图的方法和步骤

在实际设计和生产中，经常要阅读装配图。例如，在设计中，要按照装配图设计和绘制零件图；在装配时，要按照装配图装配零部件；在技术交流时，要参看装配图，了解分析装配体的结构和原理等。读装配图时，要了解的内容如下。

1）明确装配体的功能、性能和工作原理。

2）明确装配关系和装拆次序。

3）看懂各零件主要结构特点和作用。

4）了解技术要求中的内容。

下面以图 8-20 所示的齿轮泵装配图为例说明读装配图的方法和步骤。

1. 概括了解装配图的内容

1）从标题栏中可以了解装配体的名称、大致用途及装配图的比例等。

2）从零件编号及明细栏中，可以了解零件的名称、数量及其在装配体中的位置。

3）分析视图，了解各视图、剖视、断面等相互间的投影关系及表达意图，分析装配结构。

图 8-20 所示的装配体为齿轮泵。它是一种供油装置，由 10 种零件组成，作图比例为 1∶1。

在装配图中，主视图采用 *A—A* 剖视，表达了齿轮泵的内部装配关系。左视图为对称结构，采用一半沿泵体和泵盖结合面剖开、另一半反映左泵盖外形的表达方法；同时，出油口处采用局部剖视，表达齿轮啮合情况及进出油路结构。俯视图为对称结构，采用简化画法，画了略大于一半的图形。

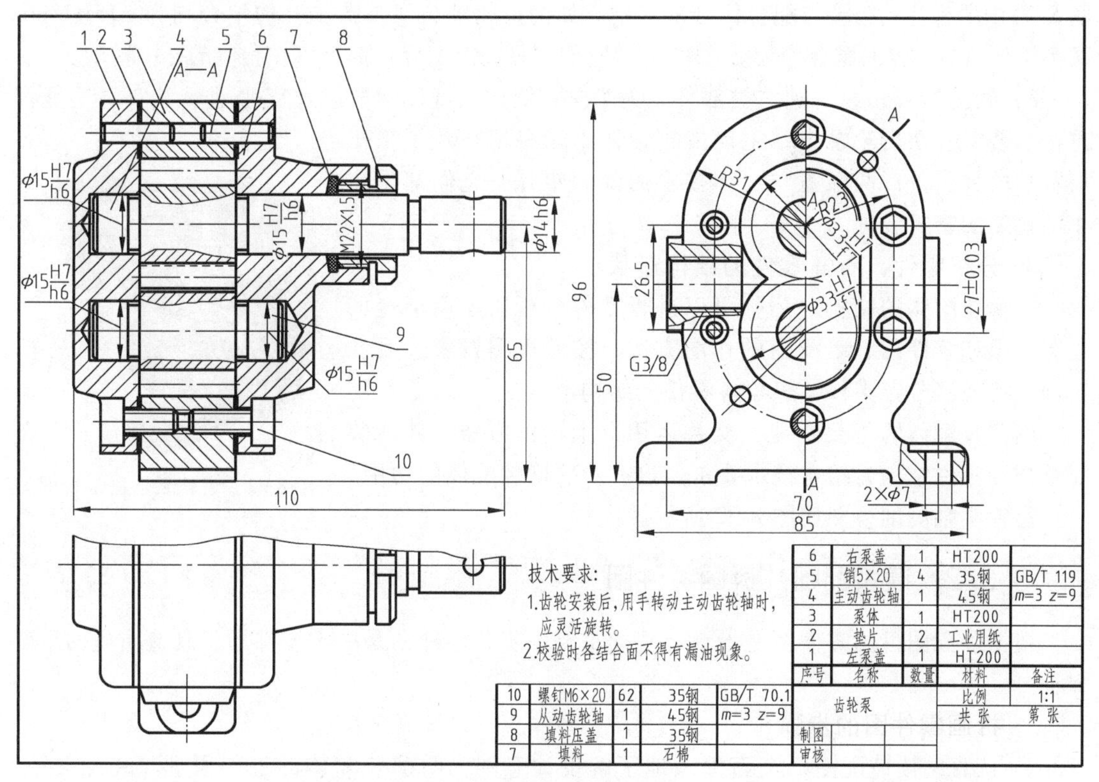

图 8-20 齿轮泵的装配图

2. 分析传动关系、工作原理及装配结构

根据说明书和齿轮泵视图，从传动关系入手，了解装配体的工作原理，分析装配体的装配关系及装配结构。

(1) 工作原理

齿轮泵的工作原理如图 8-21 所示，它是机床润滑系统的供油泵。当一对啮合齿轮旋转时，油的入口处空腔形成低压区，把油从油槽吸入，随着齿轮的旋转，将充满轮齿间的油，从出口处挤压出去，输送到需要润滑的部位。为保证齿轮泵正常工作，装配体上有垫片和填料等密封装置。

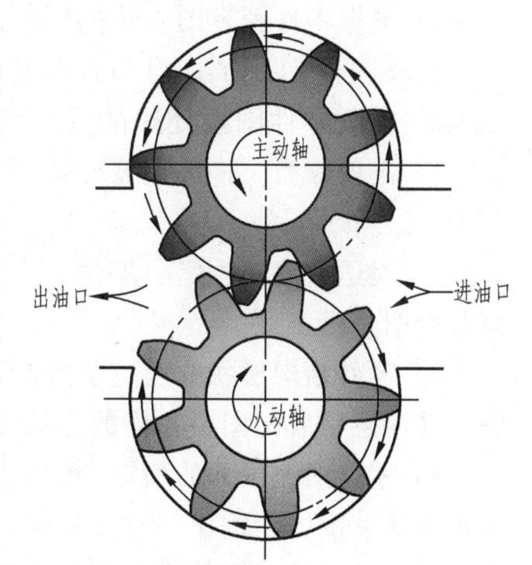

图 8-21 齿轮泵的工作原理

(2) 装配关系及装配结构

齿轮泵主要有两条装配线：一条是主动齿轮轴系统，主动轴装在泵体、左泵盖和右泵盖的轴孔内，右边伸出端装有填料和填料压盖等；另一条是从动齿轮轴系统，从动轴也装在泵体、左泵盖和右泵盖的轴孔内，主动齿轮和从动齿轮正常啮合。装配结构分析如下：

1）连接和固定方式。在齿轮泵中，左泵盖和右泵盖都是靠螺钉与泵体联接，并用销钉定位。填料是由填料压盖将其拧压在右泵盖相应的孔槽内。两齿轮轴向定位是靠两泵盖端面及泵体两侧面分别与齿轮两端面接触来实现。

2）配合关系。凡是配合的零件，都要弄清基准制、配合种类和公差等级等。这可由图 8-20 中所标注的公差与配合代号来判别。如两齿轮轴与两泵盖轴孔的配合均为 ϕ15H7/h6。两齿轮与两齿轮腔的配合均为 ϕ33H7/f7。它们都是间隙配合，都可以在相应的孔中转动。

3）密封装置。泵、阀之类部件，为了防止液体或气体泄漏以及灰尘进入内部，一般都有密封装置。在齿轮泵中，主动齿轮轴伸出端有填料及用来压填料的填料压盖；两泵盖与泵体接触面间有垫片，它们都是防止油泄漏的密封装置。

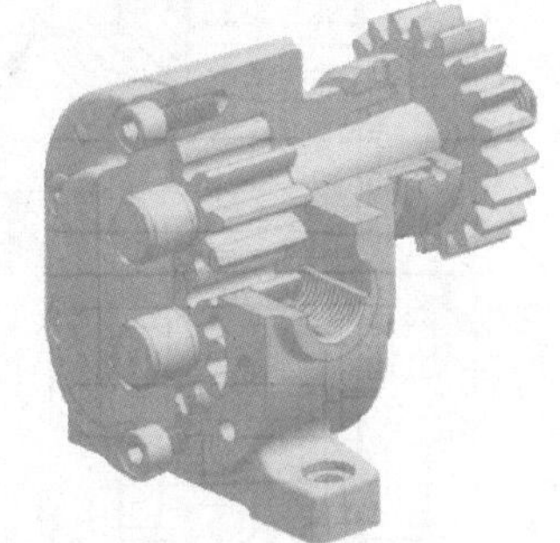

图 8-22 齿轮泵轴测剖视图

3. 分析零件，看懂零件的结构形状

了解装配体的结构之后，可以进行零件分析。运用学过的投影知识和零件图、装配图的作图方法，按照视图投影关系和剖面线特征区分各零件，想象各零件的结构形状。

围绕装配体的主要功能，交替运用以上读图方法，弄清装配结构和零件结构，结合技术要求，进一步明确装配体的功用。

齿轮泵轴测剖视图如图 8-22 所示。

8.6.2 读装配图并拆画零件图

根据装配图拆画零件图是设计过程的重要一步，零件图是决定零件加工制造质量的重要保证。

1. 拆画零件图的步骤

1）认真阅读装配图，全面深入地了解设计意图，明确装配体的工作原理、装配关系、技术要求和每个零件在装配体中的作用及零件的结构形状。

2）根据零件图视图表达的要求，确定各零件的视图表达方案。

3）根据零件图的内容和画图要求，画出零件工作图。

2. 拆画零件图要处理的几个问题

1）零件分类。将组成装配体的零件分为标准件和非标准件。除标准件外，都应画零件草图。

2）表达方案的选定。零件表达方案的选择，要结合零件本身的结构特点选择，不一定与装配图完全一致。

3）零件结构形状的表达。拆画零件图时，要根据零件的作用和要求进行构思，设计视图，并注意将装配图中省略的零件工艺结构，如倒角、圆角、退刀槽等要补画齐全。

4）零件图上尺寸的确定和标注。零件图的尺寸除了装配图中已标注的尺寸外，其余尺寸都应从装配图中按比例直接量取，并圆整。与标准件连接或配合的尺寸，如螺纹、倒角、退刀槽等的尺寸，都需要按照国家标准注出。有配合要求的表面要注出尺寸的公差带代号或极限偏差数值。

5）零件图上技术要求的确定。根据零件表面的作用与要求，运用类比法参考同类产品的图样资料确定，如有相对运动和配合要求的表面，表面粗糙度要求较严；有密封要求和耐腐蚀的表面，表面粗糙度也应要求较严。

8.7 装配体测绘

对新产品进行仿制或对现有机械设备进行技术改造以及维修时，往往需要对其进行测绘，即通过拆卸零件进行测量，画出装配示意图和零件草图；然后根据零件草图，画装配图；再依据装配图和零件草图画零件图，从而完成装配图和零件图的整套图样，这个过程称为装配体测绘。现以图 8-23 所示球阀为例，介绍装配体测绘的方法和步骤。

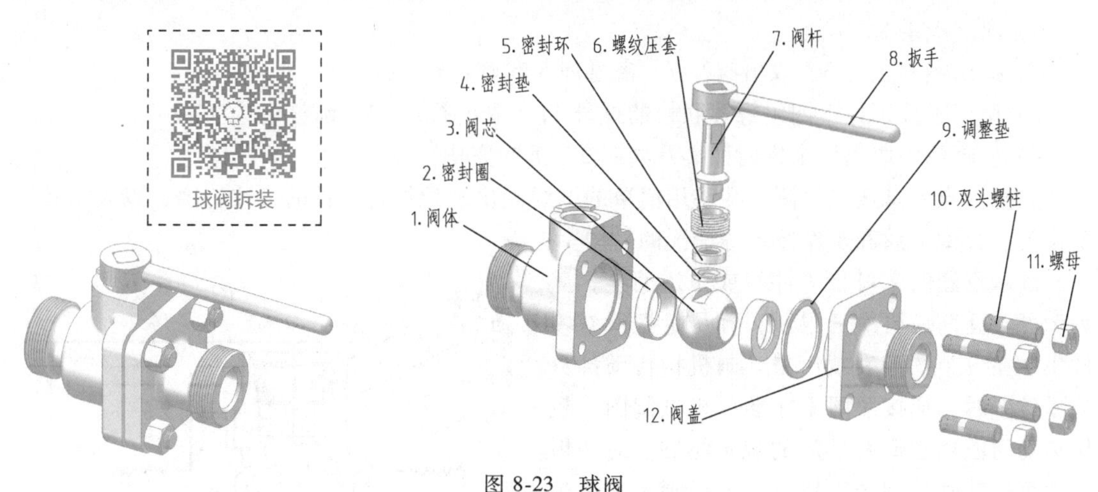

图 8-23　球阀

1. 了解测绘对象

通过观察实物、阅读有关技术资料和类似产品图样，了解其用途、性能、工作原理、结构特点以及装拆顺序等情况。在初步了解装配体功能的基础上，通过对零件作用和结构的仔细分析，进一步了解零件间的相互关系。

如图 8-23 所示球阀的阀芯是球形的，是用来启闭和调节流量的部件。图示位置阀门全部开启，当扳手按顺时针方向旋转 90°时，阀门全部关闭。

该装配体的关键零件是阀芯，下面从运动关系、密封关系、包容关系等方面进行分析。

运动关系：扳手 8→阀杆 7→阀芯 3。

密封关系：两个密封圈 2 在阀芯 3 两侧为第一道防线，调整垫 9 既保证阀体与阀盖之间的密封，又保证阀芯转动灵活；第二道防线为密封垫 4 和密封环 5，以防止从转动零件阀杆 7 与螺纹压套 6 处的间隙泄漏。

包容关系：阀体 1 和阀盖 12 是球阀的主体零件，阀芯通过两个密封圈 2 定位于阀中，螺纹压套 6 将密封垫 4、密封环 5、阀杆 7 压紧于阀体中。

阀体与阀盖通过四组双头螺柱、螺母联接，形成球阀容纳阀芯的空腔；阀体 $\phi55$ 的沉孔与阀盖 $\phi55$ 的凸缘相配合，中间放置调整垫，即保证球阀不泄漏又能调整阀芯与密封圈的松紧；阀体上部有竖直螺孔与螺纹压套配合，用来压紧阀杆、密封垫、密封环等；阀体顶部有一扇形凸缘，对扳手起限位作用；球阀两端有用于联接管道的螺纹。

2. 拆卸零件，画装配示意图

在拆卸前，应准备好有关的拆卸工具，以及放置零件的场地和用具，然后根据装配体的特点，制订周密的拆卸计划，按照一定的顺序拆卸零件。拆卸过程中，对每一个零件应进行编号、做好记录并贴上标签。对拆下的零件要分区分组放在适当地方，避免碰伤、变形，以免混乱和丢失，从而保证再次装配时能顺利进行。

拆卸零件时应注意：在拆卸之前应测量一些必要的原始尺寸，比如装配体的外形、某些零件之间的相对位置等。拆卸过程中，严禁胡乱敲打，避免损坏原有零件。对于不可拆卸连接的零件、有较高配合精度或过盈配合的零件，应尽量少拆或不拆，避免降低原有配合精度或损坏零件。

图 8-23 所示球阀的拆卸次序可以这样进行：

1）取下扳手 8；

2）拧出螺纹压套 6，取出阀杆 7、密封环 5 和密封垫 4；

3）用扳手分别拧下四组螺柱联接的螺母 11，取出阀盖 12、调整垫 9；

4）从阀体中取出两个密封圈 2 及阀芯 3，拆卸完毕。

装配示意图是通过目测，徒手用简单的图线画出装配体各零件的大致轮廓，以表示其装配位置、装配关系和工作原理等情况的简图。

画示意图时，可将零件看成是透明体，其表示可不受前后层次的限制，并尽量把所有零件集中在一个图上表示出来。画机构传动部分的示意图时，应按照国家标准《机械制图　机构运动简图用图形符号》的规定绘制。对一般零件可按其外形和结构特点形象地画出零件的大致轮廓。

画装配示意图应在对装配体全面了解、分析之后画出，并在拆卸过程中进一步了解装配体内部结构和各零件之间的关系，进行修正、补充，以备后续正确绘制装配图和重新组装装配体之用。球阀的装配示意图如图 8-24 所示。

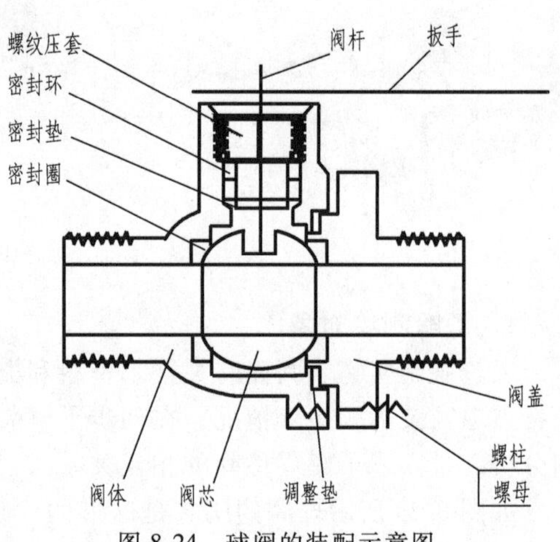

图 8-24　球阀的装配示意图

3. 画零件草图

把拆下的零件逐个徒手画出其零件草图。对于一些标准零件，如螺栓、螺钉、螺母、垫圈、键、销等不画零件草图，但应测量其主要规格尺寸，以确定它们的规定标记，其他数据可通过查阅有关标准获取。所有非标准件都必须画出零件草图，并要准确、完整地标注测量尺寸。

零件草图的画法前面已作过介绍，在装配体测绘中，画零件草图还应注意以下两点。

1）零件草图可以按照装配关系或拆卸顺序依次画出，以便随时校对和协调各零件之间的相关尺寸。

2）零件间有配合、连接和定位等关系的尺寸要协调一致，并在相关零件草图上一并标出。

零件草图省略不画，参看零件图，如图 8-29~图 8-35 所示。

4. 画装配图

根据已有零件草图画装配图的方法和步骤如下。

1）确定球阀表达方案。球阀装配图主视图表达各零部件的装配关系和球阀的工作原理，与阀体和阀盖的零件图表达方法基本相同，采用全剖视图。俯、左视图主要表达球阀外形结构，采用基本视图。

2）确定比例和图幅。根据球阀装配体的总体尺寸、三个视图所占空间位置、尺寸标注、零件序号、技术要求、标题栏与明细栏等所占的位置，确定比例和图幅（尽量选择 1∶1）。

3）画装配图。按照先画主要零件，后画次要零件的顺序，可以由里向外画，按装配路线先画装配基准件，再依次画其他零件；也可以由外向里画，球阀的装配图即采用由外向里画的方法，先画阀体，然后按顺序依次画其他零件。

4）标注尺寸和零件序号。标注规格、性能尺寸 ϕ25，配合尺寸 ϕ55H9/h9、10H9/d9 和 14H9/d9，总体尺寸 136×82×114，装配尺寸 M28、58×58，安装尺寸 M50。按照顺时针方向依次画指引线并将零件序号标注在水平线上方。

5）完成装配图。注写技术要求，填写标题栏，按零件序号填写明细栏。检查整理完成装配图。球阀的装配图如图 8-25 所示。

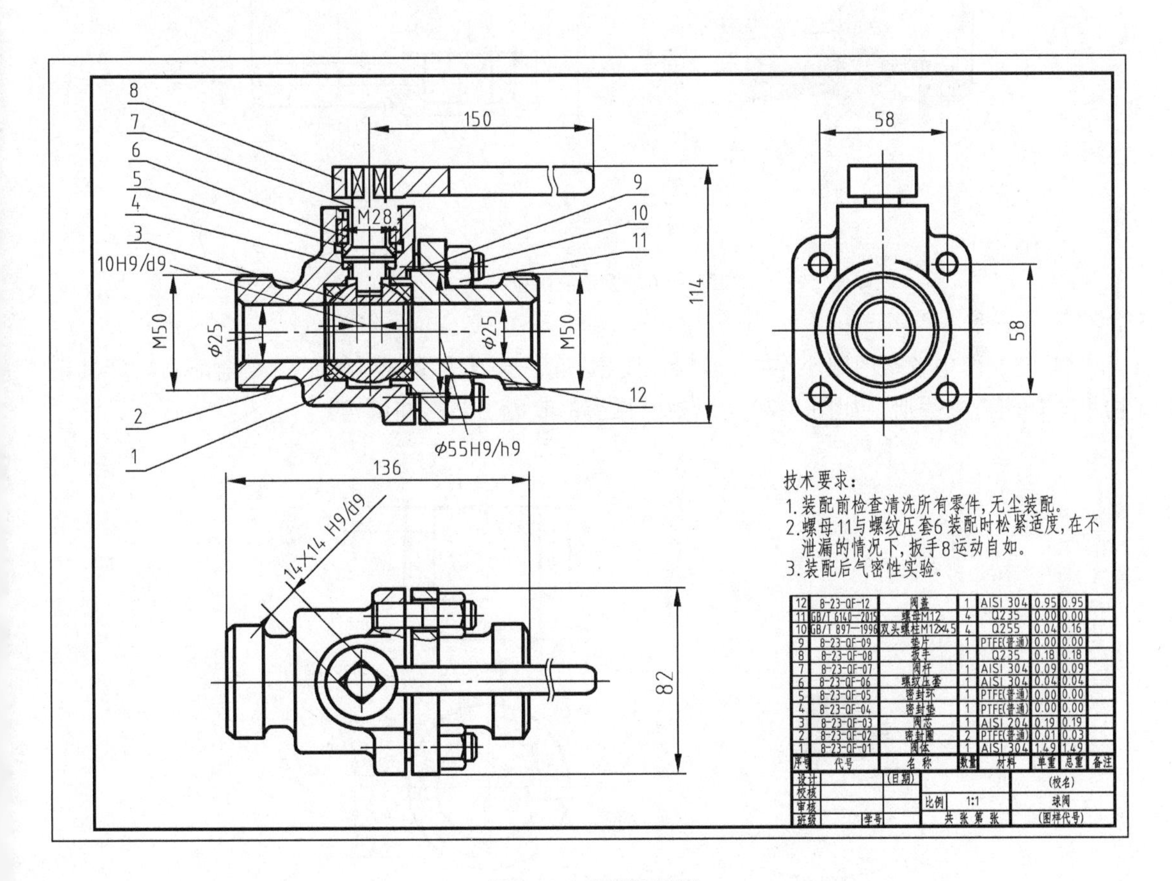

序号	代号	名称	数量	材料	单重	总重	备注
12	8-23-QF-12	阀盖	1	AISI 304	0.95	0.95	
11	GB/T 6140—2015	螺母M12	4	Q235	0.00	0.00	
10	GB/T 897—1996	双头螺柱M12×45	4	Q255	0.04	0.16	
9	8-23-QF-09	垫片	1	PTFE(普通)	0.00	0.00	
8	8-23-QF-08	扳手	1	Q235	0.18	0.18	
7	8-23-QF-07	阀杆	1	AISI 304	0.09	0.09	
6	8-23-QF-06	螺纹压套	1	AISI 304	0.04	0.04	
5	8-23-QF-05	密封环	1	PTFE(普通)	0.00	0.00	
4	8-23-QF-04	密封垫	1	PTFE(普通)	0.00	0.00	
3	8-23-QF-03	阀芯	1	AISI 204	0.19	0.19	
2	8-23-QF-02	密封圈	2	PTFE(普通)	0.01	0.03	
1	8-23-QF-01	阀体	1	AISI 304	1.49	1.49	

设计		(日期)		(校名)
校核				
审核			比例 1:1	球阀
班级	学号		共 张 第 张	(图样代号)

图 8-25　球阀装配图

5. 根据装配图拆画零件图

由装配图拆画零件图称为拆图，其步骤如下。

1）读懂装配图。阅读装配图，了解设计意图，弄清装配关系及各零件的结构特点。

2）分离零件。根据装配图中的序号和剖面线方向及间隔确定各零件需要的视图。

3）画图。选取表达方案，按零件的作图步骤画出各零件的零件图。

注意：

1）零件的表达方案依据零件结构而定，不一定与装配图一致，具体方法见第 7 章。

2）标准件外购，不需要画零件图，只需画出非标准件的零件图。如球阀中的螺柱和螺母等为标准件，不需要画零件图。

3）按装配图中零件的形状、大小和有关要求，画零件图。装配图中没表达清楚的零件结构和要求，在零件图中要表达清楚，如图 8-26 所示扳手的限位结构。

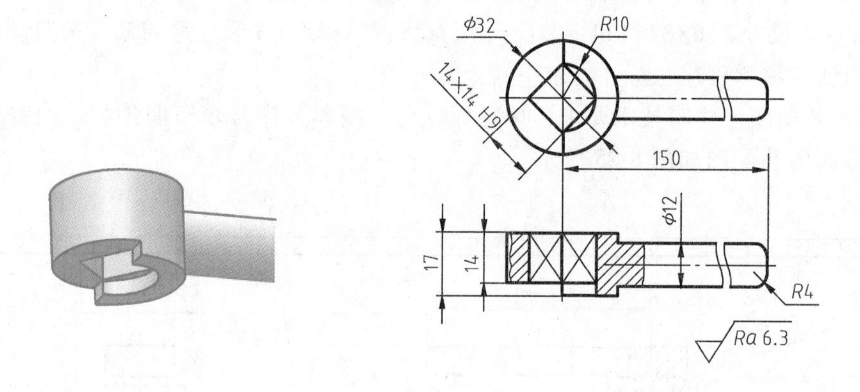

图 8-26 扳手的限位结构

4）装配图中省略的细小结构，如倒角、圆角、退刀槽等，零件图中要全部画出，其结构尺寸查阅有关手册。如图 8-27 所示螺纹压套的装配工艺槽和倒角。

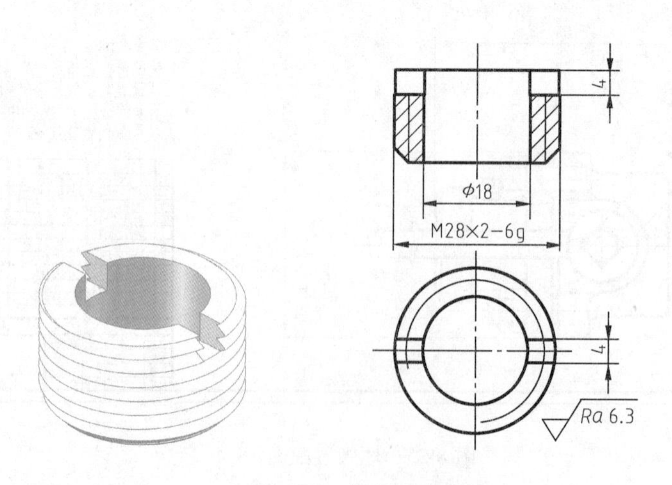

图 8-27 螺纹压套结构

5）装配图中已有的尺寸，零件图必须标注。对于配合尺寸，要根据配合代号查阅有关公差标准，并以上、下极限偏差的形式标注在零件图中。与标准件配合零件的尺寸，按照标准件有关规定选取。

例如图 8-28a 所示球阀装配图中的配合尺寸 $\phi55H9/h9$ 和图 8-28b 所示阀盖零件图中的轴 $\phi55_{-0.074}^{\ 0}$、图 8-28c 所示阀体零件图中的孔 $\phi55_{\ 0}^{+0.074}$。

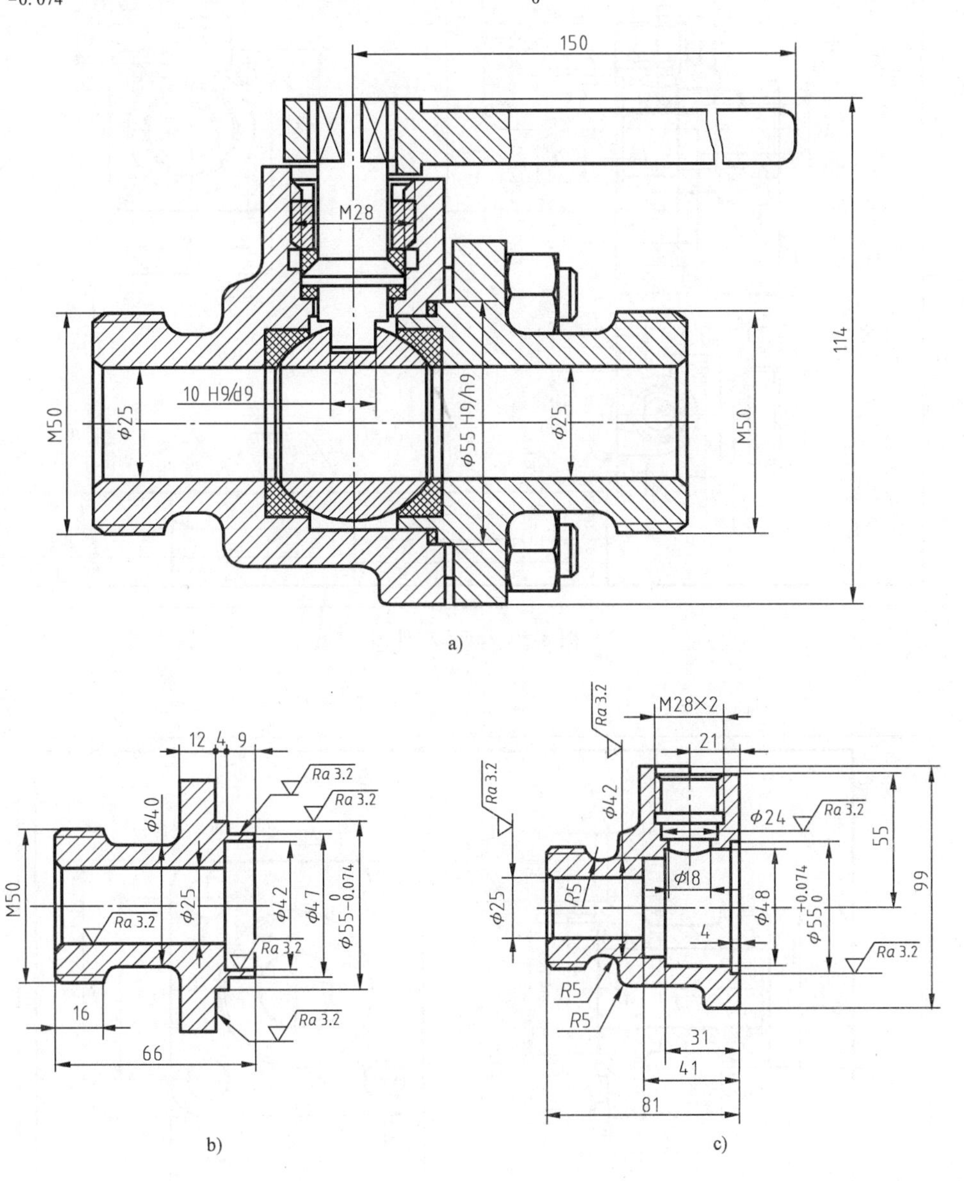

图 8-28　球阀装配图与零件图尺寸标注

a）球阀装配图　b）阀盖零件图　c）阀体零件图

6）零件的表面粗糙度、尺寸公差和几何公差等技术要求，应按照零部件的具体作用和设计要求来确定。

球阀的零件图如图 8-29～图 8-35 所示。

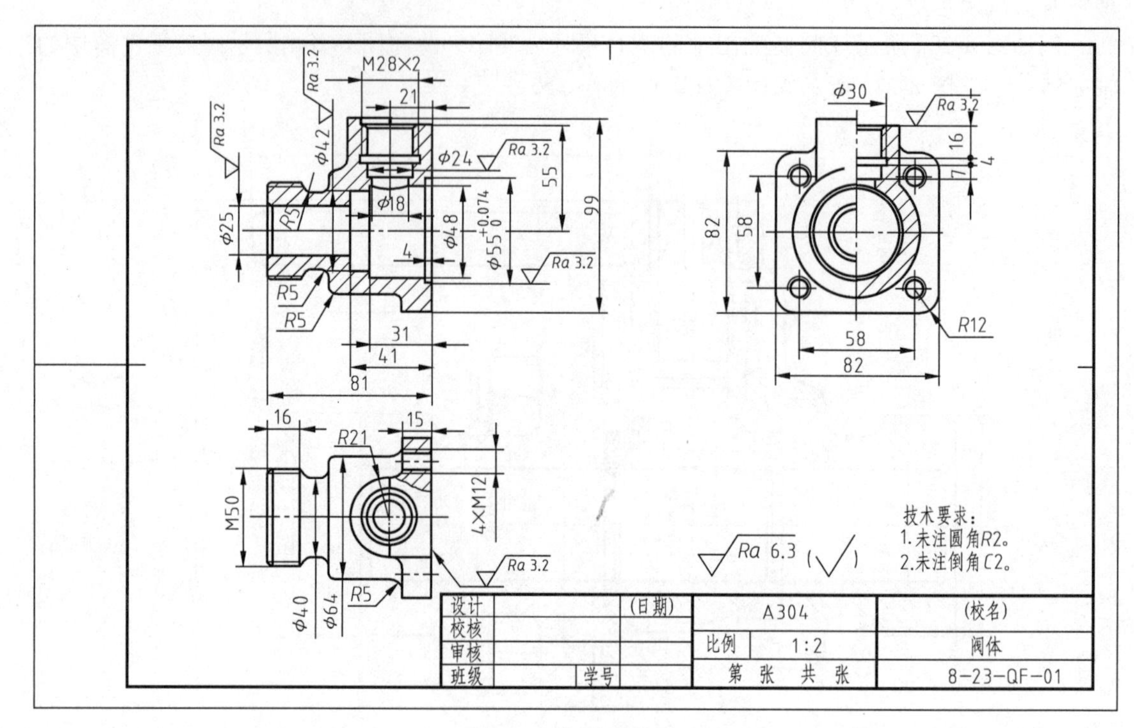

图 8-29 阀体零件图

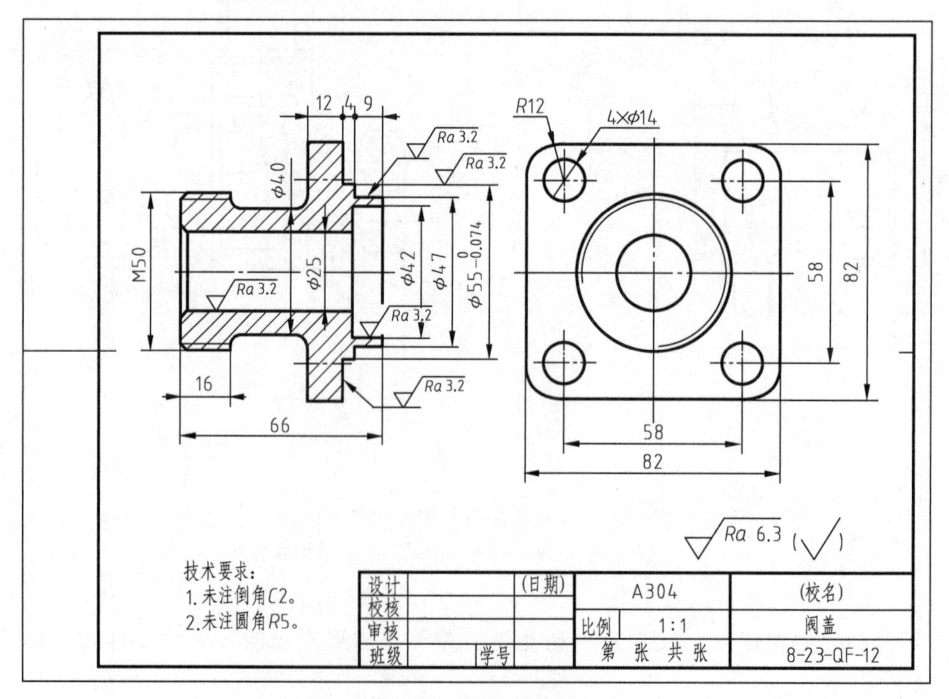

图 8-30 阀盖零件图

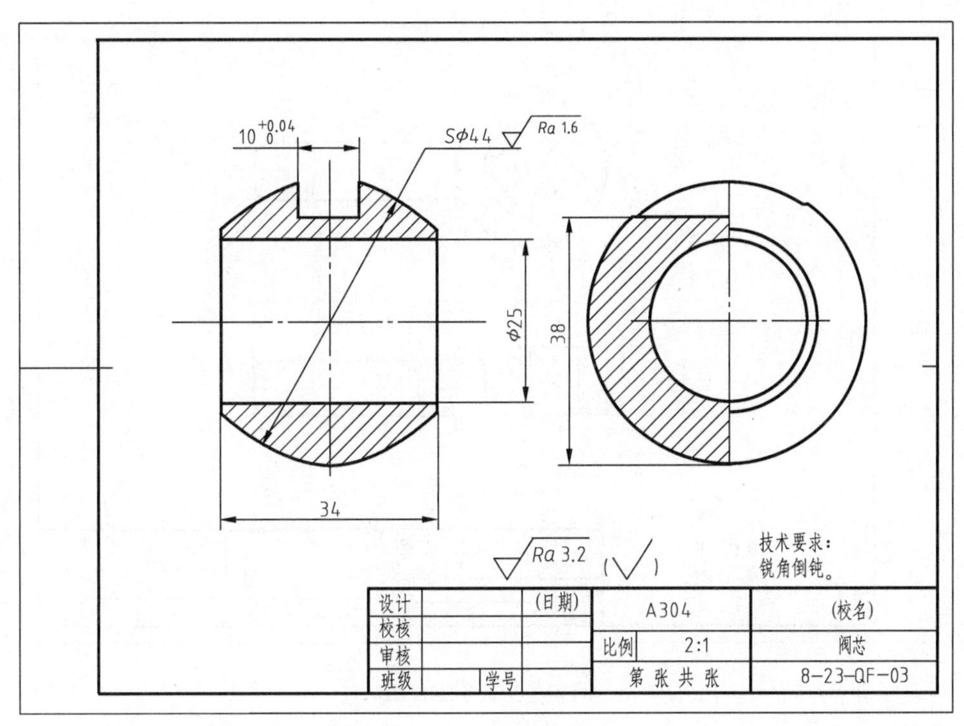

图 8-31　阀芯零件图

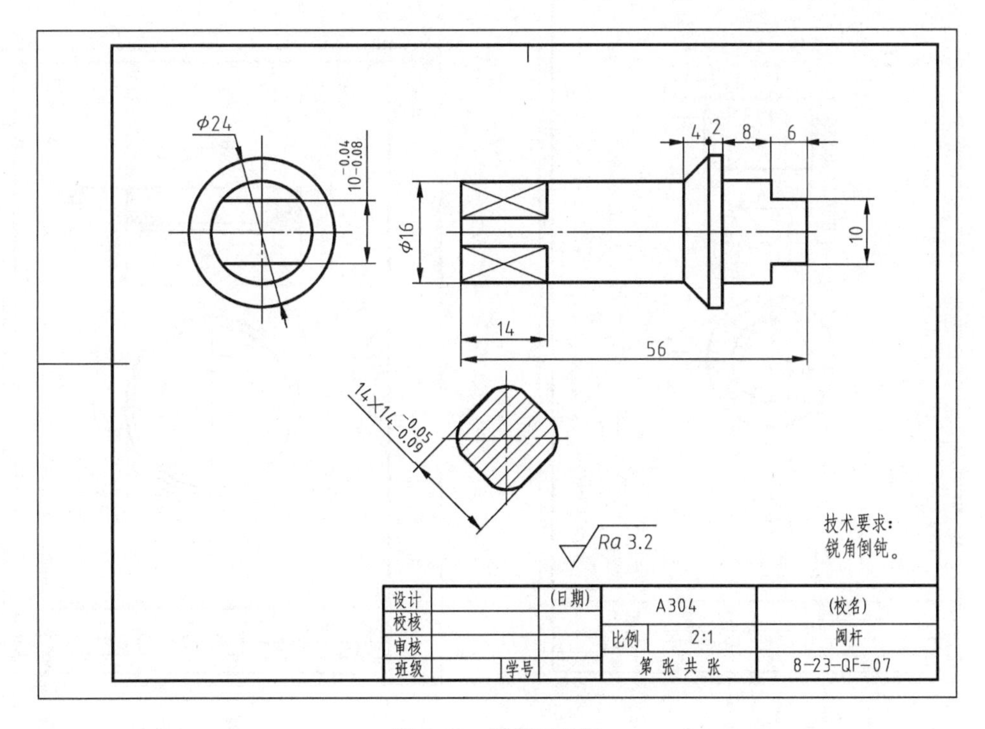

图 8-32　阀杆零件图

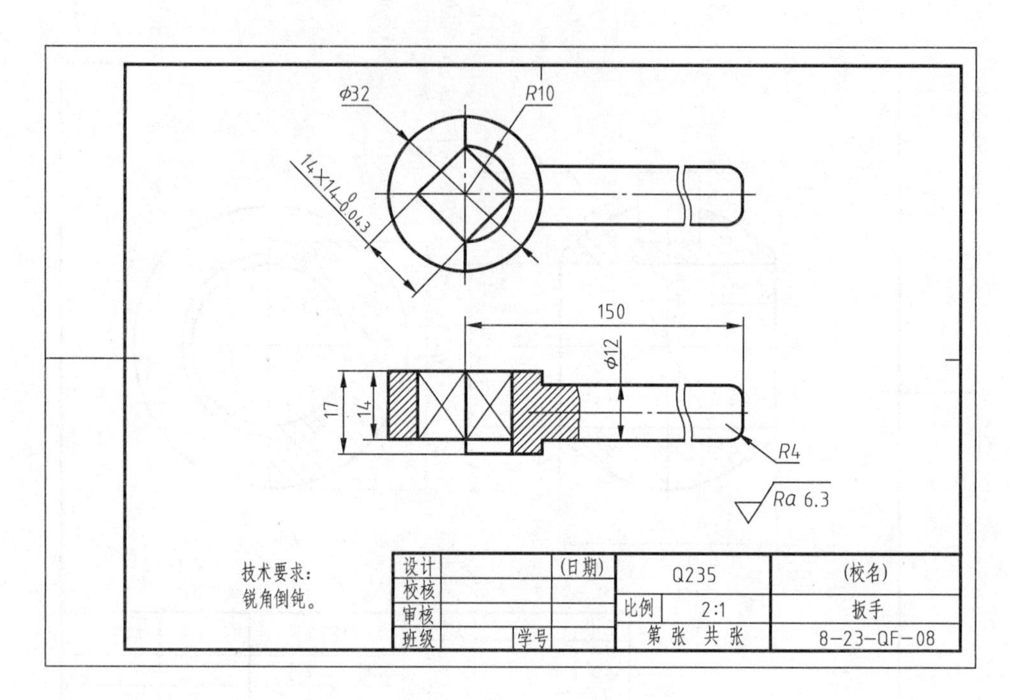

图 8-33　扳手零件图

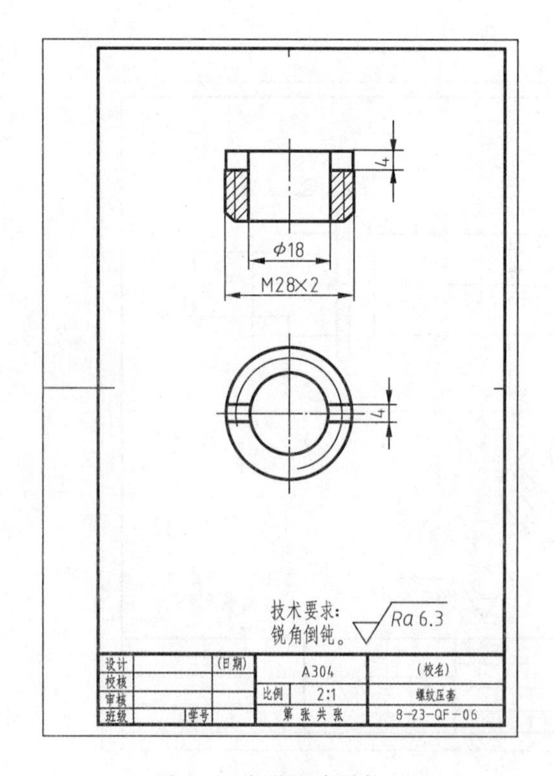

图 8-34　螺纹压套零件图

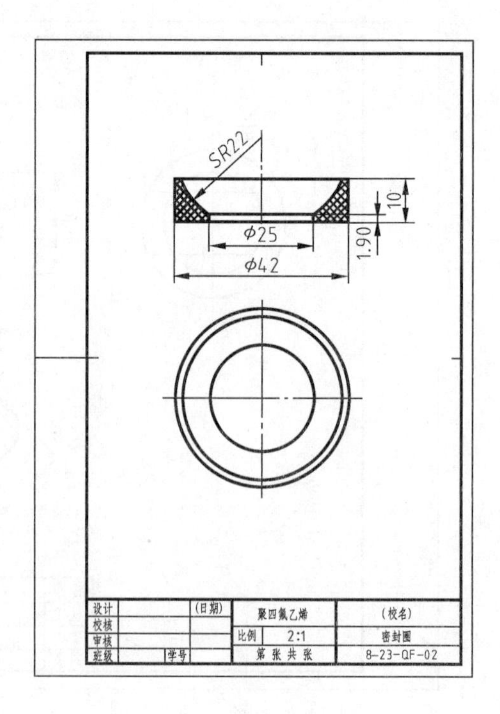

图 8-35　密封圈零件图

8.8 AutoCAD 绘制装配图

前面已经学习了运用 AutoCAD 绘制三视图的基本方法，这里以球阀的装配图为例，重点讲解明细栏的绘制方法。

【实例】 用 AutoCAD 绘制图 8-25 所示的球阀装配图。

作图步骤：

1）启动 AutoCAD，绘制 A2 图纸横放的图例，完成图框及标题栏，如图 8-25 所示。

2）使用图层设置命令，设置四个绘图用到的图层：尺寸标注层、轮廓线层、虚线层和中心线层，并完成各自相应线型的加载。

3）绘制视图并标注尺寸。利用前面 AutoCAD 所讲的知识，完成图形的绘制并标注所需尺寸，完成技术要求的书写。

4）引线和序号标注。在装配图中，需要将各零部件用引线引出，标出序号，最后在明细栏中给出具体名称等信息。下面以图 8-25 球阀装配图引出的序号 1 为例，介绍 AutoCAD 中引线的画法。同理可完成其余引线和序号标注。

➢ 在上方“功能区”选择“注释”选项，再单击“引线”右侧的箭头，打开“多重引线样式管理器”对话框，如图 8-36 所示。

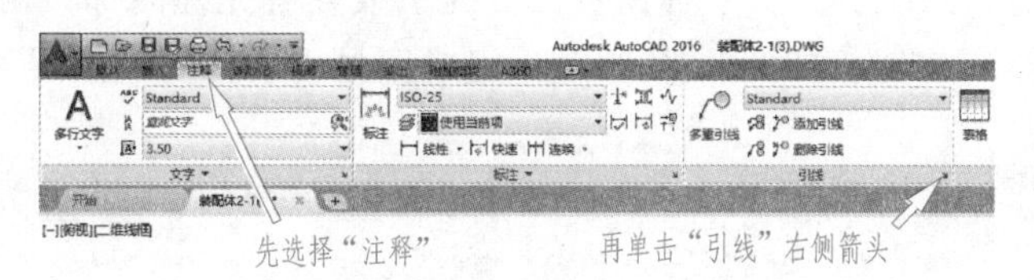

图 8-36　打开“多重引线样式管理器”

➢ 在“多重引线样式管理器”对话框中，单击“修改”按钮，打开“修改多重引线样式”对话框，如图 8-37 所示。

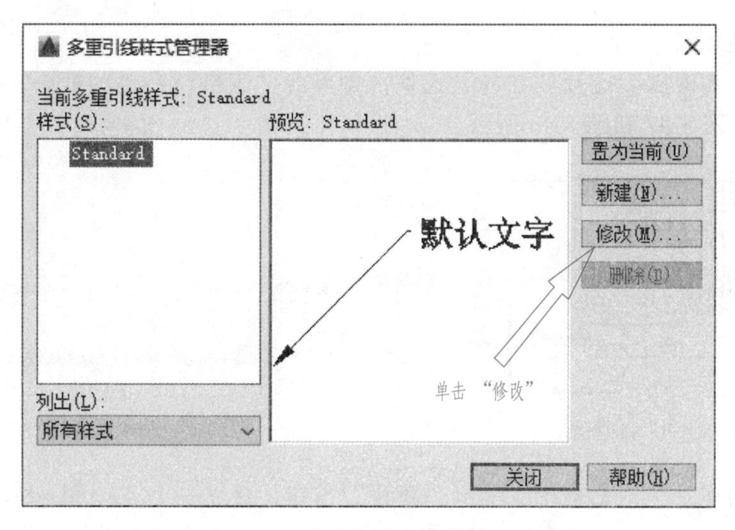

图 8-37　“多重引线样式管理器”对话框

➢在“修改多重引线样式”对话框中修改“符号”为“点”；将“大小”改为“1.05”，单击“确定”按钮，关闭对话框。如图 8-38 所示。

➢关闭所有对话框以后，单击图 8-36 的“多重引线”按钮，系统提示“指定引线箭头位置”时，选择图 8-39 中的①位置；系统提示指定引线位置时，选择图 8-39 中的②位置。

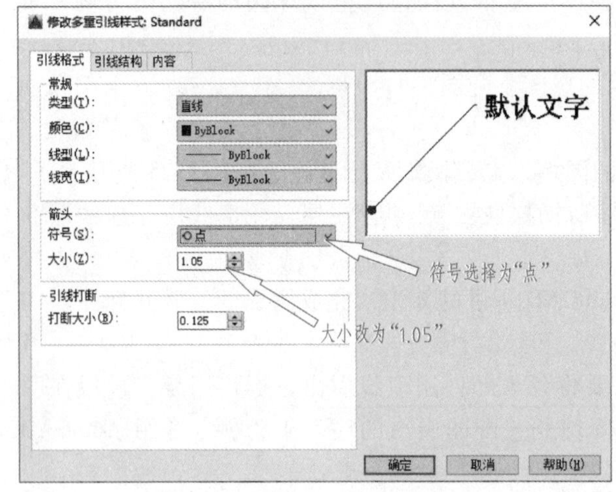

图 8-38 “修改多重引线样式”对话框

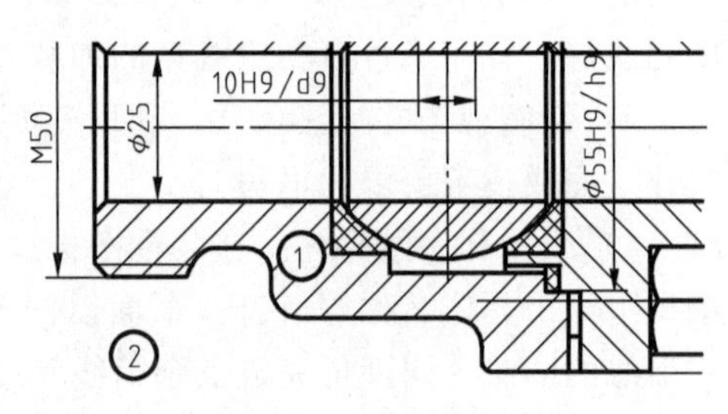

图 8-39 选择引线位置

➢引线画完以后，系统打开文字标注页面。在引线处有光标闪烁，输入“1”之后，单击“关闭文字编辑器”按钮，如图 8-40 所示。完成序号 1 的标注，如图 8-41 所示。

图 8-40 关闭文字编辑器

5）表格的绘制。

➢在上方“功能区”选择“注释”选项，再单击“表格”右侧的箭头，打开“表格样式”对话框。如图 8-42 和图 8-43 所示。

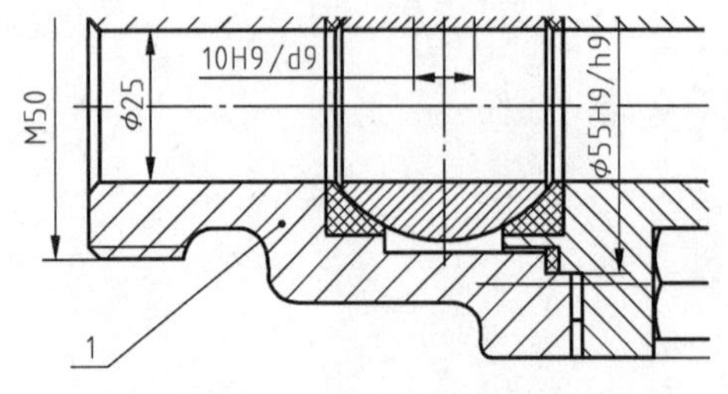

图 8-41 完成序号 1 的标注

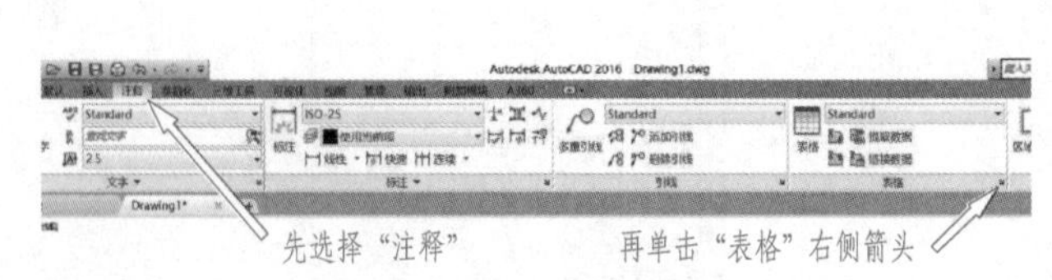

图 8-42 启动表格命令

➢在“表格样式”对话框中，单击“新建”按钮，建立一个“standard 副本”。

➢选中此副本，单击“修改”按钮，弹出“修改表格样式”对话框，如图 8-44 所示。

按照图 8-44 修改对话框中的相关内容后单击“确定”按钮，返回“表格样式”对话框，单击“关闭”按钮即可。

➢ 在上方“功能区”选择“表格”选项，弹出“插入表格”对话框，如图 8-45 所示。按照图 8-45 修改里面的内容后单击“确定”按钮，屏幕上出现了一个 13 行、8 列的表格，定位点在表格的左下角处。

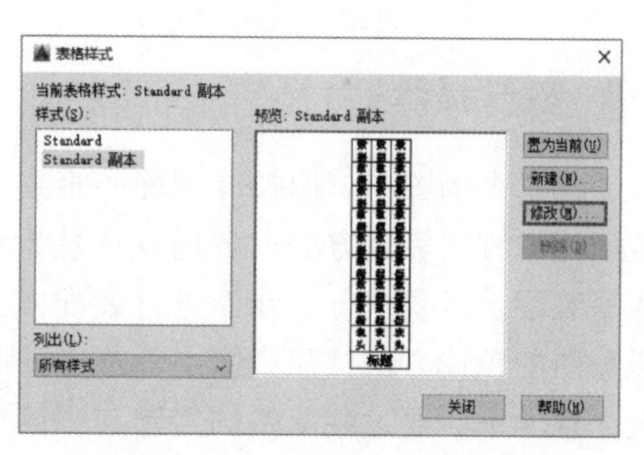

图 8-43 “表格样式”对话框

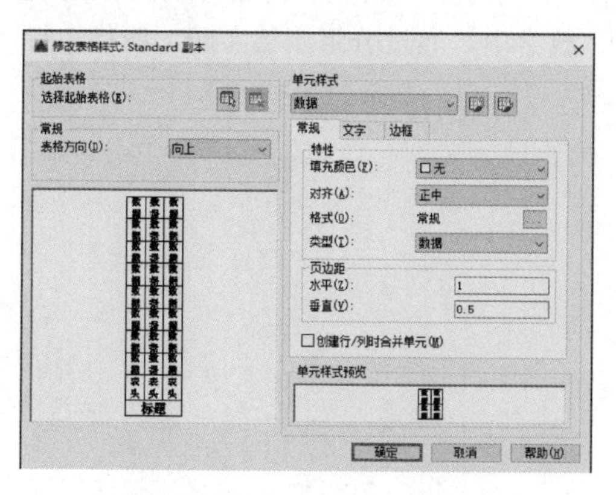

图 8-44 “修改表格样式”对话框

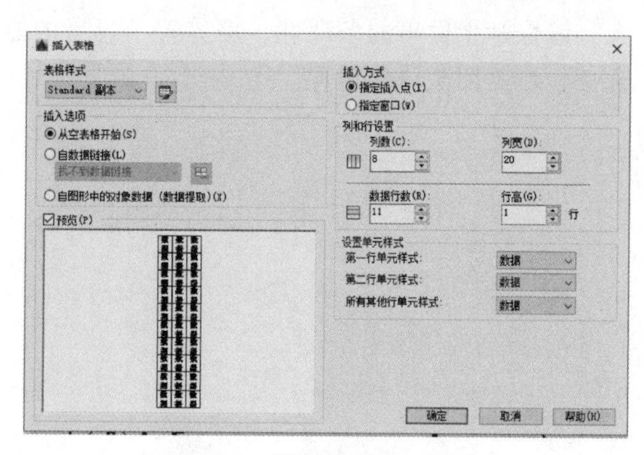

图 8-45 “插入表格”对话框

➢ 将表格的左下角定位点对准标题栏的右上角（用捕捉方式）单击确认。由于此表格的列宽不符合制图的要求，所以用鼠标选中此表格，在表格上会出现“夹点”，用鼠标选中相应的“夹点”拖动到正确的宽度要求；或选中表格后单击鼠标右键，在快捷菜单中选择“特性”，如图 8-46 所示，在“特性”对话框中修改表格的单元宽度和单元高度，如图 8-47 所示。

6）在表格中填入相应的内容，即完成了此装配图明细栏的绘制。最终完成图 8-25 所示球阀装配图的绘制。

图 8-46　表格快捷菜单

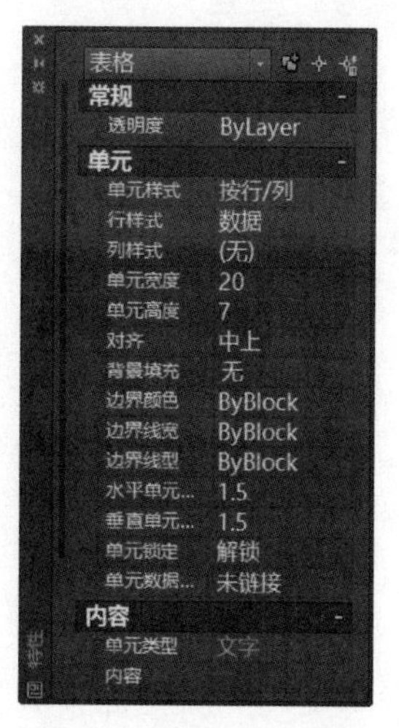

图 8-47 “特性”对话框

教学提示

本章是制图与识图技能训练的难点，重点学习装配工艺结构知识，使学生掌握中等难度装配体的视图表达方法；合理设计装配结构，用 AutoCAD 绘制装配图、标注装配体尺寸并注写装配技术要求等；能够进行装配体拆装并测绘零件，绘制装配体草图和零件草图；掌握装配图的识读方法，能读懂中等难度的装配图，应用于未来的工作之中。

教学中，通过装配图的绘制与识读训练，培养学生勤于实践、攻坚克难，积极主动解决问题的能力；同时，通过装配体测绘技能训练，增强学生的劳动意识，树立劳动光荣的观念，锻炼学生做事的条理性，培养善于思考的能力；教学中，通过分组测绘实践，践行知行合一，培养团队协作精神。

附　录

附录 A　螺纹

表 A-1　普通螺纹直径、螺距与公差带（摘自 GB/T 192、193、196—2003，GB/T 197—2018）（单位：mm）

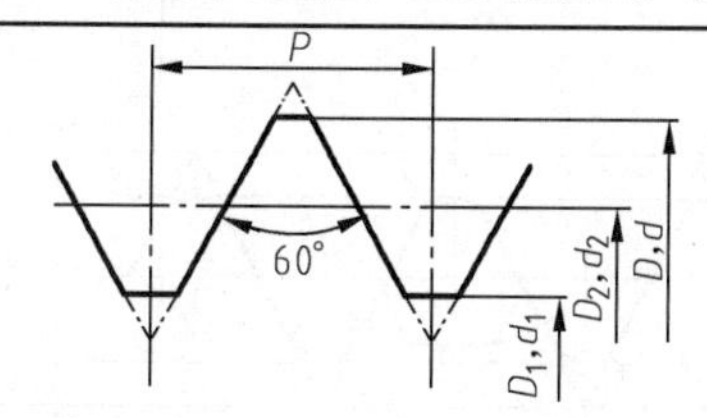

D—内螺纹大径（公称直径）
d—外螺纹大径（公称直径）
D_2—内螺纹中径
d_2—外螺纹中径
D_1—内螺纹小径
d_1—外螺纹小径
P—螺距

标记示例：
M16-6e（粗牙普通外螺纹、公称直径为 16mm、螺距 $P=2$mm、中径及大径公差带均为 6e、中等旋合长度、右旋）
M20×2-6G-LH（细牙普通内螺纹、公称直径为 20mm、螺距 $P=2$mm、中径及小径公差带均为 6G、中等旋合长度、左旋）

公称直径（D、d）			螺距（P）	
第一系列	第二系列	第三系列	粗牙	细牙
4	—	—	0.7	0.5
5	—	—	0.8	
6	—	—	1	0.75
—	7	—		
8	—	—	1.25	1、0.75
10	—	—	1.5	1.25、1、0.75
12	—	—	1.75	1.25、1
—	14	—	2	1.5、1.25、1
—	—	15	—	1.5、1
16	—	—	2	
—	18	—	2.5	2、1.5、1
20	—	—		
—	22	—		
24	—	—	3	
—	—	25	—	
—	27	—	3	
30	—	—	3.5	(3)、2、1.5、1
—	33	—		(3)、2、1.5
—	—	35	—	1.5
36	—	—	4	3、2、1.5
—	39	—		

螺纹种类	精度	外螺纹推荐公差带			内螺纹推荐公差带		
		S	N	L	S	N	L
普通螺纹	中等	(5g6g) (5h6h)	*6e *6f *6g 6h	(7e6e) (7g6g) (7h6h)	*5H (5G)	*6H *6G	*7H (7G)
	粗糙	—	(8e) 8g	(9e8e) (9g8g)	—	7H (7G)	8H (8G)

注：1. 优先选用第一系列，其次是第二系列，第三系列尽可能不用；括号内尺寸尽可能不用。
2. 大量生产的紧固件螺纹，推荐采用带方框的公差带；带 * 的公差带优先选用，括号内的公差带尽可能不用。
3. 两种精度选用原则：中等——一般用途；粗糙—对精度要求不高时采用。

表 A-2 55°密封管螺纹

1. 圆柱内螺纹与圆锥外螺纹（GB/T 7306.1—2000）

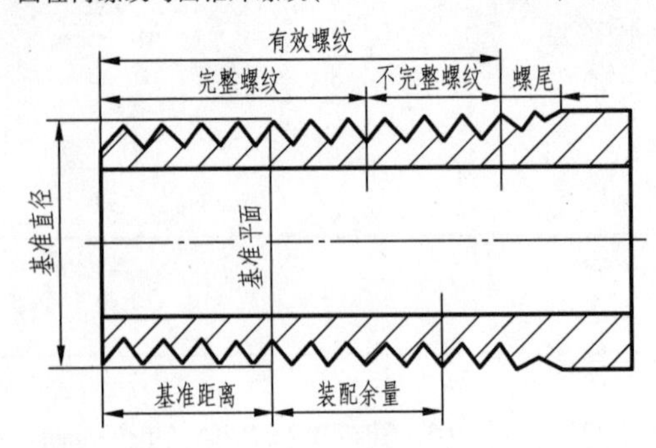

2. 圆锥内螺纹与圆锥外螺纹（GB/T 7306.2—2000）

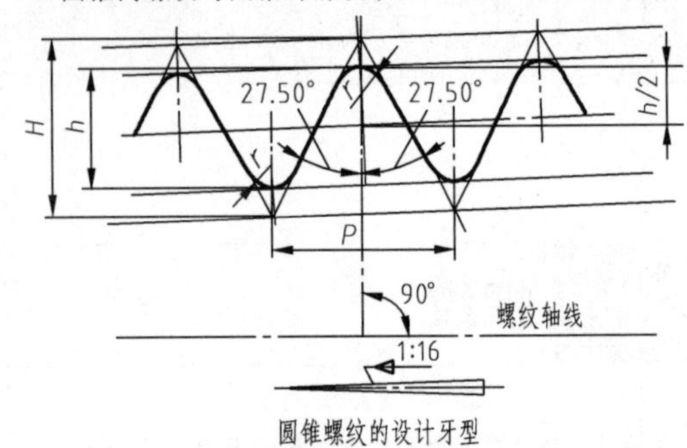

圆锥螺纹的设计牙型

圆柱内螺纹的设计牙型

标记示例：

GB/T 7306.1—2000

Rp3/4（尺寸代号为 3/4 的右旋圆柱内螺纹）

$R_1$3（尺寸代号为 3 的右旋圆柱外螺纹）

Rp3/4LH（尺寸代号为 3/4 的左旋圆柱内螺纹）

Rp/$R_1$3（尺寸代号为 3 的右旋圆柱内螺纹与圆柱外螺纹组成的螺纹副）

标记示例：

GB/T 7306.2—2000

Rc3/4（尺寸代号为 3/4 的右旋圆锥内螺纹）

$R_2$3（尺寸代号为 3 的右旋圆锥外螺纹）

Rc3/4LH（尺寸代号为 3/4 的左旋圆锥内螺纹）

Rc/ $R_2$3（尺寸代号为 3 的右旋圆锥内螺纹与圆锥外螺纹组成的螺纹副）

尺寸代号	每英寸内所含的牙数 n	螺距 P/mm	牙高 h/mm	基准平面内的基本直径			基准距离（基本）/mm	外螺纹的有效螺纹不小于/mm
				大径（基准直径）	中径 $d_2=D_2$/mm	小径 $d_1=D_1$/mm		
1/16	28	0.907	0.581	7.723	7.142	6.561	4	6.5
1/8	28	0.907	0.581	9.728	9.147	8.566	4	6.5
1/4	19	1.337	0.856	13.157	12.301	11.445	6	9.7
3/8	19	1.337	0.856	16.662	15.806	14.950	6.4	10.2
1/2	14	1.814	1.162	20.955	19.793	18.631	8.2	13.2
3/4	14	1.814	1.162	26.441	25.279	24.117	9.5	14.5
1	11	2.309	1.479	33.249	31.770	30.291	10.4	16.8
11/4	11	2.309	1.479	41.910	40.431	38.952	12.7	19.1
11/2	11	2.309	1.479	47.809	46.324	44.845	12.7	19.1
2	11	2.309	1.479	59.614	58.135	46.656	15.9	23.4
21/2	11	2.309	1.479	75.184	73.705	72.226	17.5	26.7
3	11	2.309	1.479	87.884	86.405	84.926	20.6	29.8
4	11	2.309	1.479	113.030	111.551	110.072	25.4	35.8
5	11	2.309	1.479	138.430	136.951	135.472	28.6	40.1
6	11	2.309	1.479	163.830	162.351	160.872	28.6	40.1

表 A-3 55°非密封管螺纹（GB/T 7307—2001）

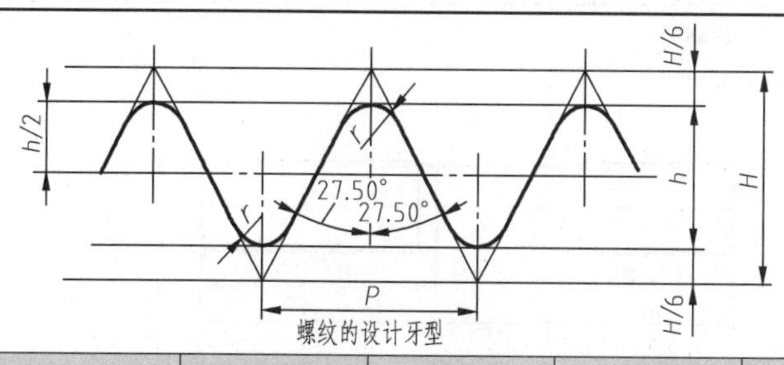

螺纹的设计牙型

标记示例

1. 尺寸代号 2，右旋，圆柱内螺纹，标记为 G2
2. 尺寸代号 3，A 级，右旋，圆柱外螺纹，标记为 G3A
3. 尺寸代号 2，左旋，圆柱内螺纹，标记为 G2 LH
4. 尺寸代号 4，B 级，左旋，圆柱外螺纹，标记为 G4B-LH

尺寸代号	每英寸内所含的牙数 n	螺距 P/mm	牙高 h/mm	基本直径		
				大径 $d=D$/mm	中径 $d_2=D_2$/mm	小径 $d_1=D_1$/mm
1/16	28	0.907	0.581	7.723	7.142	6.561
1/8	28	0.907	0.581	9.728	9.147	8.566
1/4	19	1.337	0.856	13.157	12.301	11.445
3/8	19	1.337	0.856	16.662	15.806	14.950
1/2	14	1.814	1.162	20.955	19.793	18.631
3/4	14	1.814	1.162	26.441	25.279	24.117
1	11	2.309	1.479	33.249	31.770	30.291
11/4	11	2.309	1.479	41.910	40.431	38.952
11/2	11	2.309	1.479	47.809	46.324	44.845
2	11	2.309	1.479	59.614	58.135	46.656
21/2	11	2.309	1.479	75.184	73.705	72.226
3	11	2.309	1.479	87.884	86.405	84.926
4	11	2.309	1.479	113.030	111.551	110.072
5	11	2.309	1.479	138.430	136.951	135.472
6	11	2.309	1.479	163.830	162.351	160.872

附录 B 常用标准件

表 B-1 六角头螺栓 （单位：mm）

六角头螺栓 C 级（摘自 GB/T 5780—2016）　六角头螺栓 全螺纹 C 级（摘自 GB/T 5781—2016）

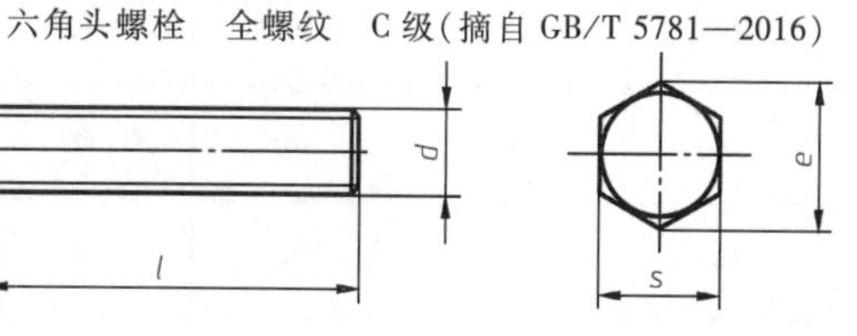

标记示例：

螺栓 GB/T 5780 M20×100（螺纹规格为 M20，公称长度 l=100mm，性能等级为 4.8 级，表面不经处理、产品等级为 C 级的六角头螺栓）

螺纹规格 d		M5	M6	M8	M10	M12	M16	M20	M24	M30	M36	M42
$b_{参考}$	$l_{公称}\leqslant 125$	16	18	22	26	30	38	46	54	66	—	—
	$125<l_{公称}$	22	24	28	32	36	44	52	60	72	84	96
	$l_{公称}>200$	35	37	41	45	49	57	65	73	85	97	100
$k_{公称}$		3.5	4.0	5.3	6.4	7.5	10	12.5	15	18.7	22.5	26
s_{max}		8	10	13	16	18	24	30	36	46	55	65
e_{min}		8.63	10.89	14.2	17.59	19.85	26.17	32,95	39.55	50.8	60.79	71.3
$l_{范围}$	GB/T 5780	25~50	30~60	40~80	45~100	55~120	65~160	80~200	100~240	120~300	140~360	180~420
	GB/T 5781	10~50	12~60	16~80	20~100	25~120	30~160	40~200	50~240	60~300	70~360	80~420
$l_{公称}$		10、12、16、20~65（5 进位）、70~160、（10 进位）、180、200、220~420（20 进位）										

表 B-2 双头螺柱

（单位：mm）

$b_m = 1d$（GB/T 897—1988）　　$b_m = 1.25d$（GB/T 898—1988）

$b_m = 1.5d$（GB/T 899—1988）　　$b_m = 2d$（GB/T 900—1988）

A型

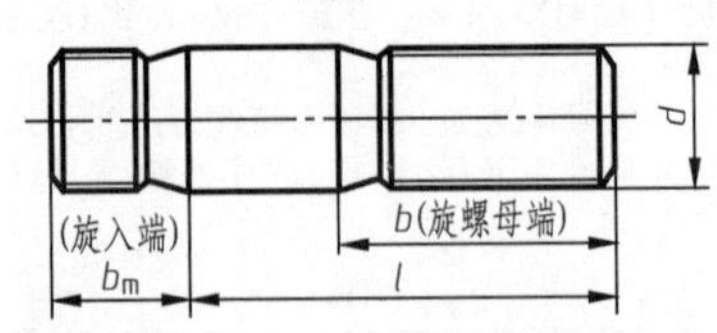

B型

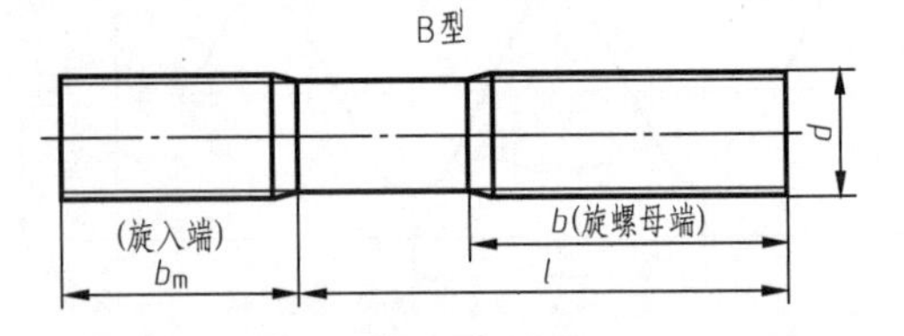

标记示例：

螺柱 GB/T 900　M10×50（两端均为粗牙普通螺纹、$d = 10$mm、$l = 50$mm、性能等级为 4.8 级、不经表面处理、B 型、$b_m = 2d$ 的双头螺柱）

螺柱 GB/T 900　AM10-10×1×50（旋入机体一端为粗牙普通螺纹、旋螺母一端为螺距 $P = 1$mm 的细牙普通螺纹、$d = 10$mm、$l = 50$mm、性能等级为 4.8 级、不经表面处理、A 型、$b_m = 2d$ 的双头螺柱）

螺纹规格 d	b_m（旋入机体端长度）				$\frac{l（螺柱长度）}{b（旋螺母端长度）}$
	GB/T 897	GB/T 898	GB/T 899	GB/T 900	
M4	—	—	6	8	$\frac{16\sim22}{8}$ $\frac{25\sim40}{14}$
M5	5	6	8	10	$\frac{16\sim22}{10}$ $\frac{25\sim50}{16}$
M6	6	8	10	12	$\frac{20\sim22}{10}$ $\frac{25\sim30}{14}$ $\frac{32\sim75}{18}$
M8	8	10	12	16	$\frac{20\sim22}{12}$ $\frac{25\sim30}{16}$ $\frac{32\sim90}{22}$
M10	10	12	15	20	$\frac{25\sim28}{14}$ $\frac{30\sim38}{16}$ $\frac{40\sim120}{26}$ $\frac{130}{32}$
M12	12	15	18	24	$\frac{25\sim30}{16}$ $\frac{32\sim40}{20}$ $\frac{45\sim120}{30}$ $\frac{130\sim180}{36}$
M16	16	20	24	32	$\frac{30\sim38}{20}$ $\frac{40\sim55}{30}$ $\frac{60\sim120}{38}$ $\frac{130\sim200}{44}$
M20	20	25	30	40	$\frac{35\sim40}{25}$ $\frac{45\sim65}{35}$ $\frac{70\sim120}{46}$ $\frac{130\sim200}{52}$
M24	24	30	36	48	$\frac{45\sim50}{30}$ $\frac{55\sim75}{45}$ $\frac{80\sim120}{54}$ $\frac{130\sim200}{60}$
M30	30	38	45	60	$\frac{60\sim65}{40}$ $\frac{70\sim90}{50}$ $\frac{95\sim120}{66}$ $\frac{130\sim200}{72}$ $\frac{210\sim300}{85}$
M36	36	45	54	72	$\frac{65\sim75}{45}$ $\frac{180\sim110}{60}$ $\frac{120}{78}$ $\frac{130\sim200}{84}$ $\frac{210\sim300}{97}$
M42	42	52	63	84	$\frac{70\sim80}{50}$ $\frac{85\sim110}{70}$ $\frac{120}{90}$ $\frac{130\sim200}{96}$ $\frac{210\sim300}{109}$
M48	48	60	72	96	$\frac{80\sim90}{60}$ $\frac{95\sim110}{80}$ $\frac{120}{102}$ $\frac{130\sim200}{108}$ $\frac{210\sim300}{121}$
$l_{公称}$	12、(14)、16、(18)、20、(22)、25、(28)、30、(32)、35、(38)、40、45、50、(55)、60、(65)、70、(75)、80、(85)、90、(95)、100~260(10 进位)、280、300				

注：1. 尽可能不用括号内的规格，末端按 GB/T 2—2016 规定。

2. $b_m = 1d$，一般用于钢对钢；$b_m = (1.25 \sim 1.5)d$，一般用于钢对铸铁；$b_m = 2d$，一般用于钢对铝合金。

3. $l_{公称}$中的 12、14 只适用于 GB/T 899—1988 和 GB/T 900—1988。

表 B-3　螺钉

（单位：mm）

开槽圆柱头螺钉（GB/T 65—2016）

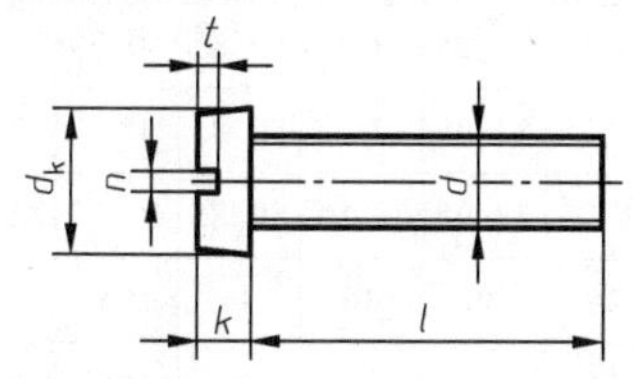

开槽盘头螺钉（GB/T 67—2016）

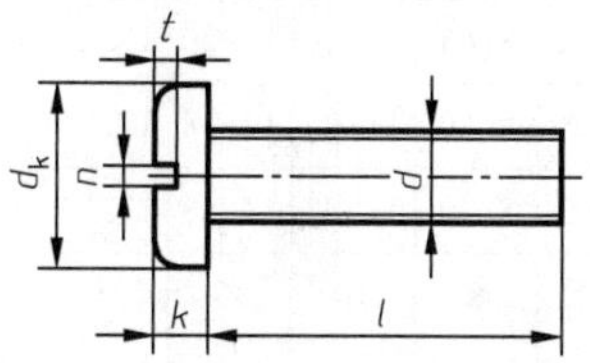

开槽沉头螺钉（GB/T 68—2016）

标记示例：

螺钉 GB/T 65　M5×20（螺纹规格为 M5、公称长度 l＝20mm、性能等级为 4.8 级、表面不经处理的 A 级开槽圆柱头螺钉）

螺纹规格 d		M1.6	M2	M2.5	M3	(M3.5)	M4	M5	M6	M8	M10
$n_{公称}$		0.4	0.5	0.6	0.8	1	1.2	1.2	1.6	2	2.5
GB/T 65	d_{kmax}	3	3.8	4.5	5.5	6	7	8.5	10	13	16
	k_{max}	1.1	1.4	1.8	2	2.4	2.6	3.3	3.9	5	6
	t_{min}	0.45	0.6	0.7	0.85	1	1.1	1.3	1.6	2	2.4
	$l_{范围}$	2~16	3~20	3~25	4~30	5~35	5~40	6~50	8~60	10~80	12~80
GB/T 67	d_{kmax}	3.2	4	5	5.6	7	8	9.5	12	16	20
	k_{max}	1	1.3	1.5	1.8	2.1	2.4	3	3.6	4.8	6
	t_{min}	0.35	0.5	0.6	0.7	0.8	1	1.2	1.4	1.9	2.4
	$l_{范围}$	2~16	2.5~20	3~25	4~30	5~35	5~40	6~50	8~60	10~80	12~80
GB/T 68	d_{kmax}	3	3.8	4.7	5.5	7.3	8.4	9.3	11.3	15.8	18.3
	k_{max}	1	1.2	1.5	1.65	2.35	2.7	2.7	3.3	4.65	5
	t_{min}	0.32	0.4	0.5	0.6	0.9	1	1.1	1.2	1.8	2
	$l_{范围}$	2.5~16	3~20	4~25	5~30	6~35	6~40	8~50	8~60	10~80	12~80
$l_{系列}$		2、2.5、3、4、5、6、8、10、12、(14)、16、20、25、30、35、40、45、50、(55)、60、(65)、70、(75)、80									

注：1. 尽可能不采用括号内的规格。

2. 商品规格 M1.6~M10。

表 B-4　螺母

（单位：mm）

Ⅰ型六角螺母　A 级和 B 级（GB/T 6170—2016）　Ⅰ型六角螺母　C 级（GB/T 41—2016）

六角薄螺母　（GB/T 6172.1—2016）

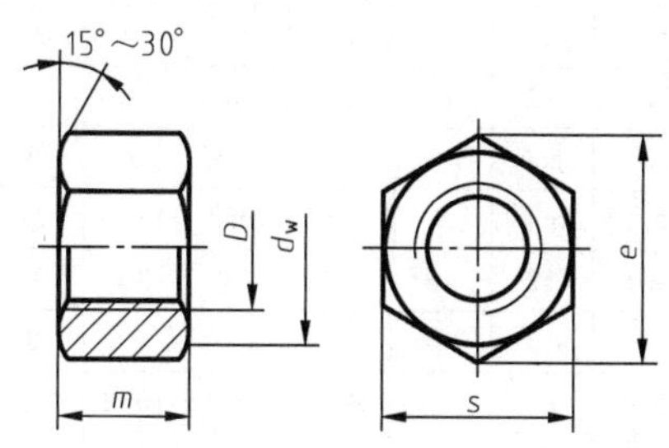

标记示例：

螺母 GB/T 41　M12　螺纹规格 D＝M12、性能等级为 5 级、不经表面处理的 C 级六角螺母。

螺母 GB/T 6170　M12 螺纹规格 D＝M12、性能等级为 8 级、不经表面处理的 A 级Ⅰ型六角螺母。

（续）

螺纹规格 *D*		M3	M4	M5	M6	M8	M10	M12	M16	M20	M24	M30	M36	M42
e	GB/T 41			8.63	10.89	14.20	17.59	19.85	26.17	32.95	39.55	50.85	60.79	72.02
	GB/T 6170	6.01	7.66	8.79	11.05	14.38	17.77	20.03	26.75	32.95	39.55	50.85	60.79	72.02
	GB/T 6172.1	6.01	7.66	8.79	11.05	14.38	17.77	20.03	26.75	32.95	39.55	50.85	60.79	72.02
s	GB/T 41			8	10	13	16	18	24	30	36	46	55	65
	GB/T 6170	5.5	7	8	10	13	16	18	24	30	36	46	55	65
	GB/T 6172.1	5.5	7	8	10	13	16	18	24	30	36	46	55	65
m	GB/T 41			5.6	6.1	7.9	9.5	12.2	15.9	18.7	22.3	26.4	31.5	34.9
	GB/T 6170	2.4	3.2	4.7	5.2	6.8	8.4	10.8	14.8	18	21.5	25.6	31	34
	GB/T 6172.1	1.8	2.2	2.7	3.2	4	5	6	8	10	12	15	18	21

注：A 级用于 $D \leqslant 16$；B 级用于 $D>16$。

表 B-5 垫圈 （单位：mm）

平垫圈 A 级（GB/T 97.1—2002）　　平垫圈 C 级（GB/T 95—2002）

平垫圈 倒角型 A 级（GB/T 97.2—2002）　　标准型弹簧垫圈（GB/T 93—1987）

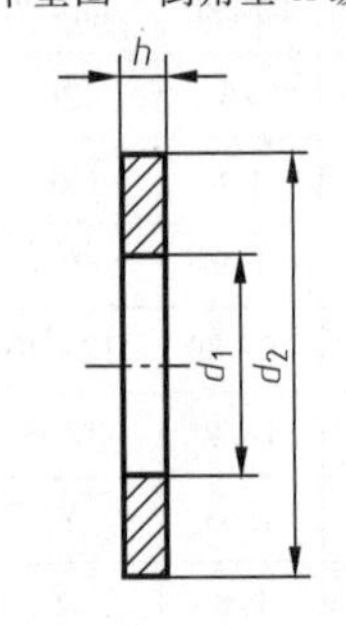

平垫圈

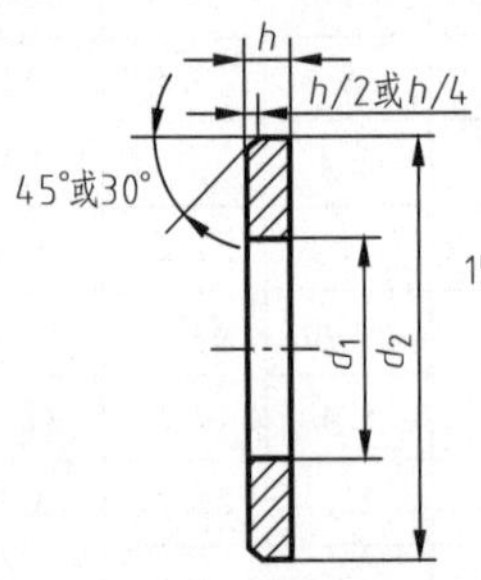

平垫圈倒角型

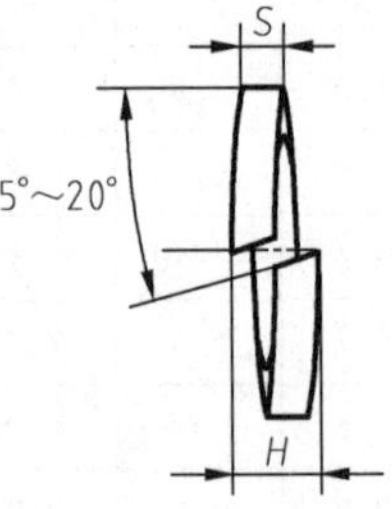

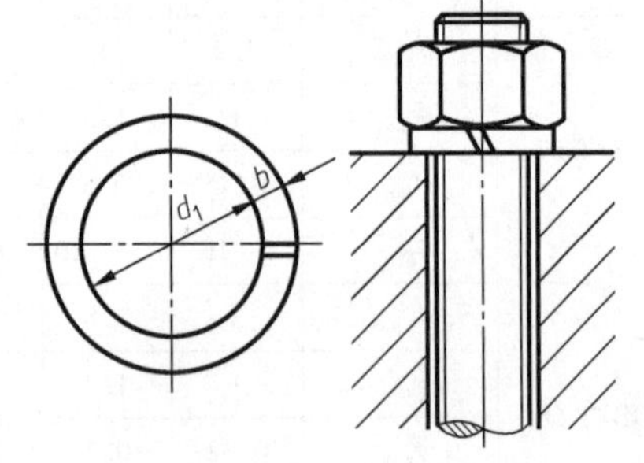

标准型弹簧垫圈

标记示例：

垫圈 GB/T 95　8（标准系列、公称规格 8mm、硬度等级为 100HV 级、不经表面处理、产品等级为 C 级的平垫圈）

垫圈 GB/T 93　10（规格 10mm、材料为 65Mn、表面氧化的标准型弹簧垫圈）

公称尺寸 *d*（螺纹规格）		4	5	6	8	10	12	16	20	24	30	36	42	48
GB/T 97.1—2002（A 级）	d_1	4.3	5.3	6.4	8.4	10.5	13	17	21	25	31	37	45	52
	d_2	9	10	12	16	20	24	30	37	44	56	66	78	92
	h	0.8	1	1.6	1.6	2	2.5	3	3	4	4	5	8	8
GB/T 97.2—2002（A 级）	d_1	—	5.3	6.4	8.4	10.5	13	17	21	25	31	37	45	52
	d_2	—	10	12	16	20	24	30	37	44	56	66	78	92
	h	—	1	1.6	1.6	2	2.5	3	3	4	4	5	8	8
GB/T 95—2002（C 级）	d_1	4.5	5.5	6.6	9	11	13.5	17.5	22	26	33	39	45	52
	d_2	9	10	12	16	20	24	30	37	44	56	66	78	92
	h	0.8	1	1.6	1.6	2	2.5	3	3	4	4	5	8	8
GB/T 93—1987	d_1	4.1	5.1	6.1	8.1	10.2	12.2	16.2	20.2	24.5	30.5	36.5	42.5	48.5
	$S=b$	1.1	1.3	1.6	2.1	2.6	3.1	4.1	5	6	7.5	9	10.5	12
	H	2.75	3.25	4	5.25	6.5	7.75	10.25	12.5	15	18.75	22.5	26.5	30

注：1. A 级适用于精装配系列，C 级适用于中等装配系列。

2. C 级垫圈没有 $Ra3.2\mu m$ 和去毛刺的要求。

表 B-6　平键 键槽的剖面尺寸（GB/T 1095、1096—2003）　（单位：mm）

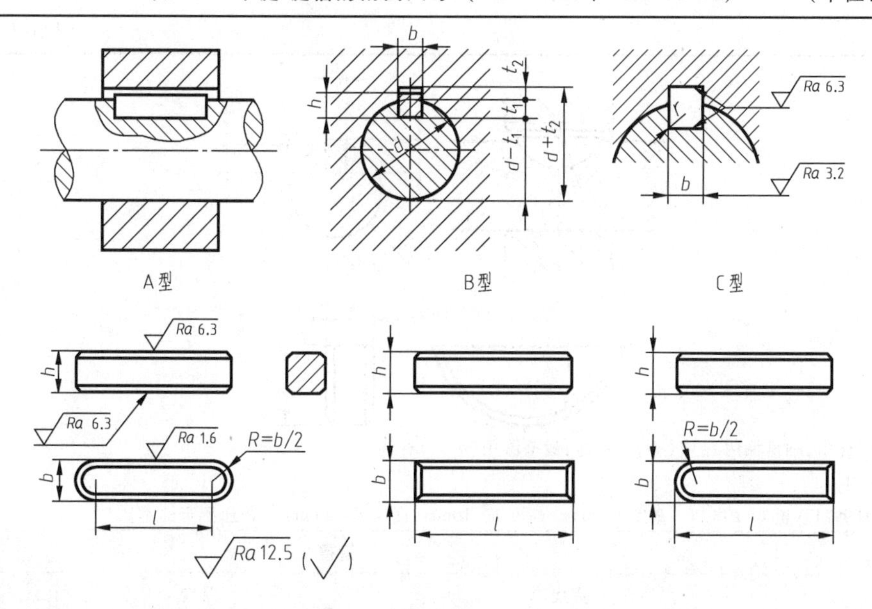

标记示例：

GB/T 1096　键 16×10×100（普通 A 型平键、宽度 $b=16$mm、高度 $h=10$mm、长度 $l=100$mm）

GB/T 1096　键 B16×10×100（普通 B 型平键、宽度 $b=16$mm、高度 $h=10$mm、长度 $l=100$mm）

GB/T 1096　键 C16×10×100（普通 C 型平键、宽度 $b=16$mm、高度 $h=10$mm、长度 $l=100$mm）

键		键槽											
键尺寸 $b\times h$	标准长度范围 l	宽度 b						深度				半径 r	
		基本尺寸 b	极限偏差					轴 t_1		毂 t_2			
			正常联结		紧密联结	松联结		基本尺寸	极限偏差	基本尺寸	极限偏差		
			轴 N9	毂 JS9	轴和毂 P9	轴 H9	毂 D10					最小	最大
4×4	8~45	4	0 -0.030	±0.015	-0.012 -0.042	+0.030 0	+0.078 +0.030	2.5	+0.1 0	1.8	+0.1 0	0.08	0.16
5×5	10~56	5						3.0		2.3		0.16	0.25
6×6	14~70	6						3.5		2.8			
8×7	18~90	8	0 -0.036	±0.018	-0.015 -0.051	+0.036 0	+0.098 +0.040	4.0	+0.2 0	3.3	+0.2 0		
10×8	22~110	10						5.0		3.3		0.25	0.40
12×8	28~140	12	0 -0.043	±0.0215	-0.018 -0.061	+0.043 0	+0.120 +0.050	5.0		3.3			
14×9	36~160	14						5.5		3.8			
16×10	45~180	16						6.0		4.3			
18×11	50~200	18						7.0		4.4			
20×12	56~220	20	0 -0.052	±0.026	-0.022 -0.074	+0.052 0	+0.149 +0.065	7.5		4.9		0.40	0.60
22×14	63~250	22						9.0		5.4			
25×14	70~280	25						9.0		5.4			
28×16	80~320	28						10		6.4			
$l_{系列}$	8~22（2 进位）、25、28、32、36、40、45、50、56、63、70~110（10 进位）、140~220（20 进位）、250、280、320												

表 B-7 普通型半圆键和键槽的剖面尺寸（GB/T 1099.1—2003、GB/T 1098—2003）

（单位：mm）

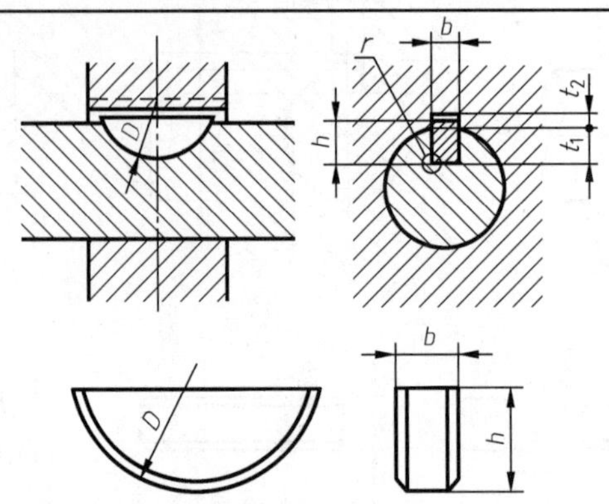

注：在图样中，轴槽深用 t_1 或（$d-t_1$）标注，毂槽深用（$d+t_2$）标注。

标记示例：

GB/T 1099.1　键 6×10×25　宽度 b=6mm、高度 h=10mm、直径 D=25mm 的普通型半圆键。

<table>
<tr><th rowspan="5">键尺寸
b×h×D</th><th colspan="10">键槽</th><th rowspan="3" colspan="2">半径 r</th></tr>
<tr><th colspan="6">宽度 b</th><th colspan="4">深度</th></tr>
<tr><th rowspan="3">基本尺寸</th><th colspan="5">极限偏差</th><th colspan="2">轴 t_1</th><th colspan="2">毂 t_2</th></tr>
<tr><th colspan="2">正常联结</th><th>紧密联结</th><th colspan="2">松联结</th><th rowspan="2">基本尺寸</th><th rowspan="2">极限偏差</th><th rowspan="2">基本尺寸</th><th rowspan="2">极限偏差</th><th rowspan="2">最大</th><th rowspan="2">最小</th></tr>
<tr><th>轴 N9</th><th>毂 JS9</th><th>轴和毂 P9</th><th>轴 H9</th><th>毂 D10</th></tr>
<tr><td>1×1.4×4</td><td>1</td><td rowspan="7">-0.004
-0.029</td><td rowspan="7">±0.0125</td><td rowspan="7">-0.006
-0.031</td><td rowspan="7">+0.025
0</td><td rowspan="7">+0.060
+0.020</td><td>1.0</td><td rowspan="5">+0.1
0</td><td>0.6</td><td rowspan="13">+0.1
0</td><td rowspan="7">0.16</td><td rowspan="7">0.08</td></tr>
<tr><td>1.5×2.6×7</td><td>1.5</td><td>2.0</td><td>0.8</td></tr>
<tr><td>2×2.6×7</td><td>2</td><td>1.8</td><td>1.0</td></tr>
<tr><td>2×3.7×10</td><td>2</td><td>2.9</td><td>1.0</td></tr>
<tr><td>2.5×3.7×10</td><td>2.5</td><td>2.7</td><td>1.2</td></tr>
<tr><td>3×5×13</td><td>3</td><td>3.8</td><td rowspan="6">+0.2
0</td><td>1.4</td></tr>
<tr><td>3×6.5×16</td><td>3</td><td>5.3</td><td>1.4</td></tr>
<tr><td>4×6.5×16</td><td>4</td><td rowspan="7">0
-0.030</td><td rowspan="7">±0.015</td><td rowspan="7">-0.012
-0.042</td><td rowspan="7">+0.030
0</td><td rowspan="7">+0.078
+0.030</td><td>5.0</td><td>1.8</td><td rowspan="7">0.25</td><td rowspan="7">0.16</td></tr>
<tr><td>4×7.5×19</td><td>4</td><td>6.0</td><td>1.8</td></tr>
<tr><td>5×6.5×16</td><td>5</td><td>4.5</td><td>2.3</td></tr>
<tr><td>5×7.5×19</td><td>5</td><td>5.5</td><td>2.3</td></tr>
<tr><td>5×9×22</td><td>5</td><td>7.0</td><td rowspan="5">+0.3
0</td><td>2.3</td></tr>
<tr><td>6×9×22</td><td>6</td><td>6.5</td><td>2.8</td></tr>
<tr><td>6×10×25</td><td>6</td><td>7.5</td><td>2.8</td><td rowspan="3">+0.2
0</td></tr>
<tr><td>8×11×28</td><td>8</td><td rowspan="2">0
-0.036</td><td rowspan="2">±0.018</td><td rowspan="2">-0.015
-0.051</td><td rowspan="2">+0.036
0</td><td rowspan="2">+0.098
+0.040</td><td>8.0</td><td>3.3</td><td rowspan="2">0.40</td><td rowspan="2">0.25</td></tr>
<tr><td>10×13×32</td><td>10</td><td>10</td><td>3.3</td></tr>
</table>

注：1. 图中倒角或倒圆尺寸 s：序号 1~7，s=016~0.25；序号 8~14，s=0.25~0.40；序号 15~16，s=0.40~0.60。

2. 轴槽及轮毂槽的宽度 b 对轴及轮毂轴心线的对称度，一般可按 GB/T 1184—1996 表 B4 中对称度公差 7~9 级选取。

3. （$d-t_1$）和（$d+t_2$）两个组合尺寸的极限偏差按相应的 t_1 和 t_2 的极限偏差选取，但（$d-t_1$）极限偏差值应取负号（-）。

表 B-8 圆柱销 不淬硬钢和奥氏体不锈钢（GB/T 119.1—2000） （单位：mm）

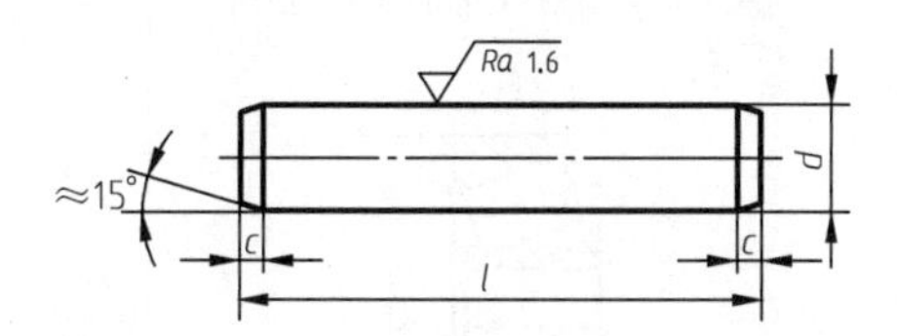

标记示例：

销 GB/T 119.1 10m6×50（公称直径 d=10mm、公差为 m6、公称长度 l=50mm、材料为钢、不经淬火、不经表面处理的圆柱销）

销 GB/T 119.1 6m6×30-A1（公称直径 d=6mm、公差为 m6、公称长度 l=30mm、材料为 A1 组奥氏体不锈钢、表面简单处理的圆柱销）

$d_{公差}$	2	2.5	3	4	5	6	8	10	12	16	20	25
$c\approx$	0.35	0.4	0.5	0.63	0.8	1.2	1.6	2.0	2.5	3.0	3.5	4.0
$l_{范围}$	6~20	6~24	8~30	8~40	10~50	12~60	14~80	18~95	22~140	26~180	35~200	50~200
$l_{公称}$	6~32(2 进位)、35~100(5 进位)、120~200(20 进位)、(公称长度大于 200,按 20 递增)											

表 B-9 圆锥销（GB/T 117—2000） （单位：mm）

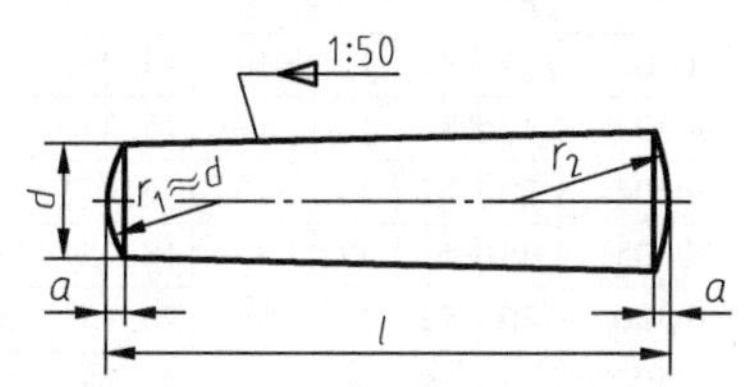

A 型(磨削):锥面表面粗糙度 Ra=0.8μm

B 型(切削或冷镦):锥面表面粗糙度 Ra=3.2μm

$$r_2=\frac{a}{2}+d+\frac{0.021^2}{8a}$$

标记示例：

销 GB/T 117 6×30(公称直径 d=6mm、公称长度 l=30mm、材料为 35 钢、热处理硬度 28~38HRC、表面氧化处理的 A 型圆锥销)

$d_{公称}$	2	2.5	3	4	5	6	8	10	12	16	20	25
$a\approx$	0.25	0.3	0.4	0.5	0.63	0.8	1.0	1.2	1.6	2.0	2.5	3.0
$l_{范围}$	10~35	10~35	12~45	14~55	18~60	22~90	22~120	26~160	32~180	40~200	45~200	50~200
$l_{公称}$	10~32(2 进位)、35~100(5 进位)、120~200(20 进位)、(公称长度大于 200,按 20 递增)											

表 B-10 滚动轴承

（单位：mm）

深沟球轴承（GB/T 276—2013）

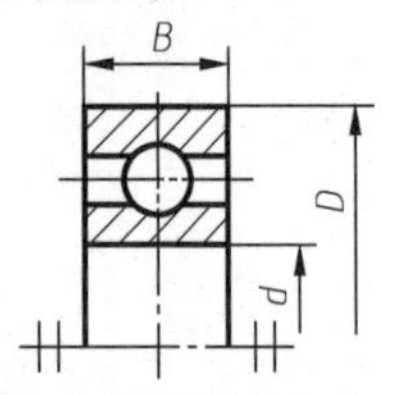

标记示例：

滚动轴承 6310 GB/T 276—2013

（深沟球轴承、内径 d=50mm、直径系列代号为 3）

圆锥滚子轴承（GB/T 297—2015）

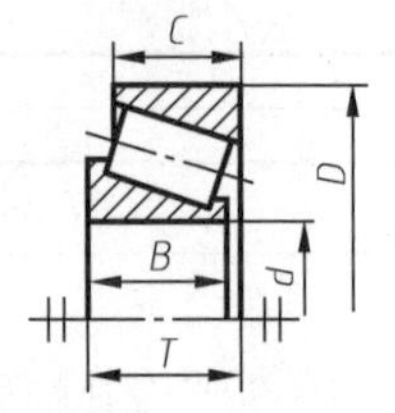

标记示例：

滚动轴承 30212 GB/T 297—2015

（圆锥滚子轴承、内径 d=60mm、宽度系列代号为 0、直径系列代号为 2）

推力球轴承（GB/T 301—2015）

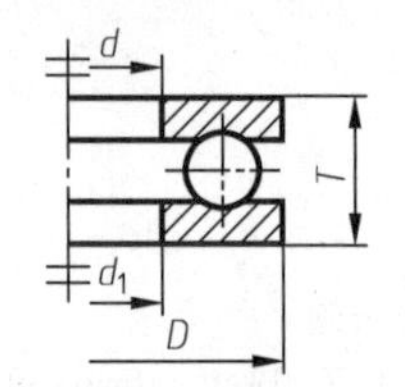

标记示例：

滚动轴承 51305 GB/T 301—2015

（推力球轴承，内径 d=25mm、宽度系列代号为 1、直径系列代号为 3）

轴承型号	尺寸（mm）			轴承型号	尺寸（mm）					轴承型号	尺寸（mm）			
	d	D	B		d	D	B	C	T		d	D	T	d_1
尺寸系列[（0）2]				尺寸系列[02]						尺寸系列[12]				
6202	15	35	11	30203	17	40	12	11	13.25	51202	15	32	12	17
6203	17	40	12	30204	20	47	14	12	15.25	51203	17	35	12	19
6204	20	47	14	30205	25	52	15	13	16.25	51204	20	40	14	22
6205	25	52	15	30206	30	62	16	14	17.25	51205	25	47	15	27
6206	30	62	16	30207	35	72	17	15	18.25	51206	30	52	16	32
6207	35	72	17	30208	40	80	18	16	19.75	51207	35	62	18	37
6208	40	80	18	30209	45	85	19	16	20.75	51208	40	68	19	42
6209	45	85	19	30210	50	90	20	17	21.75	51209	45	73	20	47
6210	50	90	20	30211	55	100	21	18	22.75	51210	50	78	22	52
6211	55	100	21	30212	60	110	22	19	23.75	51211	55	90	25	57
6212	60	110	22	30213	65	120	23	20	24.75	51212	60	95	26	62
尺寸系列[（0）3]				尺寸系列[03]						尺寸系列[13]				
6302	15	42	13	30302	15	42	13	11	14.25	51304	20	47	18	22
6303	17	47	14	30303	17	47	14	12	15.25	51305	25	52	18	27
6304	20	52	15	30304	20	52	15	13	16.25	51306	30	60	21	32
6305	25	62	17	30305	25	62	17	15	18.25	51307	35	68	24	37
6306	30	72	19	30306	30	72	19	16	20.75	51308	40	78	26	42
6307	35	80	21	30307	35	80	21	18	22.75	51309	45	85	28	47
6308	40	90	23	30308	40	90	23	20	25.25	51310	50	95	31	52
6309	45	100	25	30309	45	100	25	22	27.25	51311	55	105	35	57
6310	50	110	27	30310	50	110	27	23	29.25	51312	60	110	35	62
6311	55	120	29	30311	55	120	29	25	31.50	51313	65	115	36	67
6312	60	130	31	30312	60	130	31	26	33.50	51314	70	125	40	72
尺寸系列[（0）4]				尺寸系列[13]						尺寸系列[14]				
6403	17	62	17	31305	25	62	17	13	18.25	51405	25	60	24	27
6404	20	72	19	31306	30	72	19	14	20.75	51406	30	70	28	32
6405	25	80	21	31307	35	80	21	15	22.75	51407	35	80	32	37
6406	30	90	23	31308	40	90	23	17	25.25	51408	40	90	36	42
6407	35	100	25	31309	45	100	25	18	27.25	51409	45	100	39	47
6408	40	110	27	31310	50	110	27	19	29.25	51410	50	110	43	52
6409	45	120	29	31311	55	120	29	21	31.50	51411	55	120	48	57
6410	50	130	31	31312	60	130	31	22	33.50	51412	60	130	51	62
6411	55	140	33	31313	65	140	33	23	36.00	51413	65	140	56	68
6412	60	150	35	31314	70	150	35	25	38.00	51414	70	150	60	73
6413	65	160	37	31315	75	160	37	26	40.00	51415	75	160	65	78

注：圆括号中的尺寸系列代号在轴承型号中省略。

附录 C 极限与配合

表 C-1 标准公差数值（摘自 GB/T 1800.2—2020）

公称尺寸/mm		标准公差等级																			
		IT01	IT0	IT1	IT2	IT3	IT4	IT5	IT6	IT7	IT8	IT9	IT10	IT11	IT12	IT13	IT14	IT15	IT16	IT17	IT18
大于	至	标准公差值																			
		μm													mm						
—	3	0.3	0.5	0.8	1.2	2	3	4	6	10	14	25	40	60	0.1	0.14	0.25	0.4	0.6	1	1.4
3	6	0.4	0.6	1	1.5	2.5	4	5	8	12	18	30	48	75	0.12	0.18	0.3	0.48	0.75	1.2	1.8
6	10	0.4	0.6	1	1.5	2.5	4	6	9	15	22	36	58	90	0.15	0.22	0.36	0.58	0.9	1.5	2.2
10	18	0.5	0.8	1.2	2	3	5	8	11	18	27	43	70	110	0.18	0.27	0.43	0.7	1.1	1.8	2.7
18	30	0.6	1	1.5	2.5	4	6	9	13	21	33	52	84	130	0.21	0.33	0.52	0.84	1.3	2.1	3.3
30	50	0.6	1	1.5	2.5	4	7	11	16	25	49	62	100	160	0.25	0.39	0.62	1	1.6	2.5	3.9
50	80	0.8	1.2	2	3	5	8	13	19	30	46	74	120	190	0.3	0.46	0.74	1.2	1.9	3	4.6
80	120	1	1.5	2.5	4	6	10	15	22	35	54	87	140	220	0.35	0.54	0.87	1.4	2.2	3.5	5.4
120	180	1.2	2	3.5	5	8	12	18	25	40	63	100	160	250	0.4	0.63	1	1.6	2.5	4	6.3
180	250	2	3	4.5	7	10	14	20	29	46	72	115	185	290	0.46	0.72	1.15	1.85	2.9	4.6	7.2
250	315	2.5	4	6	8	12	16	23	32	52	81	130	210	320	0.52	0.81	1.3	2.1	3.2	5.2	8.1
315	400	3	5	7	9	13	18	25	36	57	89	140	230	360	0.57	0.89	1.4	2.3	3.6	5.7	8.9
400	500	4	6	8	10	15	20	27	40	63	97	155	250	400	0.63	0.97	1.55	2.5	4	6.3	9.7
500	630			9	11	16	22	32	44	70	110	175	280	440	0.7	1.1	1.75	2.8	4.4	7	11
630	800			10	13	18	25	36	50	80	125	200	320	500	0.8	1.25	2	3.2	5	8	12.5
800	1000			11	15	21	28	40	56	90	140	230	360	560	0.9	1.4	2.3	3.6	5.6	9	14
1000	1250			13	18	24	33	47	66	105	165	260	420	660	1.05	1.65	2.6	4.2	6.6	10.5	16.5
1250	1600			15	21	29	39	55	78	125	195	310	500	780	1.25	1.95	3.1	5	7.8	12.5	19.5
1600	2000			18	25	35	46	65	92	150	230	370	600	920	1.5	2.3	3.7	6	9.2	15	23
2000	2500			22	30	41	55	78	110	175	280	440	700	1100	1.75	2.8	4.4	7	11	17.5	28
2500	3150			26	36	50	68	96	135	210	330	540	860	1350	2.1	3.3	5.4	8.6	13.5	21	33

注：1. 公称尺寸大于 500mm 的 IT1 至 IT5 的标准公差数值为试行的。

2. 公称尺寸小于或等于 1mm 时，无 IT14 至 IT18。

表 C-2 轴的基本偏差数值

公称尺寸/mm		基本															
		上极限偏差（es）															
		所有标准公差等级												IT5和IT6	IT7	IT8	IT4至IT7
大于	至	a	b	c	cd	d	e	ef	f	fg	g	h	js	j			
—	3	-270	-140	-60	-34	-20	-14	-10	-6	-4	-2	0		-2	-4	-6	0
3	6	-270	-140	-70	-46	-30	-20	-14	-10	-6	-4	0		-2	-4	—	+1
6	10	-280	-150	-80	-56	-40	-25	-18	-13	-8	-5	0		-2	-5	—	+1
10	14	-290	-150	-95	—	-50	-32	—	-16	—	-6	0		-3	-6	—	+1
14	18																
18	24	-300	-160	-110	—	-65	-40	—	-20	—	-7	0		-4	-8	—	+2
24	30																
30	40	-310	-170	-120	—	-80	-50	—	-25	—	-9	0		-5	-10	—	+2
40	50	-320	-180	-130													
50	65	-340	-190	-140	—	-100	-60	—	-30	—	-10	0		-7	-12	—	+2
65	80	-360	-200	-150													
80	100	-380	-220	-170	—	-120	-72	—	-36	—	-12	0	偏差=±(ITn/2)，式中ITn是IT值数	-9	-15	—	+3
100	120	-410	-240	-180													
120	140	-460	-260	-200	—	-145	-85	—	-43	—	-14	0		-11	-18	—	+3
140	160	-520	-280	-210													
160	180	-580	-310	-230													
180	200	-660	-340	-240	—	-170	-100	—	-50	—	-15	0		-13	-21	—	+4
200	225	-740	-380	-260													
225	250	-820	-420	-280													
250	280	-920	-480	-300	—	-190	-110	—	-56		-17	0		-16	-26	—	+4
280	315	-1050	-540	-330													
315	355	-1200	-600	-360	—	-210	-125	—	-62	—	-18	0		-18	-28	—	+4
355	400	-1350	-680	-400													
400	450	-1500	-760	-440	—	-230	-135	—	-68	—	-20	0		-20	-32	—	+5
450	500	-1650	-840	-480													

注：1. 公称尺寸小于或等于1时，基本偏差a和b均不采用。

2. 公差带js7至js11，若ITn值是奇数，则取极限偏差=±(ITn-1)/2。

(摘自 GB/T 1800.2—2020) (单位 μm)

偏差数值														
下极限偏差(ei)														
≤IT3 >IT7	所有标准公差等级													
k	m	n	p	r	s	t	u	v	x	y	z	za	zb	zc
0	+2	+4	+6	+10	+14	—	+18	—	+20	—	+26	+32	+40	+60
0	+4	+8	+12	+15	+19	—	+23	—	+28	—	+35	+42	+50	+80
0	+6	+10	+15	+19	+23	—	+28	—	+34	—	+42	+52	+67	+97
0	+7	+12	+18	+23	+28	—	+33	—	+40	—	+50	+64	+90	+130
								+39	+45	—	+60	+77	+108	+150
0	+8	+15	+22	+28	+35	—	+41	+47	+54	+63	+73	+98	+136	+188
						+41	+48	+55	+64	+75	+88	+118	+160	+218
0	+9	+17	+26	+34	+43	+48	+60	+68	+80	+94	+112	+148	+200	+274
						+54	+70	+81	+97	+114	+136	+180	+242	+325
0	+11	+20	+32	+41	+53	+66	+87	+102	+122	+144	+172	+226	+300	+405
				+43	+59	+75	+102	+120	+146	+174	+210	+274	+360	+480
0	+13	+23	+37	+51	+71	+91	+124	+146	+178	+214	+258	+335	+445	+585
				+54	+79	+104	+144	+172	+210	+254	+310	+400	+525	+690
0	+15	+27	+43	+63	+92	+122	+170	+202	+248	+300	+365	+470	+620	+800
				+65	+100	+134	+190	+228	+280	+340	+415	+535	+700	+900
				+68	+108	+146	+210	+252	+310	+380	+465	+600	+780	+1000
0	+17	+31	+50	+77	+122	+166	+236	+284	+350	+425	+520	+670	+880	+1150
				+80	+130	+180	+258	+310	+385	+470	+575	+740	+960	+1250
				+84	+140	+196	+284	+340	+425	+520	+640	+820	+1050	+1350
0	+20	+34	+56	+94	+158	+218	+315	+385	+475	+580	+710	+920	+1200	+1550
				+98	+170	+240	+350	+425	+525	+650	+790	+1000	+1300	+1700
0	+21	+37	+62	+108	+190	+268	+390	+475	+590	+730	+900	+1150	+1500	+1900
				+114	+208	+294	+435	+530	+660	+820	+1000	+1300	+1650	+2100
0	+23	+40	+68	+126	+232	+330	+490	+595	+740	+920	+1100	+1450	+1850	+2400
				+132	+252	+360	+540	+660	+820	+1000	+1250	+1600	+2100	+2600

表 C-3 孔的基本偏差数值

公称尺寸/mm		基本偏																				
		下极限偏差(EI)																				
		所有标准公差等级												IT6	IT7	IT8	≤IT8	>IT8	≤IT8	>IT8	≤IT8	>IT8
大于	至	A	B	C	CD	D	E	EF	F	FG	G	H	JS	J			K		M		N	
—	3	+270	+140	+60	+34	+20	+14	+10	+6	+4	+2	0		+2	+4	+6	0	0	−2	−2	−4	−4
3	6	+270	+140	+70	+46	+30	+20	+14	+10	+6	+4	0		+5	+6	+10	−1+Δ	—	−4+Δ	−4	−8+Δ	0
6	10	+280	+150	+80	+56	+40	+25	+18	+13	+8	+5	0		+5	+8	+12	−1+Δ	—	−6+Δ	−6	−10+Δ	0
10	14	+290	+150	+95	—	+50	+32	—	+16	—	+6	0		+6	+10	+15	−1+Δ	—	−7+Δ	−7	−12+Δ	0
14	18																					
18	24	+300	+160	+110	—	+65	+40	—	+20	—	+7	0		+8	+12	+20	−2+Δ	—	−8+Δ	−8	−15+Δ	0
24	30																					
30	40	+310	+170	+120	—	+80	+50	—	+25	—	+9	0		+10	+14	+24	−2+Δ	—	−9+Δ	−9	−17+Δ	0
40	50	+320	+180	+130																		
50	65	+340	+190	+140	—	+100	+60	—	+30	—	+10	0		+13	+18	+28	−2+Δ	—	−11+Δ	−11	−20+Δ	0
65	80	+360	+200	+150																		
80	100	+380	+220	+170	—	+120	+72	—	+36	—	+12	0	偏差=±(IT*n*)/2，式中IT*n*是IT值数	+16	+22	+34	−3+Δ	—	−13+Δ	−13	−23+Δ	0
100	120	+410	+240	+180																		
120	140	+460	+260	+200																		
140	160	+520	+280	+210	—	+145	+85	—	+43	—	+14	0		+18	+26	+41	−3+Δ	—	−15+Δ	−15	−27+Δ	0
160	180	+580	+310	+230																		
180	200	+660	+340	+240																		
200	225	+740	+380	+260	—	+170	+100	—	+50	—	+15	0		+22	+30	+47	−4+Δ	—	−17+Δ	−17	−31+Δ	0
225	250	+820	+420	+280																		
250	280	+920	+480	+300	—	+190	+110	—	+56	—	+17	0		+25	+36	+55	−4+Δ	—	−20+Δ	−20	−34+Δ	0
280	315	+1050	+540	+330																		
315	355	+1200	+600	+360	—	+210	+125	—	+62	—	+18	0		+29	+39	+60	−4+Δ	—	−21+Δ	−21	−37+Δ	0
355	400	+1350	+680	+400																		
400	450	+1500	+760	+440	—	+230	+135	—	+68	—	+20	0		+33	+43	+66	−5+Δ	—	−23+Δ	−23	−40+Δ	10
450	500	+1650	+840	+480																		

注：1. 公称尺寸小于或等于 1 时，基本偏差 A 和 B 及大于 IT8 的 N 均不采用。

2. 公差带 JS7 至 JS1，若 IT*n* 值数是奇数，则取极限偏差 = ±(IT*n*−1)/2。

3. 对小于或等于 IT8 的 K、M、N 和小于或等于 IT7 的 P 至 ZC，所需 Δ 值从表内右侧选取。例如：18~30 段的 K7：

4. 特殊情况：250~315 段的 M6，ES = −9μm（代替 −11μm）。

（摘自 GB/T 1800.2—2020）（单位 μm）

差数值													Δ值					
上极限偏差(ES)																		
≤IT7	标准公差等级大于 IT7												标准公差等级					
P 至 ZC	P	R	S	T	U	V	X	Y	Z	ZA	ZB	ZC	IT3	IT4	IT5	IT6	IT7	IT8
在大于 IT7 的相应数值上增加一个 Δ 值	-6	-10	-14	—	-18	—	-20	—	-26	-32	-40	-60	0	0	0	0	0	0
	-12	-15	-19	—	-23	—	-28	—	-35	-42	-50	-80	1	1.5	1	3	4	6
	-15	-19	-23	—	-28	—	-34	—	-42	-52	-67	-97	1	1.5	2	3	6	7
	-18	-23	-28	—	-33	—	-40	—	-50	-64	-90	-130	1	2	3	3	7	9
						-39	-45	—	-60	-77	-108	-150						
	-22	-28	-35	—	-41	-47	-54	-63	-73	-98	-136	-188	1.5	2	3	4	8	12
				-41	-48	-55	-64	-75	-88	-118	-160	-218						
	-26	-34	-43	-48	-60	-68	-80	-94	-112	-148	-200	-274	1.5	3	4	5	9	14
				-54	-70	-81	-97	-114	-136	-180	-242	-325						
	-32	-41	-53	-66	-87	-102	-122	-144	-172	-226	-300	-405	2	3	5	6	11	16
		-43	-59	-75	-102	-120	-146	-174	-210	-274	-360	-480						
	-37	-51	-71	-91	-124	-146	-178	-214	-258	-335	-445	-585	2	4	5	7	13	19
		-54	-79	-104	-144	-172	-210	-254	-310	-400	-525	-690						
	-43	-63	-92	-122	-170	-202	-248	-300	-365	-470	-620	-800	3	4	6	7	15	23
		-65	-100	-134	-190	-228	-280	-340	-415	-535	-700	-900						
		-68	-108	-146	-210	-252	-310	-380	-465	-600	-780	-1000						
	-50	-77	-122	-166	-236	-284	-350	-425	-520	-670	-880	-1150	3	4	6	9	17	26
		-80	-130	-180	-258	-310	-385	-470	-575	-740	-960	-1250						
		-84	-140	-196	-284	-340	-425	-520	-640	-820	-1050	-1350						
	-56	-94	-158	-218	-315	-385	-475	-580	-710	-920	-1200	-1550	4	4	7	9	20	29
		-98	-170	-240	-350	-425	-525	-650	-790	-1000	-1300	-1700						
	-62	-108	-190	-268	-390	-475	-590	-730	-900	-1150	-1500	-1900	4	5	7	11	21	32
		-114	-208	-294	-435	-530	-660	-820	-1000	-1300	-1650	-2100						
	-68	-126	-232	-330	-490	-595	-740	-920	-1100	-1450	-1850	-2400	5	5	7	13	23	34
		-132	-252	-360	-540	-660	-820	-1000	-1200	-1600	-2100	-2600						

$\Delta=8\mu m$，所以 $ES=(-2+8)\mu m=+6\mu m$；18~30 段的 S6：$\Delta=4\mu m$，所以 $ES=(-35+4)\mu m=-31\mu m$。

附录D 常用标准结构

表D-1 中心孔（摘自 GB/T 145—2001） （单位：mm）

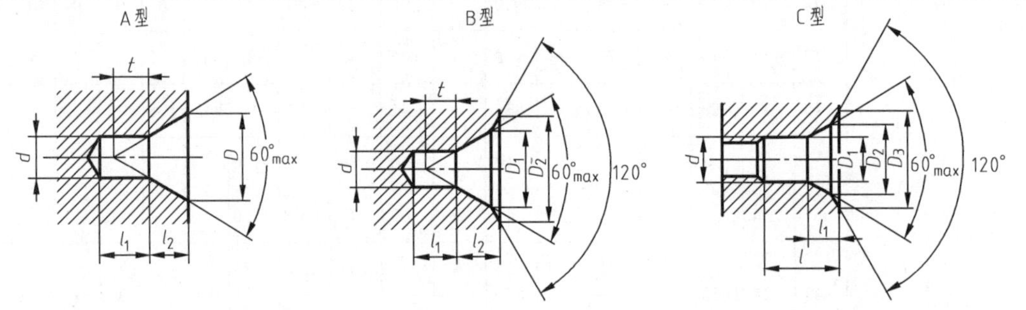

标记示例：

GB/T 4459. 5-A4/8. 5 （A 型：$d=4$、$D=8.5$）

GB/T 4459. 5-B2. 5/8 （B 型：$d=2.5$、$D_2=8$）

GB/T 4459. 5-CM10L30/16. 3 （C 型：$d=$M10、$l=30$、$D_2=16.3$）

注：A 型：D、l_2 可任选其一；B 型和 C 型：D_2、l_2 可任选其一。

中心孔尺寸

A型				B型					C型					
d	D	l_2	t 参考	d	D_1	D_2	l_2	t 参考	d	D_1	D_2	D_3	l	l_1 参考
2.00	4.25	1.95	1.8	2.00	4.25	6.30	2.54	1.8	M4	4.3	6.7	7.4	3.2	2.1
2.50	5.30	2.42	2.2	2.50	5.30	8.00	3.20	2.2	M5	5.3	8.1	8.8	4.0	2.4
3.15	6.70	3.07	2.8	3.15	6.70	10.00	4.03	2.8	M6	6.4	9.6	10.5	5.0	2.8
4.00	8.50	3.90	3.5	4.00	8.50	12.50	5.05	3.5	M8	8.4	12.2	13.2	6.0	3.3
(5.00)	10.60	4.85	4.4	(5.00)	10.60	1600	6.41	4.4	M10	10.5	14.9	16.3	7.5	3.8
6.30	13.20	5.98	5.5	6.30	13.20	18.00	7.36	5.5	M12	13.0	18.1	19.8	9.5	4.4
(8.00)	17.00	7.79	7.0	(8.00)	17.00	22.40	9.36	7.0	M16	17.0	23.0	25.3	12.0	5.2
10.00	21.20	9.70	8.7	10.00	21.00	28.00	11.66	8.7	M20	21.0	28.4	31.3	15.0	6.4

注：1. 尺寸 l_1 取决于中心钻的长度，此值不应小于 t 值（对 A 型、B 型）。

2. 括号内的尺寸尽量不用。

3. R 型中心孔未列入。

表D-2 中心孔表示法（摘自 GB/T 4459. 5—1999）

要求	符号	表示法示例	说明
在完工的零件上保留中心孔		GB/T 4459.5—B2.5/8	B 型中心孔，$d=2.5$mm、$D_1=8$mm 在完工的零件上要求保留
在完工的零件上可以保留中心孔		GB/T 4459.5—A4/8.5	A 型中心孔，$d=4$mm、$D_1=8.5$mm 在完工的零件上可以保留、也可以不保留
在完工的零件上不允许保留中心孔		GB/T 4459.5—A1.6/3.35	A 型中心孔，$d=1.6$mm、$D_1=3.35$mm 在完工的零件上不允许保留

注：在不致引起误解的情况下，可省略标记中的标准编号。

附录 E 常用金属材料

表 E-1 常用金属材料

名称		牌号	说明	应用举例
黑色金属	灰铸铁 GB/T 9439—2010	HT150	HT—灰铸铁代号 150—最低抗拉强度(MPa)	中等强度铸铁,用于一般铸件,如工作台、端盖、底座等
		HT200 HT250		高强度铸铁,用于较重要铸件,如机座、轴承座、齿轮箱、阀体、气缸、床身等
	球墨铸铁 GB/T 1348—2009	QT400-15 QT450-10 QT500-7	QT—球墨铸铁代号 400—抗拉强度(MPa) 15—伸长率	具有较高的强度、耐磨性和韧性,用于机械制造业中受磨损和受冲击的零件,如曲轴、气缸套、活塞杯、摩擦片、中低压阀门、轴承座等
	铸造碳钢 GB/T 11352—2009	ZG200-400 ZG310-570	ZG—铸钢代号 200—屈服强度(MPa) 400—抗拉强度(MPa)	用于各种形状的机座、变速箱壳、飞轮、机架、横梁、气缸、齿轮等
	碳素结构钢 GB/T 700—2006	Q215A	Q—屈服强度 215—屈服强度数值(MPa) A—质量等级,用 A、B、C、D 表示质量依次下降	用于受力不大的零件,如螺钉、垫圈、焊接件等
		Q235A		用于有一定强度要求的零件,如拉杆、连杆、螺栓、螺母、焊接件、型钢等
		Q275B		用于制造强度要求高的零件,如螺栓、螺母、齿轮、链轮、键、销、轴等
	优质碳素结构钢 GB/T 699—2015	35	35—以平均万分数表示的碳的质量分数 Mn—锰的元素符号,锰质量分数在 0.7%~1.2%时需注出	有良好的强度和韧性,用于制造曲轴、转轴、销、杠杆、连杆、螺栓、螺钉、套筒等
		45		用于制造强度要求高的零件,如齿轮、齿条、链轮、联轴器、机床主轴、衬套等
		65Mn		高强度中碳钢,用于制造弹簧垫圈、螺旋弹簧等
	合金结构钢 GB/T 3077—2015	15Cr 20Cr	15—以平均万分数表示的碳的质量分数 Cr—合金元素以化学符号表示,其质量分数小于 1.5%时,仅注出元素符号	渗碳后用于制造小齿轮、凸轮、活塞环、衬套、螺钉等
		20CrMnTi		渗碳钢,用于制造受冲击、耐磨要求高的零件,如齿轮、齿轮轴、蜗杆、离合器等
有色金属	普通黄铜 GB/T 5231—2012	H62 H68	H—黄铜代号 62—铜的质量分数(%)	用于制造散热器、垫圈、弹簧、螺钉等
	铸造铜合金 GB/T 1176—2013	ZCuSn5Pb5Zn5	Z—铸造代号 Cu—基体元素铜的元素符号 Sn5—锡元素符号及其质量分数(%)	耐磨性和耐腐蚀性好,用于制造在较高负荷和中等滑动速度下工作的耐磨、耐腐蚀零件,如轴瓦、衬套、缸套、蜗轮、泵件压盖等
		ZCuAl9Mn2		强度高、耐腐蚀性好,用于制造耐蚀、耐磨、形状简单的大型铸件,如衬套、齿轮、蜗轮等
	铸造铝合金 GB/T 1173—2013	ZAlCu5Mn (代号 ZL201)	Z—铸造代号 Al—基体元素铝的元素符号	用于制造中等负荷、形状复杂的零件,如泵体、气缸体和电器、仪表的壳体等

参考文献

[1] 闻邦椿. 机械设计手册 [M]. 6版. 北京：机械工业出版社，2018.
[2] 刘哲，高玉芬. 机械制图 [M]. 7版. 大连：大连理工大学出版社，2018.
[3] 马慧，孙曙光. 机械制图 [M]. 4版. 北京：机械工业出版社，2015.
[4] 赵惠清. 工程制图 [M]. 2版. 北京：化学工业出版社，2015.
[5] 胡建生. 机械制图 [M]. 4版. 北京：机械工业出版社，2020.
[6] 邵娟琴. 机械制图与计算机绘图 [M]. 2版. 北京：北京邮电大学出版社，2015.